中等职业学校规划教材
全国化工中级技工教材编审委员会

主　任　　毛民海

副主任　（按姓氏笔画排序）

　　　　　　王黎明　　刘　雄　　苏靖林　　张文兵　　张秋生
　　　　　　律国辉　　曾繁京

委　员　（按姓氏笔画排序）

　　　　　　马武飚　　王　宁　　王跃武　　王黎明　　毛民海
　　　　　　刘　雄　　米俊峰　　苏靖林　　李文原　　李晓阳
　　　　　　何迎建　　宋易骏　　张　荣　　张文兵　　张秋生
　　　　　　陈建军　　林远昌　　周仕安　　郑　骏　　胡仲胜
　　　　　　律国辉　　郭养安　　董吉川　　韩　谦　　韩立君
　　　　　　程家树　　曾繁京　　雷　俊

中等职业学校规划教材·化工中级技工教材

精细化工工艺

朱正斌　主编
颜廷良　主审

化学工业出版社
·北京·

本书注重贴近生产实际，符合化工技工院校对化工中级技工的培养目标。全书内容包括：精细化工生产的特点、发展趋势及其在国民经济中的作用；表面活性剂、合成材料助剂、食品添加剂、胶黏剂、涂料、化妆品、洗涤剂等精细有机化学品生产基本原理、工艺过程；重要无机精细化学品生产基本原理、工艺过程；功能高分子材料、染料、水处理剂、催化剂等其他精细化工产品的生产原理与工艺过程。

本书可作为化工中级技工教材，也可供化工企业技术工人、生产管理人员参考。

图书在版编目（CIP）数据

精细化工工艺/朱正斌主编. —北京：化学工业出版社，2008.1（2024.10 重印）
中等职业学校规划教材·化工中级技工教材
ISBN 978-7-122-01914-1

Ⅰ. 精… Ⅱ. 朱… Ⅲ. 精细化工-工艺学-专业学校-教材 Ⅳ. TQ062

中国版本图书馆 CIP 数据核字（2008）第 003728 号

责任编辑：旷英姿　于　卉		文字编辑：林　媛	
责任校对：宋　夏		装帧设计：朱　曦	

出版发行：化学工业出版社（北京市东城区青年湖南街 13 号　邮政编码 100011）
印　　装：北京科印技术咨询服务有限公司数码印刷分部
787mm×1092mm　1/16　印张 16½　字数 413 千字　2024 年 10 月北京第 1 版第 6 次印刷

购书咨询：010-64518888　　　　　　　　　售后服务：010-64518899
网　　址：http://www.cip.com.cn

凡购买本书，如有缺损质量问题，本社销售中心负责调换。

定　价：35.00 元　　　　　　　　　　　　　　　　　　版权所有　违者必究

前　言

本书是根据中国化工教育协会批准颁布的《全国化工中级技工教学计划》，由全国化工高级技工教育教学指导委员会领导组织编写的全国化工中级技工教材，也可作为化工企业工人培训教材使用。

本书主要内容包括：精细化工生产的特点、要求和目的；表面活性剂、合成材料助剂、食品添加剂、胶黏剂、涂料、化妆品、洗涤剂等精细有机化学品生产基本原理、工艺方法；重要无机精细化学品生产基本原理、工艺方法；精细化工产品结构、发展趋势及其在国民经济中的作用。

为了体现中级技工的培训特点，本教材内容力求通俗易懂、涉及面宽，突出实际技能训练。本书按"掌握"、"理解"和"了解"三个层次编写，在每章开头的"学习目标"中均有明确的说明以分清主次。每章末的阅读材料内容丰富、趣味性强，是对教材内容的补充，以提高学生的学习兴趣。部分章末还附有实验，以提高学生的动手操作能力。

本书在处理量和单位问题时执行国家标准（GB 3100～3102—93），统一使用我国法定计量单位。本书为满足不同类型专业的需要，增添了教学大纲中未作要求的一些新知识和新技能。教学中各校可根据需要选用教学内容，以体现灵活性。

本书由南京化工技工学校朱正斌主编，盐城技师学院颜廷良主审。全书共分 11 章。绪论，第一、二、五、十一章由朱正斌编写；第三章，第八～十章由山西省工贸学校何秀丽编写；第四、六、七章由盐城技师学院许小华编写；全书由朱正斌统稿。

本教材在编写过程中得到了中国化工教育协会、全国化工高级技工教育教学指导委员会、化学工业出版社及相关学校领导和同行们的大力支持和帮助，在此一并表示感谢。

由于编者水平有限、不完善之处在所难免，敬请读者和同行们批评指正。

编者
2008 年 1 月

目 录

绪论 ………………………………………… 1
　一、精细化工的定义与范畴 …………… 1
　二、精细化工的特点 …………………… 2
　三、精细化工过程开发的一般
　　　步骤 ………………………………… 3
　四、精细化工新产品开发的程序 ……… 3
　五、精细化工在国民经济中的
　　　作用 ………………………………… 4
　本章小结 ………………………………… 4
　复习思考题 ……………………………… 4

第一篇　精细有机化工篇

第一章　表面活性剂 …………………… 6
　第一节　表面活性剂的定义、特点
　　　　　与分类 ………………………… 6
　　一、表面活性剂的定义 ………………… 6
　　二、表面活性剂的结构特点 …………… 6
　　三、表面活性剂的分类 ………………… 7
　第二节　表面活性原理 …………………… 8
　　一、表面张力 …………………………… 8
　　二、界面电荷 …………………………… 8
　　三、胶束和增溶 ………………………… 9
　　四、表面活性剂的亲水亲油平衡
　　　　（HLB）值 …………………………… 9
　　五、表面活性剂的应用性能 …………… 9
　第三节　非离子型表面活性剂生产
　　　　　工艺 …………………………… 10
　　一、概述 ………………………………… 10
　　二、聚氧乙烯型——辛基酚聚氧乙
　　　　烯醚 ………………………………… 10
　　三、烷基酰胺型 ………………………… 11
　　四、其他非离子型表面活性剂 ……… 11
　第四节　阴离子型表面活性剂生产
　　　　　工艺 …………………………… 12
　　一、概述 ………………………………… 12
　　二、磺酸盐型 …………………………… 12
　　三、硫酸酯盐型 ………………………… 18
　　四、磷酸酯盐型 ………………………… 19
　第五节　阳离子型表面活性剂的
　　　　　合成 …………………………… 19
　　一、概述 ………………………………… 19
　　二、胺盐型 ……………………………… 20
　　三、季铵盐型 …………………………… 21
　第六节　两性表面活性剂的合成 …… 23
　　一、氨基酸型两性离子表面活
　　　　性剂 ………………………………… 23
　　二、甜菜碱型两性离子表面活
　　　　性剂 ………………………………… 23
　　三、咪唑啉型两性离子表面活
　　　　性剂 ………………………………… 24
　第七节　特殊类型表面活性剂 ……… 24
　　一、氟表面活性剂 ……………………… 24
　　二、硅表面活性剂 ……………………… 25
　　三、磷表面活性剂 ……………………… 26
　　四、硼表面活性剂 ……………………… 26
　本章小结 ………………………………… 27
　复习思考题 ……………………………… 28
　阅读材料　新型表面活性剂 ………… 28
　实验一　十二醇硫酸钠的制备 ……… 29
第二章　合成材料助剂 ……………… 32
　第一节　概述 …………………………… 32
　　一、助剂的定义 ………………………… 32

二、助剂的分类及作用 …………… 32
三、助剂的发展动向 ……………… 33
第二节 增塑剂 ……………………… 35
一、增塑剂的定义及分类 ………… 35
二、增塑机理 ……………………… 36
三、常用增塑剂 …………………… 36
四、增塑剂的生产实例——邻苯二
甲酸二辛酯（DOP）生产 …… 37
第三节 抗氧剂 ……………………… 39
一、抗氧剂的定义 ………………… 39
二、抗氧剂的种类 ………………… 40
三、抗氧剂的生产——防老剂
4010NA 的生产工艺 …………… 41
第四节 热稳定剂 …………………… 42
一、热稳定剂的定义及分类 ……… 42
二、热稳定剂的生产实例——铅稳
定剂 ……………………………… 44
第五节 光稳定剂 …………………… 45
一、光稳定剂的定义及分类 ……… 45
二、光稳定剂的生产实例——
UV-531 生产工艺 ……………… 45
第六节 阻燃剂 ……………………… 47
一、阻燃剂的定义及分类 ………… 47
二、阻燃机理 ……………………… 48
三、阻燃剂的生产实例——十溴
二苯醚阻燃剂的生产
工艺 ……………………………… 49
第七节 抗静电剂 …………………… 49
一、抗静电剂的定义及分类 ……… 49
二、抗静电剂的生产实例——抗
静电剂 P 的生产工艺 ………… 51
本章小结 ……………………………… 52
复习思考题 …………………………… 52
阅读材料 什么叫喷霜？喷霜产
生的原因及预防
措施 ………………………… 53
实验二 增塑剂邻苯二甲酸二辛酯
的制备 ……………………… 54
第三章 食品添加剂 ………………… 57
第一节 概述 ………………………… 57
一、食品添加剂的定义与一般

要求 ……………………………… 57
二、食品添加剂的使用标准与
分类 ……………………………… 58
第二节 防腐剂及生产工艺 ………… 58
一、苯甲酸及苯甲酸钠 …………… 58
二、山梨酸及山梨酸钾 …………… 59
三、对羟基苯甲酸酯类 …………… 60
第三节 抗氧化剂 …………………… 61
一、丁基羟基茴香醚 ……………… 61
二、二丁基羟基甲苯 ……………… 62
三、没食子酸丙酯 ………………… 63
四、混合生育酚浓缩物 …………… 63
五、L-抗坏血酸及抗坏血酸钠 …… 64
六、其他水溶性抗氧化剂 ………… 65
第四节 调味剂 ……………………… 65
一、酸味剂（酸度调节剂）……… 65
二、甜味剂 ………………………… 68
三、鲜味剂 ………………………… 70
第五节 食用色素 …………………… 72
一、食用合成色素 ………………… 73
二、食用天然色素 ………………… 73
第六节 其他食品添加剂 …………… 74
一、营养强化剂 …………………… 75
二、食品保鲜剂 …………………… 75
三、增稠剂 ………………………… 76
四、乳化剂 ………………………… 76
五、酶制剂 ………………………… 77
六、被膜剂 ………………………… 78
七、异构乳糖 ……………………… 78
本章小结 ……………………………… 78
复习思考题 …………………………… 79
阅读材料 新型食品添加剂——
昆虫蛋白粉 ……………… 79
实验三 苯甲酸的制备 ……………… 80
第四章 胶黏剂 ……………………… 82
第一节 概述 ………………………… 82
一、胶黏剂的定义及应用 ………… 82
二、胶黏剂的分类 ………………… 82
三、胶黏剂的发展动向 …………… 83
第二节 粘接基本原理 ……………… 84
一、粘接基本原理 ………………… 84

二、粘接工艺步骤 …………… 85
第三节 胶黏剂的原材料 …………… 86
  一、主体材料 …………………… 86
  二、常用辅助材料 ……………… 86
第四节 热塑性合成树脂胶黏剂 …… 87
  一、聚醋酸乙烯酯胶黏剂 ……… 87
  二、丙烯酸胶黏剂 ……………… 89
第五节 热固性合成树脂胶黏剂 …… 91
  一、酚醛和改性酚醛树脂胶黏剂 … 91
  二、环氧树脂胶黏剂 …………… 93
  三、聚氨酯胶黏剂 ……………… 94
第六节 橡胶胶黏剂 ………………… 96
  一、氯丁胶乳胶黏剂 …………… 96
  二、丁苯橡胶胶黏剂 …………… 98
  三、丁腈橡胶胶黏剂 …………… 98
第七节 特种胶黏剂 ………………… 99
  一、热熔胶黏剂 ………………… 99
  二、压敏胶黏剂 ………………… 100
第八节 胶黏剂的选用 ……………… 101
  一、正确选用胶黏剂的意义 …… 101
  二、胶黏剂的选用原则 ………… 101
本章小结 …………………………… 102
复习思考题 ………………………… 103
  阅读材料 胶黏剂：环保是
         焦点 …………………… 103
  实验四 聚醋酸乙烯乳胶的制备 … 104

第五章 涂料 ………………………… 106
第一节 概述 ………………………… 106
  一、涂料的定义与作用 ………… 106
  二、涂料的组成与分类 ………… 107
  三、涂料的命名 ………………… 108
  四、涂料的发展动向 …………… 109
第二节 涂料原理 …………………… 110
  一、涂料的黏结力与内聚力 …… 110
  二、涂料的固化机理 …………… 111
第三节 按成膜物质分类的重要
       涂料 ……………………… 111
  一、醇酸树脂涂料 ……………… 111
  二、丙烯酸树脂涂料 …………… 113
  三、环氧树脂涂料 ……………… 114
  四、聚氨酯涂料 ………………… 116

五、聚乙烯树脂涂料 …………… 118
第四节 按剂型分类的涂料 ………… 118
  一、溶剂型涂料 ………………… 118
  二、水性涂料 …………………… 119
  三、水性涂料的生产过程 ……… 120
  四、水性涂料的发展趋势 ……… 121
第五节 涂料生产工艺实例 ………… 122
  一、醇酸树脂的合成 …………… 122
  二、双酚 A 环氧树脂的合成 …… 124
  三、丙烯酸酯树脂的合成——水
     乳型丙烯酸酯树脂的
     合成 ……………………… 125
本章小结 …………………………… 126
复习思考题 ………………………… 127
  阅读材料 国外建筑涂料的新品
         种及新技术 …………… 127
  实验五 醇酸树脂的制备 ……… 129

第六章 化妆品 ……………………… 132
第一节 概述 ………………………… 132
  一、化妆品的定义及作用 ……… 132
  二、化妆品的分类 ……………… 132
  三、皮肤生理学 ………………… 133
  四、化妆品的发展趋势 ………… 134
第二节 化妆品的主要原料 ………… 134
  一、基质原料 …………………… 134
  二、辅助原料 …………………… 136
第三节 基础化妆品生产工艺 ……… 137
  一、化妆品生产主要工艺 ……… 137
  二、化妆水 ……………………… 138
  三、膏霜 ………………………… 139
  四、乳液 ………………………… 140
第四节 美容化妆品 ………………… 141
  一、基本美容品 ………………… 141
  二、色彩美容品 ………………… 142
第五节 清洁用化妆品 ……………… 145
  一、洗发香波 …………………… 145
  二、洗浴剂 ……………………… 146
  三、牙膏 ………………………… 147
  四、肥皂 ………………………… 147
第六节 功能性化妆品 ……………… 147
  一、防晒化妆品 ………………… 148

二、祛斑化妆品…………………… 148
　　三、祛臭化妆品…………………… 148
　　四、减肥化妆品…………………… 149
　　五、面膜………………………… 149
　　六、粉刺霜……………………… 150
本章小结…………………………… 150
复习思考题………………………… 151
阅读材料　化妆品的储存…………… 151
实验六　雪花膏的制备……………… 152

第七章　洗涤剂……………………… 154
第一节　概述……………………… 154
　　一、洗涤剂的定义及分类………… 154
　　二、洗涤与去污…………………… 154
　　三、洗涤剂的发展趋势…………… 155
第二节　洗涤剂的主要组成………… 156
　　一、洗涤剂的主要组成…………… 156
　　二、洗涤助剂……………………… 157
　　三、洗涤剂组分间的协同作用…… 157
第三节　洗涤剂的配方……………… 158
　　一、粉状织物洗涤剂配方………… 158
　　二、液体织物洗涤剂配方………… 159
　　三、个人卫生清洁剂配方………… 160
　　四、家庭日用品洗涤剂配方……… 161
　　五、工业用清洗剂配方…………… 162
第四节　洗涤剂生产工艺…………… 163
　　一、液体洗涤剂的生产工艺……… 163
　　二、粉状洗涤剂的生产工艺……… 165
　　三、浆状合成洗涤剂的生产
　　　　工艺…………………………… 170
本章小结…………………………… 171
复习思考题………………………… 172
阅读材料　洗涤剂洗涤织物的
　　　　　技巧…………………… 172
实验七　餐具洗涤剂的制备………… 173

第二篇　精细无机化工篇

第八章　经典精细无机化工生产方法
　　　　简介……………………… 176
第一节　精细无机化学品的用途…… 176
第二节　原料……………………… 177
　　一、化学矿物……………………… 177
　　二、各种天然含盐水……………… 177
　　三、工业废料……………………… 178
　　四、化工原料……………………… 178
　　五、农副产品及其他……………… 178
第三节　精细无机化工产品的主要
　　　　生产过程……………………… 178
　　一、物料预处理过程……………… 178
　　二、物料分离过程………………… 180
　　三、物料精制过程………………… 184
　　四、其他过程……………………… 186
本章小结…………………………… 188
复习思考题………………………… 188
阅读材料　新型膜分离式酶解反
　　　　　应器……………………… 188

第九章　现代精细无机化工生产方法
　　　　简介……………………… 190
第一节　超细化…………………… 190
　　一、气相法………………………… 191
　　二、液相法………………………… 192
第二节　单晶化…………………… 195
　　一、焰熔法………………………… 195
　　二、引上法………………………… 195
　　三、导膜法………………………… 195
　　四、梯度法………………………… 196
第三节　非晶化…………………… 196
　　一、非晶态合金…………………… 196
　　二、非晶态硅……………………… 197
第四节　表面改性化……………… 198
　　一、无机改性……………………… 199
　　二、有机改性……………………… 199
　　三、复合改性……………………… 200
第五节　薄膜化…………………… 201
　　一、溶胶-凝胶法…………………… 201
　　二、其他方法……………………… 202
第六节　纤维化…………………… 203
　　一、氧化锆纤维…………………… 204
　　二、碳化硅纤维…………………… 204
　　三、氧化铝纤维…………………… 204
本章小结…………………………… 205

复习思考题……………………… 205
阅读材料
 一、生物医学领域的"纳米探
  测器"…………………………… 205
 二、宇航器的抗高温盔甲 ………… 206

第十章　重要的精细无机化学品……… 207
第一节　硼的化合物 ……………… 207
 一、硼酸与硼酸酐 ………………… 207
 二、硼酸锌 ………………………… 209
 三、过硼酸钠 ……………………… 209
 四、硼砂 …………………………… 210
第二节　氮、磷化合物 …………… 211
 一、氮的化合物 …………………… 211
 二、磷的化合物 …………………… 212
第三节　溴、碘化合物 …………… 215
 一、溴的化合物 …………………… 215
 二、碘的化合物 …………………… 217
第四节　钡的化合物 ……………… 219
 一、硫酸钡 ………………………… 219
 二、氯化钡 ………………………… 220
 三、碳酸钡 ………………………… 221
 四、钛酸钡 ………………………… 221
第五节　硅的化合物 ……………… 222
 一、硅与硅胶 ……………………… 222
 二、硅化物 ………………………… 224
 三、硅酸盐 ………………………… 225
第六节　锂的化合物 ……………… 226
 一、碳酸锂 ………………………… 226
 二、氟化锂 ………………………… 226
 三、溴化锂 ………………………… 226
 四、硅酸锂 ………………………… 227
第七节　钨、钼化合物 …………… 227
 一、钨的化合物 …………………… 228
 二、钼的化合物 …………………… 229

本章小结 …………………………… 229
复习思考题 ………………………… 230
阅读材料　锂的高能用途 ………… 230

第十一章　其他精细化工产品 ………… 231
第一节　功能高分子材料 ………… 231
 一、概述 …………………………… 231
 二、功能树脂 ……………………… 232
 三、医用高分子 …………………… 233
 四、其他高分子材料 ……………… 235
第二节　染料 ……………………… 235
 一、概述 …………………………… 235
 二、酸性染料 ……………………… 236
 三、活性染料 ……………………… 237
 四、分散染料 ……………………… 238
 五、其他染料 ……………………… 239
第三节　水处理剂 ………………… 240
 一、概述 …………………………… 240
 二、絮凝剂 ………………………… 241
 三、阻垢分散剂 …………………… 242
 四、缓蚀剂 ………………………… 242
 五、杀菌剂 ………………………… 243
第四节　催化剂 …………………… 244
 一、概述 …………………………… 244
 二、催化剂性能 …………………… 245
 三、催化剂的制备方法 …………… 245
 四、主要催化剂 …………………… 247

本章小结 …………………………… 249
复习思考题 ………………………… 249
阅读材料　新一代杀菌剂——
    strobilurin 类杀
    菌剂 ……………………… 250

参考文献 ………………………………… 251

绪 论

学习目标

1. 掌握精细化工的定义、特点。
2. 理解精细化工的范畴。
3. 了解精细化工过程开发的一般步骤、精细化工新产品开发的程序，以及精细化工在国民经济中的作用。

一、精细化工的定义与范畴

1. 精细化工的定义

"精细化学工业"通常简称为"精细化工"，是指精细化学品工业的通称。精细化学品工业是现代化学工业的重要组成部分，是发展新技术的重要基础，也是衡量一个国家的科学技术发展水平和综合实力的重要标志之一。因此，各国家都把精细化工作为化学工业优先发展的重点行业之一。精细化率（即精细化工产品产值率的简称）是指精细化工产品产值占全部化工总产值的百分率。精细化率在相当程度上反映着一个国家的发达水平、综合技术水平和化学工业集约化的程度。

精细化学品即精细化工产品，是化学工业中用来与通用化工产品或大宗化学品相区分的一个专用术语。前者指一些具有特定性能的、合成工艺步骤繁多、反应复杂、产量小而产值高的产品，例如医药、化学试剂等；后者指一些应用范围广泛，生产中化工技术要求高，产量大的产品，例如石油化工中的基础化工产品（如乙烯、丙烯、丁二烯、苯等），合成树脂，合成橡胶及合成纤维三大合成材料等。

精细化学品一词国外沿用已久，但迄今尚无统一的科学定义。欧美国家大多将我国和日本所称的精细化学品分为精细化学品和专用化学品。其依据侧重于从产品的功能性来区分，销售量小的化学型产品称为"精细化学品"；销售量小的功能型产品称为"专用化学品"。也就是说，前者强调的是产品的规格和纯度，后者则是强调产品功能。现代精细化工应该是生产精细化学品和专用化学品的工业。在我国将精细化学品定义为：对基本化学工业生产的初级或次级化学品进行深加工而制取的具有特定功能，或本身拥有特定功能的小批量、纯度高的化工产品，称为精细化学品，有时也称为专用化学品。

2. 精细化工的范畴

精细化工的形成是与人们的生产和生活紧密联系在一起的，随着科学技术的发展不断发展，一些新兴的精细化工行业正在不断出现。

欧美将专用化学品按其使用性能分为三大类，即准商用（通用）化学品，多功能、多用途化学品，最终用途化学品或直接上市化学品。日本《化学工业统计月报》和《工业统计表》，1993年将精细化工分为32门类。

1986年3月，我国原化学工业部颁布了《关于精细化工产品分类的暂行规定和有关事项的通知》，规定中国精细化工产品包括11个大类别。这种类别主要是考虑了当时精细化工行业情况，今后可能会不断地补充和修改，具体分类如下：农药，染料，涂料（包括油漆和油墨），颜料，试剂和高纯物，信息化学品（包括感光材料、磁性材料等能接受电磁波的化学品），食品和饲料添加剂，胶黏剂，催化剂和各种助剂，化工系统生产的化学药品（原料药）和日用化学品，高分子聚合物中的功能高分子材料（包括功能膜、偏光材料等）。

其中，催化剂和各种助剂主要有催化剂、印染助剂、塑料助剂、橡胶助剂、水处理剂、纤维抽丝用油剂、有机抽提剂、高分子聚合物添加剂、表面活性剂、皮革助剂、农药用助剂、油田用化学品、混凝土用添加剂、机械冶金用助剂、油品添加剂、炭黑（橡胶制品的补强剂）、吸附剂、电子工业专用化学品、纸张用添加剂及其他助剂等共20类。

需要说明的是，中国的分类不包括国家食品药品监督管理局管理的药品，中国轻工业联合会所属的日用化学品和其他有关部门生产的精细化学品。例如医药、酶、化妆品、精细陶瓷等。

二、精细化工的特点

1. 多品种、小批量

每种精细化工产品都有其特定的功能、专用性质和独特的应用范围，以满足社会的不同需要。从精细化工的范畴和分类可以看到，精细化学品必然具有多品种的特点。多品种既是精细化工的一个特点，又是评价精细化工综合水平的一个重要标志。随着精细化学品应用领域不断扩大以及商品的更新换代，专用品种和特定生产的品种越来越多。以表面活性剂为例，利用其所具有的润湿、洗净、浸渗、乳化、分散、增溶、起泡、凝聚、平滑、柔软、减摩、杀菌、抗静电、防锈和匀染等表面性能，做成多种多样的洗净剂、浸渗剂、扩散剂、起泡剂、消泡剂、乳化剂、破乳剂、分散剂、杀菌剂、润湿剂、柔软剂、抗静电剂、抑制剂、防锈剂、防结块剂、防雾剂、脱皮剂、增溶剂、精炼剂等，并将它们用于国民经济各部门中，如纺织、石油、轻工、印染、造纸、皮革、食品、化纤、化工、冶金、医药、农业等。这些产品的品种多，产量小。目前国外表面活性剂的品种有5000种，而法国的化妆品就有2000多种牌号。由于大多数精细化工产品的产量小，商品竞争性强，更新换代快，因此，不断开发新品种、新剂型、新配方、新用途，提高开发新品种的创新能力，是当前国际上精细化工发展的总趋势。

2. 高技术密集

技术密集是精细化工的一个重要特点。精细化学品生产过程与基本有机化工产品生产不同，它是由化学合成、剂型加工和商品化三个生产环节组成，属综合性强的知识密集和技术密集型工业。

精细化学品的化学合成，首先是精细化学品的研究开发，其关键在于创新。根据市场需要，进行分子设计，采用新颖化工技术优化合成工艺。精细化工产品开发成功率低，时间长，研究开发投资多，因此，它一方面要求资料密集、信息快，以适应市场的需要和占领市场；同时也反映在精细化工生产中技术保密性强、专利垄断性能和竞争剧烈。

精细化学品的化学合成多采用液相反应，合成工艺精细，单元反应多，生产流程长，中间过程控制要求严格，精制复杂，需要精密的工程技术。由于合成反应步骤多，因而对反应终点控制和产品提纯就成为精细化学品生产的关键之一。为此在生产上常采用大量的各种近代仪器和测试手段，这就需要掌握先进的技术和科学的管理。

3. 综合生产流程和多功能生产装置

精细化学品的品种多、批量小，反映在生产过程上需要经常更换和更新品种。多数精细化工产品需要由基本原料出发，经过深度加工才能制得，因而生产流程一般较长，工序较多。由于这些产品的需求量不大，故往往采用间歇式装置生产。虽然精细化工产品品种多，但其合成单元反应及所采用的生产过程和设备，有很多相似之处。为了适应精细化学品和这些生产特点，近年来广泛采用多品种综合生产流程及用途广、功能多的间歇生产装置。这种做法取得了很好的经济效益，但同时对生产管理和操作人员的素质却提出了更高的要求。

4. 大量采用复配技术

复配技术又被称为1+1＞2技术。用两种或两种以上主要组分或主要组分与助剂经过复配，获得使用时远优于单一组分性能的效果。为获取各种具有特定功能性的商品以满足各种专门用途的需要，采用复配技术必然成为精细化工的又一个重要特点。在精细化工中，采用复配技术所得到的产品，具有改性、增效和扩大应用范围等功效。例如，化妆品是由油脂、乳化剂、保湿剂、香料、色素、添加剂等复配而成。若配方不同，其功能和应用对象不同。

5. 附加值高

附加值是指当产品从原材料经物理化学加工到成品过程中实际增加的价值，它包括工人劳动、动力消耗、技术开发和利润等费用，所以称为附加值。例如，10美元石油化工原料经一次加工可产出初级产品20美元，二次加工成有机中间体可增值到48美元，加工成料可增值到50美元，加工成合成纤维可增值到100美元，加工成精细化学品可增值到1060美元。也就是比原来的20美元增加52倍。

6. 商品性强

商品性强，市场竞争激烈，因此市场调查和预测非常重要。在产品推销上，应用技术和技术服务非常重要。

三、精细化工过程开发的一般步骤

精细化工过程开发的一般步骤是指，从一个新的技术思想的提出，通过实验室试验、中间试验到实现工业化生产取得经济实效并形成一整套技术资料这一全过程。综合来看，一个新的过程开发可分为三个阶段，即实验室研究阶段、中间试验阶段、工业化阶段。前面两个阶段需要科研人员做大量的实验，反复实践进行探索，后一阶段是根据前两阶段的研究结果，做出工业装置的基础设计，最终达到将"设想"变为"现实"。

四、精细化工新产品开发的程序

精细化工新产品开发的程序一般分为以下五步。

① 选择研究课题，可根据国家有关产业发展政策、物资流动情况、用户要求信息、国内外科技文献、国内外市场动向等来选择有关研究课题。

② 课题的可行性分析和论证，主要是对课题来源是什么、存在意义、是否重复研究、在科学和技术上的合理性、经济和社会效益等进行全面分析和论证。

③ 实验研究，对项目进行详细的查阅文献、样品分析后，便可制订研究方法。

④ 中间试验，主要是检验实验室研究成果的实用性和工艺合理性。

⑤ 性能、质量检测和鉴定，一般分为权威机构和用户试用两个方面，即对产品进行评判。

五、精细化工在国民经济中的作用

精细化工是国民经济中不可缺少的组成部分，其主要作用有以下几个方面。

① 增加或赋予各种材料以特征。如塑料工业所用的增塑剂、阻燃剂、稳定剂等各种助剂，可使塑料具有各种良好的性能。又如人造脏器的高分子材料等。

② 增进和保障农、林、牧、渔业的丰产丰收。如选种、浸种、育秧、病虫害防治、土壤化学、水质改良、果品早熟和保鲜等都需要借助精细化学品的作用来完成。

③ 直接用作最终产品或它们的主要成分。如医药、农药、染料、香料、食品添加剂（如糖精、味精）等。

④ 丰富人民生活。如保障和增进人类健康、提供优生优育、保护环境洁净卫生，以及为人民生活提供丰富多彩的衣、食、住、行等方面的享受性用品等都需要添加精细化学品来发挥其特定功能。

⑤ 渗入其他行业，促进技术进步、更新换代。如胶黏剂的开发使外科缝合手术和制鞋业改观。抗蚀剂的开发使电子存储器的规模极大地改观。

⑥ 高经济效益。这已影响到一些国家的技术经济政策，不断提高化学工业内部结构中精细化工产品的比重，即精细化工率。据统计，美国精细化工率 20 世纪 70 年代为 40%，80 年代增至 45%，90 年代已超过 53%；日本已达 52%。我国精细化工率从 1985 年的 23.1%提高到 1994 年的 29.78%，2001 年为 37.44%，2002 年已达 39.44%，2004 年达到 45%，预计 2010 年提高到 60%。

本章小结

1. "精细化学工业"通常简称为"精细化工"，是指精细化学品工业的通称。精细化学品是指对基本化学工业生产的初级或次级化学品进行深加工而制取的具有特定功能，或本身拥有特定功能的小批量、纯度高的化工产品，有时也称为专用化学品。精细化工是国民经济中不可缺少的组成部分。1986 年 3 月，中国原化学工业部规定精细化工产品包括 11 个大类别，其中催化剂和各种助剂分为 20 个小类别。

2. 精细化工的特点：多品种、小批量；高技术密集；综合生产流程和多功能生产装置；大量采用复配技术；附加值高；商品性强，市场竞争激烈。

3. 精细化工过程开发的一般步骤可分为三个阶段，即实验室研究阶段、中间试验阶段、工业化阶段。

4. 精细化工新产品开发的程序一般分为选择研究课题，课题的可行性分析和论证，实验研究，中间试验，性能、质量检测和鉴定五个步骤。

复习思考题

0-1 精细化工的定义是什么？

0-2 什么是精细化率?
0-3 精细化工分为哪些类?
0-4 精细化工的特点是什么?
0-5 精细化工新产品开发程序一般经过哪些步骤?
0-6 举例说明精细化工产品在国民经济中的作用。

第一篇 精细有机化工篇

第一章 表面活性剂

> **学习目标**
> 1. 掌握表面活性剂的定义、特点、分类；各类型表面活性剂的生产原理及生产工艺。
> 2. 理解表面活性原理。
> 3. 了解表面活性剂在实际中的应用。

第一节 表面活性剂的定义、特点与分类

一、表面活性剂的定义

表面活性剂是指在溶剂中加入很少量即能显著降低溶剂表面张力，改变体系界面状态的物质。表面活性剂可以产生润湿或反润湿，乳化或破乳，分散或凝聚，起泡或消泡，增溶等一系列作用，素有"工业味精"之称。主要在纺织、印染、石油、造纸、皮革、食品、化纤、农业、冶金、矿业、建筑、医药、机械、洗涤剂、涂料、塑料、橡胶、化妆品等行业中广泛使用。

二、表面活性剂的结构特点

表面活性剂分子结构具有不对称、极性的特点，分子中同时具有两种不同性质的基团——亲水基和亲油基。亲水基有羧基、磺酸基、硫酸酯基、醚基、氨基、羟基等；亲油基又称疏水基或憎水基，它们是由长链烃组成的。表面活性剂通常用图1-1所示符号表示。

图1-1 表面活性剂两性结构示意图

表面活性剂 亲水基 亲油基

表面活性剂只有溶于溶剂后才能发挥其特性，这与其分子结构特点和性能有关。表面活性剂具有如下结构特点。

（1）双亲性 表面活性剂分子中同时含有亲水性的极性基团和亲油性的非极性基团，即亲水基和亲油基。因此，表面活性剂具有既亲水又亲油的双亲性。

(2) 溶解性　表面活性剂至少应溶于液相中的某一相。

(3) 表面吸附　表面活性剂的溶解，使溶液表面自由能降低，产生表面吸附，在达到平衡时，表面活性剂在界面上的浓度大于溶液整体中的浓度。

(4) 界面定向　吸附在界面上的表面活性剂分子，定向排列成分子膜，覆盖在界面上。

(5) 形成胶束　当表面活性剂在溶剂中的浓度达到一定值时，其分子会聚集生成胶束，这一浓度的极限值称为临界胶束浓度（简称CMC）。

(6) 多功能性　表面活性剂在溶液中显示多种复合功能。如清洗、发泡、润湿、乳化、增溶、分散等。

三、表面活性剂的分类

表面活性剂一般按照亲水基团的结构来分类。根据结构中离子的带电荷的特征，可分为阴离子型、阳离子型、非离子型和两性表面活性剂。另外，还有一些特殊类型的表面活性剂。

(1) 阴离子型表面活性剂　该表面活性剂在水溶液中电离，生成带负电荷的亲水基团，按其亲水基团不同主要有四大类，包括羧酸盐型、硫酸酯盐型、磺酸盐型和磷酸酯型。

$$\text{阴离子型表面活性剂}\begin{cases}\text{羧酸盐型} & R-COONa \\ \text{硫酸酯盐型} & R-OSO_3Na \\ \text{磺酸盐型} & R-SO_3Na \\ \text{磷酸酯型} & R-OPO_3Na\end{cases}$$

(2) 阳离子型表面活性剂　该表面活性剂在水溶液中电离，生成带正电荷的亲水基团。目前应用较多的有胺盐和季铵盐两大类，胺盐又分为伯胺盐、仲胺盐和叔胺盐。

$$\text{阳离子型表面活性剂}\begin{cases}\text{胺盐型阳离子表面活性剂}\begin{cases}\text{伯胺盐} & R-NH_2\cdot HCl \\ \text{仲胺盐} & R-NH(CH_3)\cdot HCl \\ \text{叔胺盐} & R-N(CH_3)_2\cdot HCl\end{cases} \\ \text{季铵盐型阳离子表面活性} \quad R-N^+(CH_3)_3Cl^-\end{cases}$$

(3) 两性离子表面活性剂　该表面活性剂的亲水基是由带有正电荷和负电荷的两部分有机地结合起来而构成的。在水溶液中呈两性状态，会随着介质不同显示不同的活性。主要包括两类，氨基酸型和甜菜碱型。

$$\text{两性离子表面活性剂}\begin{cases}\text{氨基酸型} & R-NHCH_2CH_2COOH \\ \text{甜菜碱型} & R-N^+(CH_3)_2CH_2COO^-\end{cases}$$

(4) 非离子型表面活性剂　该表面活性剂在水中不会离解成离子，但同样具有亲油基和亲水基。按照其亲水基结构的不同分为聚乙二醇型和多元醇型。

$$\text{非离子表面活性剂}\begin{cases}\text{聚乙二醇型} & R-O(CH_2CH_2O)_nH \\ \text{多元醇型} & R-COOCH_2(CHOH)_3H\end{cases}$$

(5) 特殊类型的表面活性剂　这种表面活性剂中含有氟、硅、磷、硼等特种原子。氟表面活性剂主要是指碳氢链憎水基上的氢完全被氟原子取代的表面活性剂。硅表面活性剂是以硅氧烷链为憎水基，聚氧乙烯链、羟基、酮基或其他极性基团为亲水基构成的表面活性剂。这些特殊的表面活性剂，均具有很高的表面活性。

第二节 表面活性原理

一、表面张力

表面张力是指作用于液体表面单位长度上使表面收缩的力（mN/m）。表面张力是液体内在的性质，其大小主要取决于液体自身和与其接触的另一相物质的种类。在恒温恒压下，纯液体因只有一种分子，其表面张力是一恒定值。对于溶液，由于至少存在两种或两种以上的分子，因此其表面张力会随溶质的浓度变化而变化。

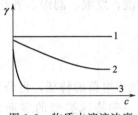

图 1-2 物质水溶液浓度与表面张力的关系

物质的水溶液其表面张力随浓度的变化可分为三种类型，如图 1-2 所示。

如果 A 物质能降低 B 物质的表面张力，通常可以说 A 物质（溶质）对 B 物质（溶剂）有表面活性。若 A 物质不仅不能使 B 物质的表面张力降低，甚至使其升高，那么 A 物质对 B 物质则无表面活性。由于水是最重要的溶剂，因此表面活性往往是对水而言。

图 1-2 中曲线 1 中的溶质对于水无表面活性，称之为非表面活性物质。曲线 2 和 3 的溶质对水有表面活性，被称为表面活性物质。而对于曲线 3 中的溶质在很低浓度时就能明显地降低水的表面张力，此类物质称之为表面活性剂。而曲线 2 中的溶质只能称为表面活性物质而不能称为表面活性剂。

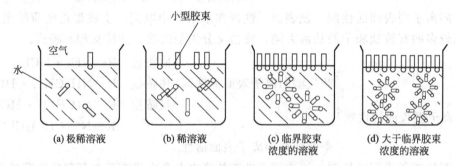

图 1-3 表面活性剂浓度变化和其活动情况

表面活性剂溶液随着浓度的增加，分子在溶液表面上将产生定向排列，从而改变溶液的表面张力，如图 1-3 所示。

当溶液极稀时，表面活性剂分子在表面的聚集极少，几乎不改变表面张力。稀溶液时，聚集增加，表面张力急剧下降，而溶液内部的表面活性剂分子相互将亲油基靠近，形成小的胶束。随着溶液浓度的进一步增加，表面聚集的分子越来越密集，表面张力越来越低，直至达到临界胶束浓度，也就是表面活性剂形成胶束的最低浓度。高于或低于临界胶束浓度，水溶液的表面张力及其他许多物理性质都有很大的差异。因此，表面活性剂溶液只有当其浓度稍大于临界胶束浓度才能充分显示其作用。

二、界面电荷

从电化学可知，一般在两个相接触面上的电荷分布是不均匀的，特别是溶剂中加了表面活性剂以后，由于表面活性剂的吸附而产生界面电荷的变化。这种变化对界面张力、接触角等界面现象,或者分散体系特有的凝聚、分散、沉降和扩散等现象有相当明显的影响。

三、胶束和增溶

加入表面活性剂能使一些不溶于水或微溶于水的有机物在水溶液中的溶解度增大,由于这种现象是在CMC浓度以上发生的,所以和胶束的形成有密切关系。一般认为,胶束内部与液状烃近似,若在CMC浓度以上的溶液中加入难溶于水的有机物时,有机物就会溶解成透明水溶液,这种现象称为增溶现象。这是由于有机物进入与它本身性质相同的胶束内部而变成在热力学上稳定的各向同性溶液的结果。不同表面活性剂的增溶能力不同。

四、表面活性剂的亲水亲油平衡(HLB)值

表面活性剂的亲水亲油平衡(HLB)值是一个经验值,是表示表面活性剂的亲水性、亲油性好坏的指标。HLB值越高,表示表面活性剂的亲水性越强,反之,亲油性强。表面活性剂的HLB值直接影响着它的性质和应用。例如,在乳化和去污方面,按照油和污垢的极性、温度不同而有最佳的表面活性剂HLB值。表1-1是具有不同HLB值范围的表面活性剂所适用的场合。

表1-1 不同HLB值范围的表面活性剂所适用的场合

HLB值范围	适用的场合	HLB值范围	适用的场合
3~6	油包水型乳化剂	13~15	洗涤
7~9	润湿、渗透	15~18	增溶
8~15	水包油型乳化剂		

表面活性剂的HLB值可计算得来,也可测出。常见表面活性剂的HLB值可由有关手册或著作中查得。

五、表面活性剂的应用性能

表面活性剂由于其独特的两亲性结构而具有降低表面张力、产生正吸附现象等功能,因而,在应用上可发挥特别的作用。最主要的包括起泡、消泡、乳化、分散、增溶、洗净、润湿和渗透作用。

(1) 润湿和渗透作用 固体表面和液体接触时,原来的固-气界面消失,形成新的固-液界面,此现象称为润湿。当在水中加入少量表面活性剂,润湿及渗透就容易进行,此现象称为润湿作用,此表面活性剂称为润湿剂。增加表面活性剂使液体渗透至物体内部的作用称为渗透作用,此试剂称为渗透剂。润湿剂、渗透剂广泛应用于纺织印染工业、农药中。

(2) 发泡和消泡作用 在气-液界面间形成由液体膜包围的泡孔结构,从而使气-液相界面间表面张力下降的现象称为发泡作用。防止泡沫形成或使原有泡沫减少或消失的表面活性剂称为消泡剂。发泡和消泡作用是同一过程的两个方面。

(3) 乳化和分散作用 使非水溶性物质在水中呈均匀乳化或分散状态的现象称为乳化作用或分散作用。能使一种液体(如油)均匀分散在水或另一液体中的物质称为乳化剂;能使一种固体呈微粒均匀分散在水或一液体中的物质称为分散剂。有两种形式,一种是水包油型(O/W),水为连续相,油为分散相;另一种是油包水型(W/O),油为连续相,水为分散相。

(4) 洗涤作用 从固体表面除掉污物的过程称为洗涤。洗涤去污作用是由于表面活性剂降低了表面张力而产生的润湿、渗透、乳化、分散、增溶等多种作用综合结果。

(5) 增溶作用 表面活性剂在水溶液中形成胶束后,能使不溶或微溶于水的有机化合物的溶解度显著增大,使溶液呈透明状,表面活性剂的这种作用称为增溶作用。能产生增溶作用的表面活性剂称为增溶剂,被增溶的有机物称为增溶物。

第三节 非离子型表面活性剂生产工艺

一、概述

非离子型表面活性剂是以分子中含有在水溶液中不解离的聚氧乙烯醚链,即 $R-O-(CH_2CH_2O)_nH$ 为主要亲水基的表面活性剂。大多数非离子型表面活性剂是由含活泼氢的疏水化合物和环氧乙烷等加成聚合而成的产品,按其亲水基结构不同可分为聚氧乙烯型、烷基酰胺型、多元醇酯型、糖苷型以及聚醚型等。

二、聚氧乙烯型——辛基酚聚氧乙烯醚

聚氧乙烯型通常有脂肪醇聚氧乙烯醚(AEO)和烷基酚聚氧乙烯醚,两者都可在加压中以单批间歇操作方式进行,反应温度在170℃±30℃,压力0.147~0.294MPa,用氢氧化钠或氢氧化钾作催化剂,用量0.1%~0.5%。下面以辛基酚聚氧乙烯醚为例介绍其生产及工艺。

1. 产品性能

辛基酚聚氧乙烯醚,又称乳化剂 TX-10、均染剂 OP、曲拉通 X-100。分子式 $C_{34}H_{62}O_{11}$,相对分子质量 646.86。结构式为:

$$H_{17}C_8-\!\!\!\!\bigcirc\!\!\!\!-O-(CH_2CH_2O)_{10}H$$

属于非离子型表面活性剂。淡黄色或深黄色透明黏稠液体。pH8.0~9.0。1%的蒸馏水溶液浊点 40℃以上,能耐酸碱。相对密度 1.065。闪点 149℃。能溶于水、甲苯、二甲苯和乙醇,具有助溶、匀染、乳化、脱油、去污、扩散、渗透、润湿等性能。

2. 工业生产方法

(1) 反应原理 1分子辛基苯酚,在碱催化下与 10 分子环氧乙烷缩聚,生成辛基酚聚氧乙烯醚。

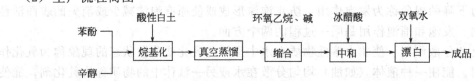

(2) 生产流程简图

```
              酸性白土      环氧乙烷、碱   冰醋酸    双氧水
                ↓              ↓          ↓        ↓
苯酚 ┐
     ├→ 烷基化 → 真空蒸馏 → 缩合 → 中和 → 漂白 → 成品
辛醇 ┘
```

(3) 生产方法 在烷基反应釜(反应釜具有搅拌装置、加热装置及回流冷凝器、油水分离器等,釜内与真空系统相连)中,加入 130kg 苯酚和 98kg 辛醇,开启真空,吸入酸性白土 28kg,搅拌下逐渐升温。开启回流冷凝器的冷却水,并将系统抽真空。当加热到 130℃时,保温,搅拌反应。从回流冷凝器冷凝下来的物料为烯烃和水。在分水器中将烯烃不断返回至釜内,水分流出。大约3h后,逐步升温至160℃,保持8h,烷基化反应基本完成。冷

至80℃，出料。静置一段时间滤去白土。液料投入蒸馏釜，进行真空蒸馏，压力控制在$(18\sim20)\times133.3$Pa之间。先蒸馏出水分，再截取苯酚馏分，约可回收$50\sim58$kg。接着截取沸程$150\sim240$℃的馏分，大约可得到130kg辛基酚。

辛基酚也可由辛烯与苯酚或卤代烷与苯酚反应而获得，也可以直接购得原料辛基酚，但其中游离酚必须控制在2.5%以下。

在缩合反应釜内投入辛基酚130kg，搅拌下，加入配成50%的氢氧化钾溶液，升温，并抽真空除去水分。当升温至120℃，确定水分脱尽后（可从釜上视镜的内表面是否有水珠或水雾来判断），通入数次氮气，将釜内空气置换干净。然后压入环氧乙烷进行反应。因反应放热，需控温$160\sim180$℃，压力不超过0.2MPa，保持3h。环氧乙烷的通入量达300kg时，反应基本完成。通过测浊点判定反应终点。达终点后，冷却至140℃时，加入冰醋酸中和。然后加入30%双氧水5kg左右进行漂白。冷却至50℃以下出料，可得440kg左右的成品。

（4）主要设备　烷基化反应釜，蒸馏釜，缩合反应釜，储槽。

（5）产品用途　在纺织工业中，用作氯纶、腈纶、锦纶等合成纤维丝油剂的组分之一，一般用量为油剂总量的4%左右。广泛用于印染工业、农药、医药、乳胶工业作为乳化剂。金属加工业中用作洗净剂105的重要原料，一般用量为0.2%～3%左右。

（6）安全措施

① 原料环氧乙烷有毒，且沸点只有10.7℃。空气中最高允许浓度为0.001g/m^3，设备必须密闭，通环氧乙烷前必须通氮气驱尽釜内的空气。车间内保持良好通风状态。

② 塑料桶包装，密封储存于阴凉、干燥处，储存期1年。

三、烷基酰胺型

以下介绍二甲基十二烷基酰胺。

（1）结构式　$CH_3(CH_2)_{10}CON(CH_3)_2$，分子式$C_{14}H_{29}NO$。

（2）实验原理　月桂酸与二甲胺在一定温度下发生如下酰化反应：
$$CH_3(CH_2)_{10}COOH + HN(CH_3)_2 \longrightarrow CH_3(CH_2)_{10}CON(CH_3)_2 + H_2O$$
在反应过程中不断从体系中分离出反应生成的水，平衡向右进行，直至反应终点。

（3）制法　以2000mL的四口烧瓶作为反应器，装上电动搅拌器、带有回水装置的回流冷凝管、温度计和通气管，向反应瓶中注入经称量的月桂酸固体粉末，升温，反应温度由调温电加热器控制。搅拌，通入氮气，水进行冷却，温度达到180℃左右，通入二甲胺，二甲胺与氮气的气量比为1:5，催化剂用量为2%，观察实验出水时间，每1h进行取样做酸值分析，实验时间约7h，当酸值基本不变时，达到终点。月桂酸的转化率为98.5%。对于原料的转化率而言，反应温度的影响最为显著，催化剂和气量影响不大；对反应时间而言，催化剂的用量影响较大，反应温度次之，气体体积气量比影响较小。

（4）用途　本品广泛应用于合成中间体，在许多工业和商业中，可用作抗静电剂、洗涤剂、润滑剂和起泡剂；在洗发剂、化妆品和沥青中作为添加剂；还可用作塑料膜的抗黏结剂、油墨和染料分散剂、造纸纺织的防水雾剂、泡沫稳定剂和金属拉丝润滑剂等。

四、其他非离子型表面活性剂

1. 脂肪酸甘油酯

甘油酯是甘油单脂肪酸酯或双脂肪酸酯及其混合物，其组成随条件的变化而不同。甘油酯工业上常用油脂和甘油的酯交换反应来制取。

$$\begin{array}{c} \text{RCOOCH}_2 \\ \text{RCOOCH} \\ \text{RCOOCH}_2 \end{array} + \begin{array}{c} \text{CH}_2\text{—OH} \\ \text{CH—OH} \\ \text{CH}_2\text{—OH} \end{array} \longrightarrow \begin{array}{c} \text{RCOOCH}_2 \\ \text{CH—OH} \\ \text{CH}_2\text{—OH} \end{array} + \begin{array}{c} \text{HOCH}_2 \\ \text{RCOOCH} \\ \text{RCOOCH}_2 \end{array}$$

油脂与甘油在碱性催化剂存在下加热到180～250℃反应，催化剂可采用氢氧化物、氢氧化钾、甲醇钠、碳酸钾等。反应中，甘油用量一般为油脂质量的25%～40%，催化剂用量为0.05%～0.2%。例如，椰子油和油脂质量25%的甘油，在0.1%氢氧化钠存在下，180℃反应6h，可得到45.2%的单酯、44.1%双酯及10.7%的三酯。为得到高含量的单酯产品，可采用分子蒸馏，则甘油单酸酯含量可达90%以上。

甘油单脂肪酸酯与双酯是良好的乳化剂、增溶剂、润湿剂、润滑剂、可塑剂，它在食品工业中用作面包、糕点、焙烤食品的添加剂，可使面包等焙烤食品保鲜，增强食品的可塑性。它还用于食用香精油、化妆品精油的良好乳化剂与增溶剂。它与阴离子表面活性剂配伍，可作食品加工的乳化剂、防锈剂与润滑剂。

2. 脂肪酸二元醇酯

脂肪酸二元醇酯的二元醇是乙二醇、丙二醇、二乙二醇，常用的脂肪酸是月桂酸、棕榈酸、硬脂酸与油酸。脂肪酸二元醇酯的制取是将酸与醇在170～210℃酯化，可用碱性或酸性催化剂进行酯化反应，产品是单酯与二酯的混合物。在常温下饱和脂肪酸二元醇酯是固体，不饱和酸二元醇酯是液体。

脂肪酸二元醇酯是亲油乳化剂、不透明剂、增稠剂，可用于化妆品膏体的制备与液体洗涤剂的配制。

3. 失水山梨醇酯

失水山梨醇脂肪酸酯是羧酸酯表面活性剂中的重要类别，它的单、双、三酯均为商品，商品名为Span。山梨醇可由葡萄糖加氢制得，是不含醛基而有6个羟基的多元醇，因此具有较好的对热和氧的稳定性。山梨醇在硫酸中140℃下形成的失水山梨醇，主要是1,4-失水山梨醇与异失水山梨醇的混合物；常用的脂肪酸是月桂酸、棕榈酸、硬脂酸、油酸与妥尔油脂肪酸等。酯化反应可直接将脂肪酸与失水山梨醇在225～250℃与碱性或酸性催化剂反应。失水山梨醇酯是油溶性乳化剂、增溶剂，它低毒、无刺激性，且有利于人们的消化，因而广泛用于食物、饮料及医药生产中的乳化及增溶。

失水山梨醇聚氧乙烯醚酯是乳化剂、增溶剂、抗静电剂、润滑剂，应用于纺织工业、食品加工和化妆品制备，与甘油酯、失水山梨醇酯混合使用，可改善HLB值，得到良好的乳化性能。

第四节 阴离子型表面活性剂生产工艺

一、概述

阴离子型表面活性剂是在水溶液中解离开来，其活性部分为阴离子或称负离子。市场上出售的阴离子型表面活性剂按其亲水基不同主要有三大类，包括磺酸盐型、硫酸酯盐型、磷酸酯盐型。

二、磺酸盐型

磺酸盐由于磺基硫原子与碳原子直接相连，较硫酸酯盐更稳定。磺酸盐型阴离子表面活性剂主要有烷基苯磺酸盐（TPS）、烷基磺酸盐（SAS）、α-烯烃磺酸盐（AOS）等，其中烷基苯磺酸盐是阴离子表面活性剂中最重要的一个品种，产品占阴离子表面活性剂生产总量的90%左右，其中烷基苯磺酸钠是我国洗涤剂活性物的主要成分。

（一）烷基苯磺酸钠

1. 产品性能

烷基苯磺酸钠又称石油苯磺酸钠，结构式为：

$$R-\phenyl-SO_3Na \quad R=C_{10}H_{21}\sim C_{18}H_{37}$$

属于阴离子表面活性剂，白色浅黄色粉状或片状固体。易溶于水成半透明溶液。1%水溶液pH7～9，是合成洗涤剂中去污力较强的一种。泡沫能力强，泡沫的稳定性好。在酸性、碱性、硬水中均很稳定，对金属盐也很稳定。在某些氧化溶液中，如次氯酸钠和过氧化物中都很稳定。烷基苯磺酸钠对污垢的悬浮能力较肥皂差，在配方中加入适量的羧甲基纤维素即有所改进。有毒，对皮肤有刺激性。

2. 实验室制法

氯代烷、苯及催化剂无水三氯化铝，按物质的量比1∶6∶0.1配料。将氯代烷渐渐加入苯与三氯化铝混合液中，温度控制在40～45℃。料加完后，将温度升至70℃，继续搅拌1h。苯与氯代烷缩合成烷基苯，并除去夹杂的氯化氢废气。

水解除去铝残渣后，烷基苯（石油苯）用清水洗涤至pH为8。然后蒸馏出未反应的苯。

烷基苯加入等量的发烟硫酸中进行磺化，反应温度控制在20～25℃，加料完毕后继续搅拌1h，生成烷基苯磺酸。

将烷基苯磺酸加入适量的20%烧碱液中，进行中和，反应温度保持35℃以下。加料完毕，调整pH7～8，再继续搅拌0.5h，生成烷基苯磺酸钠。反应液即可作为液体商品，再经喷雾干燥制成粉状产品。

3. 工业生产方法

烷基苯的生产路线有多条，如图1-4所示。

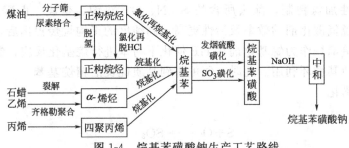

图1-4　烷基苯磺酸钠生产工艺路线

生产过程可分三部分：烷基苯的制备，烷基苯的磺化和烷基苯磺酸的中和。

（1）烷基苯的制备

① 煤油分离出正构烷烃。烷基苯的四条原料路线以煤油路线应用最多。天然煤油中正构烷烃仅占30%左右，将其提取出来的方法有两种，尿素络合法和分子筛提蜡法。尿素络合法是利用尿素能和直链烷烃及其衍生物形成结晶络合物的特性而将正构烷烃与支链异构物分离的方法。分子筛提蜡法是应用分子筛吸附和脱附的原理，将煤油馏分中的正构烷烃与其他烷烃分离提纯的方法。这是制备洗涤剂轻蜡的主要工艺。

② 烷基苯的制备。正构烷烃可经两条途经制得烷基苯，分别是氯化法、脱氢法。

(a) 氯化法。氯化法是将正构烷烃用氯气进行氯化，生成氯代烷。氯代烷在催化剂三氯化铝存在下与苯发生烷基化反应而制得烷基苯。流程图简图见图1-5。反应混合物经分离净制除去催化剂络合物和重烃组成的褐色油泥状物质（泥脚）。再分离出来反应的苯和未反应的正构烷烃，分别循环利用，便得到粗烷基苯。再进一步进行精制得精烷基苯。

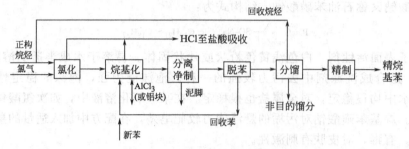

图1-5 氯化法制烷基苯流程简图

(b) 脱氢法。脱氢法生产烷基苯是美国环球油品公司（UOP）开发于1970年实现工业化的一种生产洗涤剂烷基苯的方法。由于其生产的烷基苯内在质量比氯化法好，不存在副产盐酸的处理和利用问题，现已被许多国家采用和推广。生产过程简图如图1-6所示。

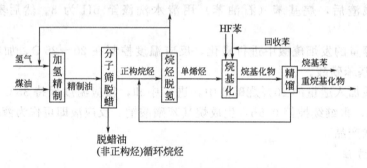

图1-6 脱氢法生产烷基苯流程简图

煤油经过选择性加氢精制，除去所含的S、N、O、双键、金属、卤素、芳烃等杂质，以使分子筛提蜡和脱氢催化剂的效率及活性更高。高纯度的正构烷烃提出后，经催化脱氢制取相应的单烯烃，单烯烃作为烷基化剂在HF催化下与苯进行烷基化反应，制得烷基苯。精馏回收苯的烯烃，使其循环利用。此时，便可得到品质优良的精烷基苯。

(2) 烷基苯的磺化

① 反应原理。

$$S + O_2 \longrightarrow SO_2$$

$$SO_2 + \frac{1}{2}O_2 \xrightarrow{V_2O_5} SO_3$$

$$R-\text{C}_6\text{H}_5 + SO_3 \longrightarrow R-\text{C}_6\text{H}_4-SO_3H$$

影响上述反应的主要因素有硫黄的质量、二氧化硫转化率的高低、干燥空气的露点、三氧化硫的浓度、三氧化硫与烷基苯的配比等。

② 烷基苯的磺化。磺化是个重要而广泛使用的有机化工单元反应，它直接对烷基苯磺酸钠洗涤剂质量的影响很大。生产过程中随烷基苯原料的质量和组成及磺化剂的种类不同而

异。常用的磺化剂有浓硫酸、发烟硫酸、三氧化硫等。以浓硫酸作磺化剂,酸耗量大、产品质量差,生成的废酸多,效果差,国内已很少用;大多数厂家,烷基苯的磺化一直采用发烟硫酸作磺化剂。当硫酸降至一定浓度时,磺化反应就终止,因而必须大大过量。它的有效利用率仅为32%,其余生成废酸。由于其工艺成熟,产品质量较为稳定,工艺操作易于控制,所以至今仍在使用。

近年来,三氧化硫磺化在我国已逐步采用,在国外20世纪60年代就已发展。主要是三氧化硫的用量可接近于理论量,反应迅速,"三废少",经济合理。三氧化硫磺化得到的单体含盐量低,可用于多种产品配制(如用于配制液体洗涤剂、乳化剂、纺织助剂等)。用三氧化硫代替发烟硫酸磺化,磺化剂的利用率可以高达90%以上。因此,三氧化硫替代发烟硫酸作为磺化剂已成趋势。

③ 主要设备。双膜式反应器是由一套直立式备有冷却夹套的不锈钢同心圆筒组成。如图1-7所示,可以分为三个部分,即物料分配部分、反应部分和分离部分。双膜器的外膜、内膜均用冷水进行冷却,能有效地除去反应生成热。烷基苯呈膜状自上而下流动,喷入的三氧化硫与干燥空气的混合气体和烷基苯在膜上相遇而发生反应,至下端出口处反应基本上完成,所以在膜式磺化器中烷基苯的磺化率自上而下越来越高,物料黏度越来越大,三氧化硫浓度则越来越低。膜式磺化时液体物料在反应器中停留时间很短,仅仅几秒钟。三氧化硫气体通过磺化器的线速度在10～40m/s之间,反应物停留时间短,迅速离开反应区,几乎没有返混现象,使多磺化的概率很小。由于三氧化硫磺化反应属于极速反应,总的反应速率取决于三氧化硫分子至烷基苯表面的扩散速率。所以,扩散距离、气流速度、气液分配的均匀程度、传热速率等是反应中的重要影响因素。

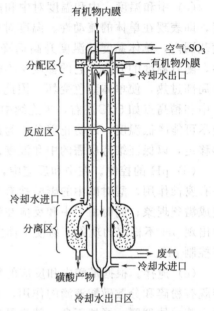

图1-7 双膜式反应器

在上述磺化反应中,烷基苯与三氧化硫的比例控制比发烟硫酸更严格。因为三氧化硫稍过量会造成多磺化;反之,则未磺化的烷基苯会存在于产品中,造成产品不合格。

(3) 烷基苯磺酸的中和

① 反应原理。中和反应式:

$$R-\underset{}{\underset{}{\bigcirc}}-SO_3H + NaOH \longrightarrow R-\underset{}{\underset{}{\bigcirc}}-SO_3Na + H_2O$$

$$H_2SO_4 + 2NaOH \longrightarrow Na_2SO_4 + H_2O$$

烷基苯磺酸与碱中和的反应与一般的酸碱中和反应有不同,它是一个复杂的胶体化学反应。中和产物,工业上俗称单体,它是由烷基苯磺酸钠(称为活性物或有效物)、无机盐(如芒硝、氯化钠等)、不皂化物和大量水组成。单体中除水以外的物质含量称为总固体含量。不皂化物是指不与烧碱反应的物质,主要是不溶于水、无洗涤能力的油类。

② 影响因素。中和工艺的影响因素主要有:工艺水的加入量,电解质加入量,中和温度,pH的控制及搅拌。

(a) 工艺水的加入量。中和时,需要加入工艺水。加水的目的是调节单体的稀稠度,并使中和反应均匀、完全。为保证单体总固体含量高，相对密度大，一般应尽量少加水。但是，过稠也会使酸碱混合不均匀，搅拌不良好，流动性差，因此必须控制加水适量。

(b) 电解质加入量。单体中所含的无机盐大部分是硫酸钠（俗称芒硝）和氯化钠，氯化钠的量很少。当总固体含量一定时，硫酸钠含量越高，单体流动性越好。因此，生产工厂常在中和操作过程中加入一些硫酸钠溶液。但是，过量的硫酸钠使总固体含量增加，在有效物一定的情况下，又使单体变稠，流动性变差。此外，如果硫酸钠过多，当温度低于30℃时，由于硫酸钠的溶解度急剧下降，硫酸钠就会饱和结晶析出，造成输送管道堵塞。因此，硫酸钠的加入必须适量。

(c) 中和温度。中和温度对中和反应本身影响不大，它的影响主要反映在单体的表现黏度，即表现在单体的流动性。温度对单体黏度的影响和对一般流体的影响不一样。在一定温度范围内，单体黏度随温度升高而降低，但超过一定温度后，由于单体的表面活性及胶溶性，随着温度的升高，它的黏度又不断升高，温度越高，流动性越差。中和温度太高，会发生局部过热，使单体颜色变坏。因此，在中和反应过程中，温度必须控制在40~50℃，连续中和稍高点如50℃左右，半连续中和可低些，如35~45℃。在保证单体流动性的前提下，应尽可能降低温度，以防止着色。为此，必须考虑中和系统有足够的冷却面积，能够把反应热移走，以保证维持所需的中和温度。

(d) pH的控制。在中和反应中，应控制单体的pH在7~10。这是因为酸性介质对设备有腐蚀作用，酸对碱中的碳酸盐有分解作用。分解产物中的二氧化碳会使单体发松，甚至造成溢釜现象；同时由于中和反应在酸性介质中的反应不均匀性，也使单体结构发松。操作中出现pH不稳定的现象，易使单体发生变色，影响产品质量。所以，中和过程中一定要严格控制pH。

(e) 搅拌。根据磺酸中和反应的特点，良好的搅拌能使酸碱充分接触并移走反应热。搅拌既有粉碎和分散磺酸液滴的作用，又有将液滴表面的生成物及时移去的作用。在中和过程中，若单体稠厚，搅拌不良，就容易发生磺酸结团，或出现单体反酸现象。另外，搅拌还能及时地把反应热移走，提高传热效率，防止局部过热。但是，过分强烈搅拌或搅拌时间过长，会使单体结构发松；这是由于单体中夹入气泡和胶束结构被破坏而造成的。间隙中和或半连续中和时，要避免单体在中和釜内停留及搅拌时间过长。

③ 工艺及主要设备。烷基苯磺酸中和的方式分间歇式、半连续式和连续式三种。

间歇中和是在耐腐蚀的中和锅中进行，中和锅为敞开式的反应锅，内有搅拌器、导流筒、冷却盘管、冷却夹套等。操作时，先在中和锅中放入一定数量的碱和水，在不断搅拌的情况下逐步分散加入磺酸，当温度升至30℃后，以冷却水冷却；pH至7~8时放料；反应温度控制在30℃左右间歇中和时，前锅要为后锅留部分单体，以使反应加快均匀。

所谓半连续中和是指进料中和为连续，pH调整和出料是间歇的。它是由一个中和锅和1~2个调整锅组成，磺酸和烧碱在中和锅内反应，然后溢流至调整锅，在调整锅内将单体pH调至7~8后放料。

连续中和是目前较先进的一种方式。连续中和的形式很多，但大部分是采取主浴（泵）式连续中和。中和反应是在泵中进行的，以大量的物料循环使系统内各点均质化。根据循环方式又可分为外循环和内循环两种。

(a) 主浴式外循环连续中和。其装置是由循环泵、均化泵（中和泵）和冷却器组成的。从水解器来的磺酸进入均化泵的同时，碱液和工艺水分别以一定流量在管道内稀释，稀释的碱液与从循环泵出来的中和料浆混合后也进入均化泵，在入口处磺酸与氢氧化钠立即中和，并在均化泵内充分混合，完成中和反应。从均化泵出来的中和料浆经 pH 测量仪后，进入冷却器，除去反应热量，控制温度 50～60℃。冷却器出来的中和料浆大部分用循环泵送到均化泵入口，进行循环，以稀释中和热量，小部分通过单体储罐旁路出料。中和碱液的浓度约 12%，系统压力 2～8MPa，中和料浆循环比约 20∶1。

(b) 主浴式内循环连续中和。也称塔式中和或称闪激式中和（见图 1-8）。

中和器 3 为一个内外管组成的套管设备（内管 ϕ100mm×4800mm，外管 ϕ200mm×4000mm），外管外有夹套冷却。在内管底部

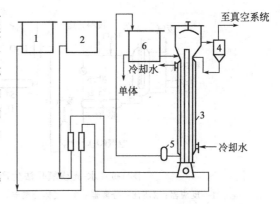

图 1-8 主浴式内循环连续中和工艺流程
1—磺酸高位槽；2—烧碱高位槽；3—中和反应器；
4—分离器；5—出料齿轮泵；6—单体储罐

轴流式循环泵的叶轮下面装有磺酸和碱液的注入管。两只注入管上有蒸汽冲洗装置，以防止管路堵塞。内管上部装有折流板，可用于调节其高度。套管上部为蒸发室，它和分离器相连，由蒸汽喷射泵抽真空，残压为 5.3kPa。整个操作均采用自动控制。磺酸和烧碱从高位槽分别经转子流量计（或比例泵）计量后从中和器底部进入反应系统，随即和轴流泵从外管流下的单体混合，借助泵叶的剧烈搅拌及物料在内管的湍流运动使物料充分混合，并进行反应。单体从内管顶部喷入真空蒸发室，冲击在折流板上，分散形成薄膜，借助喷射泵形成的真空使单体部分水分闪激蒸发，从而使单体得到冷却和浓缩。由于真空脱气的作用，也使单体大部分从外管回到中和器底部，小部分从外管下侧处用齿轮泵 5 抽出，送往单体储罐 6。总固体含量控制在 55% 左右。中和温度控制在 50～55℃，反应热主要靠水蒸气带走，部分热量靠外管夹套冷却水冷却移走。

(二) 烷基磺酸盐

烷基磺酸盐（SAS）表面活性与烷基苯磺酸钠相近，它在碱性、中性和弱酸性溶液中较为稳定，在硬水中具有良好的润湿、乳化、分散和去污能力，易于生物降解。其生产方法主要有磺氯化法和磺氧化法，其中以下介绍的磺氧化法目前最常使用。

1. 反应原理

正构烷烃在紫外线照射下，与 SO_2、O_2 作用生成烷基磺酸。

$$RCH_2CH_3 + SO_2 + \frac{1}{2}O_2 \longrightarrow R-\underset{SO_3H}{CH}-CH_3 \xrightarrow{NaOH} R-\underset{SO_3Na}{CH}-CH_3$$

紫外线是引发剂，在反应器中加入水，水-光磺氧化可制取烷基磺酸盐。

2. 工艺流程

如图 1-9 所示，二氧化硫和氧由反应器 1 底部的气体分布器进入，并很好地分布在由正构烷烃和水组成的液相中。反应器内装高压汞灯，液体物料在反应器中的停留时间为 6～7min，反应温度≤40℃，反应物料经反应器下部进入分离器 2，分出的油相经冷却器回到反应器再次反应。由于一次通过反应器的 SO_2 和 O_2 转化率不高，大量未反应气体由反应器顶部排出后，经升压也返回反应器。由分离器 2 分出的磺酸液（含有 19%～23% 磺酸，30%～38% 烷烃，6%～9% 硫酸及水等）在气体分离器 3 中脱去 SO_2 后进入蒸发器 4，从蒸发器 4 的下部流出的物料进入分离器 5，从下层分出 60% 左右的硫酸，上层为磺酸相并打入中和釜 6，用 50% 氢氧化钠中和。中和后的浆料约含有 45% 烷基磺酸盐和部分正构烷烃。

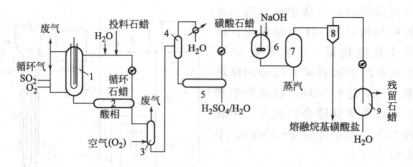

图 1-9 水-光磺氧化法生产烷基磺酸盐的工艺流程

1—反应器；2,5,8—分离器；3—气体分离器；4,7—蒸发器；6—中和釜；9—油水分离器

然后料浆进入蒸发器 7，再打入分离器 8。从分离器 8 底部分出高浓度的烷基磺酸盐，可制得含量为 60% 或 30% 的烷基磺酸盐产品。从分离器 8 的上部出来的物料经冷凝后，在油水分离器 9 中分出油相及水相。

3．操作注意事项

(1) 原料中杂质的含量　反应速率与杂质的浓度成反比。为了增加反应速率，提高产物质量，必须除去原料中的杂质，故芳烃含量必须控制在 $50×10^{-6}$ 以下。

(2) 光的辐射强度　磺酸的生成速率与光的辐射强度成增函数关系，增加辐射强度，可提高反应速率，采用波长 254~420nm 的高压汞灯较合适。

(3) 反应温度　磺氧化反应温度在 30~40℃ 为宜。温度太低，磺酸生成量减少；温度太高，气体在烷烃中的溶解度降低，磺酸生成量也会降低，且副反应增加。

(4) 气体空速　磺氧化反应是气液两相间的反应，增加气体空速有利于传质，气体通入量以 $3.5~5.5L/(h·cm^2)$ 为宜。高于此值对产率影响不大。

(5) 加水量　此反应过程中加入水，可将烷烃相中的反应物立即萃取出来，然后在分离器中分出磺酸；烷烃回到反应器继续进行反应。这样有效地控制了反应器中烷烃的一次转化率，提高了产品质量。反应过程中的加入水量可根据磺酸产率来确定，一般为磺酸产率的 2~2.5 倍。加水太多，反应器中的物料乳化严重，黏度增加，物料泵送料困难，磺酸难于从烷烃相中分离出来；加水量太少，反应混合物呈透明状，磺酸亦不易分出，且磺酸色泽加深，产率降低。

三、硫酸酯盐型

硫酸酯盐类是由醇或烯烃与硫酸、发烟硫酸、三氧化硫或氯磺酸作用，再经中和得到的一类阴离子表面活性剂。其通式可表示为 $R—OSO_3M$，由化学结构式可以看出，硫酸酯盐与磺酸盐的区别是：硫酸酯盐亲水基是通过氧原子即 C—O—S 键与亲油基连接，而磺酸盐则是通过 C—S 键直接连接。在酸性介质中，硫酸酯盐易发生水解。

硫酸酯盐是重要的阴离子表面活性剂，其亲油基可以是 $C_{10}~C_{18}$ 烃基、烷基聚氧乙烯基、烷基酚聚氧乙烯基、甘油单酯基等。其主要产物有脂肪醇硫酸盐（AS）、脂肪醇聚氧乙烯醚硫酸盐（AES）、烷基酚聚氧乙烯醚硫酸盐。它们都可用于生产洗涤剂、纺织工业用助剂和聚合反应的乳化剂。硫酸酯盐的生物降解性好，并有良好的表面活性，但在酸性条件下不宜长期保存。近年来随着各国要求合成洗涤剂的生物降解性好与限磷配方，脂肪醇聚氧乙烯硫酸盐与脂肪醇硫酸盐得到较快发展。

四、磷酸酯盐型

磷酸酯盐型表面活性剂具有优良的抗静电、乳化、防锈和分散等性能，广泛应用于纺织、化工、国防、金属加工和轻工等工业部门。

磷酸酯盐包括高级醇磷酸酯盐和高级醇或烷基酚聚氧乙烯醚磷酸酯盐两大类。高级醇磷酸酯盐属阴离子表面活性剂，而高级醇或烷基酚聚氧乙烯醚磷酸酯盐属非离子表面活性剂，参考相关章节。

高级醇磷酸酯盐也称为烷基磷酸酯，其化学结构可分为磷酸单酯和双酯。单酯溶于水，双酯较难溶于水，呈乳化状态。实际使用的产品都为两者的混合。

工业上采用脂肪醇和五氧化二磷反应制取烷基磷酸酯，反应式如下：

$$P_2O_5 + 4ROH \longrightarrow 2(RO)_2PO(OH) + H_2O \tag{1}$$

$$P_2O_5 + 2ROH + H_2O \longrightarrow 2ROPO(OH)_2 \tag{2}$$

$$P_2O_5 + 3ROH \longrightarrow (RO)_2PO(OH) + ROPO(OH)_2 \tag{3}$$

反应产物是单酯和双酯的混合物。单酯和双酯的比例与原料中的水分含量以及反应中生成的水量有关，水量增加，产物中的单酯含量增多；脂肪醇碳数较高，单酯生成量也较多。醇和 P_2O_5 的物质的量比对产物组成也有影响，二者的物质的量比从 2:1 改变到 4:1，产物中双酯的含量可从 35% 增加到 65%，用这种方法制得的产品成本较低。焦磷酸和脂肪醇用苯作溶剂，在 20℃ 进行反应，可制得单烷基酯。用三氯化磷和过量的脂肪醇反应，可制得纯双烷基酯。

第五节　阳离子型表面活性剂的合成

一、概述

阳离子型表面活性剂的化学结构中至少含有一个长链亲油基和一个带正电荷的亲水基。长链亲油基通常是由脂肪酸或石油化学品衍生而来，表面活性阳离子的正电荷除由氮原子携带外，也可以由硫原子及磷原子携带，但目前应用较多的阳离子型表面活性剂其正电荷都是由氮原子携带的。脂肪胺与季铵盐是主要的阳离子型表面活性剂，它们的氨基与季铵基带有正电荷；氨基低碳烷基取代的仲胺、叔胺水溶解度增大，季铵是强碱，溶于酸或碱液，胺、季铵与盐酸、硫酸、羟酸形成中性盐。

在使用阳离子型表面活性剂时应注意：它不能与肥皂或其他阴离子型表面活性剂共用，否则会引起阳离子活性物沉淀而失效；同样，遇到偏硅酸钠、硝酸盐、蛋白质、大部分生物碱、羧甲基纤维素也会发生作用而失效；阳离子型表面活性剂能与直接染料或荧光染料发生作用，使织物褪色，使用时也要注意。

阳离子型表面活性剂与其他类型的表面活性剂一样可在界面或表面上吸附，达到一定的浓度时在溶液中形成胶束，降低溶液的表面张力，具有表面活性，因此具有乳化、润湿、分散等作用。由于其具有强烈的静电引力，使亲油基朝向水相，使基质疏水，因而使它不适用于洗涤。由于阳离子型表面活性剂的表面吸附力在表面活性剂中最强，具有杀菌消毒性，对织物、染料、金属有强吸附作用，它可以用作织物的柔软剂、抗静电剂、染料固定剂、消毒剂。

市售的阳离子型表面活性剂的种类很多，但工业上有重要作用的都是含氮化合物。此外，还有𬭩类化合物，主要用作杀菌剂，但种类很少。含氮化合物阳离子型表面活性剂主要分为两大类：胺盐和季铵盐。胺盐包括伯胺盐、仲胺盐、叔胺盐。如表 1-2 所示为一般常见的阳离子型表面活性剂。

表 1-2　一般常见的阳离子型表面活性剂

类　别	表面活性剂名称	结　构　式	用　　途
脂肪胺及盐类	伯胺	RNH_2　　R 中的 C=8～18	金属酸洗的钝化剂、防锈剂、矿物浮选剂，还可作其他阳离子型表面活性剂的原料，汽油添加剂
	仲胺	R_2NH　　R 中的 C=10～18	防锈剂，可作季铵盐的原料
	伯胺醋酸盐	$RNH_2 \cdot HAc$	采矿浮选剂，肥料防固化剂，沥青乳化剂
	伯胺盐酸盐	$RNH_2 \cdot HCl$	采矿浮选剂，肥料防固化剂
	伯胺磷酸盐	$RNH_2 \cdot H_3PO_4$	汽油添加剂
	烷基亚丙基二胺	$RNHCH_2CH_2CH_2NH_2$	汽油添加剂、沥青乳化剂
	多乙氨基脂肪酰胺	$R-CONH(CH_2CH_2NH)_n-H$ R 中的 C=8～16，n=1～4	纤维与纸张助剂
	多烷基多胺衍生物		其抗菌性和杀菌性强，用作乳化剂、纤维处理剂、抗静电剂、防腐剂、洗净剂、柔软剂
季铵盐	烷基三甲胺氯化物	$[R-N(CH_3)_3]^+Cl^-$	纤维的染色助剂和干洗剂，染料的固色剂，颜料的分散剂
	二烷基二甲胺氯化物	$\left[\begin{array}{c}R\\N(CH_3)_2\\R\end{array}\right]^+ Cl^-$	纤维柔软剂；软发剂
	二甲基烷基苄基铵氯化物	$\left[R-N\begin{array}{c}CH_3\\CH_3\\CH_2-\phi\end{array}\right]^+ Cl^-$	杀菌剂、消毒剂
	烷基吡啶盐	$[R-N\underset{}{\bigcirc}]^+ X^-$ (X 代表氯或溴)	染料固色剂

二、胺盐型

1. 高级脂肪胺的性质

高级脂肪胺一般均具有氨味，10 个碳原子以下的正构胺为无色液体，12 个碳原子以上的正构胺则为白色蜡状固体。脂肪胺与氨相似，在水溶液中呈碱性，与酸作用形成盐。这是因为氮原子上具有未共用电子时，能形成胺正离子的结果。

$$R-\underset{\underset{H}{|}}{\overset{\overset{H}{|}}{N}}+H^+OH^- \rightleftharpoons [R-NH_3]^+ +OH^-$$

脂肪胺可以与亚硝酸作用，但是伯胺、仲胺、叔胺的作用结果各不相同。伯胺与亚硝酸反应生成醇，并有氮气散出，因而可以通过氮气的测定来确定伯氨基。

$$R-NH_2 + HO-N=O \longrightarrow ROH + H_2O + N_2 \uparrow$$

2. 胺盐型阳离子表面活性剂

高级伯、仲、叔胺与酸中和便成为胺盐型阳离子表面活性剂。常用的酸有盐酸、甲酸、醋酸、氢溴酸、硫酸等。例如，十二胺是不溶于水的白色蜡状固体，加热至 60～70℃变成为液体后，在良好的搅拌条件下加入醋酸中和，即可得到十二胺醋酸盐。成为能溶于水的表面活性剂。但胺的高级羧酸盐不溶于水。伯胺的硫酸盐和磷酸盐也难溶于水。

一般按起始原料脂肪胺的不同，可以分为高级胺盐阳离子型表面活性剂和低级胺盐阳离子型表面活性剂。前者多由高级脂肪胺与盐酸或醋酸进行中和反应制得，常用作缓蚀剂、捕集剂、防结块剂等。通常是将脂肪胺加热成液体后，在搅拌下加入计量的醋酸，即可得脂肪胺醋酸盐，反应式如下：

$$RCH_2NH_2 + CH_3COOH \longrightarrow RCH_2NH_2 \cdot CH_3COOH$$

后者则由硬脂酸、油酸等廉价脂肪酸与低级胺如乙醇胺、氨基乙基乙醇胺等反应后再用醋酸中和制得，不仅价格远远低于前者，而且性能良好，适于做纤维柔软整理剂的助剂。如用工业油酸与异丙基乙二胺在 290～300℃反应，将生成物再用盐酸中和，即得一种起泡性能优异的胺盐型表面活性剂。

脂肪胺盐型表面活性剂的纯品均为无色，工业上大规模生产得到的是液体或膏体，可能呈现淡黄色至浅褐色。

三、季铵盐型

季铵盐是阳离子型表面活性剂中最重要的一类，有强碱性，它使表面活性剂有强亲水性，能溶于水与碱液。它的结构式是：

$$\left[\begin{matrix} R^1 & R^3 \\ N^+ \\ R^2 & R^4 \end{matrix} \right] Cl^-$$

式中，R^1 是高碳烷基（C_{12}～C_{18}）；R^2 可以是高碳烷基或甲基；R^3 是甲基；R^4 可以是甲基、苄基、烯丙基等。

季铵盐阳离子型表面活性剂通常由叔胺与烷基化剂经季铵化反应制取，反应的关键在于各种叔胺的获得，季铵化反应一般较易实现。最重要的叔胺是二甲基烷基胺、甲基二烷基胺及伯胺的乙氧基化物和丙氧基化物。

最常用的烷基化剂为氯甲烷、氯苄及硫酸二甲酯，但是卤代长链烷烃，如月桂基氯或月桂基溴也有工业应用。由于烷基化剂氯甲烷、硫酸二甲酯等有毒，所以不允许残留在产品中。因此如有可能，就应使烷基化剂的使用量稍小于化学计量，如不行，则可添加氨以分解硫酸二甲酯，或者用氮气吹洗除去氯甲烷。

工业上常用的季铵盐是长碳链季铵盐，其次是咪唑啉季铵盐。下面以十二烷基二甲基苄基溴化铵为例介绍长碳链季铵盐的合成。

(1) 生产原理　原料十二醇与 HBr 在硫酸存在下制得溴代十二烷，然后与二甲基苄基胺发生季铵化反应。

$$C_{12}H_{25}OH \xrightarrow[H_2SO_4]{HBr} C_{12}H_{25}Br$$

(2) 实验室制法　在装有搅拌器的 500mL 圆底蒸馏烧瓶中，加入 117g 十二醇，在冷却和搅拌下，慢慢滴加 10mL96%硫酸，1h 后，通入 48g 氢溴酸，加热至 90～95℃，搅拌至

$$\text{C}_{12}\text{H}_{25}\text{Br} + \underset{\text{CH}_2\text{N(CH}_3)_2}{\bigcirc} \longrightarrow \left[\underset{\text{CH}_3}{\overset{\text{CH}_3}{\bigcirc\!-\!\text{CH}_2\!-\!\overset{|}{\underset{|}{\text{N}}}\!-\!\text{C}_{12}\text{H}_{25}}} \right]^{+} \text{Br}^{-}$$

反应完毕。静置并分去酸层。油层用碱液调至 pH8 左右，分去碱层，用 50%乙醇洗 2 次，减压蒸馏，收集 1.25×133.3Pa/140～200℃馏分，得溴代十二烷。将溴代十二烷放入烧瓶中，加入 73g 二甲基苄基胺，搅拌加热至 80℃，反应放热，温度升至 110℃，控制在此温度反应 6h，反应至终点，得十二烷基二甲基苄基溴化铵。

（3）工业生产流程简图

```
                    H₂SO₄    液碱           二甲基苄基胺
                      ↓       ↓                ↓
  十二醇  →  [溴化] → [中和] → [蒸馏] → [季铵化] → 成品
  氢溴酸
```

（4）主要设备　溴化反应罐、减压蒸馏釜、季铵化反应釜、储槽。

（5）生产方法　将十二醇加入搪玻璃反应罐中，在搅拌和冷却条件下，缓慢加入硫酸 583kg（工业品，95%），1h 后，加入氢溴酸 238kg。逐步升温至 90～95℃，持续搅拌反应 8h。反应完毕，静置后分去酸层，用稀碱液调节油层的 pH8 左右，分去碱液，再以 50%的乙醇洗 2 次，经减压蒸馏，收集 140～200℃/1.25×133.3Pa 馏分，即可得溴代十二烷，收率可达 90%以上。

在装有溴代十二烷的搪玻璃反应釜中，加入 98%二甲基苄基胺 362kg，搅拌加热至 80℃，再让反应物自然升温至 110℃，冷却，控制温度继续升高。搅拌反应持续 6h，得到十二烷基二甲基苄基溴化铵。收率可达 99%。

（6）质量检验（活性物含量测定）　准确移取 5.0mL 0.003mol/L 月桂醇硫酸钠（阴离子表面活性剂）标准溶液置于滴定瓶中。加 10mL pH12 的缓冲溶液（43.2mL 0.1mol/L NaOH+50mL 0.1mol/L Na₂HPO₄，定容至 100mL，pH12），再加入 1.5g NaCl，8 滴 0.05%的溴酚蓝指示剂、10mL 二氯乙烷（沸点 82～84℃），充分摇匀后，用待测的十二烷基二甲基苄基溴化铵试样溶液滴定，当二氯乙烷层出现蓝色时达到终点。

$$\text{活性物含量} = \frac{cV \times 0.3844}{G} \times 100\%$$

式中　c——月桂醇硫酸钠标准溶液浓度，mol/L；
　　　V——月桂醇硫酸钠标准溶液体积，mL；
　　　G——滴入的试样的质量，g。

（7）产品用途　本品为常用的阳离子型表面活性剂，兼有杀菌和去垢效力，在医药上用作消毒防腐剂。稀释液可用于外科手术前洗手（0.05%～0.1%，浸泡 5min）、皮肤消毒和霉菌杀菌（0.1%）、黏膜消毒（0.01%～0.05%）、器械消毒（置于 0.1%的溶液中煮沸 15min 后再浸泡 30min）。忌与肥皂、盐类或其他合成洗涤剂同时使用，避免使用铝制容器，消毒金属器械需加 0.5%亚硝酸钠防锈，不宜用于膀胱镜、眼科器械及合成橡胶的消毒。对革兰阴性杆菌及肠道病毒作用弱。对结核杆菌及芽孢无效。

（8）安全措施

① 生产中使用 HBr、二甲基苄基胺等有毒或腐蚀性物品，设备应密闭，车间内保持良好通风状态，操作人员应穿好劳保用品。

② 密封包装，储于干燥、避光处。按一般化学品规定储运。

第六节 两性表面活性剂的合成

两性表面活性剂具有良好的去污、起泡和乳化能力，耐硬水性好，对酸碱和各种金属离子都比较稳定，毒性和皮肤刺激性低，生物降解性好，并具有抗静电和杀菌等特殊性能。因此，其应用范围在不断扩大，特别是在抗静电、特种洗涤剂以及香波、化妆品等领域，预计两性表面活性剂的品种和产量将会进一步增加，生产成本也会有所下降。

一、氨基酸型两性离子表面活性剂

这类产品大都是烷基氨基酸的盐类，具有良好的水溶性，洗涤性能很好，并有杀菌作用。它们的毒性比阳离子活性物低，常用于洗发膏及洗涤剂中。典型产品及合成路线举例如下。

N-十二烷基-β-氨基丙酸钠的制取方法：

$$C_{12}H_{25}NH_2 + CH_2=CHCOOCH_3 \longrightarrow C_{12}H_{25}NHCH_2CH_2COOCH_3$$
$$\xrightarrow{NaOH} C_{12}H_{25}NHCH_2CH_2COONa + CH_3OH$$

当十二胺与丙烯酸甲酯的比例为 1∶2 时，则可得到二羧酸。$RN(CH_2CH_2COOH)_2$ 根据烷基碳数、亲水基部分氨基和羧基数以及所在位置的不同，可以产生各种产品。用丙烯腈代替丙烯酸甲酯，也可制取氨基酸型两性表面活性剂，且成本较低。

$$C_{12}H_{25}NH_2 \xrightarrow{ClCH_2COONa} C_{12}H_{25}NHCH_2COONa + NaCl$$

$$C_{12}H_{25}NHCH_2COONa \xrightarrow[NaOH]{ClCH_2COONa} C_{12}H_{25}N\begin{array}{c}CH_2COONa\\ \\ CH_2COONa\end{array} + NaCl$$

它是一种优良的杀菌剂。

二、甜菜碱型两性离子表面活性剂

甜菜碱的结构为：

$$\begin{array}{c}CH_3\\ | \\ CH_3-N^+-CH_2COO^-\\ | \\ CH_3\end{array}$$

甜菜碱型两性离子表面活性剂是指甜菜碱中的甲基被长链烷基取代后的产物，即：

$$\begin{array}{c}CH_3\\ | \\ R-N^+-CH_2COO^-\\ | \\ CH_3\end{array}$$

式中，R 为 $C_{12}\sim C_{18}$。这类化合物是由季铵盐型阳离子部分和羧酸盐型阴离子部分构成的。它在任何 pH 下都能溶于水，即使在等电点也无沉淀发生，不会因温度升高而出现浑浊，水溶液的渗透性、泡沫性较强，去污力也很好，超过一般阴离子型表面活性剂；分散力也较好，因此应用颇广，可作为洗涤剂、染色助剂、柔软剂、抗静电剂和杀菌剂等。杀菌力不及阳离子表面活性剂，在酸性溶液中对绿脓杆菌有作用，但对金黄色葡萄球菌及大肠杆菌则以碱性时的杀菌力较强。目前这一产物的成本还较高，因此仅用于某些特殊场合。甜菜碱型两性离子表面活性剂中最普通的品种是十二烷基二甲基甜菜碱，它是由叔胺和一氯醋酸乙酯反应：

$$RN(CH_3)_2 + ClCH_2COOC_2H_5 \xrightarrow{85\sim100℃} \left[\begin{array}{c} CH_3 \\ RN-CH_2-COOC_2H_5 \\ CH_3 \end{array}\right] \cdot Cl$$

然后再与 NaOH 作用，生成烷基二甲基甜菜碱：

$$\left[\begin{array}{c} CH_3 \\ RN-CH_2COOC_2H_5 \\ CH_3 \end{array}\right] \cdot Cl + NaOH \xrightarrow[pH=8\sim9]{<80℃} \begin{array}{c} CH_3 \\ RN^+-CH_2COO^- \\ CH_3 \end{array} + NaCl + C_2H_5OH$$

三、咪唑啉型两性离子表面活性剂

烷基化的咪唑啉衍生物是常见的平衡型两性离子表面活性剂。由于这类化合物的刺激性和毒性都很低，广泛用作婴儿香波。它又能与季铵化合物等产品配伍，因而也可用于某些无刺激性的成人化妆品中，这类产品的产量在国外大量增加，国内用量也在不断增长。典型产品如 1-烷基-2-羟乙基-2-羧乙基咪唑啉，通常可用脂肪酸和氨基乙基乙醇胺制取。使用过量的氨基乙基乙醇胺可抑制副反应。优质的咪唑啉型两性表面活性剂的纯度在 99% 左右，否则产品在储存时会产生浑浊或生成沉淀。上述产品结构式如下：

$$\begin{array}{c} N\!-\!\!-\!CH_2CH_2OH \\ R-C \\ \ \ \ \ \ N \\ \ \ \ \ \ \ \ \ CH_2COO^- \end{array}$$

第七节 特殊类型表面活性剂

近年来发展了一些在分子的亲油基除碳、氢以外还含有其他一些元素的表面活性剂，如含有氟、硅、磷、硼等的表面活性剂。它们数量不大，用途特殊，故通称为特殊类型表面活性剂。例如氟表面活性剂与普通表面活性剂相比，突出"三高二憎"，即高表面活性、高热稳定性、高化学惰性、憎水性、憎油性。硅表面活性剂具有耐高温性，耐气候老化，无毒，无腐蚀及生理惰性。含硼表面活性剂既能溶于油又能溶于水，沸点高，不挥发，高温下极稳定但能水解。磷表面活性剂具有很强的抗菌性。目前这类表面活性剂已广泛用于国民经济的各个领域。

一、氟表面活性剂

氟表面活性剂和上述各类表面活性剂一样，也是由亲水基团和疏水基团两部分所组成，但以氟碳链代替通常的疏水基团碳氢链。由于氟碳链具有极强的疏水性及比较低的分子内聚力，因而其表面活性剂水溶液在很低浓度下呈现高的表面活性。

由于氟表面活性剂的这些特点，它可以应用于碳氢表面活性剂所难于发挥作用的地方。例如，用作高效的泡沫灭火剂、电镀添加剂，也可用于织物的防水防油整理、防污整理，渗透剂和精密电子仪器清洗剂，还可用作乳液聚合的乳化剂等，它都具有突出的性能。

工业上制取氟碳链主要有电解氟化法、调聚法和全氟烃齐聚法。此处简要介绍一下电解氟化法。

含氟辛基磺酸钾的生产，其结构式为 $CF_3(CF_2)_6CF_2SO_3K$；分子式为 $C_8F_{17}KO_3S$。

将无水氢氟酸加入电解槽中，在 15V 左右进行电解干燥，当电流降到一定值后，加入辛基磺酸，控制电压 4～15V，电流强度 0.1～2A，温度 10～15℃，进行电化学氟化。定期从底部放出反应生成物，并补入原料直至极板钝化为止。反应物为辛基磺酸氟。精制后备用。

在洗盐釜中，预先加入 95% 乙醇和与乙醇等体积的去离子水，再加入一定的氢氧化钾、氧化钙，升温至 70℃，然后，在搅拌下滴加计量的辛基磺酸氟。当 pH 至 7 时，终止反应。趁热过滤，除去滤渣。滤液冷却，结晶，过滤，干燥后即得含氟辛基磺酸钾表面活性剂。反应式如下：

$$C_8H_{17}SO_3H + HF \longrightarrow C_8F_{17}SO_3F \xrightarrow{KOH} C_8F_{17}SO_3K$$

二、硅表面活性剂

以硅烷基链或硅氧烷基链为亲油基，聚氧乙烯链、羧基、磺酸基或其他极性基团为亲水基所构成的表面活性剂为含硅的表面活性剂。它是除含氟碳表面活性剂外的优良表面活性剂类别。硅表面活性剂按其亲油基不同又可分为硅烷基型和硅氧烷基型；若按亲水基分则和其他表面活性剂类似，有阴离子型、阳离子型和非离子型。硅表面活性剂的合成也包括有机硅亲油链的合成和亲水基团的引入两步，第一步常由专业有机硅生产厂完成，此处仅就含硅表面活性剂的合成作一简介。

1. 含硅非离子型表面活性剂的合成

（1）羟代甲基衍生物与环氧乙烷的反应

$$\mathrm{CH_3-\underset{\underset{CH_3}{|}}{\overset{\overset{CH_3}{|}}{Si}}-(CH_2)_3OH} + n\mathrm{CH_2\!-\!\!\!\underset{O}{\diagdown\!\!\!\diagup}\!\!\!-CH_2} \xrightarrow{\mathrm{KOH}} \mathrm{CH_3-\underset{\underset{CH_3}{|}}{\overset{\overset{CH_3}{|}}{Si}}-(CH_2)_3O(CH_2CH_2O)_nH}$$

（2）含氢硅氧烷和含烯基聚醚的加成

$$\mathrm{(CH_3)_3Si\!-\!\!\left(\!OSi\underset{\underset{CH_3}{|}}{\overset{\overset{CH_3}{|}}{}}\!\right)_{\!n}\!\!-O\!-\!Si\underset{\underset{CH_3}{|}}{\overset{\overset{CH_3}{|}}{}}\!-H} + \mathrm{CH_2\!=\!CHCH_2O\!\left(CH_2CH_2O\right)_{\!m}\!CH_3}$$

$$\longrightarrow \mathrm{(CH_3)_3Si\!-\!\!\left(\!OSi\underset{\underset{CH_3}{|}}{\overset{\overset{CH_3}{|}}{}}\!\right)_{\!n}\!\!-OSi\underset{\underset{CH_3}{|}}{\overset{\overset{CH_3}{|}}{}}\!-(CH_2)_3O\!\left(CH_2CH_2O\right)_{\!m}\!CH_3}$$

用上述两种方法可以合成 Si—C 键的共聚物，对酸、碱稳定，具有较好的水解稳定性，常用作纺织品整理剂使用。

2. 阳离子含硅表面活性剂的合成

阳离子含硅表面活性剂可以通过含卤素的硅烷及硅氧烷与胺类反应来完成，其反应式如下：

$$\mathrm{(CH_3O)_3Si(CH_2)_3Cl + C_{18}H_{37}N(CH_3)_2} \longrightarrow \left[\mathrm{(CH_3O)_3-Si(CH_2)_3-\underset{\underset{CH_3}{|}}{\overset{\overset{CH_3}{|}}{N}}-C_{18}H_{37}}\right]^{+}\mathrm{Cl^{-}}$$

这是一种很好的持久性抑菌卫生剂，可用于袜品、内衣、寝具的卫生整理。

3. 阴离子含硅表面活性剂的合成

利用丙二酸酯中次甲基氢的活性，以及水解后丙二酸受热脱羧的特性，使其和含卤素的硅烷成硅氧烷反应。

$$R_3SiC_nH_{2n}X + H-\underset{COOC_2H_5}{\overset{COOC_2H_5}{\underset{|}{C}}}H \longrightarrow R_3SiC_nH_{2n}-\underset{COOC_2H_5}{\overset{COOC_2H_5}{\underset{|}{C}}}H \longrightarrow R_3SiC_nH_{2n}COOH$$

引入羧基后的含硅及硅氧烷化合物不仅本身可用作表面活性剂，而且可由此引入酰胺及酯类的一系列其他类型的表面活性剂。

由于含硅表面活性剂具有良好的表面活性和较高的稳定性，可用于合成纤维油剂及织物的防水剂、抗静电剂、柔软剂，在化妆品中可用作消泡剂、调整剂等。含硅阴离子型表面活性剂也具有很强的杀菌作用。

三、磷表面活性剂

几十年来，人们做了大量的工作来开发含磷的表面活性剂。部分原因是磷脂存在于自然界中，它是构成生命的一种必要化学成分。人工合成的以磷为基础的表面活性剂有润湿、乳化、发泡、调理和抗菌等众多特性。这些特性不可在一种化学品中体现，是由化合物的自身结构直接决定的。如烷基磷酸酯，由于结构上和生理上类似于天然卵磷脂，毒性低、刺激性小，近年来广泛应用于个人护理用品中。此处，仅以含氟含磷表面活性剂来作一介绍。

1. 含氟含磷表面活性剂

又名二（1,1,5-三氢八氟戊基）磷酸酯盐。其结构式为

$$\begin{matrix} H(C_2F_4)_2CH_2O \\ H(C_2F_4)_2CH_2O \end{matrix} \overset{O}{\underset{OK}{P}}$$

分子式为 $C_{10}H_6F_{16}PKO_4$，产品为白色结晶。熔点为 250～300℃。表面张力（0.25%溶液）0.03～0.04N/m，溶于水。可用于纺织、皮革、造纸工业作融化剂、润湿剂。

2. 生产方法

将四氟化戊醇加入反应釜中，预热至40℃后加入0.2%的亚磷酸（防止五氧化二磷局部氧化）。然后分批加入五氧化二磷。加毕，升温至80～90℃反应4～5h。酯化结束后，加入双氧水把亚磷酸氧化为磷酸，趁热过滤，除去杂质。将滤液打入中和釜，在70℃下用30%的KOH中和至pH为8～8.5。浓缩，结晶干燥得产品。反应式如下：

$$H(C_2F_4)_2CH_2OH + P_2O_5 \longrightarrow \begin{matrix} H(C_2F_4)_2CH_2O \\ H(C_2F_4)_2CH_2O \end{matrix} \overset{O}{\underset{OH}{P}} \xrightarrow{KOH} \begin{matrix} H(C_2F_4)_2CH_2O \\ H(C_2F_4)_2CH_2O \end{matrix} \overset{O}{\underset{OK}{P}}$$

四、硼表面活性剂

硼是一种无毒、无公害，具有杀菌、防腐、抗磨和阻燃性能的非活性元素。因此，含硼特种表面活性剂具有碳氢表面活性剂无法代替的长处。该类产品无毒、无腐蚀性，沸点高，具有阻燃性、杀菌性；可用作气体干燥剂，润滑油、压缩机工作介质的添加剂；还可用作聚氯乙烯、聚乙烯、聚丙烯酸甲酯的抗静电剂、防滴雾剂，各种物质的分散剂和乳化剂等。因此，硼系表面活性剂具有广阔的应用前景。

在合成硼系表面活性剂时，一般都用多羟基化合物，如甘油与硼酸反应生成硼酸酯中间体：单甘酯（MGB）、双甘酯（DGB）。这些中间体带有活性基团（羟基），可与脂肪酸、脂肪酸酰氯、环氧乙烷、环氧氯丙烷等物质反应生成相应的表面活性剂。基本都是以MGB、DGB为原料合成的硼系表面活性剂，常称为单甘酯类硼系表面活性剂和双甘酯类硼系表面活性剂。在合成中间体MGB、DGB的过程中，有直接法、酯交换法和溶剂法。目前一般采

取潜溶剂法。下面以双甘酯类硼系阴离子型表面活性剂为例介绍其合成方法。

双甘酯类硼系阴离子型表面活性剂是含硼表面活性剂中研究最深入的一类,其具有良好的表面活性、乳化和分散性能,可用作乳化剂、分散剂、润滑油的添加剂和金属切削液的润滑剂、防锈剂等。它主要是用DGB或通过环氧乙烷改性,以提高产品水溶性的DGB与脂肪酸或脂肪酰氯酯化,可得如结构RDGB、REDGB的产品。

(REDGB: R=C_{12}~C_{20}; m,n=0~30; RDGB: m,n=0)

另外,也可用环氧化合物与硼酸在100℃下反应4h,再在氮气保护下,于160℃下反应脱水,可得到结构如2RDGB的双甘酯类阴离子型表面活性剂,反应方程式如下:

$$2RCH{-}CH_2 + H_3BO_3 \xrightarrow{100℃} RCHCH_2OBOCH_2CHR \quad (1)$$

$$(1) \xrightarrow{160℃} (2RDGB)$$

本章小结

1. 表面活性剂是指在溶剂中加入很少量即能显著降低溶剂表面张力,改变体系界面状态的物质。根据表面活性剂结构中离子的带电荷的特征,可分为阴离子型、阳离子型、非离子型和两性表面活性剂。

2. 表面活性剂具有的特点有双亲性、溶解性、表面吸附、界面定向、形成胶束、多功能性。

3. 临界胶束浓度(简称CMC)是指表面活性剂在溶剂中的浓度达到一定值时,其分子会聚集生成胶束,这一浓度的极限值称为临界胶束浓度。

4. 表面张力是指作用于液体表面单位长度上使表面收缩的力(mN/m)。表面张力是液体内在的性质,其大小主要取决于液体自身和与其接触的另一相物质的种类。

5. 表面活性剂的亲水亲油平衡(HLB)值是一个经验值,是表示表面活性剂的亲水性、亲油性好坏的指标。HLB值越高,表示表面活性剂的亲水性越强,反之,亲油性强。

6. 非离子表面活性剂是以分子中含有在水溶液中不解离的聚氧乙烯醚链,即R—O—$(CH_2CH_2O)_n$H为主要亲水基的表面活性剂。按其亲水基结构不同可分为聚氧乙烯型、烷基酰胺型、多元醇酯型、糖苷型以及聚醚型。掌握辛基酚聚氧乙烯醚、二甲基十二烷基酰胺的生产原理及生产工艺。

7. 阴离子表面活性剂是在水溶液中解离开来,其活性部分为阴离子的表面活性剂。市场上出售的阴离子表面活性剂按其亲水基不同主要有三大类,包括磺酸盐型、硫酸酯盐型、磷酸酯盐型。掌握以烷基苯磺酸钠、烷基磺酸盐为例的阴离子型表面活性剂的生产原理及生产工艺。

8. 阳离子型表面活性剂的化学结构中至少含有一个长链亲油基和一个带正电荷的亲水基。工业上含氮化合物的阳离子型表面活性剂主要有胺盐和季铵盐两大类。掌握十二烷基二甲基苄基溴化铵的生产原理及生产工艺。

9. 两性表面活性剂的亲水部分至少含有一个阳离子基与一个阴离子基。两性表面活性剂的阳离子基，通常是仲胺、叔胺或季铵基，阴离子基通常是羧基、磺酸基、硫酸基。了解氨基酸型、甜菜碱型、咪唑啉型两性表面活性剂生产原理。

10. 特殊表面活性剂是指含氟、硅、磷、硼的表面活性剂，因数量不大，用途特殊，故通称为特殊类型表面活性剂。

复习思考题

1-1 什么叫表面活性剂？它有哪些结构特点？
1-2 表面活性剂分为哪几类？
1-3 表面活性剂有哪些作用？
1-4 HLB是指什么？它有什么应用？
1-5 非离子型表面活性剂有哪几类？试列举一例说明非离子型表面活性剂产品的性能及生产方法。
1-6 阴离子型表面活性剂有哪几类？试列举一例说明阴离子型表面活性剂产品的性能及生产方法。
1-7 阳离子型表面活性剂有哪几类？试列举一例说明阳离子型表面活性剂产品的性能及生产方法。
1-8 什么叫两性表面活性剂？其产品具有哪些特性？
1-9 什么叫特殊表面活性剂？其代表产品有哪些？

阅读材料

新型表面活性剂

一、孪连表面活性剂

孪连表面活性剂（gemini surfactant）是驱油用表面活性剂，是一类带有两个疏水链、两个离子基团和一个桥联基团的化合物，类似于两个普通表面活性剂通过一个桥梁连接在一起。孪连表面活性剂不仅具有极高的表面活性，而且具有很低的克拉夫特点（Krafft点）和很好的水溶性。正是由于此类表面活性剂的显著特点，使其应用于三次采油领域具有得天独厚的优势。如 T 系列阴离子型孪连表面活性剂是一类耐温耐盐型驱油用表面活性剂，突出优点是对超高矿化度的极强耐受性。可根据具体油藏条件选择不同碳链长度疏水基的产品。其结构简式：

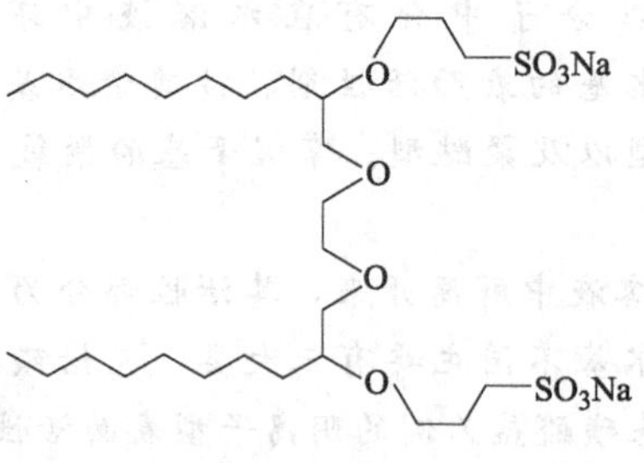

二、生物农药表面活性剂

生物农药表面活性剂是一种新型的农药生物表面活性剂，对人、兽无毒无害，无污染、无毒性、无公害，它是用于生产天然除虫菊酯（pyrethrum）、烟碱（nicotine）、鱼藤酮（rotenone)、苏云金杆菌（*Bacillus Thuringiensis*）等生物农药无公害的农药制剂。集溶解、增溶、渗透、稳定、溶剂、乳化、稀释功能作用于一体的淡黄色油状液体。pH6~7，易溶于水乳化成白色水基型液体，在液体状原药中加入 5%~97%，可获得浓度 95%~3% 的制剂，易溶于水，也可作原油使用。其优点：它是农药的万能助剂，用此助剂，无需加入溶剂、乳化剂、稳定剂、增效剂、分散剂等任何化学助剂，就能够真正得到高浓度的生物杀虫农药，用户可直接使用，无毒无害，是当代最新产品，解决了生物农药中很大的技术难题。

三、快速加水表面活性剂

Wetting Agent 是一种可食用的表面活性剂（又称湿润活性剂），能对谷物快速润湿，加工谷物或饲料的配料不到 30min 就可以完全润湿，达到一个最适宜饲料加工的程度，是美国 Grain Prep 品牌的专利产品。使用此表面活性剂能使饲料加工的配料混合得更均匀，让各类型饲料的最终产品（包括颗粒料、混合料、挤压料、蒸汽压片的和干压的粮食）稳定一致，颗粒的尺寸会改善，淀粉的胶凝作用更均衡，饲料加工区粉尘减少等。

实验一　十二醇硫酸钠的制备

一、实验目的

1. 了解阴离子型表面活性剂的主要性质和用途。
2. 掌握高级醇硫酸酯盐类表面活性剂的合成原理及合成方法。

二、产品特性与用途

1. 产品特性

十二烷基硫酸钠（dodecyl sodium sulfate）又称十二醇硫酸钠、月桂醇硫酸钠。分子式为 $C_{12}H_{25}SO_4Na$；相对分子质量为 288.4；结构式为 $CH_3(CH_2)_{11}OSO_3Na$。它是重要的脂肪醇硫酸酯盐类的阴离子表面活性剂。十二烷基硫酸钠是白色至淡黄色固体，易溶于水，具有优良的发泡、润湿、去污等性能，泡沫丰富、洁白而细密，适于低温洗涤，易漂洗，对皮肤刺激性小。它的去污力优于烷基磺酸钠和烷基苯磺酸钠，在有氯化钠等填充剂存在时洗涤效能不减，反而有些增高。由于十二烷基硫酸镁盐和钙盐有相当高的水溶性，因此十二醇硫酸钠可在硬水中使用。它还具有较易被生物降解、低毒、对环境污染较小等优点。

脂肪醇硫酸钠的水溶性、发泡力、去污力和润湿力等使用性能与烷基碳链结构有关。当烷基碳原子数从 12 增至 18 时，它的水溶性和在低温下的起泡力随之下降，而去污力和在较高温度（60℃）下的起泡力都随之有所升高，至于润湿力则没有规律性变化，其顺序为 $C_{14} > C_{12} > C_{16} > C_{18} > C_{10} > C_8$。

2. 产品用途

在牙膏中作发泡剂；用于配制洗发香波、润滑油膏等；广泛用于丝、毛一类的精细织物的洗涤，以及棉、麻织物的洗涤；广泛用于乳液聚合、悬浮聚合、金属选矿等工业中。

三、实验原理

十二醇硫酸钠的制法，可用发烟硫酸、浓硫酸或氯磺酸与十二醇反应。首先进行硫酸化反应生成酸式硫酸酯，然后用碱溶液将酸式硫酸酯中和。硫酸化反应是一个剧烈的放热反应，为避免由于局部高温而引起的氧化、焦油化以及醚的生成等种种副反应，需在冷却和加强搅拌的条件下，通过控制加料速度来避免整体或局部物料过热。十二醇硫酸钠在弱碱和弱酸性水溶液中都是比较稳定的，但由于中和反应也是一个剧烈放热的反应，为防止局部过热引起水解，中和操作仍应注意加料、搅拌和温度的控制。

本实验以十二醇和氯磺酸为原料，反应式如下：

$$CH_3(CH_2)_{11}OH + ClSO_3H \longrightarrow CH_3(CH_2)_{11}OSO_3H + HCl\uparrow$$

$$CH_3(CH_2)_{11}OSO_3H + NaOH \longrightarrow \underset{\text{十二醇硫酸钠}}{CH_3(CH_2)_{11}OSO_3Na} + H_2O$$

四、主要仪器与试剂

(1) 仪器 电加热套、电动搅拌器及尾气吸收装置等。

(2) 试剂 7.5mL 氯磺酸、19g 十二醇、30% 氢氧化钠水溶液及 30% 双氧水等。

五、实验内容与操作步骤

1. 十二烷基磺酸的制备

在装有搅拌器、温度计、恒压滴液漏斗和尾气能导出至吸收装置的干燥的四口烧瓶内加入 19g (0.1mol) 月桂醇。所用的仪器必须经过彻底干燥处理，装配时要确保密封良好。反应器的排空口必须连接氯化氢气体吸收装置。操作时应杜绝因吸收造成的负压而导致吸收液倒吸进入反应瓶的现象发生。开动搅拌器，瓶外用冷水浴（温度 0～10℃）冷却，然后通过滴液漏斗慢慢滴入 7.5mL (0.11mol) 的氯磺酸。控制滴入的速度，使反应保持在 30～35℃ 的温度下进行，同时用 5% 的氢氧化钠水溶液吸收氯化氢尾气。氯磺酸加完后，继续在 30～35℃ 下搅拌 1h，结束反应。之后继续搅拌，用水喷射泵抽尽四口烧瓶内残留的氯化氢气体。得到十二烷基磺酸，密封备用。

2. 十二醇硫酸钠的制备

在烧杯内倒入少量 30% 的氢氧化钠水溶液，烧杯外用冷水浴冷却，搅拌下将制得的十二烷基磺酸分批、逐渐倒入烧杯中，再间断加入 30% 的氢氧化钠水溶液，保持中和反应物料在碱性范围内。产物在弱酸性和弱碱性介质中都是比较稳定的，若为酸性，则产物会分解为醇。30% 的氢氧化钠水溶液共用去约 15～18mL。氢氧化钠水溶液的用量不宜过多，以防止反应体系的碱性过强。中和反应的温度控制在 50℃ 以下，避免酸式硫酸酯在高温下分解。加料完毕，物料的 pH 应在 8～9。然后加入 30% 双氧水约 0.5g，搅拌，漂白，得到稠厚的十二醇硫酸钠浆液。把浆状产物铺开自然风干，留待下次实验时再称重。

3. 烘干

将上述的浆液移入蒸发皿，在蒸汽浴上或烘箱内烘干，压碎后即可得到白色颗粒状或粉状的十二醇硫酸钠。称重，计算收率。

由于中和前未将反应混合物中的 $ClSO_3H$、H_2SO_4 以及少量的 HCl 分离出去，因此最后产物中混有 Na_2SO_4 和 $NaCl$ 等杂质，会造成收率超过理论值。这些无机物的存在对产品的使用性能一般无不良影响，相反，还起到一定的助洗作用。微量未转化的十二醇也有柔滑作用。

4. 产品检验

纯品十二醇硫酸钠为白色固体，能溶于水，对碱和弱酸较稳定，在 120℃ 以上会分解。本实验制得的产品和工业品大致相同，不是纯品。工业品的控制指标一般为：

活性含量	≥80%	pH（3%溶液）	8~9
无机盐	≤8%	高碳醇	≤3%
水分	≤3%		

判断反应完全程度简单的定性方法是：取样，溶于水中，溶解度大且溶液透明则表明反应完全程度高（脂肪醇硫酸钠溶于水中呈半透明状，若相对分子质量越低，则溶液越透明）。

活性物含量的测定可参考 GB 5173—85。无机盐含量可按通常的灰分测定法测出。水分含量可通过加热至恒重的方法测出。

六、实验记录与数据处理

1. 实验记录

可参照下表的格式记录实验数据。

产品名称	性状	pH(3%溶液)	产量/g
十二醇硫酸钠			

2. 数据记录

产品名称	收率/%
十二醇硫酸钠	

七、安全与环保

氯磺酸的腐蚀性很强，在称量和加料过程中要佩戴橡胶手套，防止皮肤被灼伤，并在通风橱内称量。氯磺酸在加料前应蒸馏一次，收集沸程在 151~152℃ 的馏分，供使用。氯磺酸也可用 98% 的浓硫酸或含游离的 SO_3 的发烟硫酸代替，操作方法相似，但收率偏低，质量也较差。

八、思考题

1. 硫酸酯类阴离子表面活性剂有哪几种？
2. 滴加氯磺酸时温度为什么控制在 35℃ 以下？

第二章 合成材料助剂

学习目标

1. 掌握合成材料助剂的定义、分类；各典型合成材料助剂的生产原理及工艺。
2. 理解并熟悉各主要品种的合成材料助剂生产原理。
3. 了解各合成材料助剂的作用机理及其在实际中的应用。

第一节 概 述

一、助剂的定义

助剂又称添加剂。广义地讲，助剂是泛指某些材料和产品在生产和加工过程中为改进生产工艺和产品的性能而加入的辅助物质。狭义地讲，加工助剂是指那些为改善某些材料的加工性能和最终产品的性能而分散在材料中，对材料结构无明显影响的少量化学物质。本书所指的助剂主要是指合成材料助剂。

助剂是精细化工行业中的一大类产品。它能赋予制品以特殊性能，延长其使用寿命，扩大其应用范围，能改善加工效率，加速反应过程，提高产品收率。因此，助剂广泛应用于化学工业，特别是有机合成，塑料、纤维、橡胶等三大合成材料的制造加工，以及石油炼制、纺织、印染、农药、医药、涂料、造纸、食品、皮革等精细化工工业部门。

二、助剂的分类及作用

助剂的分类比较复杂，大致有以下几种分类方法。

按应用对象分类可分为四类，即高分子材料助剂、纺织染整助剂、石油工业用助剂、食品工业用添加剂。

按使用范围分类，一般可分为合成用助剂和加工用助剂，合成助剂是指在合成反应中加入的助剂，加工用助剂是指材料在加工过程所加的添加剂。

按作用功能分类可分为九类，即稳定化助剂、改善力学性能助剂、改善加工性能助剂、柔软化和轻质化助剂、改进表面性能和外观的助剂、难燃性助剂、提高强度和硬度助剂、改变味觉助剂、改进流动性和流变性能助剂。

随着化工行业的发展，加工技术的不断进步和产品用途的日益扩大，助剂的类别和品种也日趋增加，其中最为重要的，具有代表性的、应用面广的合成材料助剂类型及作用如下。

（1）增塑剂　能增加高聚物的弹性，使之易于加工的物质。它大部分用于聚氯乙烯，是产量和消耗量最大的一类有机助剂，如邻苯二甲酸酯类，脂肪族二元酸酯类等。

(2) 抗氧剂　防止材料氧化老化的物质。它是稳定化助剂的主体，应用最广。在橡胶工业中，抗氧剂习惯上称作防老剂，如硫代二羧酸酯和亚磷酸酯等。

(3) 热稳定剂　防止材料老化的物质。它主要用于聚氯乙烯及氯乙烯共聚物之稳定剂。它包括碱性铅盐、金属皂类和盐类、有机锡化合物等主稳定剂和环氧化合物、亚磷酸酯、多元醇等有机辅助稳定剂。

(4) 光稳定剂　防止材料光氧老化的物质，又称紫外线光稳定剂。按照其主要的作用机理，光稳定剂可以分为光屏蔽剂、紫外线吸收剂、猝灭剂和自由基捕获剂四大类。如：光屏蔽剂包括炭黑、氧化锌等，水杨酸酯（紫外线吸收剂）、镍的有机螯合物（猝灭剂）、受阻胺类光稳定剂（自由基捕获剂）。

(5) 阻燃剂　增加材料难燃性的物质。难燃包含不燃和阻燃两个概念。阻燃剂广泛用于高分子材料、纺织纤维、纺织制品、造纸等行业。阻燃剂分添加型和反应型两大类。添加型阻燃剂包括磷酸酯、氯化石蜡、有机溴和氯化物、氢氧化铝及氧化锑等；反应型阻燃剂包含有卤代酸酐、卤代双酚 A 和含磷多元醇等类。

(6) 交联剂　使线性高分子转变成体型（三维网状结构）高分子的作用谓之"交联"，能引起交联的物质叫交联剂。交联的方法主要有辐射交联和化学交联。化学交联采用交联剂，常用的交联剂是有机过氧化物，其次是酯类；环氧树脂的固化剂也是交联剂，常用的固化剂是胺类和有机酸酐。紫外线交联的光敏化剂也归属交联剂。为了提高交联度和交联速度，有机过氧化物常与一些助交联剂和交联促进剂并用。

(7) 偶联剂　是在无机材料或填料与有机合成材料之间起偶联作用的一种物质，也是应用于黏合材料和复合材料中的一种助剂。主要有硅烷衍生物、羧酸酯类、锆酸酯类和铬络合物。

(8) 抗静电剂　防止材料加工和使用时的静电危害而加入的一种物质。主要用于塑料和合成纤维的加工（作为纤维油剂的主要成分）。按作用方式的不同，抗静电剂分内部用抗静电剂和外部用抗静电剂两类。

(9) 抗菌剂和防腐剂　具有抵抗霉菌侵蚀能力的一种物质。用于高分子材料时多称之为抗菌剂，用于食品添加剂时多称之为防腐剂。

用于高分子材料的抗菌剂又叫防霉剂。主要品种有酚类化合物，如苯酚、氯代苯酚及衍生物等；有机金属化合物，如有机汞化合物，有机锡、有机铜、有机硫、有机磷、有机卤化物及氮杂环化合物等。

三、助剂的发展动向

1. 国内现状

助剂工业是比较新的化工行业。如果从有机促进剂在橡胶工业中大量采用的 20 世纪 20 年代初期算起，到现在只有 80 多年的历史。早期的助剂主要服务于橡胶工业。

以塑料助剂来讲，2005 年我国塑料助剂的生产能力约为 190 万吨，产量为 120 万吨，产值为 25 亿美元。2000～2005 年我国塑料助剂产量分别是 655kt、760.6kt、934.3kt、1040.9kt、1215.0kt、1384.2kt，年均增长率高达 16.1%，国内消费量年增长率约为 12%，远远高于世界塑料助剂消费量 4% 左右的年均增长率。2000 年和 2005 年我国塑料助剂主要品种的生产能力和产量情况见表 2-1。

表 2-1　2000 年和 2005 年我国塑料助剂主要品种的生产能力与产量

品　种	2000 年 生产能力/(kt/a)	2000 年 产量/kt	2005 年 生产能力/(kt/a)	2005 年 产量/kt	产量年均增长率/%
增塑剂	630	375	1250	880	18.6
阻燃剂	95	59.8	130	105	11.9
抗氧剂	24	14	38	21	8.5
加工及抗冲击改性剂	55	36	110	84	18.5
热稳定剂	82	55	130	95	11.6
光稳定剂	1.8	1.2	9.5	7.2	43.1
发泡剂	52	38	132	95	20.1
其他	106	76	120	97	5.0
合计	1045.8	655	1919.5	1384.2	16.1

对于橡胶助剂，一般是指硫化促进剂和防老剂等有机合成化学品，其耗用量大约是生胶的 35%～40%，据中国合成橡胶工业协会统计，2005 年全国合成胶产量达 152 万吨，橡胶助剂的耗量为 29.8 万吨。

全世界橡胶助剂的年耗量为 80～90 万吨，我国的产量占三分之一，且出口呈年增长趋势，至 2005 年我国橡胶助剂出口量占 30%，约 9 万吨。其中防老剂 4020、中间体 RT-培司、偶联剂 Si-69、防焦剂 CTP 等在世界名列前茅。我国橡胶助剂工业在"八五"、"九五"期间通过子午线轮胎引进技术原材料国产化的实施，取得突飞猛进的发展。"十五"期间，进入稳定发展时期，2005 年总产量 29.8 万吨，比"九五"期间增长 1.74 倍，各类产品质量基本满足要求。表 2-2 所示为近年来我国橡胶助剂的产量。

表 2-2　近年来我国橡胶助剂的产量　　　　　　　　　　　　单位：万吨

橡胶助剂	2000 年	2001 年	2002 年	2003 年	2004 年	2005 年
防老剂	3.48	3.80	4.10	6.25	6.95	8.26
促进剂	4.64	7.20	6.60	8.35	9.30	13.80
加工助剂及其他	2.60	2.76	7.30	6.00	8.35	7.24
助剂总产量	10.72	13.76	18.00	20.60	24.60	29.30

2. 助剂的发展趋势

(1) 绿色环保化　近年来发达国家和地区相继颁布了一系列法律、法规，限制或禁止重金属铅、镉及多溴联苯、氯化石蜡和多溴二聚醚等有机化合物在材料中的使用。我国《电子信息产品污染控制管理办法》已于 2007 年 3 月 1 日正式实施。除上述重金属和有害有机物外，欧盟还禁止或者限制三氧化二锑、邻苯二甲酸二辛(丁)酯在聚氯乙烯材料中的使用。在另外一些国家和地区，有机锡热稳定剂、大吨位抗氧剂 2,6-二叔丁基对甲酚也在限用之列。因此，国内应加快绿色环保助剂的开发和生产，减少生产面临禁用或限用的有毒、有害助剂。如塑料助剂中，重点开发偏苯超大型酸酯类(TOPM)、对苯二甲酸二辛酯、已二酸二辛酯、马来酸二丁酯等不同分子质量的聚酯增塑剂等高档环保产品；开发天然无毒抗氧剂维生素 E 与卵磷脂配制成的抗氧剂代替目前广泛使用的叔丁基对羟基茴香醚(BHA)、2,6-二叔丁基对甲酚没食子酸酯(PG)。

(2) 复配多功能化　对于塑料加工过程中，塑料制品需要使用多种助剂来实现多种功能，但往往是使塑料的加工性能下降和加工程序复杂，开发多种复合功能化助剂成为业界研究的热点。如受阻酚类抗氧剂与紫外线吸收剂复配；维生素 E 与亚磷酯、丙三醇、聚乙二醇和高孔率树脂复合成固体复合绿色抗氧剂。

(3) 高效和专用化 随着成型加工技术进步和对制品性能要求的提高,极大地促进了助剂门类的扩大,同时对新型助剂的品种和数量提出了更高要求。近年来我国开发的塑料助剂新产品呈现出专用化趋势,开发的新产品包括稀土增塑剂、偶联剂、热稳定剂、松香皂类成核剂、水滑石类阻燃剂和热稳定性能兼备等专用新型产品。

(4) 助剂高分子量化 迁移和抽提损失是影响助剂使用卫生性和效能持久性的致命因素。高分子量化一方面提高了助剂的耐热稳定性,有效抑制其在高温加工条件下的挥发损失;另一方面,耐迁移性和低抽出性还保证了制品的表面卫生和效能持久。

(5) 大吨位品种趋于大型化和集中生产 这种趋势在增塑剂和橡胶助剂方面比较明显。增塑剂的核心是邻苯二甲酸酯类,如邻苯二甲酸酯的连续化年生产装置最大规模已达10万吨。

(6) 成本-效能平衡性 成本和效能往往是一个矛盾的两个方面,寻求二者的统一是助剂开发应用中不容忽视的问题。20世纪80年代以来,世界著名的助剂公司在注重开发高效品种的同时,积极改造传统产品的工艺过程,挖掘潜力,降低成本,增强市场竞争实力,在替代品种和新功能助剂开发方面也努力实现成本与效能的平衡。在橡胶助剂方面,自2003年以来,中国对橡胶助剂的需求量已经超过美国,成为世界最大的橡胶助剂市场,但中国橡胶助剂市场的价值很低,品种少,总体水平较为落后,还应加快研究步伐,适时引进国外新品种,注重成本-效能平衡性,将我国整体助剂提高到新水平。

第二节 增 塑 剂

一、增塑剂的定义及分类

1. 增塑剂的定义

增塑剂是一种加入到高分子聚合体系中能增加它们的可塑性、柔韧性或膨胀性的物质。在所有有机助剂中,增塑剂的产量和消耗量都占第一位。而用于聚氯乙烯(PVC)的增塑剂又占增塑剂总产量的80%~85%以上,其余则主要用于纤维素树脂、醋酸乙烯树脂、ABS树脂以及橡胶。

2. 增塑剂的分类

按化学结构分类,增塑剂一般可分为邻苯二甲酸酯类、脂肪族二元酸酯类、磷酸酯类、环氧化合物类、聚酯类、烷基苯磺酸苯酯类、含氯增塑剂类、多元醇酯类、偏苯三酸酯类、苯多羧酸酯类等。

按相容性大小分为主增塑剂和辅助增塑剂两类。

按分子结构和工作特性分类。按分子结构分类,可分为单体型和聚合型两大类,单体型增塑剂有固定的组成,绝大部分的增塑剂属于单体型增塑剂。只有少量增塑剂,如聚酯型、聚氨酯型称为聚合型增塑剂;按工作特性分类,增塑剂可分为通用型和特殊型两种。某些增塑剂普遍可以采用,但无特殊性能,这些增塑剂就是通用增塑剂,主要是指较大宗应用的邻苯二甲酸酯类增塑剂。除增塑作用外还有其他功能的增塑剂称为特殊增塑剂。如脂肪族二元酸酯,因具有良好的低温柔曲性能称为耐寒增塑剂。如磷酸酯有阻燃性能称为阻燃增塑剂。其他还有耐热增塑剂,稳定性增塑剂,耐久性增塑剂以及无毒、防霉、防雾、耐污染等各种专用型增塑剂。另外有些增塑剂既是通用型增塑剂又有特定的应用功能,如偏苯三酸酯因具有优良的热、电性能,既可作为通用增塑剂又可称作特殊增塑剂。

二、增塑机理

关于增塑剂的作用机理有人曾用润滑、凝胶、自由体积等理论在一定范围内解释了增塑原理,但迄今还没有一套完整的理论来解释增塑的复杂原理。一般认为,高分子材料的增塑,是由于材料中高聚物分子链间聚集作用的削弱而造成的。增塑剂分子插入到聚合物分子链之间,削弱了聚合物分子链间的引力,即范德华力,结果增加了聚合物分子链的移动性,降低了聚合物分子链的结晶性,即增加了聚合物的塑性。表现为聚合物的硬度、模量、转化温度和脆化温度的下降,以及伸长率、曲挠性和柔韧性的提高。

三、常用增塑剂

1. 邻苯二甲酸酯类

邻苯二甲酸酯类增塑剂是增塑剂的主体,产量约占增塑剂总量的70%以上。它们性能优良,应用广泛,系由邻苯二甲酸酐和醇反应制得。有良好的混溶性、优异加工性、低温柔性、低挥发性、光和热的稳定性以及成本低廉。其通式为:

式中,R^1,R^2 为 $C_1 \sim C_{13}$ 的烷基、环烷基、苯基、苄基等。

R^1、R^2 为 C_5 及以下为低碳醇酯,常作为 PVC 增塑剂,如邻苯二甲酸二丁酯(DBP)是分子量最小的增塑剂,因为它的挥发度太大,热损耗大,耐久性差,近年来已在 PVC 工业中逐渐淘汰,而转向于胶黏剂和乳胶漆中用作增塑剂。邻苯二甲酸二异丁酯(DIBP)性能与 DBP 相似,但对秧苗、蔬菜等危害较大,不宜用于农膜中。

邻苯二甲酸二辛酯(DOP)属于高碳酯,是目前增塑性能比较全面的一种,与聚合物树脂相容性最好,挥发性及吸水性均低,电绝缘性较好。但耐寒性略差,可加入癸二酸二辛酯(DOS)以改进之。可单独使用作主增塑剂,制各种软制品。邻苯二甲酸二异辛酯(DIOP)、邻苯二甲酸二仲辛酯(DCP)等,性能与 DOP 有些相似,但性能较差,价格较低。

2. 脂肪族二元酸酯类

脂肪族二元酸酯可用如下通式表示:

$$R^1-O-\overset{O}{\overset{\|}{C}}-(CH_2)_n-\overset{O}{\overset{\|}{C}}OR^2$$

式中,n 一般为 $2 \sim 11$,R^1、R^2 一般为 $C_1 \sim C_{11}$ 的烷基,也可以为环烷基等。主要为己二酸、壬二酸、癸二酸的酯类,均能赋予树脂以优良的低温柔曲性,并有一定润滑性,但与树脂相容性差,较易迁移,所以不能单独使用,仅作次增塑剂。

常用的有癸二酸二辛酯(DOS)、己二酸二辛酯(DOA)、壬二酸二辛酯(DOZ)等。无毒、优良的耐寒性能,用以制低温耐寒制品,如耐寒薄膜、电线、人造革,可用作合成橡胶及硝酸纤维、乙基纤维素的低温增塑剂,DOS 可用作喷气式飞机的润滑油、润滑脂。

3. 磷酸酯类

磷酸酯的通式为:

式中，R^1、R^2、R^3 可以相同或不同，为烷基、卤代烷基或芳基。磷酸酯类增塑剂耐热、耐燃性好，在一般加工温度下不易挥发，耐化学药品性及抗矿物油性都很好，渗透性小，但耐寒性略差，有毒，价贵。

常用的磷酸三甲酚酯（TCP）与树脂相容性不及DOP，但还是比较好，耐燃、耐化学药品性好，多用于耐80～90℃的电缆料中。耐低温性差、有毒、价贵。可与DBP合用，互相弥补。

磷酸二苯一辛酯（ODP）为无毒增塑剂，有良好的耐寒性、阻燃性、与树脂相容性好，油抽出性小。可作主增塑剂，主要用于制无毒的输血袋、搪塑制品等，价贵。

4．环氧化合物类

环氧化合物类增塑剂常作为辅助增塑剂用于耐候性较高的PVC制品。它能对PVC起光、热稳定作用，能与大多数稳定剂一起，发挥协同效应。

常用的环氧化油类（大豆油和亚麻油）无毒、低挥发性和耐久性；单酯型（烷基环氧硬脂酸酯等），能赋予良好的低温柔性。但它们与树脂相容性差，只能作次增塑剂。

5．聚酯类

主要是己二酸、癸二酸等脂肪族二元酸与一缩二乙二醇、丙二醇、丁二醇等二元醇缩聚而成的低分子量聚酯。耐久性、耐热性良好，主要用于耐油、耐水的制品。但最大缺点是黏度高，不易混溶、塑化，且耐低温性差、价贵。通常与邻苯二甲酸酯类主增塑剂并用。

6．烷基苯磺酸苯酯类

烷基苯磺酸苯酯类增塑剂相容性较好，可作主增塑剂，但通常需与邻苯二甲酸酯类主增塑剂并用。主要用于PVC的增塑剂，电性能好、挥发性好、耐候性好，但耐寒性差，相容性中等。主要用于PVC薄膜、人造革、电缆线、鞋底等。

7．含氯增塑剂类

主要是含氯量40％～50％的氯化石蜡。此类增塑剂成本低，但相容性较差，仅可作辅助增塑剂。广泛应用于电缆料、地板料、压延板材、软管、塑料鞋等制品。

四、增塑剂的生产实例——邻苯二甲酸二辛酯（DOP）生产

1．酸性催化剂生产邻苯二甲酸二辛酯（DOP）

邻苯二甲酸二辛酯（DOP）化学名称为邻苯二甲酸二（2-乙基己酯），分子式为 $C_{24}H_{38}O_4$，结构式为：

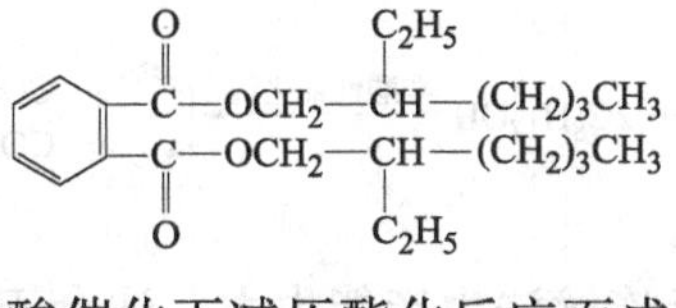

$$\text{邻苯二甲酸二辛酯结构式}$$

合成原理：由醇和苯酐在硫酸催化下减压酯化反应而成。其反应式：

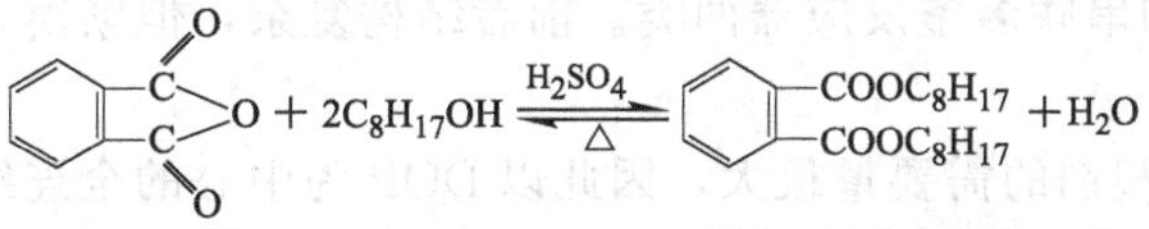

$$\text{邻苯二甲酸酐} + 2C_8H_{17}OH \xrightleftharpoons[\triangle]{H_2SO_4} \text{邻苯二甲酸二辛酯} + H_2O$$

（邻苯二甲酸酐）（辛醇）　　　　（邻苯二甲酸二辛酯）（水）

工艺流程如图2-1所示。辛醇、苯酐按计算的流量进入单酯化器，单酯化温度为130℃。所生成的单酯和过量的醇与催化剂硫酸混合，然后进入酯化塔。预热后的环己烷按计算流量进入酯化塔。塔顶温度为115℃，塔底为132℃。环己烷、水、辛醇及少量硫酸从酯化塔顶

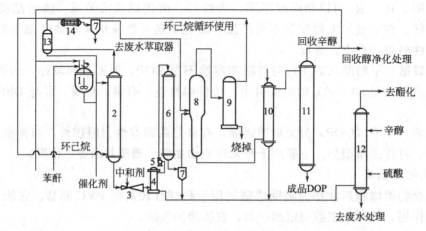

图 2-1 酸性催化剂生产 DOP 流程图
1—甲酯化反应器；2—酯化塔；3—喷嘴；4—中和器；5—泵；
6—硫酸二辛酯热分解塔；7—油水分离器；8—蒸馏塔；9—环己烷回收塔；
10—水洗塔；11—脱醇塔；12—废水萃取器；13—回流塔；14—热交换器

部气相进入回流塔。环己烷和水从回流塔顶馏出后，环己烷去蒸馏塔，水去废水萃取器。辛醇及夹带的少量硫酸从回流塔返回酯化塔。

酯化完成后的反应混合物加压后经喷嘴喷入中和器，用 10% Na_2CO_3 水溶液在 130℃ 下进行中和。经中和的硫酸盐、硫酸单辛酯钠盐和邻苯二甲酸单辛酯钠盐随中和废水排至废水萃取器。中和后的 DOP、辛醇、环己烷、硫酸二辛酯、二辛基醚等经泵加压并加热至 180℃ 后进入硫酸二辛酯热分解塔。在此塔中硫酸二辛酯皂化为硫酸单辛酯钠盐，随热分解废水排至废水萃取器。DOP、环己烷、辛醇和二辛基醚等进入蒸馏塔，塔顶温度为 100℃，环己烷从塔上部馏出后进入环己烷回收塔，从该塔顶部得到几乎不含水的环己烷循环至酯化塔再用，塔底排出的重组分烧掉。分离环己烷后的 DOP 和辛醇从蒸馏塔底排出后进入水洗塔，用去离子水 90℃ 进行水洗，水洗后的 DOP、辛醇进入脱醇塔，在减压下用 1.2MPa 的直接蒸汽连续进行两次脱醇、干燥，即得成品 DOP。从脱醇塔顶部回收的辛醇，一部分去酯化部分循环使用，另一部分去回收醇净化处理装置。

2. 非酸性催化剂生产 DOP

(1) 合成原理　由辛醇和苯酐在对甲苯磺酸催化下反应而成。其反应如下：

$$\text{邻苯二甲酸酐} + 2C_8H_{17}OH \xrightarrow{\text{非酸性催化剂}} \begin{array}{c} COOC_8H_{17} \\ COOC_8H_{17} \end{array} + H_2O$$

常用连续法生产 DOP，由于连续法生产能力大，适合于大吨位的 DOP 的生产。酯化反应设备分塔式反应器和串联多釜反应器两类。前者结构复杂，但紧凑，投资较低，操作控制要求高，动力消耗少。

由于 DOP 等主增塑剂的需要量很大，因此以 DOP 为中心的全连续化生产工艺已普遍采用，目前一般单线生产能力为 2 万～5 万吨/年。全连续化生产的产品质量稳定，原料及能量消耗低，劳动生产率高，因此比较经济。

(2) 工艺流程　日本窒素公司五井工场的 4.8 万吨/年 DOP 连续化生产工艺过程如图 2-2 所示。

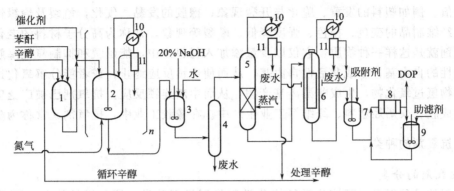

图 2-2 窒素公司 DOP 连续化生产工艺过程示意图
1—单酯反应器；2—阶梯式串联酯化器（$n=4$）；3—中和器；4,11—分离器；
5—脱醇塔；6—干燥器（薄膜蒸发器）；7—吸附剂槽；8—叶片式过滤器；
9—助滤剂槽；10—冷凝器

日本窒素工艺路线是在德国 BASF 工艺基础上的改进型，主要改进在于用了新型的非酸性催化剂。它不仅提高了从邻苯二甲酸单酯到双酯的转化率，减少了副反应，简化了中和、水洗工序，而且产生的废水量也较少。

熔融苯酐和辛醇以一定的摩尔比[1:(2.2~2.5)]在 130~150℃先制成单酯，再经预热后进入四个串联的阶梯式酯化釜的第一级。非酸性催化剂也在此加入。第二级酯化釜温度控制不低于 180℃，最后一级酯化釜温度为 220~230℃，酯化部分用 3.9MPa 的蒸汽加热。邻苯二甲酸单酯到双酯的转化率为 99.8%~99.9%。为了防止反应混合物在高温下长期停留而着色，并强化酯化过程，在各级酯化釜的底部都通入高纯度的氮气（氧含量＜10mg/kg）。

中和、水洗是在一个带搅拌的容器中同时进行的。碱的用量为反应混合物酸值的 3~5 倍。使用 20%的 NaOH 水溶液，当加入去离子水后碱液浓度仅为 0.3%左右。因此无需再进行一次单独的水洗。非酸性催化剂也在中和、水洗工序被洗去。

然后物料经脱醇（1.32~2.67kPa，50~80℃）、干燥（1.32kPa，50~80℃）后送至过滤工序。过滤工序不用一般的活性炭，而用特殊的吸附剂和助滤剂。吸附剂成分为 SiO_2、Al_2O_3、Fe_2O_3、MgO 等，助滤剂（硅藻土）成分为 SiO_2、Al_2O_3、Fe_2O_3、CaO、MgO 等。该工序的主要目的是通过吸附剂和助滤剂的吸附、脱色作用，保证产品 DOP 的色泽和体积电阻率两项指标，同时除去 DOP 中残存的微量催化剂和其他机械杂质。最后得到高质量的 DOP。DOP 的收率以苯酐计或以辛醇计约为 99.3%。

回收的辛醇一部分直接循环至酯化部分使用，另一部分需进行分馏和催化加氢处理。生产废水（COD 值 700~1500mg O_2/L）用活性污泥进行生化处理后再排放。

第三节 抗 氧 剂

一、抗氧剂的定义

高分子材料在加工、储存和使用过程中不可避免与氧反应，导致降解，尤其在光和热的条件下，氧化速度将更快，这种反应是一种自由基连锁反应，其性能往往会发生变化而失去应用的价值。例如塑料的发黄、脆化与开裂现象；橡胶的发黏、硬化，龟裂及绝缘性能下降等现象；纤维制品的变色、褪色、强度降低、断裂等现象，常称为高分子材料的老化。

抗氧剂就是这样一种物质：它仅以少量添加入材料当中，能延缓和抑制氧化降解。它可以捕获活性的自由基，生成非活性自由基，从而使连锁反应终止；或者能分解氧化过程中产生的聚合物氢过氧化物，生成非游离基产物，从而中断连锁反应。抗氧剂已被广泛应用在天然胶、合成胶、聚烯烃塑料、纤维等工业生产中。在橡胶工业中，抗氧剂又常称为防老剂。

二、抗氧剂的种类

1. 抗氧剂的分类

抗氧剂的品种很多，可按化学结构分类和作用机理分类。按化学结构分类可分为五大类，酚类（单酚、双酚、三酚、多酚、对苯二酚、硫代双酚）；胺类（苯胺、二苯胺、对苯二胺、喹啉衍生物）；亚磷酸酯类；硫酸酯；其他类。酚类和胺类是抗氧剂主体，约占总量90%以上。酚类抗氧剂主要用于塑料。胺类抗氧剂防护效果比酚类高，但易变色和有污染，不适宜浅色、艳色、透明制品，主要用于橡胶。按作用机理可将抗氧剂分为链终止剂、过氧化物分解剂、金属离子钝化剂三大类。链终止剂类抗氧剂又称主抗氧剂，包括胺类和酚类两大系列。过氧化物分解剂又称辅助抗氧剂，主要是硫代酯和亚磷酸酯两类。主要用于聚烯烃中，与酚类抗氧剂并用，以产生协同作用。金属离子钝化剂多半是肼的衍生物、肟类和醛胺缩合物。

对合成材料的抗氧剂，一般都要求抗氧性能好，相容性好，化学和物理性能比较稳定，不变色，无污染性，无毒或低毒，以及不会影响合成材料的其他性能等。

2. 抗氧剂的主要品种

在高分子合成材料中，抗氧剂的主要使用对象是塑料和橡胶，而它们两者使用的抗氧剂品种、类型却有所不同。目前，我国塑料制品使用抗氧剂的生产以受阻酚类为主，辅助抗氧剂以亚磷酸酯、硫代酯为主；而橡胶制品所用的防老剂则主要采用胺类化合物，其次是酚类化合物和少数其他品种防老剂。

新型抗氧剂发展较快，高效、低毒、加工性能好、污染小、价廉，是发展的主要方向。

(1) **胺类抗氧剂** 胺类抗氧剂广泛使用在橡胶工业中，是一类发展最早、效果最好的抗氧剂，它不仅对氧，而且对臭氧均有很好的防护作用，对光、热、曲挠、铜害的防护也很突出。目前橡胶工业常用的防老剂如：

N-苯基-2-萘胺
(防丁)，$C_{16}H_{13}N$

N-苯基-1-萘胺
(防甲)，$C_{16}H_{13}N$

N-苯基-N'-环己基对苯二胺(4010)，
$C_{18}H_{22}N_2$

(2) **酚类抗氧剂** 酚类抗氧剂品种繁多，商品牌号最早出现于20世纪30年代，即BHA（丁基羟基苯甲醚）、BHT（2,6-二叔丁基-4-甲基苯酚，即264），264仍是当前产量很高的品种，它可用于多种高聚物，还可大量用于石油产品和食品工业中。近年来，又出现了不少高效优良的新品种，尽管其防护能力还不及胺类，但它们具有胺类所没有的不变色、不污染的优点，因而用途广泛。大多数酚类抗氧剂具有受阻酚的化学结构。

式中，R 为—CH$_3$、—CH$_2$—、—S—，X 为—C(CH$_3$)$_3$。

常用的酚类抗氧剂如：

2,6-二叔丁基-4-甲酚(264), C$_{15}$H$_{24}$O

苯乙烯化苯酚(SP), n=1～3

（3）二价硫化物及亚磷酸酯　二价硫化物和亚磷酸酯是一类过氧化物分解剂，因而属于辅助抗氧剂。它们能分解氢过氧化物产生稳定化合物，从而阻止氧化作用，主要品种如：

$(C_{12}H_{25}-O-\overset{O}{\overset{\|}{C}}-CH_2-CH_2)_2S$

硫代二丙酸二月桂酯
(DLTP), C$_{30}$H$_{58}$O$_4$S

$(C_{18}H_{37}-O-\overset{O}{\overset{\|}{C}}-CH_2-CH_2)_2S$

硫代二丙酸双十八酯(DSTP)
C$_{42}$H$_{82}$O$_4$S

三、抗氧剂的生产——防老剂 4010NA 的生产工艺

1. 制备方法

防老剂 4010NA，化学名称为 N-异丙基-N-苯基对苯二胺（C$_{15}$H$_{18}$N），是天然橡胶、合成橡胶及胶乳的通用型的防老剂，是当前性能最好的品种之一。具有优越的热、氧、光老化的防护效能，对曲挠尤其对臭氧龟裂的防护特别好；并能抑制铜、锰等有害金属的催化老化。在抗氧剂中 4010NA 的喷霜性为最小，但污染性较大。与两倍的防老剂 AW 并用，再加入 1%～2%的微晶蜡对制品的臭氧老化有特别好的防护。但该品在酸性水溶液中有较大的溶解性和挥发性，使用时必须考虑。

其制备方法有芳构化法、羟氨还原烃化法、烷基磺酸酯烃化法、加氢还原烃化法等几种。

最普遍的制备方法是还原烃化法：

$H_2 + \phi-NH-\phi-NH_2 + CH_3-\overset{O}{\overset{\|}{C}}-CH_3 \xrightarrow[5.07\sim6.08MPa]{\text{Cu-Cr催化剂} \atop 150℃} \phi-NH-\phi-NH-CH\overset{CH_3}{\underset{CH_3}{<}} + H_2O$

2. 连续法生产工艺流程

拜耳公司连续化生产防老剂 4010NA 的工艺流程特点是工艺简便，收率高，质量好并减少了三废数量。其生产工艺流程见图 2-3。

铜铬催化剂、对氨基二苯胺、丙酮按比例在配制槽中配制以后，用高压泵连续压往反应器 1、2、3。三个反应器温度控制在 200℃ 左右，压力为 15.2～20.3MPa。新鲜和循环的氢气从反应器 1 的底部进入。物料从反应器 3 出来，经冷却后于分离器 8 中分出氢气，然后去后处理。过量氢气用泵循环。丙酮用量可为 1.5～4mol/kg 产品，过量丙酮循环使用。产品以蒸馏或结晶法

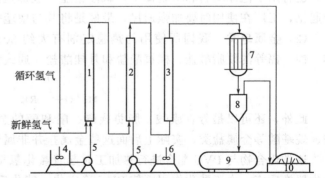

图 2-3　拜耳公司连续化生产 4010NA 的工艺流程示意
1,2,3—高压反应器；4—配制槽；5—高压泵；6—丙酮储槽；
7—冷却器；8—分离器；9—后处理中间储罐；10—氢气循环泵

提纯。

该产品也可作为丁苯橡胶、异戊橡胶、顺丁橡胶、丁基橡胶等合成橡胶的稳定剂,用量0.5%~1.5%,其和防老剂丁以1:1并用有良好的效果。

第四节 热 稳 定 剂

一、热稳定剂的定义及分类

1. 热稳定剂的定义

在化学品与材料的加工、储存与使用过程中,在不改变其使用条件,向其中加入少量的某种物质,使得这些材料和物质在加工或使用过程中不因受热而发生化学变化;或延缓这些变化以达到延长其使用寿命的目的,这种少量的物质就被称作某种材料的热稳定剂。

在合成材料领域(诸如塑料、橡胶、树脂、胶黏剂以及涂料等行业),热稳定剂是最重要的添加助剂之一。热稳定剂的发展与PVC制品的发展密切相关,它能防止PVC在加工过程中由于热和机械剪切所引起的降解,另外还能使制品在使用过程中长期防止热、光和氧的破坏作用。热稳定剂的选用必须根据加工工艺的需要和最终产品性能的要求来考虑。

2. 热稳定剂的分类

热稳定剂的种类很多,归纳起来可以分为金属皂类、铅系、有机锡系、液体复合系列以及一些有机化合物稳定剂,品种繁多。

(1) 铅稳定剂 铅稳定剂是现在仍在大量使用开发最早的化合物,还不包括金属铅皂。

铅稳定剂具有很强的结合氯化氢的能力,但对PVC脱氯化氢既无抑制作用也无促进作用。碱性铅盐是目前应用最广泛的类别,如三碱性硫酸铅($3PbO \cdot PbSO_4 \cdot H_2O$)、碱性亚硫酸铅($nPbO \cdot PbSO_4$)和二碱性亚磷酸铅($2PbO \cdot PbHPO_2 \cdot \frac{1}{2}H_2O$)等。

总的来说,铅稳定剂优点是耐热性好,特别是长期热稳定性良好;电气绝缘性优良;具有白色颜料的性能,覆盖力大、耐候性也良好;价格低廉。但它的缺点主要是有毒性、相容性和分散性差,所得制品不透明;没有润滑性,需与金属皂、硬脂酸等润滑剂并用;容易产生硫化污染等。尽管有这些缺点,仍大量用于各种不透明的软硬制品和耐热电线、电缆料中,也有用于泡沫塑料和增塑糊中。碱性铅盐一般都是白色(或浅黄色)细粉、有毒,为安全起见,工厂在使用时要加强通风,最好是将其与增塑剂先配制成预分散体后再使用。

(2) 金属皂类 我国所使用的热稳定剂有大约20%属于此类。金属皂一般是钙、镁、锌、钡、镉等的硬脂酸盐、棕榈酸盐和月桂酸盐,通式为:

$$Me(-O-\overset{O}{\overset{\|}{C}}-R)_n$$

此外,还可以是芳香族酸、脂肪族酸、酚和醇的金属盐等。如苯甲酸、水杨酸、环烷酸、烷基酸等金属盐类,实际上后面这些金属盐并非属于皂类,而是金属盐类。

这类化合物与PVC配合进行热加工时起着氯化氢接受体的作用,有机羧酸基与氯原子发生置换反应,由于酯化作用而使PVC稳定化。酯化反应速率随金属不同而异,其顺序为:Zn>Cd>Pb>Ca>Ba。

脂肪酸根中碳数多的,一般热稳定性与加工性较好,但与PVC的相容性则较差,容易出现喷霜现象。水与溶剂抽出性也减小，脂肪酸的臭味也减轻。金属皂大多用于半透明制品。

金属皂稳定剂性能随金属种类和酸根不同而异，大体有以下规律性。如表 2-3 所示。

表 2-3 不同金属皂稳定剂特性比较

金 属	耐热性好	耐候性	加工性	压折性	毒 性
锡	长期	较好	较好	不易	耐硫化污染
锌	初期	较好	较好	不易	无毒配方
钡	长期	较好	稍差	易出现	耐硫化污染
钙	长期	一般	稍差	易出现	无毒配方
镁	长期	一般	稍差	易出现	
铅	居中	较好	好	不易	大
镉	初期	较好	好	易出现	大

注：在塑料加工过程中，配合剂组分（如颜料、各种助剂等）从配合物中析出而附着在压辊或塑模等金属表面上，逐渐形成有害膜层的现象称为"压折"。

(3) 有机锡稳定剂　在我国热稳定剂使用中，有机锡的量约占 5%，有机锡化合物通式：

$$Y-\underset{R}{\overset{R}{Sn}}(X-\underset{R}{\overset{R}{Sn}})_n Y$$

式中，R 为甲基、正丁基、正辛基等烷基；Y 为脂肪酸根（如月桂酸、马来酸等）；X 为氧、硫、马来酸等。

工业上用作 PVC 热稳定剂的有机锡化合物大多为羧酸、二羧酸单酯、硫醇、巯基酸酯等的二烷基锡盐，烷基主要是正丁基或正辛基。作为热稳定剂的商品，一般是复配物而不用纯有机锡化合物。有机锡稳定剂大多数不具备润滑性质，使用时需添加适量润滑剂。当使用硫醇锡时，要注意铅化合物与硫醇锡能生成铅的硫化物并形成污染。

有机锡为高效热稳定剂，最大的优点是具有高度透明性，突出的耐热性，耐硫化污染。缺点是价贵，但其使用量较少，通常每 100 份硬制品料的用量不超过两份，软制品还可更少些，因此还有竞争力，如乙烯基塑料透明硬管只能用锡系稳定剂。

(4) 液体复合热稳定剂　液体复合热稳定剂是一种复配物，其主要成分是金属盐，其次配合以亚磷酸酯、多元醇、抗氧剂和溶剂等多种组分。从金属盐的种类来说，有锡-钡（通用型）、钡-锌（耐硫化污染等）、钙-锌（无毒型）以及钙-锡和钡-锡复合物等类型。有机酸也可有很多种类，如合成脂肪酸、油酸、环烷酸、辛酸以及苯甲酸、水杨酸、苯酚、烷基酚等。亚磷酸酯可以采用亚磷酸三苯酯、亚磷酸三异辛酯、三壬基苯基亚磷酸酯等。抗氧剂可用双酚 A 等。溶剂则采用矿物油、液体石蜡以及高级醇或增塑剂等。配方上的不同，可以生产出多种性能和用途的不同牌号产品。

液体复合稳定剂从配方上来看，它与树脂和增塑剂的相容性是很好的；其次，透明性好，不易析出，用量较少，使用方便，用于软质透明制品比用有机锡便宜，耐候性好；用于增塑糊时黏度稳定性高。其缺点是缺乏润滑性，因而常与金属皂和硬脂酸合用，这样会使软化点降低，长期储存不稳定。

(5) 稀土类热稳定剂　稀土类热稳定剂是近年来新开发的、在我国最早实现大规模工业化生产的 PVC 热稳定剂。其使用已占我国热稳定剂量的 8％左右。

稀土类热稳定剂主要有油酸稀土稳定剂；J-1～J-5 系列稀土热稳定剂；硬脂酸稀土-锌系列复合热稳定剂等。

稀土类热稳定剂具有优异的热稳定性能与加工性能，独特的偶联增溶作用与增塑、增韧、补强功能，无毒、价格适中、用量少等优点。例如 L518 硬脂酸稀土-锌系复合热稳定剂，可广泛用于 PVC 管材、板材、异型材、电缆料及各种 PVC 透明制品。又如 J-4、J-5 稀土热稳定剂可替代进口有机锡，而价格比进口有机锡低 50％。

(6) 其他类型的热稳定剂　作为热稳定剂使用的品种还有一些，比起上述品种，它们有的在综合性能上还有差距，尚处于发展状态，因而还不能作为主稳定剂使用。在这类化合物中，有环氧化合物，亚磷酸酯类，多元醇类以及某些含氮、硫有机物等。

二、热稳定剂的生产实例——铅稳定剂

1. 制备方法

碱式铅盐的制法具有共同性，一般都是用氧化铅与无机酸或有机羧酸盐，在醋酸或酸酐的存在下反应制备而得。在生产过程中表面处理工序是很重要的，经表面处理过的产品分散性和加工性都会得到改善。其反应原理：

$$Pb \xrightarrow{\frac{1}{2}O_2} Pb_2O \xrightarrow{\frac{1}{2}O_2} PbO$$

$$4PbO + H_2SO_4 \xrightarrow{HAc} 3PbO \cdot PbSO_4 \cdot H_2O$$
三碱式硫酸铅

$$PbO + 2HAc \longrightarrow Pb(Ac)_2 + H_2O$$

$$Pb(Ac)_2 + \text{邻苯二甲酸酐} + 2PbO + H_2O \longrightarrow \text{邻苯二甲酸铅} \cdot 2PbO + 2HAc$$

为了使碱式硫酸铅在 PVC、氯磺化聚乙烯、聚丙烯中有良好的分散性，可进行专门的涂蜡处理。三碱式硫酸铅分子中的结晶水在加热到 200℃ 以上时可脱掉，无水的三碱式硫酸铅用在硬质 PVC 中，可得到无空隙、无气泡的制品。

2. 工艺流程

三碱式硫酸铅制备的工艺流程如图 2-4 所示。金属铅加入到巴尔顿锅、在 500℃ 空气作用下生成次氧化铅，再经预热电炉（400℃）到高温电炉（620℃），进一步氧化成黄丹（含量大于 99.5％ 的氧化铅），装入盛有纯水的黄丹桶中。将湿黄丹加入至预先放好一半体积纯水的送浆缸中，用搅拌机将浆料搅拌均匀后，再开送浆泵，输送到反应锅。补加纯水，使锅中的固液比例约为 1∶2。用蒸汽加热至 40℃ 时再加入醋酸（按投料黄丹的 0.5％ 计）作为催化剂。升温至 50℃ 时停止加热。再加入浓度为 93％ 的硫酸（量为黄丹的 11％ 左右），反应 0.5h 至浆料完全变白为终点。再经干燥、粉碎、120 目过筛、包装，得成品三碱式硫酸铅。

3. 性能与用途

三碱式硫酸铅是使用最普遍的一种稳定剂，有优良的耐热性和电绝缘性，耐候性尚好，特别适用于高温加工，广泛用于各种不透明硬、软制品以及电缆料中，用量一般约 5 份。

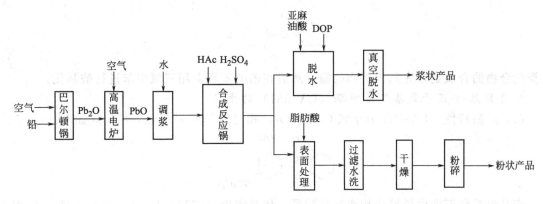

图 2-4 三碱式硫酸铅生产工艺流程

【配方】 工业用不透明板

组分	质量份	组分	质量份
PVC	100	硬脂酸铅	0.5
三碱式硫酸铅	5	变压器油	1.5
硬脂酸钡	1.5		

第五节 光稳定剂

一、光稳定剂的定义及分类

1. 光稳定剂的定义、特性及性能要求

高分子材料长期暴露在日光或短期置于强荧光下,由于吸收了紫外线能量,引起了自动氧化反应,导致了聚合物的降解,使得制品变色、发脆、性能下降,以致无法再用。这一过程称为光氧老化或光老化。凡能抑制或减缓这一过程进行的措施,称为光稳定,所加入的物质称为光稳定剂或紫外光稳定剂。

光稳定剂能够防止高分子材料发生光老化,大大延长它的使用寿命,效果十分显著。它用量极少,通常仅需高分子材料质量的 0.01%～0.5%。目前,在农用塑料薄膜、军用器械、有机玻璃、采光材料、建筑材料、耐光涂料、医用塑料、防弹夹层玻璃、合成纤维、工业包装材料、橡胶制品等许多长期在户外或灯光下使用的高分子材料制品中,光稳定剂都是必不可少的添加组分。

2. 光稳定剂的分类

光稳定剂品种繁多,一般按作用机理分类,可分为四类:①光屏蔽剂,包括炭黑、氧化锌和一些无机颜料;②紫外线吸收剂,包括水杨酸酯类、二苯甲酮类、苯并三唑类、取代丙烯腈类、三嗪类等有机化合物;③猝灭剂,主要是镍的有机络合物;④自由基捕获剂,主要是受阻胺类衍生物。

二、光稳定剂的生产实例——UV-531 生产工艺

1. 二苯甲酮类

二苯甲酮类是一类最重要的紫外线吸收剂,它们都具有邻羟基二苯甲酮的结构。

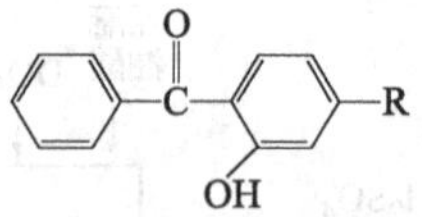

这类化合物的合成是首先制得适当的酚，然后在酚的苯环上用三氯甲苯进行酰基化。

2. 2-羟基-4-正辛氧基二苯甲酮（UV-531）的生产

(1) 产品特性　UV-531 分子式 $C_{21}H_{26}O_3$，相对分子量 326.42，结构式如下：

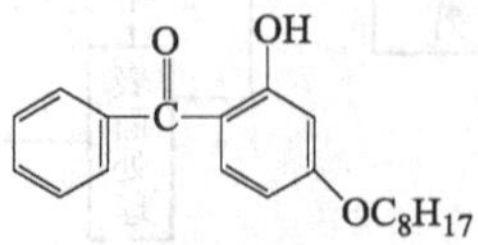

产品浅黄色至乳白色粉状物或针状结晶。相对密度（25℃）1.160，熔点 49℃。溶解度（25℃，g/100g 溶剂）苯 72.2；6%乙醇 2.6；正己烷 40.1；酮 74.3；二氯乙烷微溶。能有效地吸收 290～400nm 的紫外光，与大多数聚合物相容，特别是与聚烯烃有很好的相容性。挥发性低、光稳定性好、无毒。几乎不吸收可见光，故可用于浅色制品中，具有优良的耐抽出性和抗迁移性。

(2) 合成方法　甲苯氯化后与间苯二酚反应，生成 2,4-二羟基二苯甲酮。再与正辛醇氯化后的 1-氯代正辛烷反应。即得产品：

$$C_8H_{17}OH + HCl \xrightarrow{ZnCl_2} C_8H_{17}Cl + H_2O$$

（1-氯代正辛烷）

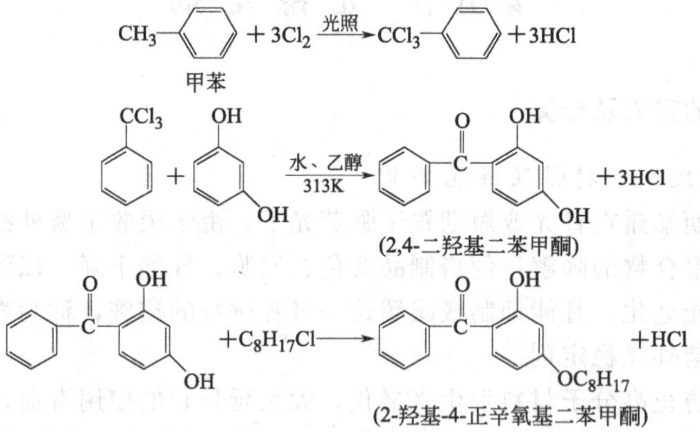

甲苯 $+ 3Cl_2 \xrightarrow{光照} CCl_3$-苯 $+ 3HCl$

（2,4-二羟基二苯甲酮）

（2-羟基-4-正辛氧基二苯甲酮）

(3) 生产流程　见图 2-5。

(4) 工艺流程　甲苯在氯化釜 2 中用氯气氯化后，生成三氯甲苯，于合成反应釜 3 中与间苯二酚溶液在乙醇中反应，反应温度为 40℃，即生成 2,4-二羟基二苯甲酮。过滤、水洗、干燥后备用。正辛醇在氯化釜 2 中以氯化锌为脱水催化剂和浓盐酸反应生成 1-氯代正辛烷粗品。在氯化水洗釜 9 中水洗后在干燥釜 10 中用无水氯化钙干燥，在蒸馏釜 11 中蒸馏后得 1-氯代正辛烷。

在合成反应釜 6 中与干燥后的 2,4-二羟基二苯甲酮在溶剂环己酮中反应，由纯碱和碘化钾作催化剂。搅拌、回流，反应后经过过滤提出粗品。再用乙醇在重结晶釜 8 中精制。过滤后即得紫外光吸收剂（UV-531）成品。成品为浅黄色针状结晶，初熔点为 47～49℃，低毒，能强烈吸收 300～375nm 的紫外线。消耗定额为 0.424t 甲苯（以 UV-531 计），同时消耗间苯二酚 0.501t、正辛醇 0.620t、氯气 0.982t、环己酮 0.527t。二苯甲酮紫外线吸收剂在塑料工业中应用于聚烯烃、聚苯乙烯、聚氯乙烯、氯化聚醚、聚酯等及其他材料，用量在聚烯烃中 0.25%～1%，硬 PVC 中 0.25%～0.5%。也可用于化学纤维，聚丙烯纤维中为 0.5%左右。

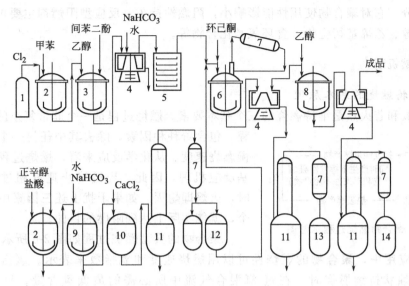

图 2-5 UV-531 的生产流程

1—液氯钢瓶；2—氯化釜；3,6—合成反应釜；4—离心机；5—干燥箱；
7—冷凝器；8—重结晶釜；9—氯化水洗釜；10—干燥釜；
11—蒸馏釜；12—1-氯代正辛烷储槽；
13—环己酮储槽；14—乙醇储槽

第六节 阻 燃 剂

一、阻燃剂的定义及分类

1. 阻燃剂的定义

塑料、橡胶、纤维都是有机化合物，均具有可燃性，极易在一定条件下燃烧。能够增加材料耐燃性的物质叫阻燃物。能够提高可燃性材料难燃性的一类助剂称为阻燃剂。它们大多是元素周期表中第Ⅴ、Ⅶ和Ⅲ族元素的化合物，如第Ⅴ族氮、磷、锑、铋的化合物，第Ⅶ族氯、溴的化合物，第Ⅲ族硼、铝的化合物，此外硅和钼的化合物也作为阻燃剂使用，其中最常用和最重要的是磷、溴、氯、锑和铝的化合物。

2. 阻燃剂的分类

① 按化合物的种类分类。分为无机阻燃剂、有机阻燃剂两大类。

无机阻燃剂主要包括氧化锑、水合氧化铝、氢氧化镁、硼化合物，有机阻燃剂主要包括有机卤化物（约占31%）、有机磷化物（约22%）。

② 按使用方法分类。可分为添加型阻燃剂和反应型阻燃剂。其中前者用量占85%，后者用量占15%。

添加型阻燃剂是在聚合物加工过程中，加入具有阻燃作用的液体或固体的阻燃剂。常用于热塑性塑料，在合成纤维纺丝时添加到纺丝液中，其优点是使用方便，适应面广，但对塑料、橡胶及合成纤维性能影响较大。添加型阻燃剂主要包括磷酸酯、卤代烃和氧化锑等。

反应型阻燃剂是在聚合物制备过程中作为单体之一，通过化学反应使它们成为聚合物分子链的一部分。它对聚合物使用性能影响小，阻燃性持久。反应型阻燃剂主要包括卤代酸酐和含磷多元醇、乙烯基衍生物、含环氧基化合物等。

二、阻燃机理

1. 聚合物燃烧的基本原理

燃料、氧和着火点是维持燃烧的三个基本要素。燃烧过程是一个非常复杂的急剧氧化过程，包含着种种因素，除去其中任何一个要素都将减慢燃烧速度。从化学反应来看，燃烧过程是属于自由基反应机理，因此，当链终止速度超过链增长速度时，火焰即熄灭。如果干扰上述三因素中的一个或几个，就能实际上达到阻燃的目的。

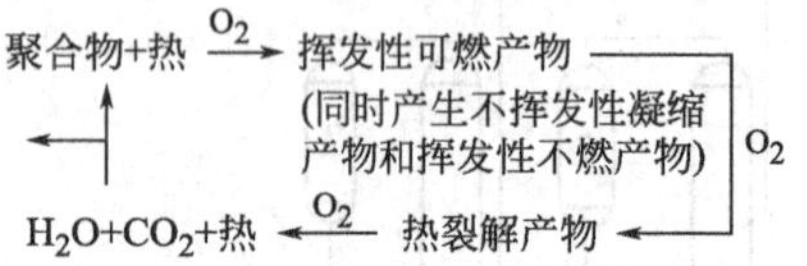

聚合物的典型燃烧过程如图 2-6 所示。

图 2-6 聚合物燃烧过程示意图

在实际应用中，聚合物的燃烧性可以用燃烧速度和氧指数来表示。氧指数的定义是使试样像蜡烛状持续燃烧时，在氮-氧混合气流中所必需的最低氧含量。氧指数可按下式求出：

$$氧指数 = \frac{O_2}{O_2 + N_2} \quad 或 \quad 氧指数(\%) = \frac{O_2}{O_2 + N_2} \times 100\%$$

氧指数在 0.21 可作为可燃性聚合物与不燃性聚合物在空气中燃烧的分类标准。但考虑到实际燃烧中总有一部分对流加热存在，故以氧指数为 0.27 作自熄性材料标准。聚苯乙烯、聚烯烃及丙烯酸树脂等是易燃的；而含卤树脂、尼龙、聚砜、聚碳酸酯、酚醛树脂、聚硅氧烷树脂、脲醛树脂和三聚氰胺树脂等是较难燃的。

2. 阻燃剂的阻燃机理

阻燃剂的作用机理是比较复杂的，包含有种种因素，但阻燃剂的作用不外乎总是通过物理途径和化学途径来达到切断如图 2-6 所示的燃烧循环的目的。关于阻燃剂的阻燃机理现在还有很多地方是不清楚的，但就目前发表的论文来看，可以归结为以下两大方面来考虑。

（1）无机阻燃剂阻燃机理　主要以降低燃烧所产生的热量来达到阻燃的目的。氧化锌、氧化锑、氢氧化铝、硼酸盐是常用的阻燃剂。这些无机化合物可以磨成很细的粉末与组分混合，它们有很高的沸点，不易着火，在材料燃烧时发生复杂的变化。氧化锑阻燃机理是当材料燃烧时，在材料的热分解层上，氧化锑发生熔融（其熔点为 650℃）生成一层气体透不过的薄膜，而达到阻燃效果。氢氧化铝分子中含有大量的化学结合的结晶水，当材料燃烧时，结晶水分解放出，同时吸收热量，反应生成的氧化铝和材料燃烧所生成的碳化物结合，形成保护膜，断绝了材料继续燃烧所需的氧气。同时，放出的水蒸气又稀释了可燃气体，从而达到较好的阻燃效果。

（2）有机阻燃剂阻燃机理　有机阻燃剂的阻燃机理随组分不同而不同。磷化物的阻燃机理是能消耗聚合物燃烧时的分解气体，促进不易燃烧的碳化物生成，阻止氧化反应的进行，从而抑制燃烧的进行。而卤化物则可以抑制聚合物燃烧的基本反应，稀释可燃气体，以达到阻燃目的。

评价阻燃剂的阻燃效果，普遍采用氧指数来衡量。氧指数越大，表明阻燃效果越好。如环状三聚磷腈-硅酯（HCCP）改性聚氨酯，当 HCCP 含量达到 27.9% 时，氧指数达到 22.5，自熄时间只有 46s。

三、阻燃剂的生产实例——十溴二苯醚阻燃剂的生产工艺

1. 物化性质

十溴二苯醚 $C_{12}Br_{10}O$ 的相对分子质量为959，其他名称有 DBOPO、FR-10，是白色或淡黄色粉末，熔点范围304～309℃，溴含量83.3%。几乎不溶于所有溶剂。热稳定良好，本产品为无毒、无污染的阻燃剂。

2. 反应原理

$C_{12}Br_{10}O$ 是二苯醚在卤代催化剂存在下（如铁粉等）和溴进行反应而制得的，其反应式：

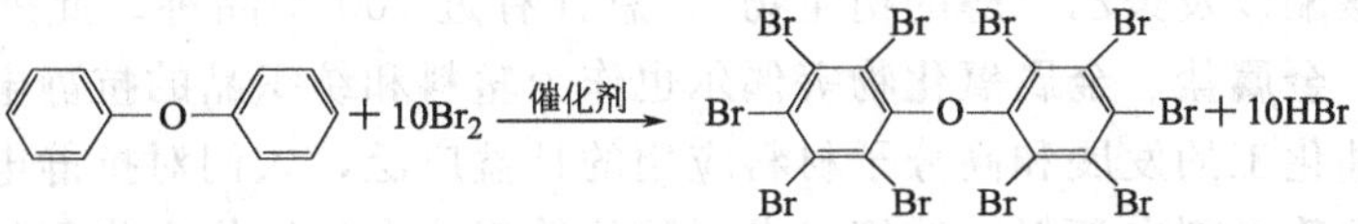

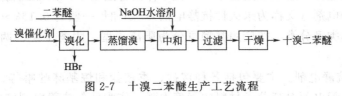

3. 生产工艺路线

(1) 溶剂法 将二苯醚溶于溶剂中加入催化剂，然后向溶剂中加入溴进行反应，反应结束后过滤、洗涤干燥，即可得到十溴二苯醚。常用的溶剂有二溴乙烷、二氯乙烷、二溴甲烷、四氯化碳、四氯乙烷等。

(2) 过量溴化法 即用过量溴作溶剂的溴化方法。将催化剂溶解在溴中，向溴中滴加二苯醚进行反应。反应结束后，将过量的溴蒸出，中和、过滤、干燥，即可得十溴二苯醚。其工艺过程如图2-7所示。

图2-7 十溴二苯醚生产工艺流程

(3) 主要原料规格及用量

原料名称	规格	用量/(t/t 产品)
二苯醚	凝固点26～27℃	0.18
溴工业品	99.5%	1.40

(4) 产品质量标准

外观	白色或淡黄色粉末	溴含量	>82%
熔点	304～309℃	粒度	200目全通过

第七节 抗静电剂

一、抗静电剂的定义及分类

1. 抗静电剂的定义

抗静电剂是添加在树脂或涂覆在塑料制品、合成纤维表面的用以防止高分子材料静电危害的一类化学添加剂。抗静电剂作用是将电阻率高的高分子材料的电阻率降到 $10^{10}\Omega \cdot cm$

以下,从而减轻高分子材料在加工和使用过程中的静电积累。

一般高分子材料的体积电阻率都非常高,约在 $10^{10}\sim 20^{20}\Omega\cdot cm$ 的范围,这作为电气绝缘材料来说当然是非常良好的;但是在作为非电气绝缘材料使用的场合,其表面一经摩擦就容易产生静电。

由于静电所引起的着火和爆炸事故,给高分子材料工业生产造成了极大的危害。防止静电危害的方法,一方面减轻或防止摩擦以减少静电的产生;另一方面是使已产生的静电尽快泄漏掉,从而防止静电的大量积累。泄漏静电的方法包括通过电路直接传导,提高环境的相对湿度和采用抗静电剂等。

目前,在塑料和纤维工业中使用的抗静电剂主要有五种基本类型(胺的衍生物,季铵盐,磷酸酯,硫酸酯以及聚乙二醇的衍生物),总计有近 100 个品种。此外,导电性良好的炭黑、金属粉末、金属盐、金属氧化物等偶尔也作为塑料和纺织品的抗静电剂使用。

今后随着石油化工的发展和高分子材料应用的日益广泛,人们对抗静电剂的研究和生产必将更加重视,抗静电剂在塑料、纺织、电影胶片等工业中的地位也将更加重要。

2. 抗静电剂的分类

(1) 按使用的方法分类　按使用方法可以分为外部抗静电剂和内部抗静电剂两大类。

外部抗静电剂在使用时通常配成 0.5%～2.0% 的溶液,然后用涂布、喷雾、浸渍等方法使它附在塑料、纤维表面。它耐久性较差,所以又叫做"暂时性抗静电剂"。为了适应纤维抗静电和耐洗涤的要求,近年来发展了一类与树脂表面结合牢固,不易逸散,耐磨和耐洗涤的高分子量抗静电剂新品种,即耐久性外部抗静电剂。

内部抗静电剂是在树脂加工过程中(或在单体聚合过程中)添加到树脂组成中的,所以又叫做混炼型抗静电剂(又称为永久性抗静电剂),添加量一般为 0.1%～3%(份)。

(2) 按应用的类型分类　按应用类型可分为阳离子型、阴离子型、两性型、非离子型、高分子型五类。

① 阳离子型抗静电剂。主要包括各种铵盐、季铵盐和烷基咪唑啉等,其中以季铵盐比较重要。阳离子抗静电剂对高分子材料的附着力强,作为外部抗静电剂使用性能优良;但季铵盐耐热性差,容易发生热分解,因而用作内部抗静电剂时必须要考虑到能经受树脂的高温加工。具有代表性的季铵盐抗静电剂的品种如硬脂酰胺丙基-β-羟乙基二甲基硝酸铵:

$$[C_{17}H_{35}\overset{O}{\overset{\|}{C}}NHCH_2CH_2CH_2\overset{+}{N}(CH_3)_2CH_2CH_2OH]NO_3^-$$

② 阴离子型抗静电剂。阴离子型抗静电剂大多用于合成纤维生产和加工过程中。通常使用的羧酸盐、硫酸酯、碳酸盐防静电剂效果不好。防静电效果最好的品种是磷酸酯衍生物,它用于纤维中。主要品种为单烷基磷酸酯盐和二烷基磷酸酯盐。代表性品种如二月桂基磷酸酯钠盐:

$$(C_{12}H_{25}O)_2\overset{O}{\overset{\|}{P}}-ONa$$

③ 两性型抗静电剂。主要包括季铵内盐、两性烷基咪唑啉盐和烷基氨基酸等。在一定条件下既可以起到阳离子型表面活性剂的作用,又可以起到阴离子型表面活性剂的作用,在一狭窄的 pH 范围内于等电点处会形成内盐。两性离子型抗静电剂的最大特点在于它们既能与阴离子型抗静电剂配伍使用,也能与阳离子型抗静电剂配伍使用。与阳离子型抗静电剂一样,能发挥优良的抗静电性。在纤维中使用良好的外部抗静电剂,如十二烷基二甲基季铵乙内盐:

$$C_{12}H_{25}\overset{+}{N}(CH_3)_2CH_2COO^-$$

④ 非离子型抗静电剂。非离子型抗静电剂不使用时需要较大的用量,但它热稳定性好,耐老化,因此被用来作塑料的内部抗静电剂及纤维外用抗静电剂。主要的品种有多元醇、多元醇酯、醇或烷基酚的环氧乙烷加成物、胺和酰胺的环氧乙烷加成物等。其中烷基酚的环氧乙烷加成物是目前国外使用量最大的塑料用内部抗静电剂,耐热性良好,也可作纤维的外部抗静电剂。常用的商品为烷基胺与 1~3mol 环氧乙烷的加成物,结构如下:

$$RN \begin{cases} (CH_2CH_2O)_pH \\ (CH_2CH_2O)_qH \end{cases}$$

式中,R 为 C_{12}~C_{18} 烷基;$p+q$=参加反应的环氧乙烷物质的量。

⑤ 高分子型抗静电剂。耐久性好的外部抗静电剂则大都是高分子电解质或高分子表面活性剂,它们合成中采用一些特殊的单体,既含有活泼乙烯基,又含有一些可提供抗静电性的基团

$$-\overset{CH_3}{\underset{CH_3}{\overset{|}{\underset{|}{N^+}}}}-\ 、\ -CON\overset{CH_3}{\underset{CH_3}{\overset{\diagup}{\diagdown}}}\ 、\ -CON\overset{C_2H_5}{\underset{C_2H_5}{\overset{\diagup}{\diagdown}}}\ 、\ -COONa 、-SO_3Na\ 等$$

如在聚合或共聚后可用通常的方法进行涂布处理,或将单体、齐聚物等先涂布在塑料、合成纤维的表面上,然后经热处理得到具有抗静电性能的涂层。主要有聚酰胺树脂抗静电剂、乙烯基化合物的共聚物抗静电剂、聚砜系抗静电剂。

二、抗静电剂的生产实例——抗静电剂 P 的生产工艺

1. 制备方法

抗静电剂 P 化学名称为烷基磷酸酯二乙醇胺盐($C_8H_{45}N_2O_8P$),$M=448$(以 R=C_{10} 计)。本品为棕黄色黏稠膏状物,易溶于水及有机溶剂。反应式:

$$2ROH+P_2O_5 \longrightarrow R-O-\underset{OH}{\overset{O}{\underset{\|}{P}}}-O-\underset{OH}{\overset{O}{\underset{\|}{P}}}-O-R$$

$$R-O-\underset{OH}{\overset{O}{\underset{\|}{P}}}-O-\underset{OH}{\overset{O}{\underset{\|}{P}}}-O-R+4NH(CH_2CH_2OH)_2+H_2O \longrightarrow 2R-O-\underset{OH \cdot NH(CH_2CH_2OH)_2}{\overset{O}{\underset{\|}{P}}}$$

2. 生产工艺过程

(1) 工艺过程 在搪玻璃反应锅中加入脂肪醇,在搅拌下用自来水夹套冷却,于 40℃以下逐渐加入五氧化二磷,然后在 50~55℃保温反应 3h,在 70℃以下用二乙醇胺中和至 pH7.8,趁热包装。其工艺流程简图如图 2-8 所示。

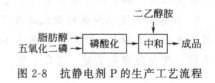

图 2-8 抗静电剂 P 的生产工艺流程

(2) 主要原料规格及用量

原料名称	规格	用量/(kg/t 产品)
脂肪醇	烃值 370~385	350
五氧化二磷	含量 95%以上	180
乙醇胺	工业用	520

(3) 产品质量标准

外观	有机磷/%	酸碱值
棕黄色黏稠膏状物	6.5～8.5	pH8～9

(4) 用途　纺织工业中，用作涤纶、丙纶等合成纤维纺丝油剂的组分之一，起抗静电及润滑作用。一般用量为油剂总量的 5%～10%。塑料工业中亦可用作抗静电剂。

本章小结

1. 合成材料助剂是泛指合成材料和产品在生产和加工过程中为改进生产工艺和产品的性能而加入的辅助物质。或是指那些为改善合成材料的加工性能和最终产品的性能而分散在材料中，对材料结构无明显影响的少量化学物质。

2. 合成材料助剂主要有增塑剂、抗氧剂、热稳定剂、光稳定剂、阻燃剂、交联剂、偶联剂、抗静电剂、抗菌剂（防霉剂）。

3. 增塑剂是一种加入到高分子聚合体系中能增加它们的可塑性、柔韧性或膨胀性的物质。按化学结构分类，一般可分为邻苯二甲酸酯类、脂肪族二元酸酯类、磷酸酯类、环氧化合物类、聚酯类、烷基苯磺酸苯酯类、含氯增塑剂类、多元醇酯类、偏苯三酸酯类、苯多羧酸酯类等。增塑剂邻苯二甲酸二辛酯（DOP）的生产方法有酸性催化剂生产法与非酸性催化剂生产法。

4. 抗氧剂就是一种以少量添加入材料当中，能延缓和抑制氧化降解的物质。按化学结构分类可分为酚类、胺类、亚磷酸酯类、硫酸酯及其他类等五大类。抗氧剂的生产——防老剂4010NA 的生产方法有芳构化法、羟氨还原烃化法、烷基磺酸酯烃化法、加氢还原烃化法。其中最普遍用的是加氢还原烃化法。

5. 热稳定剂是指材料在其加工、储存与使用过程中，在不改变其使用条件，向其中加入少量的某种物质，使得这些材料和物质在加工或使用过程中不因受热而发生化学变化；或延缓这些变化以达到延长其使用寿命的目的，这种少量的物质就被称作某种材料的热稳定剂。主要有金属皂类、铅系、有机锡系、液体复合系、稀土类热稳定剂。

6. 光稳定剂是指在高分子材料中加入极少量物质，能够抑制或减缓高分子材料发生光老化，这种极少量物质被称作某种材料的光稳定剂。按作用机理可分为光屏蔽剂、紫外线吸收剂、猝灭剂、自由基捕获剂。

7. 阻燃剂是提高可燃性材料难燃性的一类助剂。按化合物的种类可分为无机化合物、有机化合物阻燃剂；按使用方法分类可分为添加型阻燃剂和反应型阻燃剂。

8. 抗静电剂是添加在树脂或涂覆在塑料制品、合成纤维表面的用以防止高分子材料静电危害的一类化学添加剂。按使用的方法不同，可分为外部抗静电剂和内部抗静电剂；按应用的类型不同，可分为阳离子型、阴离子型、两性型、非离子型、高分子型五类。

复习思考题

2-1　什么叫助剂？

2-2　助剂分为哪几类？各有什么作用？

2-3　什么叫增塑剂？其怎样进行分类？

2-4 增塑的机理是什么？
2-5 常用增塑剂有哪些？
2-6 试述 DOP 的生产工艺过程。
2-7 什么叫抗氧剂？其种类有哪些？
2-8 试述防老剂 4010NA 的生产工艺过程。
2-9 热稳定剂的定义及分类各是什么？
2-10 试述三碱性硫酸铅生产工艺流程。
2-11 什么叫光稳定剂？其分类是什么？
2-12 试述 UV-531 的生产工艺流程。
2-13 什么叫阻燃剂？其分类是什么？
2-14 试述十溴二苯醚阻燃剂的生产工艺流程。
2-15 什么叫抗静电剂？其分类是什么？
2-16 试述抗静电剂 P 的生产工艺流程。

阅读材料

什么叫喷霜？ 喷霜产生的原因及预防措施

喷霜又名喷出，是指未硫化胶或硫化胶内部所含的配合物（固体或液体）迁移表面而析出的现象。喷霜是胶料生产中常见的质量问题。

一、产生的原因

(1) 过量配合　各种助剂在橡胶中的溶解度不同，助剂在橡胶中的溶解度越小，越易出现由过量配合（即橡胶中助剂的含量超过其在橡胶中的溶解度）而引起的喷霜。

(2) 温度变化　助剂在橡胶中的溶解度随温度变化而变化，一般情况下，温度高时溶解度大，温度降低时溶解度减小。由于橡胶制品通常在室温下使用，一旦外界温度低于室温，配方中一些助剂的含量接近其溶解度而析出，产生喷霜。例如夏季生产的胶鞋出厂检验时合格，储存到冬季却发现喷霜。

(3) 欠硫　助剂在橡胶中的溶解状况受硫化条件影响。以天然橡胶（NR）为例，在正硫化条件下，交联密度最大，游离硫减小，喷硫概率降低，其他助剂穿梭于三维网络的机会也降低，因而喷霜概率降低；反之，在欠硫状态下，网络交联密度相对较小，喷霜概率相应增大。

(4) 老化　老化意味着硫化胶三维网络结构的局部因键断裂而受损，从而削弱了网络结构吸附和固锁配合助剂的能力，助剂向表面迁移导致喷霜。

(5) 受力不均　橡胶受到外力作用时，往往导致应力集中而使表面破裂，使原来呈过饱和状态的配合助剂微粒加速析出，在裂纹表面形成喷霜，并向周边延扩。

(6) 混炼不均　混炼不均导致配合剂在橡胶中分散不均，局部会出现配合助剂超过溶解度而产生喷霜。

二、预防措施

① 掺用硅橡胶（silicone rubber，SR）。SR 对助剂的溶解度高于天然橡胶（natural rubber，NR），故掺用部分 SR 有助于预防 NR 喷霜。

② 并用促进剂、防老剂。单用一种助剂，用量过少难以达到效果，用量过多又易出现喷霜，

故可以并用几种助剂，达到效果从而减小用量。

③ 利用不同配合助剂在喷霜上的互相干扰制约。不同助剂一起配合使用时，有时会出现相互干涉而有助于抑止喷霜，如软化剂、油膏、再生胶等都具有此功能。特别是相对分子质量大的助剂能渗透到橡胶大分子的短链中，可有效吸附易喷助剂。

④ 掌握易喷助剂的用量上限，确保配方中各种易喷助剂的用量在其溶解度范围内。

⑤ 混炼胶停放。胶料出型前需经过不少于8h的停放，以使各种配合剂充分分散，同时有助于胶料内部应力的松弛，达到受力均匀、平衡，稳定的分散体系能抑制微粒外喷。

⑥ 确保硫化胶达到正硫化状态。

⑦ 加强对成品、包装及仓储条件的管理。成品宜放在塑料袋中密封包装，防止在储存过程中与日光、氧等接触产生老化，并避免在低温下储存。

实验二　增塑剂邻苯二甲酸二辛酯的制备

一、实验目的

1. 了解邻苯二甲酸二辛酯的主要性质和用途。
2. 理解邻苯二甲酸二辛酯的合成原理及掌握其合成方法。

二、实验原理

1. 产品性质及用途

邻苯二甲酸二辛酯化学名称为邻苯二甲酸二(2-乙基己酯)，分子式为 $C_{24}H_{38}O_4$，相对分子质量 390.56，结构式为：

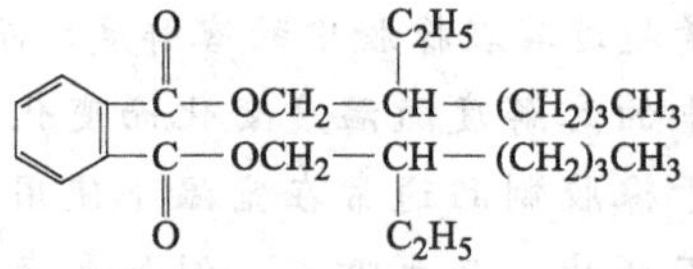

$$\text{邻苯二甲酸二}(2\text{-乙基己酯})$$

邻苯二甲酸二辛酯为无色无臭液体。密度 $0.9861g/cm^3$（20℃），熔点 $-55℃$，沸点 $390℃$。不溶于水，溶于乙醇、乙醚、矿物油等有机溶剂。

邻苯二甲酸二辛酯是使用最广泛的增塑剂，与大多数合成树脂和橡胶有良好的相容性。广泛应用于聚氯乙烯各种软制品的加工，如薄膜、薄板、人造革、电缆料和模塑品等。本品还可以用于硝基纤维素漆，使漆膜具有弹性和较高的拉伸强度。

2. 实验原理

苯酐和2-乙基己醇在硫酸催化下发生酯化反应，生成邻苯二甲酸二辛酯。

主反应：

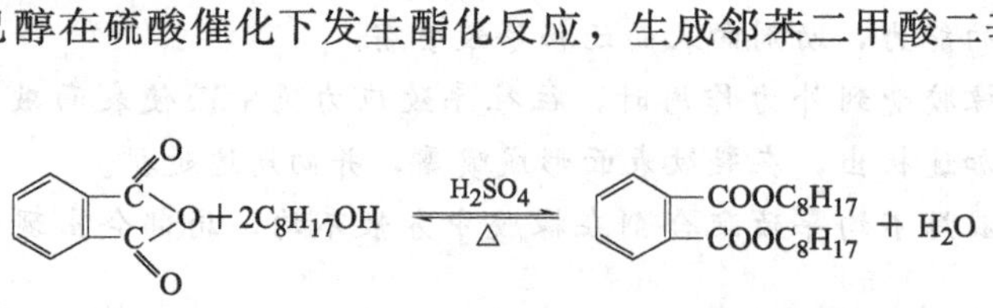

$$\text{(邻苯二甲酸酐)} + 2C_8H_{17}OH \xrightleftharpoons[\triangle]{H_2SO_4} \text{(邻苯二甲酸二辛酯)} + H_2O$$

副反应：

$$ROH + H_2SO_4 \longrightarrow RHSO_4 + H_2O$$

$$ROH + RHSO_4 \longrightarrow R_2SO_4 + H_2O$$

$$2ROH \longrightarrow ROR + H_2O$$
（R 为 2-乙基己烷基）

酯化后反应混合物用碳酸钠溶液中和，发生如下反应：
$$RHSO_4 + Na_2CO_3 \longrightarrow RNaSO_4 + NaHCO_3$$
$$RNaSO_4 + Na_2CO_3 + H_2O \longrightarrow ROH + Na_2SO_4 + NaHCO_3$$

中和后再经过洗涤、干燥、过滤及减压蒸馏，即得成品。

三、主要仪器与试剂

（1）仪器　电热套、机械真空泵、蒸馏装置、铁架台等。

（2）试剂　2-乙基己醇，A.R.；苯酐，A.R.；碳酸钠饱和溶液，A.R.；浓硫酸，A.R.。

四、实验内容与操作步骤

（1）邻苯二甲酸二辛酯合成　将 25g 苯酐及 50g 2-乙基己醇加入到 250mL 干燥的三口烧瓶中，并加入 0.5mL 浓硫酸作为催化剂，再加入几粒沸石，如图 2-9 所示。接通冷凝水，加热使反应混合物沸腾并回流，酯化反应 3h。反应过程中，分离出分水管下层的水分。反应结束后，打开分水管下端出口，继续蒸馏，从分水管下端出口分离出苯（回收）。温度升高到 110℃时（这时已蒸馏出苯和水分），停止加热。

（2）反应混合物的分离　将反应混合物倒入装有 30mL 蒸馏水的 200mL 的烧杯中，用饱和碳酸钠溶液调节 pH 为 7~8。将溶液转移至分液漏斗中，静置分层，放出下层水层。再用热蒸馏水洗涤上层溶液两次，并放出下层水层，得到邻苯二甲酸二辛酯粗品。称量得邻苯二甲酸二辛酯粗品质量。

（3）邻苯二甲酸二辛酯的精制　将邻苯二甲酸二辛酯粗品（油层）转移至蒸馏烧瓶中，加几粒沸石，用真空泵减压蒸馏。注意观察蒸馏烧瓶温度的变化，在第一个温度段内，蒸馏出的物质是未反应的 2-乙基己醇；到第二个温度段，改用另一个洁净的容器作为接收器，收集 240~250℃/2.66kPa（20mmHg）的馏分，即邻苯二甲酸二辛酯，称量。当蒸馏烧瓶内的液体即将蒸馏完毕时，及时停止加热，以免蒸馏烧瓶过热，发生危险。

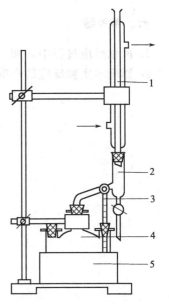

图 2-9　酯化反应装置
1—冷凝管；2—分水管；3—温度计；
4—三口烧瓶；5—电热套

五、实验记录与数据处理

本实验包括化学反应过程以及邻苯二甲酸二辛酯的精制过程，因此，需分别计算这两个过程的收率。化学反应的收率等于实际产量与理论产量的比值，即

$$化学反应的收率 = \frac{实际产量}{理论产量} \times 100\%$$

化学反应的实际产量为邻苯二甲酸二辛酯的粗品质量。理论产量（g）可按下式计算：

$$理论产量 = \frac{M_1 wm}{M_2}$$

式中　M_1——邻苯二甲酸二辛酯的摩尔质量，g/mol，可取 390.5；

　　　w——苯酐的有效含量，分析纯可取 0.990～0.995；

　　　M_2——苯酐的摩尔质量，g/mol，可取 148.0；

　　　m——原料苯酐的质量，g。

邻苯二甲酸二辛酯精馏的收率等于邻苯二甲酸二辛酯精品量除以邻苯二甲酸二辛酯粗品量，即

$$精馏收率 = \frac{邻苯二甲酸二辛酯精品量}{邻苯二甲酸二辛酯粗品量} \times 100\%$$

而整个过程的收率等于化学反应收率与邻苯二甲酸二辛酯精馏收率的乘积。

六、注意事项

1. 浓硫酸有强酸性、强腐蚀性，使用时应注意安全。
2. 苯具有毒性，含苯的废液应回收统一处理。

七、思考题

1. 酯化反应过程中，加溶剂苯的目的是什么？
2. 影响本实验反应的产率及精馏收率的因素有哪些？

第三章 食品添加剂

学习目标
1. 掌握食品添加剂的定义及分类。
2. 掌握防腐剂、抗氧化剂、调味剂的概念及其分类，它们的生产方法及生产工艺。
3. 理解食品添加剂的一般要求；食品添加剂的使用标准。
4. 了解食用色素的概念，常见食用色素、其他食品添加剂的概念及用途和生产方法。

第一节 概 述

食品添加剂是精细化工产品中一个重要的组成部分，它具有品种繁多、销售量大，变化迅速、日新月异的特点。食品添加剂的作用是：①增加食品的保藏性，防止腐败变质；②改善食品的感观性状；③有利于食品加工操作，适应生产的机械化和连续化；④保持或提高食品的营养价值；⑤满足其他特殊需要，它的发展大大地促进了食品工业的发展。

一、食品添加剂的定义与一般要求

1. 食品添加剂的定义

由于不同的国家有不同的饮食习惯，因此各国对食品添加剂的概念或定义也有所不同。根据《中华人民共和国食品卫生法（试行）》规定，食品添加剂是指"为改善食品品质和色、香、味以及为防腐和加工工艺的需要而加入食品中的化学合成或者天然物质。"

2. 食品添加剂的一般要求

作为食品添加使用的物质，其最重要的条件是使用的安全性，故对食品添加剂及其使用有如下一般要求。

① 食品添加剂本身应经过充分的毒理学评价，证明在一定的使用范围内对人体无害。

② 食品添加剂在进入人体后，最好能参与人体正常的物质代谢；或能被正常解毒过程解毒后排出体外；或因不被消化道吸收而全部排出体外；不能在人体内分解或与食品作用而形成对人体有害的物质。

③ 食品添加剂在达到一定的工艺效果后，若能在以后的加工、烹调过程中消失或被破坏，避免摄入人体，则更为安全。

④ 食品添加剂要有助于食品的生产、加工、制造和储存等过程，具有保持食品的营养价值、防止腐败变质、增强感观性状、提高产品质量等作用，并应在较低的使用量的条件下有显著效果。

⑤ 食品添加剂应有严格的质量标准，有害杂质不得检出或不超过允许限量。
⑥ 使用方便，易于检测，利于储运，价格低廉。

二、食品添加剂的使用标准与分类

1. 食品添加剂的使用标准

（1）每日允许摄入量（ADI） 每日允许摄入量是指人的一生中，每日连续摄入某种添加剂而不致影响健康的最高摄入量，单位为每天每千克体重允许摄入的质量（mg），简写 mg/kg。它是评价食品添加剂的首要和最终标准。

（2）食品中的最大使用量 是在确定某物质的每日摄入总量后（成人每日允许摄入总量是用 ADI 乘以平均体重得到），再进行人群的膳食调查，根据膳食中含有该物质的各种食品的每日摄取量，分别订出其中每种食品含有该物质的最高允许量。根据此最大允许量并略低于它订出该物质在食品中的最大使用量。具体某种食品中最大允许量，还要按照该物质的毒性及在食品中使用的实际需要而定。总之，使用标准是安全使用食品添加剂的重要指标。

我国食品添加剂使用卫生标准包括允许使用的食品添加剂品种、用途（目的）、使用范围以及最大使用量（或残留量）等，有的还注明使用方法。

2. 食品添加剂的分类

按其原料和生产方法的不同可分为化学合成食品添加剂和天然食品添加剂两大类。天然食品添加剂是由植物、动物、酶法生产和微生物菌体生产而来。

其他分类方法世界各国至今没有统一的标准。我国是按食品添加剂的主要功能来分的，共分为 22 大类，即酸度调节剂（酸味剂）、抗结剂、消泡剂、抗氧化剂、漂白剂、膨松剂、胶母糖基础剂、着色剂、护色剂、乳化剂、酶制剂、增味剂、面粉处理剂、被膜剂、水分保持剂、营养强化剂、防腐剂、稳定剂和凝固剂、甜味剂、增稠剂和其他。香料品种较多单独另归一类。

第二节 防腐剂及生产工艺

防腐剂是指能防止由微生物所引起的腐败变质，以延长食品保存期的食品添加剂。它兼有防止微生物繁殖引起食物中毒的作用。防腐剂按作用分为两类，即杀菌剂和抑菌剂；按来源和性质也可分为两类，即有机化学防腐剂和无机化学防腐剂。前者主要有苯甲酸及其盐类、山梨酸及其盐类、对羟基苯甲酸酯类、丙酸盐类等，后者主要包括二氧化硫、亚硫酸及其盐类、硝酸盐及其亚硝酸盐类等。此外，还有乳酸链球菌肽，或称尼生素，是一种由乳酸链球菌产生的含 34 个氨基酸的肽类抗生素。目前世界各国所用的食品防腐剂约 30 多种。下面介绍几种较常用的有机化学防腐剂。

一、苯甲酸及苯甲酸钠

1. 苯甲酸及苯甲酸钠的性质和用途

苯甲酸（C_6H_5COOH）又名安息香酸，为白色鳞片或针状结晶，纯度高时无臭味，不纯时稍带一点杏仁味。相对密度为 1.2659，熔点 122℃，沸点 249℃；在 100℃升华，在酸性条件下容易随水蒸气挥发；微溶于水，易溶于乙醇、乙醚、氯仿、苯、二硫化碳和松节油。

苯甲酸钠（C_6H_5COONa）又称安息香酸钠。无色无臭粉状固体；带有甜涩味；溶于水和乙醇。

作为防腐剂苯甲酸和苯甲酸钠的效果相同。在酸性条件下有抑菌作用，但对产酸菌作用较弱，当pH在5.5以上时，对很多霉菌和酵母的作用也较弱。其抑菌作用的最适pH为2.5~4.0，一般以低于pH4.5~5为宜。苯甲酸和苯甲酸钠是各国允许使用且历史比较久的食品防腐剂，其安全性比较高。苯甲酸进入人体后，与体内甘氨酸或葡萄糖醛酸结合生成马尿酸，全部从尿中排出，而不在体内积蓄。但近来有报道称苯甲酸及其盐类可引起过敏反应，苯甲酸对皮肤、眼睛和黏膜有一定的刺激性，苯甲酸钠可引起肠道不适，在加上有不良味道（苯甲酸钠可尝出味道的最低值为0.1%），近年来有逐渐减少的趋势。

本品ADI 0~5mg/kg（以苯甲酸计）。主要用于碳酸饮料、低盐酱菜、酱类、葡萄酒、食醋、果酱（不包括罐头）、果汁（味）型饮料等多种食品中。苯甲酸和苯甲酸钠同时使用时，以苯甲酸计不得超过最大使用量。因苯甲酸难溶于水，所以食品加工中常用苯甲酸钠作为防腐剂。

2. 苯甲酸及苯甲酸钠的生产方法

苯甲酸可通过甲苯直接氧化法获得（催化剂常用二氧化锰）；或用邻苯二甲酸加热脱酸制得（催化剂为氧化铝和氧化锌）；还可用三氯甲苯水解制得（催化剂是石灰乳和铁粉）。工业上采用甲苯直接氧化制苯甲酸，其钠盐是由苯甲酸与碳酸钠溶液中和、过滤、蒸发、结晶制得。其反应方程式为：

$$C_6H_5CH_3 \xrightarrow[催化剂]{O_2} C_6H_5COOH$$

$$2C_6H_5COOH + Na_2CO_3 \longrightarrow 2C_6H_5COONa + H_2O + CO_2 \uparrow$$

二、山梨酸及山梨酸钾

1. 山梨酸及山梨酸钾的性质和用途

山梨酸（$CH_3CH=CHCH=CHCOOH$）又名己二烯酸或清凉茶酸。其为无色针状或粉末状晶体。熔点132~135℃。微溶于水，能溶于多种有机溶剂。对酵母、霉菌和许多真菌都具有抑制作用，是高效无毒的防腐防霉剂。

山梨酸钾为无色至白色的鳞片状结晶或结晶性粉末。无臭或稍有臭气。在空气中易被氧化着色。熔点270℃（分解）。易溶于水，溶解于乙醇，也易溶于高浓度蔗糖和食盐溶液。对霉菌、酵母和好气性菌均有抑制作用。

作为防腐剂山梨酸及其钾盐效果相同，它们能够抑制包括肉毒菌在内的各类病原体滋生。山梨酸是一种不饱和脂肪酸，在体内参与正常的代谢活动，最后被氧化成二氧化碳和水。国际公认它为无害的食品防腐剂。此防腐剂也属于酸型防腐剂，其防腐效果随pH上升而下降，但适宜的pH范围比苯甲酸广，以在pH5~6以下的范围内使用为宜。

本品ADI为0~25mg/kg（以山梨酸计）。由于其毒性低于苯甲酸及其钠盐，且无异味，防腐能力强，对食品及人体均无不良影响，故使用广泛，普遍用于食品加工行业。山梨酸与山梨酸钾同时使用时，以山梨酸计，不得超过最大用量。由于山梨酸难溶于水，故常用山梨酸钾作防腐剂。

2. 山梨酸及山梨酸钾的生产方法

（1）生产方法　巴豆醛和丙二酸以吡啶为溶剂在90~100℃反应4~5h可获得山梨酸；或由巴豆醛与乙烯酮缩合（有三氟化硼乙醚络合物存在时）生成聚酯，再水解也可制得山梨酸；或用巴豆醛和丙酮缩合（催化剂为氢氧化钡）得聚醛树脂和3,5-二烯-2-庚酮，后者用次氯酸钠氧化得1,1,1-三氯-3,5-二烯-2-庚酮,产品再与氢氧化钠反应可得山梨酸,同时还得到氯仿。

(2) 生产工艺 以巴豆醛和丙二酸合成山梨酸的工艺流程如图3-1所示。

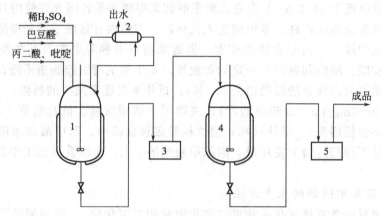

图 3-1 山梨酸生产工艺流程
1—反应釜;2—冷凝器;3,5—离心机;4—结晶釜

在合成反应釜中依次投入巴豆醛(175kg)、丙二酸(250kg)和吡啶(250kg),室温搅拌1h左右,缓慢升温至90℃,维持90~100℃反应4~5h,反应完成后将温度降至10℃以下,缓缓地加入10%稀硫酸,控制温度不超过20℃,至反应物呈弱酸性,pH约4~5为止,冷冻、过滤,结晶用水洗,可得山梨酸粗品,再用3~4倍量60%乙醇重结晶,则得山梨酸(约75kg)。用碳酸钾或氢氧化钾中和即得山梨酸钾。所发生的反应为:

$$CH_3CHCHCHO + HOOCCH_2COOH \xrightarrow{缩合、消除、脱羧} CH_3CHCHCHCHCOOH + CO_2\uparrow + H_2O$$

$$2CH_3CHCHCHCHCOOH + K_2CO_3 \longrightarrow 2CH_3CHCHCHCHCOOK + H_2O + CO_2\uparrow$$

三、对羟基苯甲酸酯类

1. 对羟基苯甲酸酯类的性质和用途

对羟基苯甲酸酯又名尼泊金酯,是苯甲酸的衍生物。其结构通式为

HO—〈 〉—COOR (R=CH_3、C_2H_5、C_3H_7、C_4H_9 等)。

目前主要使用的是对羟基苯甲酸甲酯、乙酯、丙酯和丁酯。对羟基苯甲酸酯类为无色小结晶或白色结晶性粉末,几乎无臭,稍有涩味。下面以对羟基苯甲酸乙酯为例介绍。

对羟基苯甲酸乙酯对光和热稳定,无吸湿性。熔点116~118℃。微溶于水,易溶于乙醇与丙二醇。能抑制微生物细胞的呼吸酶系与电子传递酶系的活动,以及破坏微生物的细胞膜机构,从而对霉菌、酵母与细菌有广泛的抗菌作用。其抗菌作用比苯甲酸和山梨酸强。

对羟基苯甲酸酯类同苯甲酸和山梨酸一样,也是由未解离分子发挥抗菌作用,但比这两种酸的抗菌作用强,且因其羧基被酯化后,可以在更广的pH范围内不解离,作用范围比苯甲酸和山梨酸广,一般pH4~8的范围内效果较好。

尼泊金酯进入人体后的代谢途径与苯甲酸基本相同,且毒性比苯甲酸低。构成酯的烷基链越长,抗菌作用越强且毒性越小。主要用于脂肪制品、饮料、乳制品、酱油、糕点和糖果等。本品ADI为0~10mg/kg。

2. 对羟基苯甲酸酯类的生产方法

工业上采用的生产方法有酯化法和一步法两种。

① 酯化法是以苯酚为原料生产对羟基苯甲酸酯类的，其技术路线为：

$$C_6H_5OH \xrightarrow[\text{少量水}]{KOH, K_2CO_3} C_6H_5OK \xrightarrow[(2)H_2SO_4]{(1)CO_2} HOC_6H_4COOH \xrightarrow{ROH} HOC_6H_4COOR$$

② 一步法是由苯甲酸、碳酸钠、甲酸和一氧化碳，在催化剂作用下来合成对羟基苯甲酸酯。

食品工业中常用防腐剂除以上所述外，还有丙酸盐类、脱氢乙酸及脱氢乙酸钠和乳酸链球菌素等。不同的防腐剂用于不同的食品中，它们的性质、用途、生产方法可参考有关书籍。

第三节 抗氧化剂

抗氧化剂是指能阻止或推迟食品的氧化变质，提高食品稳定性和延长食品储存期的食品添加剂。氧虽是人体所必需的，但它能使食品，特别是使油脂氧化变质。氧化不仅可使食品褪色、变色、维生素破坏等，降低其感官质量和营养价值，而且严重时可产生有害物质，引起食物中毒。

抗氧化剂按来源可分为两类：天然抗氧化剂和人工抗氧化剂。前者如混合生育酚浓缩物与愈疮树脂等；后者有丁基羟基茴香醚（BHA）和二丁基羟基甲苯（BHT）等。

按溶解性的不同，抗氧化剂尚可分为油溶性（如 BHA、BHT 等）以及水溶性（如抗坏血酸、异抗坏血酸等）两类。

有一些物质本身虽没有抗氧化作用，但与酚型抗氧化剂如 BHA、BHT、PG（没食子酸丙酯）等并用时，却能增强抗氧化效果，这些物质统称为抗氧化增效剂。常用的抗氧化增效剂有柠檬酸、磷酸、酒石酸、植酸、乙二胺四乙酸二钠等。下面介绍几种抗氧化剂。

一、丁基羟基茴香醚

1. 丁基羟基茴香醚的性质与用途

丁基羟基茴香醚又名叔丁基-4-羟基茴香醚，简称 BHA。结构式为

BHA 通常是 2-异构体和 3-异构体的混合物，为白色或微黄色蜡样结晶性粉末，具有特殊的酚类的臭气及刺激性味道，熔点为 48～63℃，不溶于水，可溶于乙醇、丙二醇和油脂，对热稳定，在弱碱性条件下不容易破坏，这可能是在焙烤食品中有效的原因之一。此品具有单酚型特征的挥发性，如在猪油中保持 61℃时稍有挥发性，且在直射光线长期照射下，色泽会变深。

一般常见的 BHA 均为 3-BHA 和 2-BHA 按 3-BHA：2-BHA=(95～98)：(5～2) 的混合物，两者效力之比 3-BHA：2-BHA=(1.5～2)：1。两者混合有一定协同作用。此外，BHA 与其他抗氧化剂混合或与增效剂柠檬酸等并用，可大大提高其抗氧化作用。我国规定：BHA 可用于油脂、油炸食品、干鱼制品、饼干、方便面、速煮米、果仁罐头、腌腊肉制品。最大使用量为 0.2g/kg（以脂肪计）。本品 ADI 为 0～0.5mg/kg。

实验证明，BHA 用量为 0.02% 比 0.01% 的抗氧化效果约上升 10% 左右，但超过 0.02% 则其抗氧化效果反而下降。

2. 丁基羟基茴香醚的生产方法

BHA 的生产方法：①用对羟基苯甲醚与叔丁醇以硫酸、磷酸为催化剂，在 80℃ 下反应制得；②用对苯酚和叔丁醇以磷酸为催化剂，在 101℃ 下反应，产生中间体叔丁基对苯二酚，再与硫酸二甲酯进行半甲基化反应而制得。

二、二丁基羟基甲苯

1. 二丁基羟基甲苯的性质与用途

二丁基羟基甲苯又名 2,6-二叔丁基对甲酚，简称 BHT。其结构为

$$(CH_3)_3C \underset{\underset{OH}{}}{\overset{CH_3}{\underset{}{\bigcirc}}} C(CH_3)_3$$

BHT 为无色结晶或白色结晶性粉末，无臭无味，熔点 69.5～71.5℃，不溶于水和甘油，可溶于乙醇或油脂中，对热和光稳定，与金属离子反应不着色，具有单酚型特征的升华性，加热时有随水蒸气挥发的特点。

BHT 同其他油脂性抗氧化剂相比，稳定性高，抗氧化效果好，没有 PG 那样与金属离子反应着色的缺点，也没有 BHA 的特异臭，而且价格低廉，但其急性毒性相对较高。虽然急性毒性较高但无致癌性，目前暂定其 ADI 从 0～0.5mg/kg 降至 0～0.125mg/kg。我国规定：BHT 的使用范围与最大使用量与 BHA 相同，两者混合使用时，总量不得超过 0.2g/kg（以脂肪计）。

2. 二丁基羟基甲苯的生产方法

BHT 用对甲酚和异丁烯以硫酸、磷酸为催化剂，在加压下反应制得。生产方法有间歇法和连续法两种。连续法为连续进行烷化、中和与水洗，后处理与间歇法相同。此处介绍间歇法。其工艺流程如图 3-2 所示。

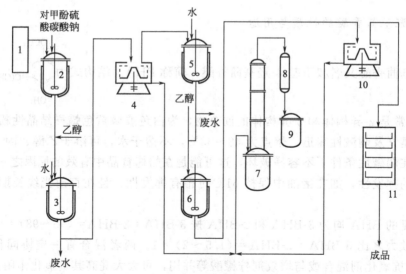

图 3-2 BHT（二丁基羟基甲苯）生产工艺流程
1—异丁烯气化罐；2—烷化中和反应釜；3—烷化水洗釜；4,10—离心机；5—熔化水洗釜；
6—结晶器；7—乙醇蒸馏塔；8—冷凝器；9—乙醇储槽；11—干燥箱

间歇法是以硫酸为催化剂将异丁烯在烷化中和反应釜中与对甲酚反应。反应结束后用碳酸钠中和至 pH 为 7（70℃），再在烷化水洗釜中用水洗，分出水层后用乙醇结晶。经离心机过滤后，在熔化水洗釜内熔化、水洗，分去水层。在重结晶釜中再用乙醇重结晶（80～90℃），经过滤、干燥即得产品。

三、没食子酸丙酯

1. 没食子酸丙酯的性质与用途

没食子酸丙酯简称 PG。其结构为 HO—⟨苯环(OH)(OH)⟩—COOCH$_2$CH$_2$CH$_3$

PG 为白色至淡褐色的结晶性粉末，无臭，稍带苦味。PG 与铜、铁离子反应呈紫色或暗绿色，光线能促进其分解，有吸湿性，难溶于水和脂肪，易溶于乙醇，对热非常稳定，在油中加热到 227℃ 1h 仍不会分解。PG 对猪油的抗氧化作用较 BHA 或 BHT 强，与增效剂并用效果更好，但不如 PG 与 BHA 和 BHT 混合使用时的抗氧化作用强。

没食子酸丙酯类可在机体内被水解，内聚成葡萄糖醛酸，随尿排出。

PG 的 ADI 为 0～0.2mg/kg。没食子酸丙酯的使用范围与 BHA、BHT 相同，最大使用量为 0.1g/kg。

除没食子酸丙酯外，国外还使用没食子酸辛酯和没食子酸十二酯作为抗氧化剂。在没食子酸丙酯中加入适量的没食子酸辛酯和没食子酸十二酯可增加没食子酸丙酯在油脂中的溶解度。

2. 没食子酸丙酯的生产方法

PG 可用没食子酸与正丙醇以硫酸为催化剂，在 120℃ 下发生酯化反应制得。

四、混合生育酚浓缩物

1. 混合生育酚浓缩物的性质与用途

生育酚即维生素 E，GB 2760—1996 食品添加剂使用卫生标准将其列入营养添加剂中。有天然的生育酚和人工合成的生育酚。已知天然维生素 E 有 α、β、γ、δ 等 7 种同分异构体；人工合成生育酚有 dl-α-生育酚和 d-α-生育酚。其结构通式为

R^1、R^2、R^3＝CH_3，为 α-生育酚； R^1、R^3＝CH_3，R^2＝H，为 β-生育酚；
R^2、R^3＝CH_3，R^1＝H，为 γ-生育酚； R^1、R^2＝H，R^3＝CH_3，为 δ-生育酚

天然维生素 E 是各种生育酚的混合物，广泛存在于绿色植物中，动物体内含微量，在植物油如小麦胚芽油中含量最高。它具有防止动植物组织内脂溶性成分氧化的功能。作为抗氧化剂使用的是维生素 E 的同分异构体的混合物，故也称作混合生育酚浓缩物。但抗氧化能力大小顺序为 δ-生育酚＞γ-生育酚＞β-生育酚＞α-生育酚。

此品为黄至褐色、几乎无臭的澄明黏稠液体，不溶于水，可溶于乙醇、丙酮和植物油，对热稳定，在无氧条件下，即使加热至 220℃ 也不被破坏。对氧十分敏感，对光和紫外线照射也较敏感。人工合成生育酚（dl-α-生育酚）的性状和抗氧化效果基本上与天然的混合生

育酚浓缩物相同。

添加生育酚到食品中不仅具有抗氧化作用，而且还有营养强化作用（α-生育酚是人体必需的营养素）。故本品很适合作为婴儿食品、疗效食品及乳制品的抗氧化剂或营养强化剂使用。目前我国将本品用于油炸食品、全脂奶粉、奶油或人造奶油、粉末汤料等食品的抗氧化剂。此外，本品还可用于肉制品、水产加工品、脱水蔬菜、果汁饮料、冷冻食品、方便食品等。虽然维生素E是人体必需的营养物质，但过量摄入对人体也有不良影响。因此，规定其ADI为$0.15\sim 2mg/kg$（此为dl-α-生育酚和d-α-生育酚浓缩物二者的组成值）。

2. 混合生育酚浓缩物的生产方法

天然生育酚可由植物油，如小麦胚芽油、米糠油、大豆油、棉子油、亚麻油等经精制后，真空蒸馏、浓缩而制得；人工合成生育酚可由1,2,4-三甲基苯为原料经磺化、硝化、还原得2,3,5-三甲基苯醌，然后还原、与叶绿醇等缩合制得。

五、L-抗坏血酸及抗坏血酸钠

1. L-抗坏血酸及抗坏血酸钠的性质与用途

L-抗坏血酸即维生素C。维生素C及其钠盐和其同分异构体异抗坏血酸及其钠盐可用作抗氧化剂。维生素C的结构式为：

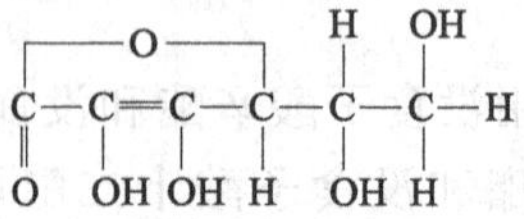

$$\underset{O}{\overset{O}{C}}-\underset{OH}{\overset{}{C}}=\underset{OH}{\overset{}{C}}-\underset{H}{\overset{O}{C}}-\underset{OH}{\overset{H}{C}}-\underset{H}{\overset{OH}{C}}-H$$

L-抗坏血酸为白色结晶粉末，无臭、味酸。久置色变微黄。是水溶性维生素，存在于新鲜的蔬菜和某些水果中。一般用其合成品。其钠盐为白色或黄白色的粒、细粒或结晶粉末，无臭、稍显碱性，较抗坏血酸易溶于水。

L-抗坏血酸及抗坏血酸钠用作啤酒、清凉饮料、果汁的抗氧化剂，可防止褪色、变色、风味劣变，以及其他因氧化而产生的质量问题；还可用于水果罐头、蔬菜罐头、冷冻食品、果蔬半成品、葡萄酒、肉制品的抗氧化剂；对肉制品可增加其弹性、防止亚硝酸铵生成。L-抗坏血酸还是人体所必需的维生素之一，通常的摄入量对人体无害。维生素C及其钠盐的ADI为$0\sim 15mg/kg$。

2. L-抗坏血酸及抗坏血酸钠的生产方法

维生素C工业上采用天然提取法和化学合成或半合成法，比较现实的是半合成法。目前，国内外常用的是莱氏法，由于其反应步骤长、连续操作困难，我国等已研制成功二步发酵法，其生成过程如图3-3所示。

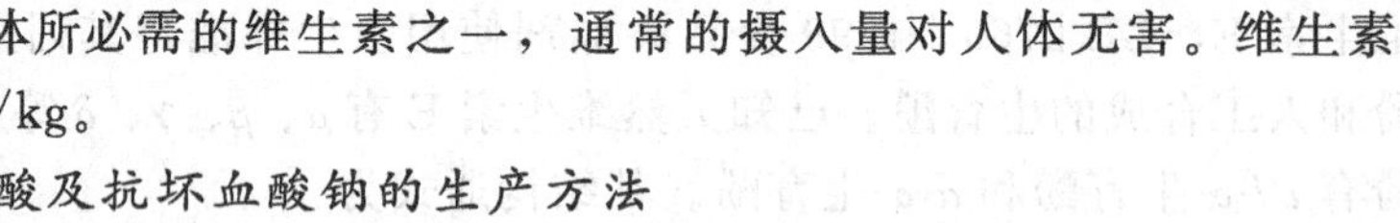

D-葡萄糖 $\xrightarrow{\text{H}_2/\text{催化}}$ D-山梨醇 $\xrightarrow{\text{弱氧化酸酐}}$ L-山梨糖 $\xrightarrow{\text{双菌混合发酵}}$ 2-酮基-L-古龙酸

L-抗坏血酸 $\xleftarrow{\text{MeO}^-}$ 甲基-2-酮基-L-古龙酸盐 $\xleftarrow[\text{H}^+]{\text{MeOH}}$

图3-3 二步发酵法生产维生素C的生产过程

此法生产工艺流程如图3-4所示。

当D-山梨醇经过第一步醋酸菌发酵后，必须对生成的L-山梨糖（醪液）于80℃加热10min，以杀死第一步发酵的微生物细胞，再加入一定比例消过毒的玉米浆、尿素、无机盐等辅料，开始第二步的混合菌株发酵。第二步发酵产物2-酮基-L-古龙酸通过化学转化生成维生素C是第三级过程，总周期约70～80h。

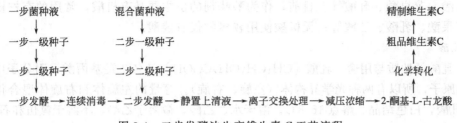

图 3-4 二步发酵法生产维生素 C 工艺流程

六、其他水溶性抗氧化剂

1. 茶多酚

茶多酚又称维多酚，浅黄或浅绿色粉末，有茶叶味，无不良气味，易溶于 40～80℃ 温水或含水乙醇中，在酸性和中性条件下稳定，最适 pH 范围 4～8。

茶多酚是从茶叶提制和分离制得，内含多酚类化合物和抗坏血酸，主要化学成分是表没食子儿茶素没食子酸酯，对油脂和含油食品有良好的抗氧化作用，其抗氧化效果可高于人工合成品 BHA 和 BHT，且尚有抑菌、防止食品褪色、保护维生素等作用。此品安全性高。我国规定其可用于含油脂酱类，最大使用量为 0.1g/kg；油炸食品、方便面，最大使用量为 0.2g/kg；肉制品、鱼制品、油脂、火腿、糕点及其馅，最大使用量为 0.4g/kg（均以油脂中儿茶素计）。

2. 甘草抗氧物

甘草抗氧物是从提取甘草浸膏或甘草酸之后的甘草渣中再提取出来的一种脂溶性混合物，成粉末状，熔点范围 70～90℃。主要成分为黄酮类、类黄酮类物质。其有良好的抗氧化作用，抗氧化效果比人工合成 PG 更好。

此品安全性高。我国规定可用于食用油脂、油炸食品、腌制鱼、肉制品、饼干、方便面、含油脂食品中。最大使用量为 0.2g/kg（以干草酸计）。

目前大量研究发现，很多植物中含有抗氧化、防腐和保鲜作用的物质，它们是纯天然的且安全性高，可由植物提取获得。此亦是国内外食品添加剂发展的方向。

第四节 调 味 剂

为了使食品能够满足不同人的口味且更加味美爽口，同时促进人们的食欲，常采用调味剂来达到要求。调味剂有酸味剂、甜味剂、鲜味剂、咸味剂和苦味剂等。其中苦味剂应用很少，咸味剂一般使用食盐，而我国并不作为食品添加剂管理。本节只讨论前三种。

一、酸味剂（酸度调节剂）

酸味剂是以赋予食品酸味为主要目的的食品添加剂。其作用除了赋予食品酸味外，还有调节食品的 pH、用作抗氧化剂的增效剂、防止食品酸败或褐变、抑制微生物生长及防止食品腐败等作用。而酸味给人以清凉和爽口的感觉，可增进食欲、促进消化吸收。所以食品中常添加酸味剂。现一般称其为酸度调节剂（在 GB 2760—1996 食品添加剂使用卫生标准中列有各类酸度调节剂，其包括酸、碱等）。

酸味剂按其组成可分为有机酸和无机酸两类。食品中天然存在的主要是有机酸，如柠檬酸、酒石酸、苹果酸、乳酸等。目前,作为酸味剂的也主要是有机酸,常用的有柠檬酸、酒石酸、苹果酸、乳酸、乙酸等;无机酸使用较多的仅有磷酸。

1. 乳酸

(1) 乳酸的性质与用途　乳酸〔$CH_3CH(OH)COOH$〕又名 2-羟基丙酸,因分子中有一个不对称碳原子,所以有两种光学异构体(左旋、右旋)。等量的左旋体和右旋体混合得外消旋体或 dl-乳酸,白色结晶。熔点 16.8℃。溶于水、乙醇,微溶于乙醚,不溶于氯仿和石油。

食品工业用的是乳酸与乳酸酐($C_6H_{10}O_5$)的混合物,为无色或淡黄色的糖浆状液体。一般乳酸浓度为 85%～92%,几乎无臭,味微酸,有吸湿性,可与水、乙醇、丙酮任意混合。

乳酸在自然界中广泛存在,是世界上最早使用的酸味剂。我国规定,乳酸可在各类食品中按生产需要适量使用。常用于果酱、果冻、乳酸饮料、果味露、配制酒、果酒以及白酒的调香。用乳酸发酵制成的泡菜、酸菜不仅有调味作用,还有防杂菌繁殖的作用。其 ADI 不需规定（d-乳酸、dl-乳酸不应加入三个月以下的婴儿食品中）。

(2) 乳酸的生产方法　可由淀粉、马铃薯、糖蜜、牛乳等发酵制备或乳糖的氧化制备;或用乙醛-氢氰酸法合成乳酸;丙醇腈法制乳酸等。丙醇腈法制乳酸的技术路线为:

$$\text{丙醇腈} \xrightarrow{H_2SO_4} \text{乳酸} \xrightarrow[\triangle]{CH_3OH} \text{乳酸甲酯} \xrightarrow{\triangle} \text{精乳酸}$$

其生产工艺流程如图 3-5 所示。

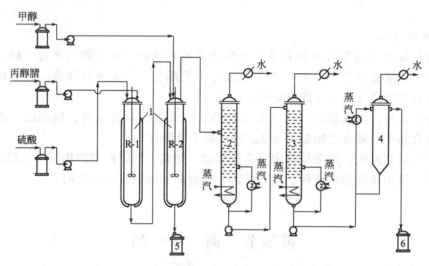

图 3-5　丙醇腈法制乳酸生产工艺流程
1—反应器;2—第一蒸馏塔;3—第二蒸馏塔;4—真空浓缩器;5—硫酸氢铵储槽;6—乳酸储槽

将丙醇腈和硫酸连续送入反应器 R-1 中,反应生成粗乳酸和硫酸氢铵的混合物。再把混合物送入反应器 R-2 中,在此使混合物与甲醇反应生成乳酸甲酯和硫酸氢铵。把硫酸氢铵分出后,粗乳酸甲酯连续进入第一蒸馏塔 2;塔底获得的精乳酸甲酯在第二蒸馏塔 3 中使乳酸甲酯加热分解;塔底得到稀乳酸。稀乳酸泵入真空浓缩器 4 中,经浓缩即可得纯乳酸产品。

2. 苹果酸

(1) 苹果酸的性质与用途　苹果酸学名羟基丁二酸,又称羟基琥珀酸。无色结晶或白色结晶性粉末。无臭,有极圆润的酸涩味。有吸湿性,易溶于水。由于分子中有一个不对称碳原子,故有两种立体异构体,右旋(或 R-(+)-苹果酸)和左旋(或 S-(-)-苹果酸)。二者等量混合为外消旋体。其熔点为 131～132℃,分解点 140℃。最常见的是左旋体,存在于不成熟的山楂、苹果和葡萄果实的浆汁中。其结构式为：
$$HO-CHCOOH$$
$$CH_2COOH$$

我国规定：苹果酸可在各类食品中按生产需要适量使用。常在果汁、饮料、果酱、果冻、水果糖中添加。由于其具有水果风味，目前正不断被用于其他新型食品中。此外，在制白醋时苹果酸可作乳化稳定剂使用。本品 ADI 不需要规定。

(2) 苹果酸的生产方法　①左旋体可由植物中提取或由延胡索酸经生物发酵制得；②外消旋体可由延胡索酸或马来酸在催化剂作用下于高温高压条件和水蒸气作用制得；③丁烯二酸水合法等。

3. 柠檬酸

(1) 柠檬酸的性质与用途　柠檬酸又名枸橼酸。学名 2-羟基丙烷-1,2,3-三羧酸。其结构式为：
$$\begin{array}{c} CH_2COOH \\ HO-C-COOH \\ CH_2COOH \end{array}$$

柠檬酸广泛存在于植物如柠檬、葡萄汁等中。柠檬酸有两种形式：从热的水溶液中得到的半透明无色晶体是无水物，熔点 153℃；从冷水溶液中得到的半透明无色晶体是一水物，75℃软化，约 100℃熔化。一水物在干燥空气中可失水。柠檬酸是强有机酸，溶于水、乙醇和乙醚。无水柠檬酸的酸味是结晶柠檬酸的 1.1 倍，吸湿性比结晶柠檬酸低。

我国规定柠檬酸可用于各类食品且按生产需要适量使用。因本品的酸味是所有有机酸中最可口的，故在各种食品中广泛使用。此外，可用于复配薯类淀粉漂白剂的增效剂，最大使用量为 0.025g/kg，还可作为防腐剂、抗氧化增效剂、pH 调节剂。本品 ADI 不需要规定。

(2) 柠檬酸的生产方法　可从植物原料中提取，也可由淀粉、糖等进行发酵制得。以淀粉为原料发酵生产柠檬酸的总反应式可表示为：

$$(C_6H_{10}O_5)_n + nO_2 \longrightarrow nC_6H_8O_7 \cdot H_2O$$

生产过程包括种母醪制备、发酵、提取、纯化等。生产工艺流程如图 3-6 所示。

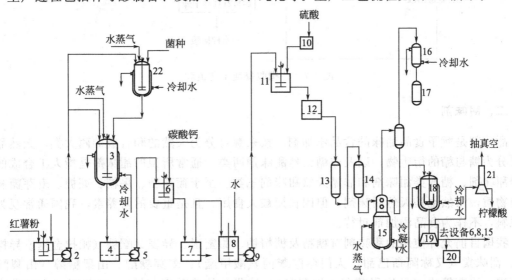

图 3-6　柠檬酸生产工艺流程

1—拌和桶；2,5,9—泵；3—发酵罐；4,7,12—过滤桶；6—中和桶；8—稀释桶；
10—硫酸计量槽；11—酸解桶；13—脱色柱；14—离子交换柱；15—真空浓缩锅；16—冷凝器；
17—缓冲器；18—结晶锅；19—离心机；20—母液槽；21—烘房；22—种母罐

① 种母醪制备。将浓度为12%～14%的甘薯淀粉浆放入已灭菌的种母罐22中，用表压为98kPa的蒸汽蒸煮糊化15～20min，冷至33℃，接入黑曲霉菌N-588的孢子悬浮液，温度保持在32～34℃，在通无菌空气和搅拌下进行培养，约5～6天完成。

② 发酵。在拌和桶1中加入甘薯干粉和水，制成浓度为12%～14%的浆液，泵送到发酵罐3中，通入98kPa的蒸汽蒸煮糊化15～25min，冷至33℃，按8%～10%的接种比接入种醪，在33～34℃下搅拌，通无菌空气发酵。发酵过程中补加碳酸钙控制pH=2～3，约5～6天发酵完成。发酵液中除柠檬酸和大部分水分外尚有淀粉渣和其他有机酸等杂质，故应设法提取、纯化。柠檬酸提取工艺流程见图3-7。

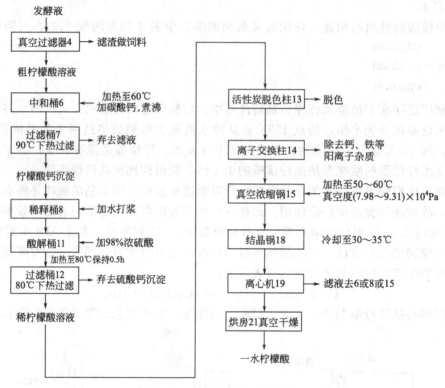

图 3-7 柠檬酸提纯工艺流程

二、甜味剂

甜味剂是赋予食品甜味的食品添加剂。按来源可分为天然的和合成的两大类，天然甜味剂又分为糖与糖的衍生物，以及非糖天然甜味剂两类。通常所说的甜味剂是指人工合成的非营养甜味剂、糖醇类甜味剂和非糖天然甜味剂三类。至于葡萄糖、果糖、蔗糖、麦芽糖和乳糖等物质，虽然也是天然甜味剂，但因长期被人食用，且是重要的营养素，我国通常视为食品原料，不作为食品添加剂对待。

我国目前允许使用的甜味剂有糖精及糖精钠、甜蜜素、异麦芽酮糖（帕拉金糖或异构蔗糖）、甜味素（又称阿斯巴甜，天门冬酰苯丙氨酸甲酯）、麦芽糖醇、山梨糖醇（山梨醇）、木糖醇、甜菊糖苷（又称甜菊苷、蛇菊苷）、甘草及甘草酸钾（钠）、安赛蜜（乙酰磺胺酸钾）等。在此简单介绍几种。

1. 糖精及糖精钠

糖精学名邻磺酰苯(甲)酰亚胺，是人工合成的非营养甜味剂。其为白色结晶性粉末或叶状晶体。熔点 228～230℃。无臭或微有芳香气。微溶于水、乙醚和氯仿,溶于乙醇、乙酸乙酯、乙酸戊酯和苯。它的钠盐称糖精钠或可溶性糖精,为白色结晶或结晶性粉末,无臭或微有芳香气。在空气中缓慢风化,失去约一半结晶水变成白色粉末。其易溶于水,甜味约为食糖的 300～500 倍。糖精自 1879 年应用以来,一直是最广泛使用的甜味剂,但在 20 世纪 70 年代初发现其有致癌性问题后,1992 年我国原轻工业部宣布控制、压缩糖精生产,限制食品、饮料中使用糖精,故本品有逐渐被取代的趋势。糖精 ADI 暂定为 0～2.5mg/kg。

2. 环己基氨基磺酸钠

(1) 环己基氨基磺酸钠的性质与用途　环己基氨基磺酸钠又名甜蜜素,是人工合成的非营养甜味剂。为白色结晶或结晶性粉末,二水合物为片状晶体。无臭,甜度约为蔗糖的 30 倍。易溶于水,对热、酸、碱均稳定。其结构式为 ⟨ ⟩—$NHSO_3Na$。

甜蜜素的甜味较糖精纯正,可替代蔗糖或与蔗糖混合使用,它能较好地保持食品原有风味。因其不被人体吸收,并具有良好的口感和价廉,已成为国内主要使用的一种甜味剂。主要用于酱菜、调味酱汁、糕点、饼干、面包、配制酒、雪糕、冰淇淋、冰棍、饮料、蜜饯等中,此品 ADI 为 0～11mg/kg。

(2) 环己基氨基磺酸钠的生产方法　甜蜜素的合成方法很多,但具有工业价值的方法是以环己胺为基本原料,用不同的磺化剂(如氨基磺酸、氯磺酸、硫代硫酸钠等)磺化生成环己基氨基磺酸后,再用烧碱处理制得。国外正在研究开发直接采用三氧化硫磺化环己胺的方法。

3. 木糖醇

(1) 木糖醇的性质与用途　木糖醇又名戊五醇。白色粉末或颗粒状结晶;熔点 92～93℃;有吸湿性;无毒;味甜,甜度和蔗糖相等,并有清凉感,无异味;易溶于水,微溶于乙醇;木糖醇还具有不发酵性,大部分细菌不能把它作为营养加以利用。其结构式为:$CH_2OH(CHOH)_3CH_2OH$。

此品功能也与蔗糖相同,重要的是其代谢、利用不受胰岛素制约,因而可被糖尿病人接受。我国规定:可在糕点、饮料、糖果中代替糖按生产需要适量加入;由于其不致龋,还可通过阻止新龋形成和原有龋齿的发展而改善口腔牙齿卫生,故可作无糖糖果中起止龋或抑龋作用的甜味剂。ADI 值无需规定。

(2) 木糖醇的生产方法　木糖醇天然存在于多种水果、蔬菜之中。工业上则常用玉米芯、甘蔗渣、棉籽壳、桦木屑等为原料,先将原料中的多聚物糖 $(C_5H_8O_4)_n$ 水解为木糖,然后用镍催化剂加氢制取木糖醇。以玉米芯为原料制取木糖醇的生产流程(催化加氢及后续工序)如图 3-8 所示。

将玉米芯用 130～150℃ 热水浸泡处理 1h,除去原料中胶质和单宁等(原料预处理);用浓度为 0.6%～1.0% 硫酸,固液比 1:10,在 110℃ 温度下水解,时间 2h,水解后糖浓度约 5%,产糖率 30%(水解);用相对密度为 1.1 的石灰乳中和过剩的硫酸生成硫酸钙沉淀,中和终点 pH 为 2.8～3.0,中和温度 75～80℃,并保温搅拌 30min,然后过滤,中和后的糖浓度为 20% 以上,进而真空浓缩至糖浓度为 35%～40%(中和);加入适量活性炭脱色和吸附部分非糖物质,并在 70℃ 时保温搅拌 1h,再过滤(脱色);木糖液通过阳-阴离子交换树脂进一步净化,除去糖液中的酸和非糖杂质(离子交换);净化的木糖液在镍催化剂存在下于反应器 1 进行加氢反应,催化剂用量为木糖液质量的 5%,加氢压力为 $6.867×10^5$Pa,反应温度 120～130℃,转化率可达 99% 以上;反应生成的氢化液送入装有活性炭的过滤器

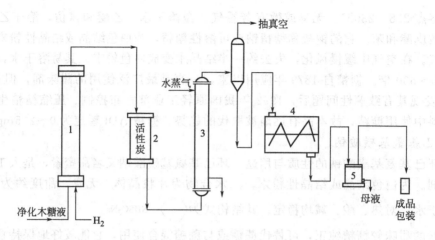

图 3-8 木糖醇生产工艺流程
1—加氢反应器；2—过滤器；3—蒸发器；4—结晶机；5—离心机

2 中进行过滤，以除去催化剂得到澄清的木糖醇溶液（催化加氢）；将含 12% 木糖醇的氢化液送入蒸发器 3 中进行真空蒸发浓缩，温度 70℃，真空度 9.842×10^4 Pa，浓缩至木糖醇浓度达 85%～86%（浓缩）；将木糖醇浓缩液泵入结晶机 4，在 65℃ 时加入 2% 的晶种，然后降温至 40℃ 左右（每小时降 2℃），结晶完毕；送入离心分离得结晶木糖醇和母液，母液返回再制木糖醇，或者综合回收利用（结晶分离）。

三、鲜味剂

以赋予食品鲜味为主要目的的食品添加剂称为鲜味剂，又称增味剂或风味增强剂，是指用以增补或增强食品原有风味的物质。

据近年研究报告，鲜味不同于酸、甜、苦、咸四种基本味，也是一种基本味。其不影响任何其他味觉刺激而只增强各自的风味特性，从而增强食品的可口性。

鲜味剂按其化学性质的不同主要有两类：氨基酸类和核苷酸类。前者主要是 L-谷氨酸及其一钠盐，后者主要是 5′-肌苷酸二钠和 5′-鸟苷酸二钠。此外，琥珀酸及其钠盐也是具有鲜味的。现简单介绍如下。

1. L-谷氨酸及其一钠盐

（1）L-谷氨酸及其一钠盐的性质与用途 L-谷氨酸是谷氨酸（又名麸氨酸，学名 α-氨基戊二酸）立体异构体中的左旋体。其结构式为

$$\text{HOOC—CH—CH}_2\text{—CH}_2\text{—COOH} \qquad \text{HOOC—CH—CH}_2\text{—CH}_2\text{—COONa}$$
$$\qquad\quad |\qquad\qquad\qquad\qquad\qquad\qquad\qquad\quad |$$
$$\qquad\; \text{NH}_2 \qquad\qquad\qquad\qquad\qquad\qquad\qquad \text{NH}_2$$
L-谷氨酸   L-谷氨酸一钠盐

L-谷氨酸为白色或无色鳞片状晶体。呈微酸性，无臭，有酸味和鲜味；其在 200℃ 时升华；在 247～249℃ 时分解。微溶于冷水，较易溶于沸水，不溶于乙醇、乙醚和丙酮。

L-谷氨酸的一钠盐俗称味精，为白色晶体或结晶性粉末；加热到 150℃ 时失去结晶水，195℃ 熔化，在 210℃ 发生吡咯烷酮化，生成焦谷氨酸，失去鲜味；无臭，略有甜味或咸味，且具有独特的鲜味，其鲜味与食盐共存时尤为显著；无吸湿性；易溶于水，微溶于乙醇，5% 水溶液的 pH 为 6.7～7.2。

味精可用于各类食品，且按生产需要适量加入。其 ADI 无需规定。味精不仅具有鲜味，

还具有增香作用，在豆制品、曲香酒中加入味精可使产品呈现较好的风味。

（2）L-谷氨酸及其一钠盐的生产方法　将植物蛋白质（如麦麸等）或动物蛋白质经水解后再经脱色、浓缩、结晶而得；也可由糖或淀粉用发酵法制得等。发酵法工艺流程如图 3-9 所示。

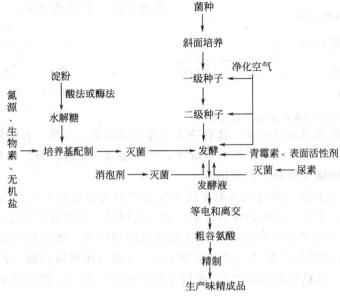

图 3-9　谷氨酸发酵生产工艺流程

① 淀粉水解糖的制备。方法有酸法水解和酶法水解，或将酸法和酶法结合起来（酸-酶法或酶-酸法）。酸解法工艺流程如下：

淀粉、水、盐酸→调浆→酸解糖化→冷却→中和、脱色→过滤→糖液

国内外近年来采用淀粉先经 α-淀粉酶液化，然后再经葡糖淀粉酶作用生成葡糖的双酶工艺，糖液质量和出糖率高于酸法水解糖。此法的关键是选用耐高温 α-淀粉酶，并正确设计和使用连续喷射液化器。

② 菌种扩大培养。其工艺流程如下：

斜面培养→一级种子培养→二级种子培养→发酵

对种子质量要求，首先是无杂菌及噬菌体感染，其次要求菌体大小均匀，呈单个或八字形排列。二级种子培养结束时需控制一定的活菌数和摄氧率。

③ 发酵。谷氨酸发酵的好坏是整个生产的关键。由于谷氨酸发酵是典型的代谢控制，所以必须严格控制微生物生长的环境条件（如氧、pH、生物素和磷酸盐等），环境因素控制不当，往往会发生"发酵转化"现象，即改变代谢途径，使谷氨酸产量大减，而琥珀酸、乳酸、α-酮戊二酸、谷氨酰胺或缬氨酸产量增多。其中，生物素是控制谷氨酸生物合成的关键物质，以生物素亚适量时谷氨酸积累提高，这是因为以糖质为原料的谷氨酸产生菌多是生物素营养缺陷型。

④ 提取。从发酵液中提取谷氨酸的方法有多种，其中以等电点法和离子交换法较普遍。离子交换法一般不直接用于发酵液谷氨酸的提取，而是与等电点法配合使用以回收等电点后母液中残留的谷氨酸（简称等电-离交法）。等电点法提取谷氨酸工艺流程如图 3-10 所示。

谷氨酸通常是以单钠盐即味精的形式出售和使用的。粗谷氨酸溶于水中，加活性炭脱色，然后加碳酸钠中和得味精粗制品，再经进一步精制（除铁、脱色和结晶等）便获得味精

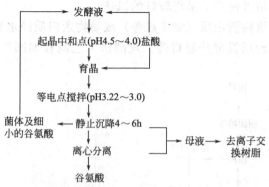

图 3-10 等电点法提取谷氨酸工艺流程

成品。

2. 5'-肌苷酸二钠

(1) 5'-肌苷酸二钠的性质与用途 5'-肌苷酸二钠又称肌苷酸钠，肌苷-5'-磷酸二钠，简称 IMP，其结构式为：

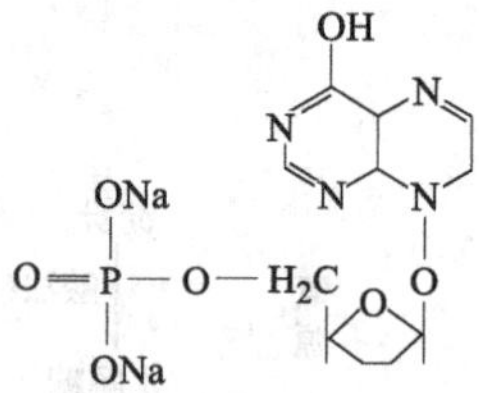

此品为白色结晶或结晶性粉末，含有约 7.5 分子结晶水。无臭，有特别强的鲜味，易溶于水，微溶于乙醇，不溶于乙醚，稍有吸湿性，但不潮解。对酸、碱、盐和热均稳定，可被动植物组织的磷酸酯酶分解而失去鲜味。

我国规定：5'-肌苷酸二钠可在各类食品中按生产需要适量加入，其 AID 不需规定。但其单独使用时很少，多与谷氨酸钠混合使用，混合使用时，其用量是谷氨酸钠的 1‰～5‰。

(2) 5'-肌苷酸二钠的生产方法 可以葡萄糖发酵得肌苷，磷酸化得肌苷酸钠（发酵合成法）；也可以糖发酵得肌苷酸钠（直接发酵法）；或由菌体提取核糖核酸，经酶解得腺苷酸，脱氨得肌苷酸（核糖核酸酶解法）。我国上海某味精厂的 20t 罐肌苷酸发酵工艺流程如图 3-11 所示。

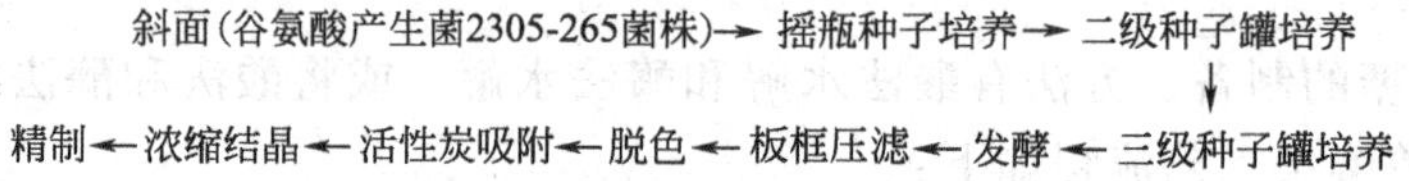

斜面(谷氨酸产生菌2305-265菌株)→摇瓶种子培养→二级种子罐培养→三级种子罐培养→发酵→板框压滤→脱色→活性炭吸附→浓缩结晶→精制

图 3-11 肌苷酸发酵工艺流程

除发酵法外，酶解法也是主要的生产方法。核糖核酸（RNA）经 5'-磷酸二酯酶降解可得到腺苷酸（5'-AMP），后者经 AMP 脱氨酶转化即可得 5'-IMP。

目前国内外还研制出了一些新型味精，如强力味精（味精与 5'-GMP、5'-IMP 和柠檬酸钠等按比例配制而成）、维生素 A 味精（维生素 A 与味精的混合）、特色味精（又称复合味精，如鸡味味精、牛肉味味精、虾味味精，是由核苷酸、味精、天然食物抽提物与多种香辛料、食用香精等配制而成）等。

第五节 食用色素

食用色素又称着色剂，是以食品着色和改善食品色泽为目的的食品添加剂。天然食品一般都具有美丽的色泽，但经过加工处理时，有的褪色、有的变色。为了保持或改善食品的色泽，在食品加工中往往需要对食品进行人工着色，即添加着色剂或护色剂、漂白剂等食品添加剂。

食用色素按其来源和性质，可分为天然和人工合成色素两大类。食用合成色素主要指人工合成方法所制得的有机色素，按化学结构的不同可分为两类：偶氮类色素和非偶氮类色素。食用天然色素主要是从植物组织中提取的色素，也包括来自动物和微生物的色素。

一、食用合成色素

人工合成色素一般颜色鲜艳,着色力强,坚牢度大,性质较稳定,可任意调色,使用方便,且成本较低,世界各国曾一度广泛应用的食用合成色素有 90 种之多。但随着食用色素安全性试验技术的发展,发现有的合成色素有致癌作用和诱发染色体变异,因而许可使用的合成色素品种减少,产量降低。GB 2760—1996 食品添加剂使用卫生标准中批准使用的食用合成色素有 8 种,主要有苋菜红、胭脂红、新红、赤藓红(樱桃红)、柠檬黄(酒石黄)、日落黄、亮蓝、靛蓝。另外,还研制出多种复合合成使用色素,如食用果绿、食用草莓红等。

食用合成色素通常都是以煤焦油为原料制成的。

1. 苋菜红

(1) 苋菜红的性质与用途 苋菜红又名蓝光酸性红,为水溶性偶氮类色素。其结构为:

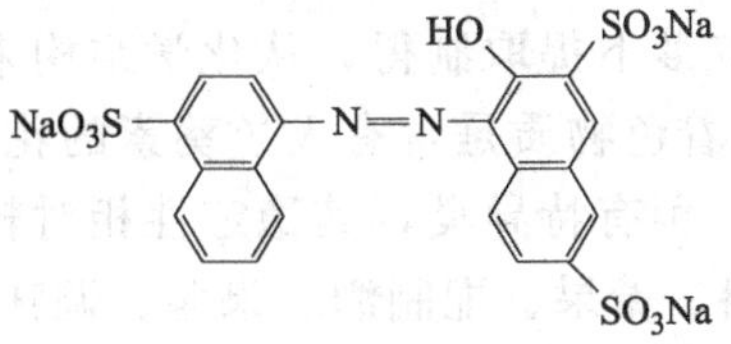

此品为紫红色均匀粉末,无臭,0.01%的水溶液呈玫瑰红色,可溶于甘油和丙二醇,不溶于油脂。具有耐光性、耐热性、耐盐性,但耐细菌性差。耐酸性较好,对柠檬酸、酒石酸等稳定,但在碱性溶液中则变成暗红色。由于耐氧化、还原性差,不适于在发酵食品中使用。

苋菜红主要用在果汁(味)饮料类、碳酸饮料、配制酒、糖果、糕点上彩装、青梅、山楂制品、渍制小菜、红绿丝、染色樱桃罐头(系装饰用)中,其 ADI 为 0~0.5mg/kg。

(2) 苋菜红的生产方法 将 1-萘胺-4-磺酸重氮化后,在碱性条件下与 2-萘酚-3,6-二磺酸钠偶合,经食盐盐析、精制而得。

2. 柠檬黄

(1) 柠檬黄的性质与用途 柠檬黄又名酒石黄,属水溶性偶氮类色素。其结构式为:

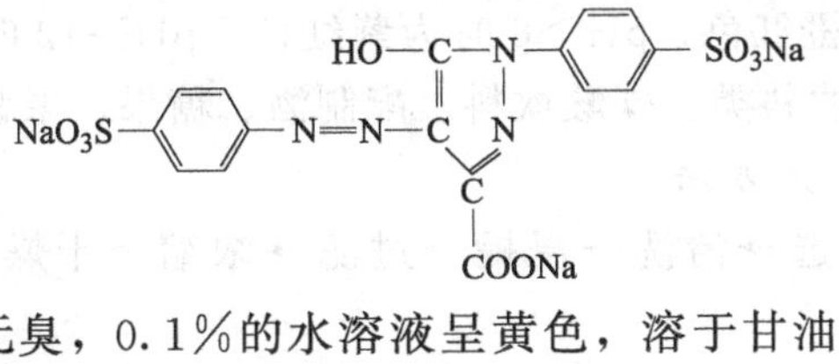

此品为橙黄色粉末,无臭,0.1%的水溶液呈黄色,溶于甘油,微溶于乙醇,不溶于油脂。其耐酸性、耐热性、耐盐性、耐光性均好,但耐氧化性较差。遇碱稍变红,还原时褪色。

柠檬黄是世界各国普遍允许使用的合成色素,其 ADI 为 0~7.5mg/kg。主要用于果汁(味)饮料类、碳酸饮料、配制酒、糖果、糕点上彩装、西瓜酱罐头、青梅、虾(味)片、渍制小菜、红绿丝中。注意同一色泽的色素如混合使用时,其用量不得超过单一色素允许量;固体饮料及高糖果汁或果味饮料色素加入量按该产品的稀释倍数加入。

(2) 柠檬黄的生产方法 柠檬黄通常是将双羟基酒石酸钠与磺酸缩合,然后碱化,将生成的色素用食盐盐析、精制而得。

二、食用天然色素

利用天然色素对食品着色和从植物中提取天然色素的技术在我国都有悠久的历史。食用天然色素按来源不同主要有以下三类：①植物色素，如甜菜红、姜黄、β-胡萝卜素、叶绿素等；②动物色素，如紫胶红（虫胶红）、胭脂红等；③微生物色素，如红曲红等。

食用天然色素与食用合成色素相比，具有以下优点：①由于其多来自动植物组织，故安全性较高；②有的具有维生素活性如β-胡萝卜素，因而兼有营养强化作用；③能更好地模仿天然物的颜色，着色时色调比较自然；④有的品种具有特殊的芳香气味，添加到食品中能给人带来愉快的感觉。但其还有成本高，着色力差，稳定性较差，难于用不同色素配出任意色调，有的易劣变，有的色素有异味、异臭等缺点。目前，通过改进提取、精制技术，以及通过充分了解色素本身的性质和所添加的食品的组成成分等，予以合理使用均可以逐步克服。故当前着色剂正朝着天然方向发展。我国列在 GB 2760—1996 食品添加剂使用卫生标准中的天然色素约有 40 余种。下面简单介绍几种。

1. 几种食用天然色素的性质与用途

（1）萝卜红　萝卜红是由红萝卜提取制得，从化学结构来分，其属于多酚类衍生物（花色素苷），是水溶性色素，主要着色物质是含有天竺葵素的花色素苷。萝卜红为深红色液体、膏状、固体或粉末，易溶于水，稍有特异臭，其稳定性相对较好。

萝卜红可在果汁（味）饮料、糖果、配制酒、果酱、调味酱、蜜饯、糕点上彩装、糕点、雪糕、冰棍、果冻中按生产需要适量使用（同一色泽的色素如混合使用时，其用量不得超过单一色素允许量；固体饮料及高糖果汁或果味饮料色素加入量按该产品的稀释倍数加入）。

（2）红曲米　红曲米又名红曲、赤曲、红米、福米，是将稻米蒸熟后接种红曲霉发酵制得。它是中国自古以来传统使用的天然色素，安全性高。

我国规定：红曲米可用于配制酒、糖果、熟肉制品、腐乳、雪糕、冰棍、饼干、果冻、膨化食品、调味酱中，按生产需要适量使用。

（3）紫胶红　紫胶红属醌类色素，又名虫胶红，是由一种很小的蚧壳虫——紫胶虫在蝶形花科黄檀属、梧桐科芒木属等寄主植物上所分泌的紫胶原胶中的色素。此品为鲜红色粉末，可溶于水、乙醇和丙二醇，但溶解度不大，且纯度越高，在水中的溶解度越小。在酸性条件下对光和热稳定，但对金属离子不稳定。其色调随 pH 变化而改变，pH＜4 时为橙黄色，pH 在 4.0～5.0 时为橙红色，pH＞6 时为紫红色，pH＞12 时放置则褪色。

紫胶红可用于果蔬汁饮料类、碳酸饮料、配制酒、糖果、果酱、调味酱中。

2. 食用天然色素的生产方法

（1）浸提法　原料筛选→清洗→浸提→过滤→浓缩→干燥粉末，添加溶剂成浸膏→产品。

（2）培养法（包括微生物发酵和植物组织细胞培养）　接种培养→脱水分离→除溶剂→浓缩→喷雾干燥，添加溶剂→成品。

（3）直接粉碎法　原料精选→水洗→干燥→抽提→成品。

（4）酶反应法　原料采集→筛选→清洁→干燥→抽提→酶解反应→再抽提→浓缩→溶剂添加，干燥粉剂→成品。

（5）浓缩法　原料挑选→清洗晾干→压榨果汁→浓缩→喷雾干燥，添加溶剂→成品。

第六节　其他食品添加剂

食品添加剂的种类繁多，以上仅介绍了防腐剂、抗氧化剂、调味剂与食用色素。本节就常用的其他食品添加剂作一简单介绍，未述及部分请查阅相关书籍。

一、营养强化剂

食品营养强化剂是指为增强营养成分而加入食品中的天然或人工合成的属于天然营养素范围的食品添加剂。此类食品添加剂按性质可分氨基酸、维生素和矿物质等三类。

1. 氨基酸

氨基酸是蛋白质的基本构成单位，组成蛋白质的氨基酸有 20 多种。其中大部分在体内可由其他物质合成，但色氨酸、亮氨酸、异亮氨酸、缬氨酸、苯丙氨酸、赖氨酸、苏氨酸和蛋氨酸等 8 种氨基酸，在人体内不能合成或合成的量不足，必须由食物供给，即必需氨基酸。作为食品强化剂用的氨基酸主要是必需氨基酸或其盐类。目前通常用于食品强化剂的有 L-赖氨酸盐酸盐、L-赖氨酸天门冬氨酸盐，用于强化加工面包、饼干和面条的面粉，使用量为 1~2g/kg；氨基乙磺酸（牛磺酸），用于婴幼儿乳制品和饮料（儿童口服液）中，最大使用量为 4~8g/kg。

氨基酸多采用生物合成法、抽提法、化学合成法与酶解法相结合等工艺生产。

2. 维生素

维生素是人体必需的营养素，几乎不能在人体内产生，必须由外界供给。维生素种类很多，按溶解性的不同有脂溶性和水溶性维生素之分。脂溶性维生素有维生素 A、维生素 D、维生素 E、维生素 K 四种。水溶性维生素包括维生素 B 复合物和维生素 C 等。人体需要强化的有维生素 A、维生素 D、维生素 B_1、维生素 B_2 和维生素 C 等。主要用于强化乳制品、固体饮料、味精、面包、奶油等，使用量参考食品卫生标准。

维生素的生产方法有化学合成法、天然物提取法或生物合成法。

3. 矿物质

矿物质是构成机体和正常生理活动所必需的，它既不能在体内合成，也不会在代谢过程中消失。但是体内每天都有一定量的矿物质排出，故需从食品中补充。需强化补充的矿物质有钙、铁、碘、锌等，食品中多采用其无机盐、有机盐，如乳酸钙、葡萄糖酸钙、乳酸亚铁、葡萄糖酸锌、乳酸锌等。

二、食品保鲜剂

食品保鲜剂是用于保持食品原有色香味和营养成分的添加剂。食品保鲜剂按使用方法可分为药剂熏蒸保鲜剂、浸泡杀菌保鲜剂、涂膜保鲜剂等；按保鲜的对象来分，有大米保鲜剂、果蔬保鲜剂、禽肉保鲜剂和禽蛋保鲜剂等。下面以肉类保鲜剂和禽蛋保鲜剂为例进行介绍。

1. 水产品和肉类保鲜剂

水产品通常采用山梨酸与其他化学试剂的复配液作防腐保鲜剂。鱼制品和虾类的抗氧化和防止褐变，国内外主要采用抗坏血酸水溶液浸泡的方法。

肉类保鲜剂一般也采用山梨酸复配液，如山梨酸 27%，葡萄糖酸-δ-内酯 20%，醋酸钠 15%，甘油 5%，明矾 10%，其他 23%。

近年来，为防止水分蒸发、风味散失和防止细菌引起二次污染，开发了肉类涂覆剂。一般以乙酰化单酯为主要成分，若配合蔗糖脂肪酸酯，可取得更好的保鲜效果。

2. 禽蛋保鲜剂

禽蛋保鲜剂有无机化合物配制的保鲜液和保鲜涂膜剂两种。无机化合物配制的保鲜液采用浸泡法，如用凉开水 50kg，熟石膏 500g，白矾 200g 制成水溶液，将洗净的蛋浸入其中，可保存 200～300 天；浸在 33% 水玻璃加水 10 倍的溶液中，可保鲜 3～5 个月。保鲜涂膜剂是用医用液蜡、一些高分子材料、蔗糖脂肪酸酯成膜来保鲜，还可用复配液成膜保鲜。

三、增稠剂

增稠剂是指能改善食品的物理性质或组织状态，使食品黏滑适口的食品添加剂。它也可对食品起乳化、稳定作用。

增稠剂品种很多，按其来源可分为天然品和人工合成品两类。天然增稠剂来自植物、动物和微生物。来自植物的有树胶（如阿拉伯胶、黄蓍胶等）、种子胶（如瓜果豆胶、罗望子胶等）、海藻胶（如琼脂、海藻酸钠等）和其他植物胶如果胶等。改性淀粉是由淀粉经不同处理后制得的，如酸处理淀粉、碱处理淀粉、酶处理淀粉和氧化淀粉等，它们在凝胶强度、流动性、颜色、透明度和稳定性方面均有不同。来自动物的有明胶、酪蛋白酸钠等。来自微生物的有黄原胶等。人工合成的有羧甲基纤维素、聚丙烯酸钠等。下面以果胶为例进行介绍。

果胶是指可溶性果胶，其主要成分为多缩半乳糖醛酸甲酯。其为乳白色或淡黄色的不定形粉末，稍有特异臭。溶于水则生成黏稠状液体，若与 3 倍或 3 倍以上的砂糖混合，则更易溶于水。对酸性溶液较碱性溶液稳定。

果胶按其酯化度（酯化的半乳糖醛酸基对总的半乳糖醛酸基的百分比值）可分为高甲氧基果胶和低甲氧基果胶。高甲氧基果胶（酯化度＞50%）在加糖、加酸后可以凝冻，低甲氧基果胶（酯化度＜50%）在加糖、加酸后，还需要添加多价金属离子如钙等方能凝冻。

果胶可用于各类食品中，且按生产需要适量使用。其 ADI 不需要规定。

果胶存在于所有高等植物组织中，但其含量和组分因植物种类的不同差异很大。目前，生产果胶的主要原料是柑橘类果皮，其果胶含量约为 5%（以湿皮质量计）。从柑橘皮、苹果渣中提取的果胶为高甲氧基果胶；从向日葵、蚕沙、山楂中提取的果胶为低甲氧基果胶。从柑橘皮中提取果胶的工艺过程如图 3-12 所示。

图 3-12　从果皮提取果胶工艺流程

四、乳化剂

乳化剂是能使互不相溶的油和水形成稳定乳浊液的食品添加剂。乳化剂分子内具有亲水和亲油两种基团，易在水和油的界面形成吸附层，将两者联结起来，达到乳化的目的。乳化剂是表面活性剂的一种。

乳化剂一般分为两类，即油/水（水包油）型和水/油（油包水）型。前者宜用亲水性强的乳化剂，后者宜用亲油性强的乳化剂。

1. 单硬脂酸甘油酯

单硬脂酸甘油酯为乳白色至微黄色的粉末或蜡状固体，无臭，无味。凝固点不低于 56℃，不溶于水，但在热水中强烈振荡时可分散在水中呈乳化态；溶于乙醇和热脂肪油。为水/油型乳化剂，HLB 值为 3.8。

我国规定：单硬脂酸甘油酯可按生产需要适量使用于各类食品中。其 ADI 不需要规定。

单硬脂酸甘油酯的生产方法有直接酯化法和甘油醇解法。甘油醇解法合成工艺流程如下：

甘油、硬化油→脱水→交酯反应→脱臭→蒸馏→产品

反应在 0.06%～0.1% 的氢氧化铜催化作用下，于 180～185℃ 搅拌通入氮气，酯化反应 5h，在氮气流下冷却至 100℃ 出料，冷却即得褐色粗品，经分子蒸馏可得乳白色粉末状成品。

2. 大豆磷脂及改性大豆磷脂

大豆磷脂又称磷脂，为淡黄至棕色，透明或不透明的黏稠物质，稍有特异臭，不溶于水，在水中膨润呈胶体溶液，溶于乙醚及石油醚，难溶于乙醇及丙酮，在空气中或光照下迅速变褐。

此品是卵磷脂、脑磷脂和肌醇磷脂的混合物，其中卵磷脂含量约 20% 以上，故也有国家常用卵磷脂统称这一混合物。近年来人们改善其性能，将其制成无异臭，且稳定性良好的固体颗粒或粉末。其广泛应用于糖果、饼干、糕点、冰淇淋和人造奶油等食品，ADI 不需要规定。

大豆磷脂通常是制造大豆油时的副产品，生产工艺步骤如下：

粗油→水化→离心分离（脱去胶油）→粗磷脂→脱水→脱色→干燥→产品

改性大豆磷脂是以天然大豆磷脂为原料，经过乙酰化和羧基化改性及脱脂后制成。其为黄色或黄棕色粉粒，极易吸潮，易溶于动物油脂，能分散于水，部分溶于乙醇。

改性大豆磷脂的水分散性、溶解性及乳化性等均比大豆磷脂好。因而乳化效果好，用量更少。我国规定：改性大豆磷脂可用于各类食品，且按生产需要适量使用。其 ADI 不需要规定。

五、酶制剂

酶是一类由生物体产生的具有催化功能的蛋白质，又称生物催化剂。利用从生物体中提出的酶，制成有一定催化活性的商品称为酶制剂。

酶制剂按来源分为动物酶制剂、植物酶制剂和微生物酶制剂三类；按催化反应类型可分为水解酶、氧化酶和异构酶等多种；按作用底物不同，又可分为淀粉酶制剂、蛋白酶制剂、脂肪酶制剂等。下面介绍 α-淀粉酶。

α-淀粉酶是我国目前产量最大、用途最广的一种液化型 α-淀粉酶。制品为淡黄色粉末，含水 5%～8%。为便于保存，常加入适量的碳酸钙等作为抗结剂，以防止结块。当酶作用于淀粉时，能使淀粉迅速液化而生成分子量小的糊精。在高浓度淀粉保护下，在 pH5.3～7.0 范围内，温度可提高到 93～95℃，仍保持足够高的活性。其最适 pH 为 6.0～6.4，最适温度为 85～94℃。

我国规定：α-淀粉酶可用于淀粉糖浆、发酵酒、蒸馏酒、酒精，按生产需要适量使用。

α-淀粉酶是由枯草杆菌深层发酵生产而得。其生产工艺流程如图 3-13 所示。

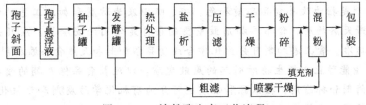

图 3-13 α-淀粉酶生产工艺流程

六、被膜剂

被膜剂主要是一种用来在食品表面涂膜，以达到食品保鲜或增进食品感官质量的食品添加剂。人们在储存水果和鸡蛋时，为了抑制水分蒸发（或抑制水果的呼吸作用）、防止细菌侵袭，在其表面涂以薄膜，从而达到保鲜的目的。对某些食品如糖果、巧克力等，在其表面涂膜后不仅有利于保持质量稳定，而且还可使其外表光亮美观。由此，人们称其为上光剂。虫胶、桃胶和蜂蜡等是天然的被膜剂，而石蜡和液体石蜡则可认为是人工被膜剂。

1. 紫胶

紫胶又名虫胶，为紫胶虫分泌的紫胶原胶经加工制得。其主要成分是树脂。

紫胶有普通和漂白者两种，现在食品工业常用漂白的紫胶。普通紫胶为淡黄色至褐色的片状物，漂白的紫胶为浅色。紫胶有光泽，可溶于碱，不溶于酸，有一定的防潮能力。

我国规定：紫胶可用于巧克力糖、威化饼干的外膜涂层，最大使用量为 0.20g/kg。巧克力涂膜后可防止受潮发黏，并赋予其明亮的光泽。其 ADI 不需要规定。

2. 石蜡及液体石蜡

石蜡又称固体石蜡，是从石油或岩页油中得到的各种固态烃的混合物，为白色半透明的块状物，常显结晶状，无臭、无味，手指接触有滑腻感。不溶于水，微溶于乙醇，易溶于挥发油或多数油脂中，在紫外线的影响下色泽变黄。

液体石蜡又称白色油，为无色半透明油状液体，无臭、无味，但加热时可稍有石油气味，不溶于水，易溶于挥发油，并可与大多数非挥发油混溶。

我国规定：石蜡可作胶姆糖基础剂，最大使用量为 50.0g/kg。液体石蜡可用于面包脱模、发酵工艺，按生产需要适量使用；还可用于软糖、鸡蛋保鲜，最大使用量为 5.0g/kg。此外，亦可用于食品上光、防粘、消泡、密封和食品机械润滑等。其 ADI 不需要规定。

七、异构乳糖

异构乳糖由乳糖经氢氧化钠异构化制得，为淡黄色透明液体，进一步精制后可制成白色不规则结晶性粉末。可溶于水，有清爽的甜味。液态异构乳糖可含有乳酮糖（主要成分异构乳糖）、乳糖、半乳糖和果糖等四种成分。

异构乳糖不能被人体消化、吸收，但却能促进肠道双歧杆菌的增殖，进而改善并保持良好的排便，减少有害物质如氨的生成，有利于身体健康。

我国规定：异构乳糖可用于鲜乳、饮料（液、固体），最大使用量为 1.5g/kg；饼干，最大使用量为 2.0g/kg；乳粉，最大使用量为 15.0g/kg（以异构化乳糖干物质计）。

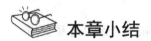

本章小结

1. 食品添加剂是指为改善食品品质和色、香、味以及为防腐和加工工艺的需要而加入食品中的化学合成或者天然物质。食品添加剂最重要的条件是使用的安全性。ADI 是评价食品添加剂的首要和最终标准。食品添加剂可分为化学合成食品添加剂和天然食品添加剂。

2. 防腐剂是指能防止由微生物所引起的腐败变质，以延长食品保存期的食品添加剂。防腐剂按作用分为杀菌剂和抑菌剂；按来源和性质也可分为有机化学防腐剂和无机化学防腐剂两类。常用的防腐剂为苯甲酸及苯甲酸钠、山梨酸及山梨酸钾、对羟基苯甲酸酯。它们的性质、用途、生产方法和工艺见前面章节。

3. 抗氧化剂是指能阻止或推迟食品的氧化变质，提高食品稳定性和延长食品储存期的食品添加剂。它可分为天然抗氧化剂和人工抗氧化剂。常用的抗氧化剂有丁基羟基茴香醚、二丁基羟基甲苯、没食子酸丙酯、混合生育酚浓缩物、L-抗坏血酸及抗坏血酸钠。它们的性质、用途以及生产方法和生产工艺见前面章节。

4. 调味剂有酸味剂、甜味剂、鲜味剂、咸味剂和苦味剂。

5. 酸味剂是以赋予食品酸味为主要目的的食品添加剂，酸味剂可分为有机酸和无机酸两大类。常用酸味剂有乳酸、苹果酸、柠檬酸。它们的性质、用途、生产方法和生产工艺见前面章节。

6. 甜味剂是赋予食品甜味的食品添加剂。甜味剂可分为天然甜味剂和合成甜味剂。常用甜味剂有糖精及糖精钠、甜蜜素、木糖醇。它们的性质、用途以及生产方法和生产工艺见前面章节。

7. 以赋予食品鲜味为主要目的的食品添加剂称为鲜味剂，目的是增强食品的可口性。主要有氨基酸类和核苷酸类两大类。常用鲜味剂有味精、肌苷酸钠。它们的性质、用途以及生产方法和生产工艺见前面章节。

8. 食用色素又称着色剂，是以食品着色和改善食品色泽为目的的食品添加剂。按其来源和性质，可分为天然和人工合成色素两大类。常用人工合成食用色素有苋菜红、柠檬黄等；常用食用天然色素有萝卜红、红曲米和紫胶红等。它们的性质、用途和生产方法见前面章节。

9. 其他食品添加剂主要有营养强化剂、食品保鲜剂、增稠剂、乳化剂、酶制剂、被膜剂、异构乳糖等。

复习思考题

3-1 何为食品添加剂，简述其作用。
3-2 作为食品添加剂，对其一般要求有哪些？
3-3 何为防腐剂，它是如何分类的？
3-4 何为抗氧化剂，它是如何分类的？
3-5 酸味剂除赋予食品酸味外，还有哪些作用？
3-6 常见的甜味剂有哪些？
3-7 食用色素以食品着色和改善食品色泽为目的，它是如何分类的？
3-8 在食品制作过程中，为何要使用增稠剂？
3-9 何为每日允许摄入量（ADI）？
3-10 简述柠檬酸的性质、用途及生产方法。
3-11 木糖醇作为甜味剂，与蔗糖比有何异同点？它是如何生产的？
3-12 解释鲜味剂，并举出数种常用的鲜味剂。
3-13 食品加工过程中，为什么要使用被膜剂？

阅读材料

新型食品添加剂——昆虫蛋白粉

随着人民生活水平的不断提高，寻找新的食物资源，特别是符合人体吸收需要的蛋白质资源，在世界各国备受关注。昆虫是当今动物界最大的类群，总量超过其它所有动物量总和的10倍以上，属于可更新资源，且富含蛋白质，营养丰富，结构合理，与普通蛋白结合使用能够弥补限制性功能成分的不足，优化营养结构，提高营养成分的利用效率。

现代营养学观点认为，在确定食物蛋白营养价值时，不仅要看蛋白质的含量高低，而且要看其必需氨基酸的配比是否协调，它是一个数量与质量的双重指标。根据国内外专家对食用昆虫蛋白营养的测定表明，大多数昆虫虫体蛋白质含量极高，多在50%～70%之间，高于鸡、鱼、猪肉、鸡蛋。例如，干的黄蜂含蛋白质约为81%，蜜蜂43%，蝉72%，草蜢70%，蟋蟀65%，稻蝗60.08%，柞蚕蛹52.14%，蝇蛆60.88%，多翅蚁64.50%，红胸多翅蚁58.60%等。而且，蛋白质中所含氨基酸尤其是各种必需氨基酸组分分布比例非常合理，完全符合或极接近于联合国粮农组织标准。经测定，昆虫蛋白的消化率平均达90.80%，生物效价是一般植物性食品的1.5倍以上。另外，昆虫蛋白粉内含的赖氨酸、蛋氨酸、苏氨酸很高，色氨酸较低。而常规动植物食品中普遍缺乏赖氨酸、蛋氨酸，但色氨酸含量却很高。这样将昆虫蛋白粉加入到常规食品中混合食用可以相互补充，配合利用价值很高。因此，将昆虫蛋白粉作为食品添加剂，可以优化食品营养结构、强化营养转化与吸收、提高食品的安全性和营养性。

实验三　苯甲酸的制备

一、实验目的

1. 掌握甲苯液相氧化制备苯甲酸的原理和方法。
2. 了解溶解能力和减压过滤的关系。

二、实验原理

苯甲酸的工业制备方法有三种：甲苯液相空气氧化法、三氯甲苯水解法、邻苯二甲酸酐脱酸法。其中以空气氧化法为主。

本实验用高锰酸钾（$KMnO_4$）作氧化剂，以甲苯为原料制备苯甲酸，其反应式如下：

$$C_6H_5-CH_3 + 2KMnO_4 \longrightarrow C_6H_5-COOK + KOH + 2MnO_2 + H_2O$$

$$C_6H_5-COOK + HCl \longrightarrow C_6H_5-COOH + KCl$$

三、主要仪器与试剂

（1）仪器　三口烧瓶（250mL）、球形冷凝管、温度计（0～300℃）、量筒（5mL）、抽滤瓶（500mL）、布氏漏斗、托盘天平、电热套、软木塞（或耐热胶塞）、玻璃水泵、胶管等。

（2）试剂　甲苯、高锰酸钾、浓盐酸、刚果红试纸。

四、实验内容与操作步骤

在250mL三口烧瓶中加入2.7mL（2.3g，0.025mol）甲苯和100mL蒸馏水，中口装冷凝管，左口装温度计，右口用软木塞密封，注意温度计的水银球应浸入液面。

用电加热套加热三口烧瓶，使溶液至沸。从右口分批少量加入总量为8.5g高锰酸钾

(每次加高锰酸钾后应待反应平缓后再加入下一批)，继续煮沸并间歇摇动三口烧瓶，直到甲苯层消失（此时温度不再升高），回流液不出现油珠（约需 4～5h）。在实验中注意记录实验现象变化（从沸腾开始后每 10min 记录一次），直到温度 30min 内无变化。

将反应混合物趁热（为什么）过滤，并用少量热水洗涤滤渣。合并滤液和洗液，放在冷水浴中冷却，然后用浓盐酸酸化至刚果红试纸变蓝（pH2），放置待结晶析出。

将析出的苯甲酸抽滤，沉淀用少量冷水（为什么）洗涤，抽干溶剂，将制得的苯甲酸在沸水浴上干燥，称重，并计算产率。

若要得到纯净产品，可在水中重结晶。

五、注意事项

1. 每次加料不宜太多，否则反应将异常剧烈。
2. 滤液如果呈紫色，可加入少量亚硫酸氢钠使紫色褪去，重新过滤。
3. 本实验所有仪器与药品均应干燥。
4. 苯甲酸在 100g 水中的溶解度为：0℃，0.17g；18℃，0.27g；75℃，2.29g；95℃，6.89g。

六、思考题

1. 在氧化过程中，影响苯甲酸产量的主要因素有哪些？
2. 反应完毕后，为什么有时呈紫色？加入亚硫酸氢钠滤液紫色褪去，解释其原因。
3. 苯甲酸精制其他方法有哪些？
4. 反应温度的变化和反应程序有何关系？
5. 用少量冷水冲洗苯甲酸时，洗下去的是何物质？

第四章 胶 黏 剂

学习目标
1. 掌握胶黏剂的组成、分类。
2. 掌握热塑性、热固性合成树脂胶黏剂;橡胶胶黏剂;特种胶黏剂的典型品种及其性质、用途及生产配方。
3. 了解粘接的基本原理、胶黏剂的原材料及选用原则。

第一节 概 述

一、胶黏剂的定义及应用

胶黏剂亦称黏合剂、接着剂,简称胶(水),是一类通过物质的界面黏合和物质的内聚作用,使被粘接物体结合在一起的物质的统称,是现代工业社会发展中不可缺少的重要材料,正如人体必需的酶、激素和维生素一样。

用胶黏剂连接两个物体的技术称粘接技术。粘接技术的发展经历了较长的历史,现在人们已经发现胶黏剂不但可以粘接性质相同的材料,也可以粘接性质不同的材料,它比焊接、铆接和螺钉连接有更高的强度,并且克服了铆接或焊接所出现的应力集中的缺点,而使胶接结构具有极高的耐疲劳性能和对水、空气或其他环境腐蚀介质的高度密封性能等。

随着时代的发展、科技的进步,胶黏剂的应用已渗透到国民经济的各个部门,如在建筑、交通运输、电子、机械、陶瓷、地毯、墙纸粘接用的胶水,做家具用的水胶、白胶等都是胶黏剂。医疗、文教、农业、轻纺、木材加工、航天航空等各领域中都有应用。

二、胶黏剂的分类

胶黏剂的品种繁多,用途不同,组成各异,目前还没有统一的分类方法。现介绍几种常见的分类方法。

1. 按外观形态分类

(1) 粉状型　属于水溶性胶黏剂,主要有淀粉、酪、聚乙烯醇。
(2) 膏状型　是一种充填良好的高黏稠的胶黏剂。
(3) 薄膜型　以纸、布、玻璃纤维织物等为基料,涂敷胶黏剂后,干燥成胶膜状。
(4) 水溶液型　主要有聚乙烯醇、纤维素、酚醛树脂等。
(5) 乳液型　属于分散型,树脂在水中分散称乳液,橡胶的分散体系称为乳胶。
(6) 溶剂型　主要成分是树脂和橡胶,在适当的有机溶剂中溶解成为黏稠的溶液。

2. 按主要组成成分分类

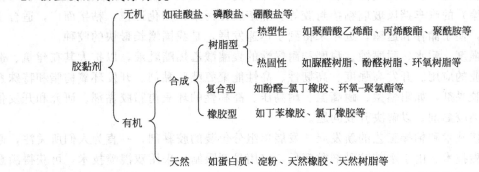

3. 按固化方式分类

(1) 溶剂型　溶剂从粘接端表面挥发，形成粘接膜而发挥粘接力，固化速度随粘接因素的变化而变化，如聚醋酸乙烯、聚乙烯醇等。

(2) 化学反应型　这类胶黏剂在室温或高温下通过化学反应发生固化，可分为单组分和双组分，如酚醛树脂、聚氨酯、丙烯酸酯等。

(3) 热熔型　以热塑性的高聚物为主要成分，由固体聚合物通过加热熔融粘接，随后冷却固化，粘接强度增强，如聚酰胺、聚酯等。

4. 按用途分类

(1) 通用胶黏剂　对一般材料能粘接的胶黏剂。

(2) 特种胶黏剂　特殊条件下使用的胶黏剂，如热熔胶、压敏胶等。

5. 按能承受的应力分类

(1) 结构型　结构型胶黏剂固化后能承受较高的剪切应力和不均匀扯离负荷，能使粘接接头在一定温度和较长时间内承受振动、疲劳和冲击等各项载荷，主要用于粘接受力部件。

(2) 非结构型　主要用于非受力部件的粘接。

三、胶黏剂的发展动向

1. 胶黏剂的发展史

在进入 20 世纪以前，胶黏剂技术的进展甚微。直到酚醛树脂的发明开始，胶黏剂进入了一个崭新的发展时期。20 世纪 30 年代，由于高分子材料的出现，生产出了以高分子材料为主要成分的新型胶黏剂，如酚醛-缩醛胶、脲醛树脂胶等。从此，胶黏剂开始了合成树脂胶黏剂为主的发展道路。60 年代后期开发了厌氧胶黏剂、热熔胶以及其他改性丙烯酸酯树脂胶黏剂。70 年代有了第二代丙烯酸酯胶黏剂，以后又有第三代丙烯酸酯胶黏剂。80 年代以后，胶黏剂的研究主要在原有品种上进行改性、提高其性能、改善其操作性、开发适用涂布设备和发展无损检测技术。

2. 胶黏剂的未来趋势

从世界角度看，胶黏剂不仅品种和产量增加很快，而且其研究出现以下新的趋势。

(1) 研制更新换代的产品　如丙烯酸酯胶黏剂存在脆性大、强度差等缺点，用氯磺化聚乙烯、ABS、橡胶等弹性体进行改性，成功开发出第二代丙烯酸酯结构胶黏剂（SGA）。在此基础上又利用氨基甲酸酯液体丁腈橡胶改性环氧树脂制成第二代环氧胶黏剂，提高了韧性和强度。第三代丙烯酸酯（TGA）也早已开发出来，这些都说明当前胶黏剂的性能向结构胶发展的趋势，以扩大应用范围。

(2) 开发环保、性能优异的胶种　水性胶不含有机溶剂，无污染，是环保型胶黏剂，是快速增长的胶种之一。如反应性熔胶（用于汽车车灯、零部件、家用电器塑料件等）、高性能（如无底涂）的汽车挡风玻璃粘接封胶等。热熔胶无污染，固化迅速，粘接面广，适合于连续化生产，便于储存和运输，近年来得到了迅速发展，是我国增长最快的胶种。

开发高强度、耐水、耐腐蚀、耐磨和耐候性的聚醋酸乙烯酯乳液，以扩大其在建筑、造纸、纺织工业的应用。开发高强度、高韧性、高性能聚氨酯胶黏剂。开发环氧树脂和特殊系列环氧树脂胶黏剂，如阻燃型、耐高温、耐高压、高黏性的环氧树脂胶黏剂。研究和开发化学改性的鞋类胶黏剂，以解决开胶问题。

(3) 粘接技术和粘接工艺的新发展　发展单组分包装的胶黏剂，一直为人们所关注，通常采用微胶囊技术。由于水基胶黏剂黏度低，应用受到限制，采用双混喷技术，可获得满意效果。目前有些国家大力采用紫外线或电子束固化新工艺。

第二节　粘接基本原理

粘接过程粘接力的产生不仅取决于胶黏剂和被粘物表面的结构与状态，而且与粘接过程的工艺条件密切相关。研究粘接机理的目的在于揭示粘接现象的本质，探索粘接过程的规律，从而指导胶黏剂及粘接技术方面实用科学技术的开发及深入研究。

一、粘接基本原理

1. 粘接力的来源

胶黏剂与被粘物体表面之间通过界面相互吸引和连接作用的力称为粘接力。粘接力的来源有以下几种。

(1) 化学键力　化学键力存在于原子（或离子）之间。化学键包括离子键、共价键及金属键三种不同的形式。

化学键键能较高，胶黏剂与被粘物之间若能引入化学键，其胶接强度会显著提高。

(2) 分子间作用力　分子间作用力包括范德华力和氢键力。氢键力比化学键力小得多，但比范德华力大。分子间作用力是粘接力的最主要来源，它广泛地存在于所有胶黏体系中。

(3) 界面静电作用力　当非金属与金属材料密切接触时，由于金属对电子的亲和力低，容易失去电子；而非金属对电子亲和力高，容易得到电子，所以电子可从金属移向非金属，使界面两侧产生接触电势，并形成双电层而产生静电引力。除了金属和非金属相互接触能形成双电层外，一切具有电子接受体和电子供给体性质的两种物质接触时，都可能产生界面静电引力。

(4) 机械作用力　从物理化学的角度分析，机械作用不是产生粘接力的因素，而是增加粘接效果的一种方法。机械粘接力的本质是摩擦力。而黏合多孔材料、布、织物及纸等时，机械作用力是很重要的。

在以上产生粘接力的四个因素中，只有分子间作用力普遍存在于所有粘接体系中，其他作用力只在特殊场合成为粘接力的来源。

2. 黏附理论

20世纪40年代后期以来，国外学者研究粘接基本原理时，提出了几种不同的解释，介绍如下。

(1) 吸附理论　当胶黏剂分子充分润湿被粘接物体的表面，并且接触良好，胶黏剂分子与被粘物表面之间的距离接近分子间力的作用半径（0.5nm）时，两种分子之间就要发生相互吸引作用，最终趋于平衡。其界面间的相互作用力主要为范德华力、氢键，即分子间作用力，这种由于吸附力而产生的胶接既有物理吸附也有化学吸附。但吸附理论对于实际应用中非极性聚合物能够牢固粘接的问题无法解释。

（2）化学键理论　化学键理论认为，胶黏剂与被粘物分子之间除相互作用力外，有时还有化学键产生，例如硫化橡胶与镀铜金属的胶接界面、异氰酸酯对金属与橡胶的胶接界面等的研究，均证明有化学键的生成。化学键的强度比范德华力高得多；化学键形成不仅可以提高黏附强度，还可以克服脱附使胶接接头破坏的弊病。

（3）机械理论　机械理论认为，任何材料的表面实际上都不是很光滑的，由于胶黏剂渗入被粘接物体的表面或填满其凸凹不平的表面，经过固化，产生楔合、钩合、锚合现象，从而把被粘接的材料连接起来。该理论对多孔性材料的粘接现象作出了很好的解释，但对解释其他粘接现象还有一定的局限性。

上述粘接理论考虑的基本点都与黏料的分子结构和被粘物的表面结构以及它们之间相互作用有关。实际上实验表明粘接强度不仅与胶黏剂及被粘物之间作用力有关，也与聚合物黏料的分子之间的作用力有关。高聚物分子的化学结构，以及聚集态都强烈地影响粘接强度，研究胶黏剂基料的分子结构，对设计、合成和选用胶黏剂都十分重要。

二、粘接工艺步骤

1. 胶接接头的设计

由于胶黏剂与被粘物表面之间，无论如何都不可能达到完全的分子接触，粘接力的产生往往只是在少数分子接触点的基础上形成。因此为了获得比较理想的效果，设计一个胶接接头时，必须综合考虑各方面的因素。一个合理的接头形式，一般应遵守以下几项原则。

① 胶黏剂的拉伸剪切强度高，设计接头尽量承受拉伸和剪切负载，对板材的胶接承受剪切负载的搭接接头是比较合理的。

② 保证胶接面上应力分布均匀，尽量避免由于剥离和劈裂负载造成应力集中。

③ 在允许的范围内，尽量增加胶接面的宽度（搭接），增加宽度能在不增大应力集中系数的情况下，增大粘接面积，提高接头的承载力。

④ 木材或层压制品的胶接要防止层间剥落。

⑤ 在承受较大作用力的情况下，如果需要采用胶接，可采用复式连接的形式。

⑥ 胶接接头形式要美观大方、表面平整、易于加工。

总之，胶接接头的强度和被粘物的强度最好是同一数量级。

2. 粘接工艺方法

当选定了合适的胶黏剂，制备了可靠的胶接接头，还需要有合理的粘接工艺，才能实现最后的粘接目的。粘接工艺和粘接质量关系极大，虽然比较简单，却是粘接成败的关键。粘接工艺过程一般包括如下步骤。

（1）表面处理　胶接的表面是多种多样的，有光滑或致密的表面也有粗糙或多孔的表面，有洁净、坚硬的表面也有沾污、疏松的表面等。为了获得胶接强度高、耐久性能好的胶接制品，就必须对各种胶接表面进行适宜的处理。表面处理的方法主要有：①溶剂及超声波清洗表面，如汽油清洗表面油污；②机械处理，如碳钢的表面用喷砂处理；③化学处理法，如用硫酸去掉胶接表面锈层。

（2）配胶　表面处理后，就要进行调胶配胶，对于单组分胶黏剂可直接使用，双组分胶黏剂必须在使用前按规定的比例严格称取。配胶容器和工具最好在购买胶时配套购置。

（3）涂胶　对液态或糊状胶黏剂，生产上常用的是刷胶、刮胶、喷胶、浸胶、注胶、漏胶和滚胶等，一般平面零件，薄胶层涂布宜用喷涂法。热熔胶的涂布可采用热熔枪；胶膜一般用手工敷贴。

（4）晾置　胶黏剂涂敷后是否要晾置，应在什么条件下晾置及晾置多长时间，要根据胶黏剂的性质而定。

（5）固化　胶黏剂的固化工艺对胶接质量有重大影响。胶黏剂首先是以液体状态涂布的，并浸润于被粘物表面，然后通过物理的方法（例如溶剂挥发、熔融体冷却等方法）而固化；亦可通过化学方法使胶黏剂分子交联成体型结构的固体而固化。为了获得良好的胶接性能，对每一种都应由实验确定一组最佳工艺条件。

（6）检验　粘接之后，应当对质量进行认真体验。目前检验方法有一般检验法（如目测法、敲击法、测量法等）和无损检测法（如声阻法、液晶检测法）。

（7）修整或后加工　经初步检验合格后的粘接件，为了装配容易和外观漂亮，需进行修整加工。

第三节　胶黏剂的原材料

胶黏剂通常是一种混合料，组成不固定。它主要是由基料、固化剂、增塑剂、填料、偶联剂、增稠剂、溶剂以及其他辅助原料构成。

一、主体材料

基料也称之为主剂或黏料，是胶黏剂中的主体材料，是赋予胶黏剂黏性的根本成分。要求其具有良好的黏附性和润湿性，它决定了胶黏剂的胶接性能。常用的基料有：天然聚合物（淀粉、动物皮胶、鱼胶、骨胶、天然橡胶等）、合成聚合物（热塑性树脂、热固性树脂等）、合成橡胶（氯丁橡胶、丁腈橡胶等）、无机化合物（如硅酸盐、磷酸盐等）等类。

二、常用辅助材料

1. 固化剂与促进剂

固化剂又称为硬化剂或熟化剂，是一种可使单体或低聚物变为线型或网状高聚物的物质，是胶黏剂中最主要的配合材料。它直接或通过催化剂与黏料进行交联反应，使低分子化合物或线型高分子化合物交联成体型网状结构，从而使粘接具有一定的机械强度和稳定性。

固化剂的种类很多，不同的树脂要用不同的固化剂，即使同种黏料，当固化剂种类或用量不同时，粘接性能也可能差异很大。因此选择固化剂要慎重，用量要严格控制。例如，脲醛树脂胶黏剂选用乌洛托品或苯磺酸，环氧树脂胶黏剂选用胺、酸酐或咪唑类。

促进剂（催化剂）是能降低引发剂分解温度或加速固化与树脂橡胶反应的物质。在配方中起促进化学反应、缩短固化时间、降低固化温度的作用。

2. 稀释剂

稀释剂也称溶剂，在胶黏剂中起着重要的作用。加入合适的溶剂可降低胶黏剂黏度，使其便于加工。并且能增加胶黏剂的润湿力和浸透力，从而提高粘接力。其次，稀释剂可提高胶黏剂的流平性，避免胶层厚薄不匀。另外稀释剂还有润湿填料的作用。常用的稀释剂品种如汽油、苯、甲苯、甲醇、乙醇、四氢呋喃、丙酮、环己酮、乙酸乙酯等。

3. 增塑剂

增塑剂是一种能降低高分子化合物玻璃化温度和熔融温度，改善胶层脆性，增进熔融流动性的物质。大多是黏度低、沸点高的液体或低熔点的固体化合物，增塑剂与胶黏树脂混合时是不活泼的，可以认为它是一种惰性的树脂状或单体状的"填料"，一般不能与树脂很好地混溶。增塑剂的适宜用量为不超过黏料的20%，否则会影响到胶层的机械强度和耐热性能。常用的增塑剂品种如邻苯二甲酸酯、磷酸酯、癸二酸酯、液体橡胶、线型树脂等。

4. 填料

填料是为改善胶黏剂性能或降低成本而加入的一种非黏性固体物质。填料在胶黏剂组分中不与基料发生化学反应。

对所用填料在粒度、湿含量、用量及酸值等方面都有严格要求，否则会使粘接性能下降。一般来讲纤维填料如短纤维石棉可提高抗冲击强度、抗压屈服强度等；石英粉、滑石粉等可提高耐磨性；金属粉可提高导热性。常用填料如大理石粉、白垩粉、二氧化硅、云母粉、石墨、铝粉、石棉绒、短玻璃丝等。

5. 偶联剂

偶联剂的作用是增加被粘物与胶黏剂的胶层及胶接表面抗脱落和抗剥离，提高接头的耐环境性能。其特点是分子中同时具有极性和非极性部分的物质，它在胶黏剂工业中得到广泛应用。常用的偶联剂有有机硅烷偶联剂、钛酸酯偶联剂等。

6. 增韧剂

增韧剂是结构胶黏剂的重要组分之一。它的作用是提高胶黏剂的柔韧性，改善胶层抗冲击性。通常增韧剂是一种单官能团或多官能团的物质，能与胶料反应，成为固化体系的一部分结构。一般情况下，随着增韧剂用量的增加，胶的耐性、机械强度和耐溶剂性均会相应下降。

7. 触变剂

触变剂是利用触变效应，使胶液在静态时有较大的黏性，从而防止胶液流挂的一类配合剂。加入触变剂可使胶液在搅动下黏度降低而便于施工，静止时又不会随意流淌。常用的触变剂是白炭黑（气相二氧化硅）。

8. 其他助剂

为了满足某些特殊要求，改善胶黏剂的某一性能。需要在胶黏剂中加入一些其他助剂，如增稠剂、防老剂、分散剂、防霉剂、稳定剂、着色剂、阻燃剂等。

第四节　热塑性合成树脂胶黏剂

热塑性合成树脂胶黏剂是以线型聚合物为主体材料，通过溶剂挥发、熔体冷却，有时也通过聚合反应，使之变成热塑性固体而达到粘接的目的。受热时会熔化，在压力下会蠕变。因此其力学性能、耐热性和耐化学性均比较差。但其柔韧性、耐冲击性优良，具有良好的初始粘接力，性能稳定。这里只重点介绍热塑性树脂胶黏剂中的几个品种。

一、聚醋酸乙烯酯胶黏剂

聚醋酸乙烯酯是醋酸乙烯酯的聚合物，其结构为：

$$\text{\textemdash}[CH\text{\textemdash}CH_2]_n\text{\textemdash}$$
$$|$$
$$OCCH_3$$
$$\|$$
$$O$$

聚醋酸乙烯酯聚合反应属于自由基反应机理，自由基通常由有机过氧化物分解而产生，例如过氧化苯甲酰或过氧化氢；或者无机过酸盐常作聚合反应的引发剂。反应一般需要在室温以上。聚合方法有本体聚合、溶液聚合和乳液聚合等。目前生产量最大的是乳液聚合。聚醋酸乙烯是无臭、无味、无毒的热塑性聚合物，基本上是无色透明的。其玻璃化温度为25～28℃；线膨胀系数为 8.6×10^{-5}/℃，吸水率为2‰～3‰；密度（20℃）为 1.19g/cm^3。

1. 聚醋酸乙烯乳液胶黏剂

聚醋酸乙烯（PVAC）乳液是最重要的胶黏剂之一，简称"白乳胶"或"白胶"。大部分聚醋酸乙烯胶黏剂是以乳液的形式来使用的。主要用于胶接纤维素质材料，如木材、纸制品。在家具制造、门窗组装、橱柜生产及建筑施工上，尤其在现场砌铺塑料地面、塑料墙纸的施工中普遍使用。与脲醛树脂并用，不仅可以降低成本，而且还可以提高其抗水性和耐热性。

在水介质中，以聚乙烯醇（PVA）作保护胶体，加入阴离子或非离子型表面活性剂（或称乳化剂），在一定的pH时，采用自由基型引发系统，将醋酸乙烯进行乳液聚合。反应式如下：

$$n\text{CH}_2=\text{CH} \xrightarrow[\text{引发剂}]{\text{PVA}} [\text{CH}-\text{CH}_2]_n$$
$$|\qquad\qquad\qquad\qquad\qquad|$$
$$\text{O}-\text{COCH}_3\qquad\qquad\text{O}-\text{COCH}_3$$

聚合度 n 为500～1500。

在聚醋酸乙烯乳液中加入适量的增塑剂能提高胶膜的柔性和耐水性，能提高乳液的湿态黏性和胶接强度。但是增塑剂用量过大，会使胶膜的蠕变增加。最普通的增塑剂是邻苯二甲酸二丁酯（DBP）。加入填料，可以在基本不影响性能的基础上降低成本。例如高岭土、轻质碳酸钙、淀粉衍生物等。加入溶剂能提高稠度和黏性还能降低成膜温度，使胶膜更加致密，并提高其耐水性。一般用甲苯、氯代烃或酯类作溶剂。消泡剂可采用醇类化合物，硅油也是十分有效的消泡剂。此外，为了防止发霉必须加入一些防腐剂。常用的防腐剂有甲醛、苯酚、季铵盐等化合物。

使用聚醋酸乙烯酯乳液胶常遇到的主要问题是耐水性不够和蠕变较大。提高耐水性和降低蠕变的有效办法是加入交联剂。由于聚醋酸乙烯酯聚合时一部分酯基被水解，使其分子中含有羟基。因此可用乙二醛作其交联剂，使羟基和醛基反应生成缩醛；也可用二羟甲基脲素、脲醛树脂、一聚氰氨树脂、酚醛树脂、丙酮甲醛缩合物以及金属盐类作为聚醋酸乙烯酯的交联剂。

【配方】 聚醋酸乙烯乳液胶黏剂（配方均为质量份）

醋酸乙烯酯	100份	辛基苯酚聚氧乙烯醚（OP-10）	1.2份
水	90份	碳酸氢钠	0.3份
聚乙烯醇	9份	邻苯二甲酸二丁酯	11.3份
过硫酸铵	0.2份		

配方为普通白胶，主要用于木材、陶瓷、水泥制件等多孔性材料的粘接，用途广泛，室温固化时间为24h。

2. 醋酸乙烯共聚物胶黏剂

以醋酸乙烯为基础的胶黏剂还包括醋酸乙烯的共聚物、聚乙烯醇、聚乙烯醇缩甲醛（缩乙醛或缩丁醛）等。为了改善聚醋酸乙烯的粘接性、耐水性和柔韧性等，常常采用烯类单体进行共聚。常用来与醋酸乙烯酯进行共聚的单体有乙烯、氯乙烯、丙烯酸、丙烯酸酯、顺丁烯二酸酯等。共聚单体在聚合物中的比例从百分之几到70%。共聚物胶黏剂也有乳液、溶液和热熔胶等形式。醋酸乙烯共聚物胶黏剂的特性和用途如表4-1。

表4-1 醋酸乙烯共聚物胶黏剂的特性和用途

共聚单体	性能特点	主要用途
乙烯	提高柔性，提高耐水性，提高对非极性表面的黏附	胶接金属、塑料、木材、纸制品
氯乙烯	提高对塑料的黏附力	胶接塑料、织物、纸制品
丙烯酸酯或丁烯二酸酯	提高柔性	胶接塑料、木材、纸制品、金属
丙烯酸	提高对金属的黏附力，胶膜能溶于碱	装订

二、丙烯酸胶黏剂

丙烯酸胶黏剂是指以丙烯酸、甲基丙烯酸及其酯类为主体的聚合物或共聚物所配制成的胶黏剂。通过不同配比的单体和不同形式的聚合方法，可制取热塑性或热固性的胶黏剂，其形态有乳液、溶液和液体树脂。

1. 丙烯酸酯胶黏剂

丙烯酸酯类胶黏剂通过不同单体的聚合或共聚可制得许多品种。常用的丙烯酸酯单体有丙烯酸的甲酯、乙酯、丁酯和异辛酯，甲基丙烯酸甲酯，其他尚有丙烯酸、丙烯腈和丙烯酰胺等。丙烯酸酯胶黏剂可以制成各种物理形态，如乳液型、溶液型和反应性液体型等。下面分别作简述。

（1）丙烯酸酯乳液胶黏剂　这类胶黏剂的特性是粘接力强，成膜呈透明，耐光老化性好、耐皂洗、耐磨，胶膜柔软。作为浆料用的乳液在应用前可加入少量氨水、丙烯酸钠或甲基纤维素来提高乳液的黏度。

丙烯酸酯乳液主要用于织物方面，如作为无纺布用黏结剂，其固含量在30%左右；作为印花黏结剂的固含量为40%左右；静电植绒用黏结剂的固含量也在40%左右；纤维上浆液的固含量在15%～20%之间。其他还可用作压敏胶液和粘接聚氯乙烯片材及皮革等。

（2）丙烯酸酯溶液胶黏剂　该胶是以甲基丙烯酸甲酯、苯乙烯和氯乙橡胶共聚制得的溶液，再与不饱和聚酯、固化剂和促进剂配合而形成溶液型胶黏剂。能在常温或40～60℃固化。有的也用聚甲基丙烯酸甲酯（有机玻璃）直接溶解于有机溶剂中或单体中配制成溶液胶黏剂。还可添加邻苯二甲酸二丁酯增韧剂，这主要用于有机玻璃的粘接。

这类胶黏剂能粘接铝、不锈钢、耐热钢等金属材料。耐水、耐油性好，但胶膜柔韧性较差，不宜用于经受强烈攻击的场合。使用温度可在-60～60℃。除粘接上述材料外，尚可粘接有机玻璃、聚苯乙烯、硬聚氯乙烯、聚碳酸酯及ABS塑料等。

（3）反应性丙烯酸酯液体胶黏剂　这类胶黏剂在国内称为改性丙烯酸酯胶黏剂，国外叫作第二代丙烯酸酯胶黏剂，简称SGA。由丙烯酸酯单体或低聚体配入引发剂、弹性体、促进剂等组成。此类胶黏剂是目前室温固化中性能较全面的一种胶黏剂。具有室温固化速度快，粘接表面无需严格清洗和表面处理，粘接强度较高，与其他室温固化胶黏剂比较，具有较高的剪切强度和剥离强度等优点。能与多种金属和非金属材料粘接并达到很高的强度，特别是某些金属与非金属（塑料）材料之间的粘接较为理想。缺点是耐水性差。其粘接范围广泛，可用于金属、塑料、橡胶、混凝土、玻璃、木材等材料的粘接。

以下介绍反应性丙烯酸酯结构胶的生产工艺。工艺流程见图4-1。

【配方】 丙烯酸酯结构胶（按生产1t产品计）

原料	消耗定额/kg	原料	消耗定额/kg
A组分		B组分	
甲基丙烯酸甲酯	180～220	甲基丙烯酸甲酯	120～180
甲基丙烯酸羟乙酯	30	甲基丙烯酸羟乙酯	35～95
丁腈橡胶（固体）	35～50	丁腈橡胶（固体）	30～40
异丙苯过氧化氢	1	还原剂胺	少量
甲基丙烯酸酯增强剂	15	促进剂	适量
		甲基丙烯酸	15

在配胶釜中投入甲基丙烯酸甲酯、稳定剂和颜料（红色），搅拌溶解后，依次投入甲基丙烯酸羟乙酯、增强单体、塑炼过的丁腈橡胶，室温放置使橡胶溶胀。夹套热水加热，搅拌，保持釜内温度在55～70℃，时间3～6h。待丁腈橡胶完全溶解后停止加热，冷却，加入过氧化物搅至均匀分散，出料得A组分。在配胶釜中投入甲基丙烯酸甲酯和颜料（蓝色），搅拌溶解后，依次投入甲基丙烯酸羟乙酯、增强单体、塑炼过的丁腈橡胶，室温放置使橡胶溶胀，夹套热水加热，搅拌，在50～60℃下投入甲基丙烯酸和还原剂，并保温搅拌6h，停止加热，冷却，加入促进剂搅匀，出料得B组分。

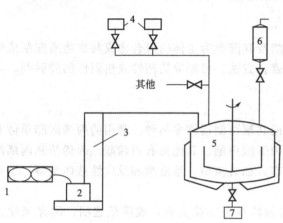

图4-1 反应性丙烯酸酯胶黏剂生产工艺流程
1—混炼机；2—储槽；3—提升机；4—高位槽；
5—配胶釜；6—冷凝器；7—成品槽

2. 氰基丙烯酸酯胶黏剂

氰基丙烯酸酯胶黏剂又称瞬干胶，是目前在室温下固化时间最短的一种胶黏剂，它是以α-氰基丙烯酸酯为主体，配以其他配合剂，使用时不必加入固化剂及溶剂。具有使用方便，黏度易调节，被粘接表面不必进行特殊预处理，固化时不用加热、加压，固化迅速，电气性能好等优点。其主要缺点是耐热性差，耐水、耐极性溶剂性差，胶层较脆、不耐冲击，尤以胶接刚性材料时最为明显，同时储存期较短，储存条件要求较严。氰基丙烯酸酯胶黏剂主要用于小型电子产品、首饰宝石、玻璃及橡胶、塑料制品的粘接，同时在生物医学方面用于软组织的粘接、止血、补牙、接骨等，又有骨科水泥之称。

以下介绍α-氰基丙烯酸乙酯瞬干胶的生产工艺。工艺流程见图4-2。

缩聚裂解釜中加入氰乙酸乙酯和哌啶、溶剂，控制pH在7.2～7.5之间，逐步加入甲醛液，此时保持反应温度65～70℃和充分的搅拌，加完后再保持反应1～2h使反应完全。然后加入邻苯二甲酸二丁酯，在80%～90%下回流脱水至脱水完全。加入适量P_2O_5、对苯二酚，将SO_2气体通过液面，作稳定保护用。在减压和夹套油温180～200℃下进行裂解，先蒸去残留溶剂，至馏出温度为75℃（压力为2.67kPa）时收集粗单体。粗单体加入精馏釜中再通入SO_2后，进行减压蒸馏，取75～85℃（压力为1.33Pa）馏分即为纯单体。成品于配胶釜中加入少量对苯二酚和SO_2等配成胶黏剂，分装于塑料瓶中。

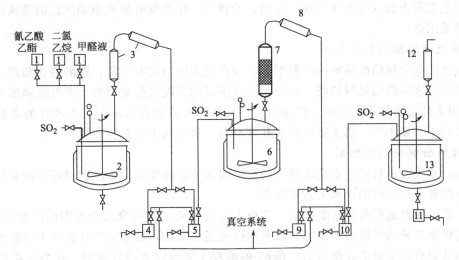

图 4-2 α-氰基丙烯酸乙酯瞬干胶的生产流程

1—高位槽；2—缩聚裂解釜；3,8,12—冷凝器；4,9—接收器；5—粗单体接收器；
6—精馏釜；7—精馏塔；10—单体接收器；11—成品槽；13—配胶釜

【配方】 α-氰基丙烯酸乙酯瞬干胶（按生产1t产品计）

原料	消耗定额/kg	原料	消耗定额/kg
氰乙酸乙酯（>95%）	150	哌啶（化学纯）	0.3
37%甲醛	100	二氯乙烷	35
邻苯二甲酸二丁酯	34		

第五节　热固性合成树脂胶黏剂

热固性合成树脂胶黏剂是低分子量的高聚物或预聚物，通过加热或加入固化剂，或两者均有的条件下，固化成为不熔不溶的网状高分子的胶黏剂。其特点是：具有较高的胶接强度，耐热、耐寒、耐辐射、耐化学腐蚀，抗蠕变性能好，但耐冲击和弯曲性差。下面重点介绍几种。

一、酚醛和改性酚醛树脂胶黏剂

1. 酚醛树脂

酚类和醛类的缩聚产物通称为酚醛树脂，酚类包括苯酚、甲基苯酚、二甲酚和间苯二酚等；醛类主要用甲醛，也有用糠醛的。

酚醛树脂的合成和固化过程完全遵循体型缩聚反应的规律。当原料的比例或使用的催化剂不同时，所得树脂的性能也不相同。在碱催化下，当甲醛过量时，反应生成热固性酚醛树脂；在酸催化下，当苯酚过量时则生成热塑性树脂。用作胶黏剂的酚醛树脂为热固性树脂。

酚醛树脂可制成固态或液态形式。固态产品可部分或全部溶于醇、酮等溶剂中，也可配制成水溶性、醇溶性和油溶性树脂。热固性酚醛树脂制品具有良好的耐热性能，一般可在120℃下长期保存。

酚醛树脂广泛用于制造玻璃纤维增强塑料、碳纤维增强塑料等复合材料。酚醛树脂复合材料在宇航工业方面（空间飞行器、火箭、导弹等）作为瞬时耐高温和烧蚀的结构材料有着非常重要的用途。

2. 未改性酚醛树脂胶黏剂

未改性的酚醛树脂胶黏剂的品种很多，现在国内通用的有三种：钡酚醛树脂胶；醇溶性酚醛树脂胶；水溶性酚醛树脂胶。其中水溶性酚醛树脂胶是最重要的，因其游离酚含量低于2.5%，对人体危害较小；同时，以水为溶剂可节约大量的有机溶剂。未改性的酚醛树脂胶黏剂主要用于粘接木材、泡沫塑料及多孔性材料，也可用于制造胶合板。

3. 改性酚醛树脂胶黏剂

酚醛树脂改性的目的主要是改进它的脆性或其他物理性能，提高它对纤维增强材料的粘接性能并改善复合材料的成型工艺条件等。

(1) 聚乙烯醇缩醛改性酚醛树脂　工业上应用得最多的是聚乙烯醇缩醛改性酚醛树脂，它可提高树脂对玻璃纤维的粘接力，改善酚醛树脂的脆性，增加复合材料的力学强度，降低固化速率从而有利于降低成型压力。酚醛-缩醛胶主要组成为酚醛树脂、缩醛树脂以及适宜溶剂，有时也加入一些防老剂、偶联剂及触变剂等。

【配方】 酚醛-缩醛胶（配方均为质量份）

酚醛树脂　　　　　　　　　　125份　　溶剂（苯∶乙醇＝6∶4）　干基含量的20%左右
聚乙烯醇缩甲醛　　　　　　　100份　　防老剂　　　　　　　　　2%（树脂质量）

本配方中的防老剂可选 N-苯基乙萘胺、没食子酸丙酯等。固化条件为101.3kPa，160℃，3h，抗剪强度22.7MPa，抗拉强度33.3MPa，不均匀剥离强度3.6kN/m。使用范围−70～150℃。可以用于金属材料、陶瓷、酚醛塑料、玻璃等的胶接，也可浸渍玻璃布用于制造层压玻璃钢。

(2) 丁腈橡胶改性酚醛树脂　用丁腈橡胶改性，可以制得兼具二者优点的胶黏剂。此类胶柔性好，耐温等级高，粘接强度大，耐气候、耐水、耐盐雾，以及耐汽油、乙醇和乙酸乙酯等化学介质。

酚醛树脂与橡胶间的反应机理尚不很明确。其基本配方如表4-2所示。

表4-2　酚醛-丁腈橡胶胶黏剂的基本配方

组成	用量范围(质量)/份		组成	用量范围(质量)/份	
	胶液	胶膜		胶液	胶膜
丁腈橡胶	100	100	防老剂	0～5	0～5
甲基酚醛树脂	0～200		硬脂酸	0～1	0～1
线型酚醛树脂	0～200	75～100	炭黑	0～50	0～50
氧化锌	5	5	填料	0～100	0～100
硫黄	1～3	1～3	增塑剂		0～10
促进剂	0.5～1	0.5～1	溶剂	固含量20%～50%	

配方中使用丁腈橡胶是高丙烯腈丁腈橡胶，其与酚醛树脂配合具有很宽的范围，酚醛树脂用量增多，可以提高耐热强度，但抗冲性能降低。如用1∶1的比例，可以得到均衡的粘接性能，常用的促进剂是 $SnCl_2 \cdot 2H_2O$，防老剂为苯二酚，溶剂为酯、酮的混合物。对金属的粘接，加入1%的硅烷偶联剂，可显著提高剪切强度。

酚醛-丁腈胶黏剂可作为航空业的结构用胶，用于蜂窝结构的粘接，汽车、摩托车刹车片摩擦材料的粘接，汽车离合器衬片的粘接，印刷线路板中铜箔与层压板的粘接。

(3) 有机硅改性酚醛树脂　通过使用有机硅单体线性酚醛树脂中的酚羟基或羟甲基发生

反应来改进酚醛树脂的耐热性和耐水性。采用不同的有机硅单体或其混合单体与酚醛树脂改性，可得不同性能的改性酚醛树脂，具有广泛的选择性。用有机硅改性酚醛树脂制备的复合材料可在200～260℃下工作应用相当时间，并可作为瞬时耐高温材料，用作火箭、导弹等烧蚀材料。

4. 酚醛树脂胶黏剂生产工艺

以下介绍典型的可溶性酚醛树脂胶黏剂生产工艺。工艺流程见图4-3。

将溶化的苯酚加入缩聚釜中，开启搅拌器，依次加入甲醛和氨水。升温到75～80℃至反应出现浑浊（即到浑浊点），再进行减压脱水（真空度达到80kPa以上），液温达80℃以

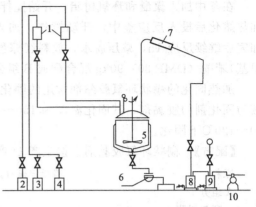

图4-3 酚醛树脂胶黏剂生产流程
1—高位计量罐；2—溶酚桶；3—甲醛桶；4—氨水桶；
5—缩聚釜；6—过滤器；7—冷凝器；
8—储水罐；9—安全罐；10—真空泵

上时，脱水达350kg以上。取样冷却到室温不黏手作为终点。加入乙醇稀释，搅拌均匀，过滤装桶。

【配方】 可溶性酚醛树脂胶黏剂（按生产1t产品计）

原料	消耗定额/kg	原料	消耗定额/kg
98%苯酚	300	25%氨水	21
37%甲醛	517.5	95%乙醇	275

二、环氧树脂胶黏剂

环氧树脂是指能交联聚合的多环氧化合物。由这类树脂构成的胶黏剂既可胶接金属材料又可胶接非金属材料，俗称"万能胶"。环氧树脂具有胶黏性能好、耐腐蚀、耐酸碱、机械强度高、电绝缘性能好、收缩性小、耐油、耐有机溶剂等优点；其缺点是耐水性差、韧性差。环氧树脂在未固化之前是线性结构的热塑性树脂，加固化剂固化后成为热固性树脂。

1. 糊状环氧胶黏剂

糊状环氧结构胶黏剂的制造成本低于膜状胶黏剂，而且便于机械化施胶。但是糊状胶黏剂的剥离强度比不上膜状胶黏剂。糊状环氧胶黏剂有室温固化和加热固化。

室温固化的糊状环氧胶黏剂通常是双组分包装，一个组分是树脂，另一组分是固化剂。通常是以低分子聚酰胺为固化剂。常用的环氧胶黏剂是以脂肪族多胺为固化剂。为了得到适当的柔性，可以加入液体聚硫橡胶。

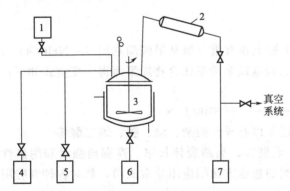

图4-4 室温固化环氧胶黏剂的生产流程
1—甲醛槽；2—冷凝槽；3—反应釜；4—乙二胺储槽；
5—熔酚桶；6—固化剂储槽；7—储水槽

在室温下快速固化的环氧胶黏剂以多硫醇化合物为固化剂，以叔胺为促进剂。市售的金钱牌快速固化胶黏剂就属于这一类。典型的快速固化环氧胶黏剂在室温下凝胶时间为5～6min，剪切强度为15～20MPa。以下介绍室温固化环氧胶黏剂生产工艺。工艺流程见图4-4。

在釜中加入聚醚和环氧树脂,开始搅拌 0.5h 左右,混合后出料装桶即得 A 组分。苯酚加热熔化后投入反应釜中,开动搅拌,加入乙二胺,保持物料在温度 45℃下滴加甲醛液,加完后继续反应 1h,减压脱水,放料红棕色黏稠液体。反应物 450kg 与 2,4,6-三(二甲氨基甲基)苯酚(DMP-30)90kg 混合配成 B 组分。

加热固化的糊状环氧胶黏剂常用的固化剂有芳香胺、咪唑类固化剂和双氰胺。以芳香多胺为固化剂的胶黏剂,其固化温度为 150～170℃,以咪唑类化合物为固化剂的胶黏剂,在 80～120℃下固化。

【配方】 糊状环氧胶黏剂(按生产 1t 产品计)

原料	消耗定额/kg	原料	消耗定额/kg
A 组分		B 组分	
环氧树脂	100	苯酚	60
聚醚树脂	15～20	37%甲醛	13.6
		乙二胺	70
		2,4,6-三(二甲氨基甲基)苯酚	26

2. 膜状环氧胶黏剂

膜状环氧胶黏剂通常包括下列组分:高分子量的线型聚合物;高分子量的环氧树脂;低分子量的高官能度环氧树脂;固化剂和促进剂等。膜状胶黏剂具有更好的韧性,更高的剥离强度和更高的疲劳寿命,所以使用可靠性高。

【配方】 环氧-丁腈胶黏剂

原料	份数	原料	份数
环氧树脂	78 份	2,4-甲苯二异氰酸酯-二甲胺加成物	5 份
羧基丁腈橡胶	13 份	颜料	>0.1 份
(高分子量橡胶与液体橡胶混合)		聚酯毡	4 份

在航空领域中最重要的被粘材料是铝合金。在 150℃以上高温下进行固化,容易引起铝合金的晶间腐蚀。当前,趋向于采用中温固化的体系,即添加促进剂使固化温度降低到 120℃。这样的胶膜在常温下储存期较短,为了延长有效使用期,胶膜应在低温下保存。

三、聚氨酯胶黏剂

聚氨酯(PU)全名氨基甲酸酯,是主链上含有重复氨基甲酸酯基团(—NHCOO—)的大分子化合物的统称。由有机异氰酸酯与二羟基或多羟基化合物加聚而得。反应式如下:

$$OCN-R-NCO + HO-R'-OH \longrightarrow \left[\begin{matrix}O & O\\ \|& \|\\ CNHRNHCRO\end{matrix}\right]_n$$

聚氨酯大分子中除了有氨基甲酸酯外,还可以有异氰酸酯、醚、脲、缩二脲等。

聚氨酯胶黏剂俗名"乌利当",以低温、柔韧性、高断裂伸长率、高剥离强度和耐磨性以及对多种基材的粘接适应性等著称。在鞋类制造业方面的应用非常成功,其对各种制鞋用材料均能进行很好的粘接。

1. 多异氰酸酯胶黏剂

原料以多异氰酸酯为主体,常用的多异氰酸酯主要有甲苯二异氰酸酯(TDI)、二苯基甲烷二异氰酸酯(MDI)和三苯基甲烷三异氰酸酯(PAPI)等。使用时配成浓度为 20%的二氯乙烷溶液即可作为胶黏剂。直接使用多异氰酸酯作胶黏剂的缺点是毒性较大、不太适于作结构胶黏剂。

【配方】 聚氨酯胶黏剂-7（配方为质量份）

三苯基甲烷三异氰酸酯　　　　20份　　二氯甲烷　　　　　　　　　　80份

固化工艺和性能：将金属表面打碎、喷砂或将金属浸入硫酸中1~2h后洗净除锈，用溶剂洗去油；涂胶后室温固化24h，用于橡胶和金属的粘接。

2. 预聚体类聚氨酯胶黏剂

预聚体类是聚氨酯胶黏剂中最重要的一种，它是由多异氰酸酯和多羟基化合物反应生成的端羟基或端异氰酸酯基预聚体。预聚体有单组分和双组分两种。

单组分型是由异氰酸酯和聚酯多元醇或聚醚多元醇以物质的量的比2:1反应，在常温下，遇到空气中的潮气即产生固化，因此可作为湿气固化胶黏剂来应用。此胶黏剂使用方便，具有一定的韧性。但空气湿度对粘接速度和粘接性能有一定影响。相对湿度以40%~90%为宜。

双组分预聚体胶黏剂分为两个组分，一个组分为聚酯或聚醚多元醇，另一组分为端异氰酸酯预聚体或多异氰酸酯本身，这两个组分按一定比例混合，即可使用，并可根据不同的配方来粘接不同的材料。以下介绍双组分聚氨酯胶黏剂生产工艺。工艺流程见图4-5。

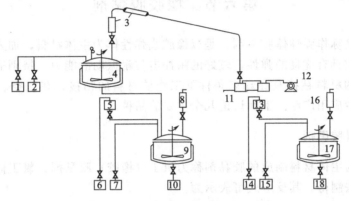

图4-5　双组分聚氨酯胶黏剂生产工艺流程

1—己二酸槽；2—乙二醇槽；3,8,16—冷凝器槽；4—聚酯釜；5,13—高位槽；
6—乙酸乙酯槽；7,15—TDI槽；9—预聚釜；10—甲组分储槽；11,12—真空泵；
14—三羟甲基丙烷槽；17—反应釜；18—乙组成分储槽

【配方】 双组分聚氨酯胶黏剂（按生产1t产品计）

原料	消耗定额/kg	原料	消耗定额/kg
A组分		B组分	
己二酸	735	三羟甲基丙烷	60
乙二醇	367.5	甲苯二异氰酸酯	246.5
乙酸乙酯	2295	乙酸乙酯	212
甲苯二异氰酸酯	73.5		

(1) A组分生产工艺

① 聚己二酸乙二醇酯的制备。于不锈钢反应釜中投入367.5kg乙二醇，加温并搅拌，加入735kg己二酸，逐步升温，出水量达185kg。当酸值达40mg KOH/g时，再减至0.048MPa，釜内温度控制在200℃，出水8h，酸值达10mg KOH/g时，再减至0.67kPa以下，内温控制在210℃，减压去醇5h，控制酸值2mg KOH/g出料，制得羟值为50~70mg KOH/g（相对分子质量1600~2240），外观为浅黄色聚己二酸乙二醇酯，产率为70%。

② 改性聚酯树脂（A 组分）的制备。反应釜中投入 5kg 乙酸丁酯，开动搅拌，投入 60kg 聚己二酸乙二醇酯（即由上述①制备的聚酯），加热至 60℃，加入 4～6kg 甲苯二异氰酸酯（根据羟值和酸值决定添加量），升温至 110～120℃，黏度达到 6Pa·s（变速箱 W-6，电机 2.8W）。打开计量槽加入 5kg 乙酸乙酯溶解，再加 10kg 乙酸乙酯溶解，最后加入 134～139kg 丙酮溶解。制得浅黄色或茶色透明黏稠液（A 组分），产率为 98%。

(2) B 组分生产工艺　反应釜内加 246.5kg 甲苯二异氰酸酯和 212kg 乙酸乙酯（一级品），开动搅拌器，滴加预先熔融的三羟甲基丙烷 60kg，控制滴加温度 65～70℃，2h 滴完，并在 70℃保温 1h。冷却到室温，制得外观为浅黄色的黏稠液（B 组分），产率为 98%。

3. 端封型聚氨酯胶黏剂

为使异氰酸酯基在水中稳定，用活性氢化物（苯酚、己内酰胺、醇类）作为封端剂暂时封闭所有的异氰酸根，涂胶后升高温度，可以解除封闭，恢复异氰酸根的活性，发挥胶黏剂的作用。

第六节　橡胶胶黏剂

橡胶胶黏剂又称作弹性体胶黏剂，是以橡胶或弹性体为主体材料，加入适当的助剂、溶剂等配制而成。它具有优良的弹性，较好的耐冲击与耐振动的能力，特别适合柔软的或线膨胀系数相差悬殊的材料粘接及在动态条件下工作的材料的粘接，在航空、交通、建筑、轻工、机械等工业中应用广泛。下面讨论几个主要的品种。

一、氯丁胶乳胶黏剂

以氯丁橡胶为主体材料制成的胶黏剂称为氯丁（橡胶）胶黏剂。氯丁橡胶是由氯代丁二烯以乳液聚合方法制得，其反应式可表示为：

$$n\text{CH}_2=\text{CH}-\underset{\underset{\text{Cl}}{|}}{\text{C}}-\text{CH}_2 \longrightarrow \ \ \text{{\Large(}}\text{CH}_2-\text{CH}=\underset{\underset{\text{Cl}}{|}}{\text{C}}-\text{CH}_2\text{{\Large)}}_n$$

式中，n 一般很大，其分子量很大，简称 CR。

氯丁橡胶胶黏剂主要是由氯丁橡胶或胶乳与硫化剂、促进剂、防老剂、交联剂、填料、增稠剂、溶剂等配制而成。

氧化镁和氧化锌是缓慢的硫化剂。除硫化作用外，氧化镁可以和改性树脂反应，提高耐热性，还能够吸收氯丁橡胶老化过程中分解出来的微量氯化氢，以及防止胶料在加工过程中烧焦等。

填料起到补强和调节黏度的作用，并可降低成本，常用的填料有炭黑、碳酸钙、二氧化硅等。

促进剂可使室温硫化加快，常用的促进剂有多异氰酸酯、二苯基硫脲、氧化铝等，其中以二苯基硫脲效果最好，能使溶液稳定性增强。

防老剂的加入不但可以提高胶黏剂的热老化性能，而且可以提高其储存稳定性。若不考虑着色，防老剂 D、防老剂 A 都可作为氯丁橡胶的防老剂，一般用量为 2% 左右。

一般采用异氰酸酯作为交联剂，以提高耐热性及与金属的结合力，并形成牢固的化学键。用量为 10%～15% 的粘接用氯丁橡胶仅能溶解于芳香烃和氯代烃中，但这两种烃毒性较大，所以一般采用混合溶剂。

氯丁橡胶胶黏剂是合成橡胶胶黏剂中产量最大、应用最广的品种。已大量地用来粘鞋底、塑料、纸张、皮革、木材、泡沫塑料、水泥、钙塑地板、金属等材料，并可以用来制造压敏胶。氯丁橡胶胶黏剂也广泛地应用在建筑、汽车、制鞋等工业中。

1. 填料型氯丁胶

一般适合于对性能要求不太高的场合。木材、PVC、织物、地板革等所用的胶黏剂属于这一类型。例如，用于PVC地毡与水泥的胶接。

【配方】 氯丁胶（按混炼顺序）

氯丁橡胶（通用型）	100份	氧化锌	10份
氧化镁	8份	汽油	136份
碳酸钙	100份	乙酸乙酯	272份
防老剂D	2份		

该胶在室温下储存期为1个月。室温抗剪强度为0.42MPa；剥离强度为1053kN/m。

2. 树脂改性氯丁胶

古马隆树脂、萜烯树脂、松香酯、烷基酚醛树脂及酚醛树脂等都可以对氯丁橡胶进行改性。加入改性树脂可改善纯氯丁橡胶或填料型氯丁橡胶耐热性不好、粘接力低等缺点。其中热固性烷基酚醛树脂的极性较大，加入后能明显增加对金属等被粘材料的黏附能力，故对叔丁基酚醛树脂改性的氯丁橡胶胶黏剂已发展成为氯丁胶黏剂中性能最好、应用最广的重要品种。

树脂改性氯丁胶黏剂除胶接橡胶与金属、橡胶与橡胶外，还广泛应用于织物皮革、塑料木材、玻璃等材料，具有一定的通用性。其胶接工艺也甚为方便：常温下在干净的被粘表面涂（刷）胶2次，每次晾干5～10min，然后黏合，加以接触压力，室温下放置1～2天即可，胶接接头在100℃以下有较好的胶接强度。

3. 双组分氯丁胶

在氯丁橡胶中加入多异氰酸酯或二苯硫脲。多异氰酸酯或二苯硫脲作促进剂，可使胶膜在室温下硫化，从而提高胶膜的耐温性和改善对非金属材料的胶接性。由于这类胶液活性大，室温下数小时就可全部凝胶，故一般配比双组分储存。

【配方】 氯丁多异氰酸酯（列克那）胶液

甲液：通用型氯丁橡胶	100份	防老剂	2份
氧化镁	4份	氧化锌	5份

乙液：20%三苯基甲烷三异氰酸酯的二氯乙烷溶液。

混炼后溶于乙酸乙酯：汽油＝2：1的混合溶剂中，配成20%浓度的胶液。

使用前将甲、乙液按10：1的比例混合，即可使用，使用期小于3h。

4. 氯丁胶黏剂生产工艺

【配方】 氯丁胶黏剂（按生产1t产品计）

原料	消耗定额/kg	原料	消耗定额/kg
粘接型氯丁橡胶LDJ-240	100	甲苯	225
氧化锌	4	2402酚醛树脂	30
氧化镁	8	醋酸乙酯	125
乙二醇	0～50	120#汽油	150
防老剂D	1		

工艺流程见图4-6。

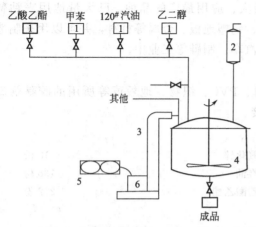

图 4-6 氯丁胶黏剂生产流程
1—高位槽；2—冷凝器；3—提升机；4—配胶；
5—釜双辊混炼机；6—储槽

(1) 炼胶 在炼胶机上将氯丁橡胶炼胶，辊距 0.5~1mm，辊温不超过 40℃，塑炼 30 次，然后加大辊距至 8~10mm，滚炼 5min 后，依次加入氧化镁、防老剂 D、氧化锌，全部加完后再薄通 10 次，切片。

(2) 预反应 在甲苯-120#汽油混合溶剂中对叔丁基酚醛树脂（2402 树脂）与氧化镁、适量催化剂存在下预反应，即室温下搅拌反应 6~10h，当物料中无氧化镁沉淀时为反应终点。

(3) 配制胶液 在配胶釜中投入预反应树脂液、混炼的氯丁橡胶，继续搅拌 5~6h 使之溶解，加乙酸乙酯、乙二醇（防冻剂），再搅拌 1h 充分混匀，制得产品。

二、丁苯橡胶胶黏剂

丁苯橡胶胶黏剂是由丁苯橡胶和各种烃类溶剂所组成。由于它的极性小，黏性差，因而限制了它的应用不如氯丁胶黏剂那样广泛。

丁苯橡胶胶黏剂通常采用硫黄硫化体系，常用的溶剂有苯、甲苯、环己烷等。为了提高黏附性能，往往加入松香、古马隆树脂和多异氰酸酯等增黏剂。在丁苯胶液中加入三苯基甲烷三异氰酸酯后胶接强度可增加 3~5 倍，但胶液的使用寿命却大大缩短了。

丁苯橡胶胶黏剂是将丁苯胶与配合剂混炼，再溶于溶剂中制得的。丁苯橡胶胶黏剂可以用于橡胶、金属、织物、木材、纸张等材料的胶接。

【配方】 用于胶接橡胶与金属的丁苯胶液（质量份）

丁苯橡胶	100 份	炭黑	适量
氧化锌	3.2 份	邻苯二甲酸二丁酯	32 份
硫黄	8 份	二甲苯	1000 份
促进剂 DM	3.2 份	防老剂 D	3.2 份

硫化条件为 148℃，30min。

三、丁腈橡胶胶黏剂

丁腈橡胶是丁二烯与丙烯腈的共聚物，以本体聚合方法共聚可以得到丁腈橡胶片胶，也可以采用乳液聚合得到丁腈胶乳再经干燥制取丁腈橡胶，工业上乳液聚合的方法应用更为广泛。

丁二烯与丙烯腈共聚的反应：

$$n\text{CH}_2=\text{CH}-\text{CN} + m\text{CH}_2=\text{CH}-\text{CH}=\text{CH}_2 \longrightarrow \text{---}(\text{CH}_2-\text{CH}=\text{CH}-\text{CH}_2)_m\text{---}(\text{CH}_2-\overset{\text{CN}}{\underset{|}{\text{CH}}})_n\text{---}$$

根据丙烯腈的含量不同，有丁腈-18、丁腈-26 和丁腈-40 等几种类型。作为胶黏剂，一般最为常用的是丁腈-40。

与氯丁橡胶相似，丁腈橡胶胶黏剂在配制上也加入各种配剂，主要有硫化剂、防老剂、增塑剂、补强剂等。

丁腈橡胶有两类硫化剂，一类是硫黄和硫载体（如秋兰姆二硫化物）；另一类是有机过氧化物。硫黄/苯并噻唑二硫化物/氧化锌（2/1.5/5）是一个常用硫化体系。

丁腈橡胶结晶性小，必须用补强剂来增加内聚强度。常用的补强剂有炭黑、氧化铁、氧化锌、硅酸钙、二氧化硅、二氧化钛、陶土等。其中以炭黑（尤以槽黑）的补强作用最大，用量一般为40～60份。

增塑剂常用硬脂酸、邻苯二甲酸酯类、磷酸三甲酚酯或醇酸树脂、或液体丁腈橡胶等，以提高耐寒性并改进胶料的混炼性能。加入酚醛树脂、过氯乙烯树脂等增黏剂，以提高初粘力。没食子酸丙酯是最常用的防老剂。常用的溶剂为丙酮、甲乙酮、甲基异丁酮、醋酸乙酯、醋酸丁酯、甲苯、二甲苯等。

丁腈橡胶具有优异的耐油性，耐水性也很出色，并且粘接强度极限高。丁腈橡胶不仅可用来改性酚醛树脂、环氧树脂以制取性能很好的金属结构胶黏剂，而且其本身可作为主体材料胶黏剂，用于耐油产品中橡胶与橡胶、橡胶体与金属、织物等的粘接。

丁腈橡胶可以配制成单组分和双组分，也可以配制成室温固化或高温固化等多种丁腈橡胶胶黏剂，下面为一丁腈橡胶胶黏剂的典型配方。

【配方】 用于人造防雨布、防尘罩的丁腈胶黏剂

丁腈橡胶-26　　　　　　　　　100份　　过氧乙烯树脂　　　　　　　　　90份
乙酸乙酯　　　　　　　　　　668～680份

剥离强度为1960N/m，在处理好的粘接面上均匀涂胶，晾置3～5min，待溶剂挥发，立即贴合。在9.8×10^4Pa压力下，于室温下固化24h以上。

第七节　特种胶黏剂

随着科学技术的飞速发展和胶黏剂应用领域的日益扩大，出现了许多胶黏剂新品种，其中有些能满足粘接特定的胶接对象及特种工艺上的某种需要，称之为特种胶黏剂。如热熔型、压敏型、导电型、密封型等。下面简单介绍热熔胶黏剂和压敏胶黏剂。

一、热熔胶黏剂

热熔胶黏剂是一种室温呈固态，加热到一定温度就熔化成液态流体的热塑性胶黏剂。与其他类型胶黏剂相比，热熔胶黏剂粘接迅速，适于连续与自动化操作。热熔胶黏剂不含溶剂，能防止火灾与污染且粘接面广，可粘接多种同类或异类材料。由于热熔胶黏剂是百分之百固含量，便于储运。另外热熔胶黏剂有再熔性，使用余胶可再用，粘接件胶层可借热重新活化。由于它具有这些优点，近年来发展异常迅速，广泛应用于服装加工、书籍装订、塑料胶接、包装、制鞋、家具、玩具、电子电器、卫生等部门。

1. 热熔胶黏剂的组成

热熔胶黏剂一般由主体聚合物、增黏剂、蜡类、增塑剂、抗氧化剂及填料等组成。

许多热塑性聚合物均可作热熔胶的主体聚合物，使用较多的主要是乙烯和醋酸乙烯酯的无规共聚物（EVA）、聚酯和聚氨酯等。

常用的增黏剂有松香、改性松香、萜烯树脂、古马隆树脂等。加入增黏剂能够降低熔融温度，控制固化速度，改善润湿和初黏性，达到改进工艺、提高强度的效果。

常用的配合剂蜡有烷烃石蜡、微晶石蜡、聚乙烯蜡等。蜡类加入的作用是降低熔融温度与黏度，改进操作性能，降低成本；同时还可以防止胶黏剂渗透基材。

常用的增塑剂有邻苯二甲酸酯类和磷酸酯类化合物。增塑剂能使胶层具有柔韧性和耐低温性,并有利于降低熔融温度;但对内聚强度却有明显的影响。使用增塑剂时要考虑与其主体集合物及其他组分的相容性,也要考虑被粘体的性能及增塑剂的迁移特性。

常用的抗氧剂有 2,6-二叔丁基对甲酚(BHT),用量一般为 0.5%。抗氧剂能防止热熔胶在高温下长时间的熔融过程中氧化变质,保持黏度稳定。

常用的填料有碳酸钙、滑石粉、黏土、石棉粉、硫酸钡、氧化钛、炭黑等。填料能防止渗胶,减少固化时的收缩率,保持尺寸稳定性,降低成本,但用量一定要适度。

2. 热熔胶的类型

(1) 乙烯-醋酸乙烯酯共聚物(EVA)热熔胶　在聚乙烯分子结构中引入醋酸乙烯酯(VAc)可使结晶度降低,黏合力和柔韧性提高,耐热和耐寒性兼顾,流动性和熔点可调。此外 EVA 价格低廉,易与其他辅料配合,因而 EVA 是十分理想的热熔胶的基体。以下介绍十分通用的 EVA 热熔胶配方。

【配方】 EVA 热熔胶

乙烯-醋酸乙烯酯共聚体	100 份	聚合松香(软化点>120℃)	30 份
石蜡	20 份	N-苯基-β-萘胺	1 份

此配方中基体醋酸乙烯含量大于 28%,在 230℃左右将熔融施工涂布。主要用于拼接木材,也可用于浸渍玻璃纤维。

(2) 聚酯热熔胶　聚酯热熔胶一般是由二元酸与二元醇共聚而得。它们可以是无规共聚物或嵌段共缩聚物,在特殊条件下可制得交替共缩聚物。从化学结构来看,聚酯类热熔胶可分为共聚酯类、聚醚型聚酯类、聚酰胺聚酯类等三大类。目前多采用多种原料混合制取的共聚酯。

聚酯热熔胶的性能与分子量的大小有关,随着分子量的增加熔融黏度和熔点均有所提高。一般聚酯热熔胶的分子量比较大,分子链上有大量的极性基团,有的还含有相当量的氢键,它的黏合力和内聚力都比较好。因此,聚酯热熔胶具有较好的粘接强度和耐热、耐寒、耐干湿洗性,耐水性比 EVA、聚酰胺好,价格比较便宜。聚酯热熔胶主要用于织物加工、无纺布制造、地毯背衬、服装加工、制鞋等。

聚酯热熔胶的生产可充分利用涤纶(PET 聚酯)生产和加工过程中的边角料,这对配合涤纶厂搞好综合利用具有十分重要的意义。

(3) 聚氨酯热熔胶　聚氨酯热熔胶的主体材料是由末端带有羟基的聚酯或聚醚与二异氰酸酯通过扩链剂进行缩聚反应而制得的线型热塑性弹性体。聚氨酯热熔胶的特点是强度较高,富有弹性及良好的耐磨、耐油、耐低温和耐溶剂等性能,但耐老化性较差。从强度和软化点考虑,一般多采用聚酯型聚氨酯。

聚氨酯热熔胶主要用于塑料、橡胶、织物、金属等材料,特别适用于硬聚氯乙烯塑料制品的粘接,它具有较大的实用性。

【配方】 聚氨酯热熔胶

聚乙二醇己二酸酯(M=2000)	50mL	二苯基甲烷二异氰酸酯	150mL
1,4-丁二醇	100mL		

此配方软化点为 130℃。主要用于织物胶接。胶膜抗张强度 38MPa,伸长率 600%。胶接织物剥离强度 250~350N/cm,耐热水性、耐湿热老化性均优良。

二、压敏胶黏剂

压敏胶是制造压敏型胶黏带用的胶黏剂。胶黏带是胶黏剂中一种特殊的类型,它是将胶黏剂涂于基材上，加工成带状并制成卷盘供应的。胶黏带有溶剂活化型胶黏带、加热型胶黏带和压敏型胶黏带。由于压敏型胶黏带使用最为方便，因而发展也最为迅速。

压敏胶黏带在现代工业和日常生活中有着广泛的应用。除了大量用于包装、电气绝缘、医疗卫生以及粘贴标签外，在喷漆和电镀作业中用来遮蔽不要喷涂和电镀的部位；在复合材料制造过程中用来固定盖板和粘贴脱膜布，铺设输油管道和地下管道时，也常用来包覆在金属管外，以防管道腐蚀；以及用于办公、画图、账面修补等。

【配方】 压敏胶黏剂

丙烯酸-2-乙基乙酯	75份	二甲基乙二醇乙烯基硅氧烷	0.5份
丙烯酸乙酯	20份	过氧化苯甲酰	1份
N-羟甲基丙烯酰胺	2份		

此配方主要用于制备保护用压敏胶带。配制时用甲苯和甲醇混合溶剂（甲苯/甲醇＝9/1），配成39%～40%的溶液，黏度3.4Pa·s，涂于聚乙烯薄膜上，经70℃加热3min，初始胶接强度为$0.2N/cm^2$，200h后为$0.35N/cm^2$。

第八节 胶黏剂的选用

一、正确选用胶黏剂的意义

胶黏剂的品种很多，性能各异，被粘物有不同的表面性质，工艺上还有不同的具体要求，使用时更有不同的环境条件。因此综合考虑各个因素，根据具体要求，正确选用合适的胶黏剂具有非常重要的意义。

选用胶黏剂应特别注意以下几点。

① 胶黏剂种类很多，同一品种可能有多种牌号，那就要求应掌握好胶黏剂方面的相关知识，在科学根据的基础上，按照胶黏剂自身的性能特点、粘接对象的实际情况，以及施工与使用时的条件，结合实际使用经验进行筛选。

② 在可以满足要求的前提下，也会有多种胶黏剂可供选择的情况，此时应对相似的胶黏剂进行细微的比较，最后选出性能先进、安全可靠、经济合理的胶黏剂。

③ 对于批量生产的产品的粘接，或是大量的机件（构件）修复粘接（能方便实现机械化施工等），或是重要部件的粘接，还应注意提高生产效率，杜绝事故和避免浪费。

二、胶黏剂的选用原则

目前关于如何选用胶黏剂还缺乏系统的理论方法和完整的计算与数据资料，人们主要是靠实践积累的知识和经验。选择胶黏剂的基本原则如下。

(1) 了解被粘物的性质 在粘接时所碰到的被粘物种类很多，它们性质各异，状态不同，即使是同一类材料其性质也不尽一致。在选用胶黏剂时，必须依据被粘接材料的具体特性去选择合适的胶黏剂。下面介绍一些常见胶接材料的性质。

① 金属。金属表面的氧化膜经表面处理后，容易胶接；由于胶黏剂粘接金属的两相线膨胀系数相差太大，胶层容易产生内应力；另外金属胶接部位因水作用易产生电化学腐蚀。

② 橡胶。橡胶的极性越大，胶接效果越好。另外橡胶表面往往有脱模剂或其他游离出的助剂，妨碍胶接效果。

③ 木材。属多孔材料，易吸潮，引起尺寸变化，可能因此产生应力集中。另外，抛光的材料比表面粗糙的木材胶接性能好。

④ 塑料。极性大的塑料其胶接性能好。

⑤ 玻璃。玻璃表面从微观角度是由无数不均匀的凹凸不平的部分组成，使用湿润性好的胶黏剂，可防止在凹凸处可能存在气泡影响。因玻璃极性强，极性胶黏剂易与表面发生氢键结合，形成牢固粘接。玻璃易脆裂而且又透明，选择胶黏剂时需考虑到这些。

（2）根据被粘物的表面性状来选择胶黏剂　粘接多孔而不耐热的材料，如木材、纸张、皮革等，可选用水基型、溶剂型胶黏剂；对于表面致密，而且耐热的被粘物，如金属、陶瓷、玻璃等，可选用反应型热固性树脂胶黏剂；对于难粘的被粘物，如聚乙烯、聚丙烯，则需要进行表面处理后再选用乙烯-醋酸乙烯酯共聚物热熔胶或环氧胶。

通常，胶接极性材料应选用极性强的胶黏剂，如环氧树脂胶、酚醛树脂胶、聚氨酯胶、丙烯酸酯胶以及无机胶等，胶接非极性材料一般采用热熔胶、溶液胶等进行；对于弱极性材料，可选用高反应性胶黏剂，如聚氨酯胶或用能溶解被粘材料的溶剂进行胶接。

（3）根据胶接头的使用场合来选择胶黏剂　粘接接头的使用场合，不能只注重强度高、性能好，还得考虑工艺条件是否符合要求。像被粘物耐热性差、热敏等，如热塑性塑料、橡胶制品、电子元件，或大型设备、易燃储罐等，因加热困难都不能选用高温固化的胶黏剂。对于那些大型、异型、极薄、极脆等无法加压或不能加压的被粘物件也不要选用需加压固化的胶黏剂。对于粘接强度要求不高的一般场合，可选用价廉的非结构胶黏剂；对于粘接强度要求高的结构件，则要选用结构胶黏剂；要求耐热和抗蠕变的场合，可选用能固化生成三维结构的热固性树脂胶黏剂；冷热交变频繁的场合，应选用韧性好的橡胶-树脂胶黏剂；要求耐疲劳的场合，应选用橡胶胶黏剂。

（4）应考虑成本和环境保护问题　选用胶黏剂时要充分兼顾经济成本，考虑胶黏剂的价格和粘接后所能创造的价值。被选用的胶黏剂应是成本低、效果好，整个工艺过程经济。对于产品制造、批量生产、所用胶黏剂量又较大，价格尤为重要，在保证性能等的前提下，尽量选用便宜的胶黏剂。

为了减少对环境的污染，保护人类生存的地球、保证健康、保证安全等，应该选用无溶剂或少含有机溶剂，无毒或低毒的胶黏剂，大力推广使用无溶剂胶、水基胶。

上述几点在实际选用胶黏剂时，不可能全都满足，只能根据具体情况，抓住主要方面而兼顾其他，做到综合分析、分清主次、全面考虑、合理选择。

本章小结

1. 黏合剂是一类通过物质的界面黏合和物质的内聚作用，使被粘接物体结合在一起的物质的统称。胶黏剂常见的分类方法有：按主要组成成分分类；按外观形态分类；按固化方式分类；按用途分类；按能承受的应力分类等。

2. 胶黏剂与被粘物体表面之间通过界面相互吸引和连接作用的力称为粘接力。粘接力的来源有：化学键力、分子间作用力、界面静电作用力、机械作用力。粘接工艺的步骤是：表面处理→配胶→涂胶→晾置→固化→检验→修整或后加工。

3. 胶黏剂的原材料包括基料、固化剂、增塑剂、填料、偶联剂、增稠剂、溶剂等。

4. 热塑性胶黏剂柔韧性、耐冲击性优良，具有良好的初始粘接力，性能稳定。热固性胶黏剂有较高的胶接强度、耐热、耐寒、耐辐射、耐化学腐蚀、抗蠕变性能好。橡胶胶黏剂具有优良的弹性，较好的耐冲击与耐振动的能力，特别适合柔软的或线膨胀系数相差悬殊的材料粘接及在动态条件下工作的材料的粘接。

5. 胶黏剂的选择应综合考虑各个因素，根据具体要求，正确选用合适的胶黏剂。

复习思考题

4-1 什么是胶黏剂？有哪些分类方法？若按黏料分有哪些？
4-2 胶黏剂的主要成分有哪些？各有什么作用？
4-3 阐述胶黏剂的粘接工艺。
4-4 胶黏剂除主体材料外，常用的辅助材料有哪些？其基本功能如何？
4-5 为什么对两种材料进行粘接，首先必须对被粘物进行表面处理，包括除油污、除锈、砂纸打磨或物理化学处理？（结合粘接原理讨论）
4-6 橡胶型胶黏剂有何特点？常见的有哪几种？
4-7 氯丁橡胶能否用于金属与金属之间的粘接？其主要用于哪些方面？哪些胶黏剂可用于金属之间的粘接？
4-8 丙烯酸酯胶黏剂中三种不同类型胶的特点和用途是什么？
4-9 聚醋酸乙烯酯胶黏剂有什么特点？为什么它能成为热塑性树脂胶黏剂中产量最大的品种？
4-10 酚醛树脂为什么可以成为不溶的热固性树脂？
4-11 什么叫热熔胶？有哪些类型？
4-12 在热塑性树脂胶黏剂中，哪一类最耐高温？哪一类对金属等极性材料的黏结力最强？
4-13 什么叫压敏胶？有什么特点？
4-14 热固性合成树脂胶黏剂有什么优点？常见有哪几种？
4-15 为什么说环氧树脂胶黏剂是应用最广的、综合性能优异的结构胶黏剂？
4-16 氯丁胶黏剂有几类？它需要哪些组分加以配合？
4-17 在选用胶黏剂时要考虑哪些因素？
4-18 下列情况应用什么品种的胶黏剂：
（1）木制家具的粘接；
（2）生产胶合板；
（3）一个聚苯乙烯的玩具部件裂开了，要求一般粘接，部件不受外力；
（4）聚氯乙烯床单、鞋底、人造革粘接（一般要求）；
（5）脆性材料（如瓷器）的粘接，想采用强度和硬度均大、不易变形的热固性树脂胶黏剂，用什么品种好？
（6）室内墙上粘贴塑料墙板；
（7）室内水泥墙，钉子钉不进去，用胶黏剂粘接衣钩。

阅读材料

胶黏剂：环保是焦点

胶黏剂属于新领域精细化工产品，在迅猛发展的同时，却带来了环境污染和危害健康问题，已引起了广泛的关注，必须十分重视保护环境，绝不能以牺牲环境和浪费资源为代价而换取经济的一时增长。

1. 转变传统观念，增强环保意识

胶黏剂工业对环境的影响有重大责任，及早采取有力措施是一种明智之举。首先需要转变传统观念，不能只图眼前的局部利益，而忽视了对生态环境的破坏；不能只顾暂时的经济效益，而以牺牲环境为代价，胶黏剂工业在追求经济效益的同时，更应注意社会效益和环境效益，在环境保护方面做出新的贡献。

2. 发展环保型胶黏剂为了避免对环境污染和生态破坏，发展低污染或无污染的环保型胶黏剂已势在必行。所谓环保型绿色胶黏剂，是指对环境无污染，对人体无毒害，符合"环保、健康、安全"三大要求的胶黏剂。为适应社会及环保的需要，胶黏剂的品种应加速更新换代，其发展方向是水性化、固体化、无溶剂化、低毒化。

3. 采用先进的清洁生产新工艺

放弃使用味大的甲基丙烯酸甲酯，改用高沸点的单体。生产改性丙烯酸酯快固结构胶黏剂。在胶黏剂配制和生产过程中不使用有毒原料，如甲醛、氯化溶剂、芳香烃溶剂、含有毒重金属填料等。在无毒无害条件下进行生产，如用多聚甲醛代替甲醛溶液生产改性胺类固化剂。添加甲醛捕捉剂，如淀粉、聚乙烯醇等，可明显地降低脲醛树脂胶黏剂游离甲醛含量。

4. 完善环保标准法规

解决胶黏剂的环保问题也必须有法律保障，制定胶黏剂的环境质量标准，加强监督，严格管理，不达标者不准生产、不准销售，限制"三苯"胶的生产与使用，限制"三醛"胶的游离甲醛含量，限制有害气体的排放量，限制氯化溶剂的使用。

实验四　聚醋酸乙烯乳胶的制备

一、实验目的

1. 掌握聚醋酸乙烯乳胶的制备方法。
2. 了解乳液聚合原理和特点。

二、实验原理

1. 主要性质和用途

聚醋酸乙烯乳胶是一种水性胶黏剂，呈白色乳胶状，俗称白胶水，对木材、纸张和织物都有很好的黏着力，主要用作胶黏剂。此外，把产品加入颜料、填料及其他辅助材料，经研磨或分散处理后，可制成聚醋酸乙烯乳胶漆。

2. 合成原理

醋酸乙烯单体在引发剂过硫酸钾、乳化剂PVA（聚乙烯醇）和OP-10（壬基酚聚氧乙烯醚）存在时进行聚合，最后加入增塑剂邻苯二甲酸二丁酯，即制得产品。

聚乙烯醇是醋酸乙烯乳液聚合中最常用的乳化剂，聚合中并用OP-10，使操作更容易，乳液的稳定性增强。最后加入增塑剂邻苯二甲酸二丁酯使成品有良好的低温性能和防冻性能。工艺流程如下：

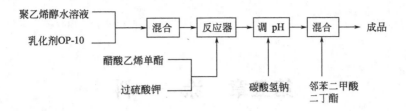

三、实验内容与操作步骤

在500mL四口烧瓶中加入5g聚乙烯醇和91mL蒸馏水,搅拌加热至80℃使聚乙烯醇溶解完全。

再加入1g乳化剂OP-10、13.8g醋酸乙烯酯和0.7mL质量分数为10%的过硫酸钾水溶液。通氮气置换空气,升温至60~65℃。当温度升为80~83℃时,以每小时9g的速度加入78.2g的醋酸乙烯酯单体,反应温度为78~82℃。加入单体的同时,加入10%(质量分数,下同)的过硫酸钾水溶液约0.9mL。

加完单体后,再补充10%的过硫酸钾水溶液1.2mL,温度升为90~95℃,保温30min。

冷却至50℃,先加入10%的碳酸氢钠水溶液3mL,再加入10g邻苯二甲酸二丁酯,搅拌均匀。冷却,得到产品。制得的乳液固含量为50%。

四、注意事项

1. 聚合的引发剂过硫酸钾实际在反应中只加入2/3,其余1/3是为了减少乳液中的游离单体,而在反应最后阶段加入。
2. 应选择的聚乙烯醇聚合度约为1500,醇解度为88%~90%。
3. 通过氮气一段时间,将空气完全置换。

五、思考题

1. 乳液形成的原理是什么?
2. 影响乳液稳定性的因素有哪些?
3. 乳化剂和破乳剂都有哪些?如何使乳液破乳?
4. 聚乙烯醇和OP-10的作用是什么?
5. 为什么要加入过硫酸钾?

第五章 涂 料

学习目标

1. 掌握涂料的定义、作用、组成、命名；水性涂料的生产过程；醇酸树脂、双酚 A 环氧树脂、水乳型丙烯酸酯合成原理及工艺。
2. 理解涂料的原理；水性涂料的特点。
3. 了解涂料的分类及各种涂料在实际中的应用。

第一节 概 述

一、涂料的定义与作用

1. 涂料的定义

一般而言，涂料就是能涂覆在被涂物件表面并能形成牢固附着的连续薄膜的涂装材料。它既可以是无机的，如搪瓷釉、电镀铜、电镀镍、电镀锌等，也可以是有机的，如大多数有机高分子材料。其中有机高分子涂料构成了涂料的主要品种，故除特别注明外，本章节讨论的均是有机聚合物涂料。

2. 涂料的作用

涂料总是涂覆在被涂物表面，通过形成涂膜而起作用。对被涂物件而言，涂料的作用可概括为以下几个方面。

（1）保护作用　涂料涂布于物体表面形成漆膜，一方面能保持物体表面的完整，另一方面能使物体与环境隔绝起来，免受各种环境条件如日光、空气、雨水、腐蚀性气体和化学药品等所引起的损害。除了这种"屏蔽"作用外，有的涂料具有对金属的缓蚀作用，从而可延长金属制品的使用寿命。例如，化工厂的各种设备、管道、储罐和塔釜等都离不开涂料的保护。特别是在使用环境严酷的情况下（如海上钻井平台和油管等），涂料的保护作用就更为显著。

（2）装饰作用　涂料对各种制品的装饰作用是显而易见的。例如，日常生活中的家具、自行车、电冰箱等轻工产品，古色古香的历史名胜建筑和现代化的高楼大厦，无不需要涂料来装饰和保护。

（3）功能作用　有些涂料不但具有保护和装饰物体的作用，而且还具有许多特殊的功能。这类涂料常称为功能涂料。例如在铜导线上涂布一层绝缘漆所形成的漆包线，就是一种既能通过导线导电，导线间又能绝缘的导电材料。

（4）色彩标志　涂料还常用于色彩标志。各类工厂，特别是化工厂的各种物料管道、气体储罐等都要刷上规定的色彩，使操作人员易于识别，以保证操作安全。涂料还常用于道路的交通标志，在保障交通安全方面也起到其应有的作用。

二、涂料的组成与分类

1. 涂料的组成

有机涂料是化学物质的复杂混合物，它们可分为四大类：基料、挥发性组分、颜料、助剂。

（1）基料　基料是形成连续膜附着于底材（被涂表面），将涂料其他物质结合在一起和提供相当结实的外层表面的材料。在很大程度上，基料决定着涂料性能。本书讨论的涂料基料是有机聚合物。

（2）挥发性组分　在多数涂料中都含有挥发性组分，这些挥发性组分在涂料施工过程中起重要作用。它们使涂料施工有足够的流动性，在施工时和施工后挥发掉。环保要求降低挥发性有机化合物（volatile organic compounds，VOC）排放，所以涂料研发的主要趋势是减少溶剂使用，制造更浓缩的涂料（高固体组分涂料）和使用水作主要挥发性组分的涂料（水性涂料）。现大多数涂料，包括水性涂料，都含有一些挥发性有机溶剂，例外的是粉末涂料和辐射固化涂料。

（3）颜料　颜料是分散于漆料中的，成膜后仍悬浮在基料里的微细不溶固体。一般来说，颜料的主要目的是给涂料提供颜色和不透明性。但是它们对施工和涂膜性能也有相当影响。虽然大多数涂料含有颜料，但也有一种重要涂料少含或不含颜料，一般称为清漆。

（4）助剂　助剂是包含在涂料中的少量材料，可使涂料改变某些性能，如催干剂、稳定剂和流平剂等。

大多数涂料是复杂的混合物。许多涂料含有来自四大类的几种物质，而各种物质通常是化学混合物，可能的组合是无限的，不同的应用也是无限的。

2. 涂料的分类

涂料的分类方法很多，通常有以下几种分类方法。

① 按涂料的形态可分为水性涂料、溶剂性涂料、粉末涂料、高固体分涂料等；

② 按施工方法可分为刷涂涂料、喷涂涂料、辊涂涂料、浸涂涂料、电泳涂料等；

③ 按功能可分为装饰涂料、防腐涂料、导电涂料、防锈涂料、耐高温涂料、示温涂料、隔热涂料等；

④ 按成膜外观可分为大红漆、有光漆、亚光漆、半亚光漆、皱纹漆、锤纹漆等；

⑤ 按用途可分为建筑涂料、电气绝缘涂料、汽车涂料、飞机涂料、船泊涂料、木器涂料、桥梁涂料、塑料涂料、纸张涂料等；

⑥ 按成膜物质为基础来进行分类，是目前我国最普遍的一种分类方法。以成膜物质中起决定作用的一种树脂为分类依据，可将涂料分为18大类，其中最后一类为辅助材料，包括稀释剂、催干剂、脱漆剂和固化剂等。如表5-1所示。

表5-1　涂料的分类

序　号	代　号	类　别	主要成膜物质
1	Y	油性漆类	天然动物油、清油(熟油)
2	T	天然树脂漆类	松香及其衍生物、虫胶、动物胶、大漆及其衍生物
3	F	酚醛树脂漆类	改性酚醛树脂、纯酚醛树脂、二甲苯树脂

续表

序号	代号	类别	主要成膜物质
4	L	沥青漆类	天然沥青、石油沥青、煤焦沥青、硬脂酸沥青
5	C	醇酸树脂漆类	甘油醇酸树脂、季戊四醇醇酸树脂、其他改性醇酸树脂
6	A	氨基树脂漆类	聚醚树脂、三聚氰胺甲醛树脂
7	Q	硝基漆类	硝基纤维素、改性硝基纤维素
8	M	纤维素漆类	乙基纤维、苄基纤维、羟甲基纤维、醋酸纤维、醋酸丁酸纤维、其他纤维酯及醚类
9	G	过氧乙烯漆类	过氧乙烯树脂、改性过氧乙烯树脂
10	X	乙烯(基)漆类	氯乙烯共聚树脂、聚醋酸乙烯及其共聚物、聚乙烯醇缩醛树脂、聚二乙烯乙炔树脂、含氟树脂
11	B	丙烯酸酯漆类	丙烯酸酯树脂、丙烯酸共聚物及其改性树脂
12	Z	聚酯漆类	饱和聚酯树脂、不饱和聚酯树脂
13	H	环氧树脂漆类	环氧树脂、改性环氧树脂
14	S	聚氨酯漆类	聚氨基甲酸酯
15	W	元素有机漆类	有机硅、有机钛、有机铝等元素有机聚合物
16	J	橡胶漆类	天然橡胶及其衍生物、合成橡胶及其衍生物
17	E	其他漆类	未包括在以上所列的其他成膜物质,如无机高分子材料、聚酰亚胺树脂等
18		辅助材料	稀释剂、防潮剂、催干剂、脱漆剂、固化剂

三、涂料的命名

涂料的命名原则规定如下。

① 命名。命名＝颜料或颜色名称＋成膜物质名称＋基本名称。

例如,红醇酸磁漆、锌黄酚醛防锈漆。其次,如果涂料中含有多种成膜物质,则可选取起主要作用的一种成膜物质命名。例如,若涂料中的松香改性酚醛树脂占树脂总量的50%或更高时,则被列为酚醛漆类;若松香改性酚醛树脂的含量低于50%时,则被列为天然树脂漆类。必要时也可选取两种成膜物质命名,其占主要地位者列在前面,如环氧硝基磁漆。

② 对于某些具有专业用途或特殊性能的产品,可在成膜物质后面加以说明。例如,醇酸导电磁漆、白硝外用磁漆等。

根据上述命名原则,可对各种涂料进行分类命名,同时建立相应的产品型号。

涂料产品的型号包括三部分:第一部分是成膜物质的命名代号,用汉语拼音字母表示(见表5-1);第二部分是涂料的基本名称代号,用两位数字表示(见表5-2);第三部分是序号,用数字表示同类产品之间在组成、配比、性能和用途等方面的差别,并用半字线与第二部分代号分开。

表 5-2 涂料基本名称代号

代号	基本名称	代号	基本名称	代号	基本名称	代号	基本名称
00	清油	04	磁漆(面漆)	08	水性涂料	13	其他水溶性漆
01	清漆	05	粉末涂料	09	大漆	14	透明漆
02	厚漆	06	底漆	11	电泳漆	15	斑纹漆
03	调合漆	07	腻子	12	乳胶漆	16	锤纹漆

续表

代号	基本名称	代号	基本名称	代号	基本名称	代号	基本名称
17	皱纹漆	35	硅钢片漆	52	防腐漆	80	地板漆
18	裂纹漆	36	电容器漆	53	防锈漆	81	渔网漆
19	晶纹漆	37	电阻漆、电位器漆	54	耐油漆	82	锅炉漆
20	铅笔漆	38	半导体漆	55	耐水漆	83	烟囱漆
22	木器漆	40	防污漆、防蛆漆	60	耐火漆	84	黑板漆
23	罐头漆	41	水线漆	61	耐热漆	85	调色漆
30	(浸渍)绝缘漆	42	甲板漆、甲板防滑漆	62	示温漆	86	标志漆、马路划线漆
31	(覆盖)绝缘漆	43	船壳漆	63	涂布漆	98	胶液
32	(绝缘)磁漆	44	船底漆	64	可剥漆	99	其他
33	(黏合)绝缘漆	50	耐酸漆	66	感光涂料		
34	漆包线漆	51	耐碱漆	67	隔热涂料		

注：基本名称代号划分为0～13代表涂料的基本品种；14～19代表美术漆；20～29代表轻工用漆；30～39代表绝缘漆；40～49代表船舶用漆；50～59代表防腐蚀漆；60～79代表特种漆；80～99代表其他类型用漆。

根据上述规定，表5-3，列出了一些涂料的型号与名称。

表5-3 涂料的型号与名称举例

型号	名称	型号	名称
Q01-17	硝基清漆	Q04-36	白硝基球台磁漆
C04-2	白醇酸瓷漆	H52-98	铁红环氧酚醛烘干防腐底漆
Y53-31	红丹油性防锈漆	H36-51	绿环氧电容器烘漆
A04-81	黑氨基无光烘干磁漆	G64-1	过氧乙烯可剥漆

辅助材料型号分两个部分，第一部分是种类，第二部分是序号。例如，F-2，F代表防潮剂，2代表序号（见表5-4）。

表5-4 辅助材料分类

代号	名称	发音	名称
1	X	希	稀释剂
2	F	佛	防潮剂
3	G	哥	催干剂
4	T	特	脱漆剂
5	H	喝	固化剂

四、涂料的发展动向

由于传统涂料对环境与人体健康有一定影响，所以现在人们都在想办法开发绿色涂料。所谓"绿色涂料"是指节能、低污染的水性涂料、粉末涂料、高固体含量涂料（或称无溶剂涂料）和辐射固化涂料等。20世纪70年代以前，几乎所有涂料都是溶剂型的。70年代以来，由于溶剂的昂贵价格和降低VOC排放量的要求日益严格，越来越多的低有机溶剂含量和不含有机溶剂的涂料得到了大发展。现在越来越多使用绿色涂料，下面几种新涂料是目前开发较好的涂料。

（1）高固含量溶剂型涂料　高固含量溶剂型涂料是为了适应日益严格的环境保护要求从普通溶剂型涂料基础上发展起来的。其主要特点是在可利用原有的生产方法、涂料工艺的前提下，降低有机溶剂用量，从而提高固体组分。这类涂料是20世纪80年代初以来以美国为中心开发的。通常的低固含量溶剂型涂料固体含量为30%～50%，而高固含量溶剂型涂料（HSSC）要求固体含量达到65%～85%，从而满足日益严格的VOC限制。在配方过程中，利用一些不在VOC之列的溶剂作为稀释剂是一种对严格的VOC限制的变通，如丙酮等。很少量的丙酮即能显著地降低黏度，但由于丙酮挥发太快，会造成潜在的火灾和爆炸的危险，需要加以严格控制。

（2）水基涂料　水有别于绝大多数有机溶剂的特点在于其无毒无臭和不燃，将水引进到涂料中，不仅可以降低涂料的成本和施工中由于有机溶剂存在而导致的火灾，也大大降低了VOC。因此水基涂料从其开始出现起就得到了长足的进步和发展。中国环境标志认证委员会颁布了《水性涂料环境标志产品技术要求》，其中规定：产品中的挥发性有机物含量应小于250g/L；产品生产过程中，不得人为添加含有重金属的化合物，重金属总含量应小于500mg/kg（以铅计）；产品生产过程中不得人为添加甲醛和聚合物，含量应小于500mg/kg。事实上，现在水基涂料使用量已占所有涂料的一半左右。水基涂料主要有水溶性、水分散性和乳胶性三种类型。

（3）粉尘涂料　粉尘涂料是国内比较先进的涂料。粉尘涂料理论上是绝对的零VOC涂料，具有其独特的优点，也许是将来完全摒弃VOC后，粉尘涂料是涂料发展的最主要方向之一。但其在应用上的限制需更为广泛而深入的研究，例如其制造工艺相对复杂一些，涂料制造成本高，粉尘涂料的烘烤温度较一般涂料高很多，难以得到薄的涂层。涂料配色性差，不规则物体的均匀涂布性差等。这些都需要进一步改善，但它是今后发展方向之一。

（4）液体无溶剂涂料　不含有机溶剂的液体无溶剂涂料有双液型、能量束固化型等。液体无溶剂涂料的最新发展动向是开发单液型，且可用普通刷漆、喷漆工艺施工的液体无溶剂涂料。

涂料的研究和发展方向越来越明确，就是寻求VOC不断降低、直至为零的涂料，而且其使用范围要尽可能宽、使用性能优越、设备投资适当等。因而水基涂料、粉末涂料、无溶剂涂料等可能成为将来涂料发展的主要方向。

第二节　涂料原理

一种性能优良的涂料，必须具备两项最基本的要求：一是要与被涂物能很好黏结，并且具有一些相应的物理化学性能；二是涂膜应具有相应良好的固化过程。

一、涂料的黏结力与内聚力

一般来说，低极性、高内聚力的物质（如聚乙烯）有很好的力学性质，但黏结力很差，这种物质由于不能黏附在基质上，且常常很难溶解，因此不能作为涂料。而低内聚力的物质具有低度薄膜完整性，例如高黏度的压敏胶，几乎可以黏附在任何基质上，却不能给被黏附物提供任何保护作用。这种黏附膜对摩擦几乎没有任何抵抗力，不具备硬度和张力强度，没有对溶剂的抵抗力和抗冲击强度，而且对气体是可渗透的，这些性质都是由于它是低内聚力物质所致，因此也不能作为涂料。

一种物质作为涂料的另一个条件是应该具有尽量小的收缩性。当溶剂（也可是水）蒸发时，高分子薄膜必然收缩，对于不饱和聚酯或环氧树脂涂料使用时会发生聚合，也就是固化。高分子固化时伴随着收缩，收缩引起了张力，破坏了黏合，造成薄膜从基质上剥离。假如黏合力很强，它就能收缩平衡，颜料和其他填充剂特别是无机化合物也有相同的作用。如果薄膜有一定伸缩性，即内聚力较小，那么收缩也小。例如环氧树脂的黏结力强，收缩性很小，而不饱和聚酯的收缩性则较大。

二、涂料的固化机理

涂料涂布于物体表面上后，由液体或不连续的粉末状态转变为致密的固体连续薄膜的过程，称为涂膜的干燥或固化。涂膜干燥是涂料施工的主要内容之一。由于这一过程不仅占用很多时间，而且有时能耗很高，因而对涂料施工的效率和经济性产生重大的影响。

涂膜的固化机理有三种类型，一种是物理机理，其余两种是化学机理。

（1）物理机理固化　只靠涂料中液体（溶剂或分散相）蒸发而得到干硬涂膜的干燥过程称为物理机理固化。聚合物在制成涂料时已经具有较大的相对分子质量，失去溶剂后就变硬而不黏，在干燥过程中，聚合物不发生化学反应。

（2）涂料与空气发生反应的交联固化　氧气能与干性植物油和其他不饱和化合物反应而产生自由基并引起聚合反应，水分也能和异氰酸酯发生反应，这两种反应都能得到交联的涂膜，所以在储存期间，涂料罐必须密封良好，与空气隔绝。通常用低相对分子质量的聚合物（相对分子质量1000~5000）或相对分子质量较大的简单分子，这样，涂料的固体分可以高一些。

（3）涂料之间发生反应的交联固化　涂料在储存间必须保持稳定，可以用双罐装涂料法或是选用在常温下互不发生反应，只是在高温下或是受到辐射时才发生反应的组分。

第三节　按成膜物质分类的重要涂料

一、醇酸树脂涂料

醇酸树脂是以多元醇、多元酸以及脂肪酸为主要原料，通过缩聚反应而制得的一种聚合物。由于合成技术成熟、原料易得、树脂涂膜综合性能好，醇酸树脂已成为合成树脂中用量最大、用途最广的品种之一。

用醇酸树脂制成的涂料，有以下优点：①漆膜干燥后形成高度网状结构，不易老化，耐候性好，光泽持久不退；②漆膜柔韧坚牢，耐摩擦；③抗矿物油、抗醇类溶剂性良好。烘烤后的漆膜耐水性、绝缘性、耐油性都大大提高。

醇酸树脂涂料也有以下缺点：①干结成膜快，但完成干燥的时间长；②耐水性差，不耐碱；③醇酸树脂涂料基本上还未脱离脂肪酸衍生物的范围，对防湿热、防霉菌和盐雾等性能上还不能完全得到保证。因此，在品种选择时都应加以考虑。

1. 醇酸树脂的原料

多元醇常用的是甘油、季戊四醇、山梨醇等。多元酸常用邻苯二甲酸酐、对苯二甲酸、顺丁烯二酸酐、癸二酸等。单元酸常用植物油脂肪酸、合成脂肪酸、松香酸，其中以油的形式存在的如桐油、亚麻仁油、梓油、脱水蓖麻油等干性油，豆油等半干性油和椰子油、蓖麻油等不干性油。以酸的形式存在的如上述油类水解而得到混合脂肪酸和合成脂肪酸、十一烯酸、苯甲酸及其衍生物等。

2. 醇酸树脂的分类

① 按油品种不同，可分为干性油醇酸树脂与不干性油醇酸树脂两大类。

干性油醇酸树脂是由不饱和脂肪酸或干性油、半干性油为主改性制得的树脂，能溶于脂肪烃、萜烯烃（松节油）或芳烃溶剂中，干燥快、硬度大而且光泽较强。

不干性油醇酸树脂是由饱和脂肪酸或不干性油为主来改性制得的醇酸树脂，不能在室温下固化成膜，需与其他树脂经加热发生交联反应才能固化成膜。

工业上常用碘值，即100g油所能吸收的碘的质量（g），来测定油类的不饱和度，并以此来区分油类的干燥性能。通常根据油的干燥性质，分为干性油、半干性油和不干性油三类，其特性如表5-5所示。

表5-5 不干性油、半干性油、干性油的特性比较

项目	不干性油	半干性油	干性油
碘值/(gI_2/100g)	100以下	100~140	140以上
油分子中平均双键数（个）	4以下	4~6	6以上
成膜状况	不能	长时间，黏性	逐渐干燥（空气中）
举例	蓖麻油、椰子油、米糠油	豆油、葵花籽油、棉籽油	桐油、梓油、亚麻油

② 树脂中油含量用油度来表示。油度的定义是树脂中应用油的质量和最后醇酸树脂的理论质量的比。油度的计算公式：

$$\text{油度} = \frac{\text{油用量（或邻苯二甲酸酐）}}{\text{树脂理论产量}} \times 100\%$$

按油含量不同，可分为超长油度、长油度、中油度、短油度醇酸树脂。它们的特性如下表5-6所示。

表5-6 四种醇酸树脂的特性

分类	短油度	中油度	长油度	超长油度
油度/%	40以下	46~60	60~70	70以上
特性	漆膜凝结快，自干能力一般，弹性中等，光泽及保光性好。烘干干燥快。用作烘漆，短油度醇酸树脂比长油度的硬度、光泽、保色、抗摩擦性能都好，用于汽车、玩具、机器部件等方面作面漆	最主要的品种干燥快，有极好的光泽、耐候性、弹性，可自己烘干，和加入氨基树脂烘干。用于制自干或烘干磁漆、底漆、金属装饰漆、车辆用漆	干燥性能较好，漆膜富有弹性，有良好的光泽，保光性和耐候性好。硬度、韧性和抗摩擦性方面次于中油度醇酸树脂。用于制造钢铁结构涂料、户室内外建筑涂料；用来增强乳胶漆	干燥速度慢、易刷涂。用于油墨及调色基料

3. 醇酸树脂涂料的常用品种

涂料用合成树脂中，醇酸树脂的产量最大、品种最多、用途最广，约占世界涂料用合成树脂总产量的15%左右。中国醇酸树脂涂料产量约占涂料总量的25%左右。

(1) 醇酸树脂清漆 醇酸树脂清漆是由中或长油度醇酸树脂溶于适当的溶剂（如二甲苯），加有催干剂（如金属钴、锌、钙、锰、铅的环烷酸盐），经过净化而得。醇酸树脂清漆干燥很快，漆膜光亮坚硬，耐磨性、耐油性较好；但因分子中还有残留的羟基和羧基，所以耐水性不如酚醛树脂桐油清漆。主要用作家具漆及作色漆的罩光，也可用作一般性的电绝缘漆。

(2) 醇酸树脂色漆 醇酸树脂色漆中产量最大的是中油度醇酸树脂磁漆，它具有干燥

快、光泽好、附着力强、漆膜坚硬、耐油耐候性好等优点，可在常温下干燥，也可烘干。主要用于机械部件、农机、钢铁设备等，户内外都可使用，比较适用于喷涂。

(3) 改性醇酸树脂　除了脂肪酸、多元醇和苯酐以外，加入其他组分的醇酸树脂称为改性醇酸树脂。主要有：①松香改性醇酸树脂；②酚醛树脂改性醇酸树脂；③乙烯类单体改性醇酸树脂；④有机硅改性醇酸树脂；⑤触变性醇酸树脂；⑥水性醇酸树脂，水性醇酸树脂可分为自干型和烘干型两类。但在实际应用上，仍以烘干型醇酸树脂为主。

二、丙烯酸树脂涂料

丙烯酸树脂漆是由丙烯酸酯或甲基丙烯酸酯的聚合物制成的涂料，其价格低廉，资源丰富。为了改进性能和降低成本，往往还采用一定比例的烯烃单体与之共聚，如丙烯腈、丙烯酰胺、醋酸乙烯、苯乙烯等。不同共聚物具有各自的特点，所以可以根据产品的要求，制造出各种型号规格的涂料品种。它们有很多共同特点：①具有优良的色泽，可制成透明度极好的水白色清漆和纯白的白磁漆；②耐光耐候性好，耐紫外线照射不分解或变黄；③保光、保色、能长期保持原有色泽；④耐热性好；⑤可耐一般酸、碱、醇和油脂等；⑥可制成中性涂料，可调入铜粉、铝粉，使之具有金银一样光耀夺目的色泽，不会变暗；⑦长期储存不变质。

丙烯酸酯涂料是一种比较新型的优质涂料。由于其性能优良，已广泛用于汽车装饰和维修、家用电器、钢制家具、铝制品、卷材、机械、仪表电器、建筑、木材、造纸、胶黏剂和皮革等生产领域。

1. 丙烯酸酯单体

由联碳公司开发的丙烯氧化合成丙烯酸工艺，是目前各国合成丙烯酸的主要方法。此外，还可用直接酯化法和酯交换法合成各种丙烯酸酯单体。

为了保证聚合反应的正常进行，烯类单体必须达到一定的纯度。除了用仪器分析测量单体中的杂质含量外，还可用各项物理常数来鉴别单体纯度的高低。

在储存过程中，丙烯酸酯单体在光、热或混入的水分以及铁作用下，极易发生聚合反应，为防止单体在运输和储存过程中聚合，常添加阻聚剂。常用的阻聚剂是各种酚类化合物，如对苯二酚、对甲氧基苯酚、对羟基二苯胺等。加入的阻聚剂在单体进行聚合前必须除去，否则会影响聚合反应的正常进行。通常采用蒸馏法或碱溶法除去丙烯酸酯单体中的阻聚剂。

2. 热塑性丙烯酸酯漆

热塑性丙烯酸酯漆是依靠溶剂挥发干燥成膜。漆的组成除丙烯酸树脂外，还有溶剂、增塑剂、颜料等，有时也和其他能相互混溶的树脂并用以改性。主要品种有丙烯酸树脂清漆、丙烯酸树脂磁漆、丙烯酸底漆等。

(1) 丙烯酸树脂清漆　以丙烯酸树脂作主要成膜物质，加入适量的其他树脂和助剂，可根据用户需要来配制。例如，航空工业使用丙烯酸树脂漆要求高耐光性和耐候性；而皮革制品则需要优良的柔韧性。加入增塑剂可提高漆膜柔韧性及附着力，加入少量硝化棉可改善漆膜耐油性和硬度等。

热塑性丙烯酸树脂清漆具有干燥快（1h可实干），漆膜无色透明，耐水性强于醇酸清漆，在户外使用耐光耐候性也比一般季戊四醇醇酸清漆好，但由于是热塑性，耐热性差，受热易发黏，同时不易制成高固含量的涂料，喷涂时溶剂消耗量大。

【配方】 热塑性丙烯酸清漆

组分	质量分数/%	组分	质量分数/%
丙烯酸共聚物（固体分50%）	65	甲苯	16
邻苯二甲酸丁苄酯	3	甲乙酮	16

（2）丙烯酸树脂磁漆 由丙烯酸树脂加入溶剂、助剂与颜料碾磨可制得磁漆。要注意，当采用含羧基的丙烯酸树脂配制磁漆时，不能用碱性较强的颜料，否则易发生胶凝作用或影响储存稳定性。如高速电气列车应用丙烯酸磁漆，比醇酸磁漆检修间隔大、污染小，耐碱性好，并干燥迅速。

【配方】 丙烯酸磁漆（质量比）

组分	B-04-6	B-04-12	组分	B-04-6	B-04-12
丙烯酸树脂	1	1	磷酸三甲酚	0.016	0.03
三聚氰胺甲醛树脂	0.125	0.054	钛白粉	0.44	0.39
苯二甲酸二丁酯	0.016	0.03	溶剂	4.70	4.50

（3）丙烯酸底漆 丙烯酸底漆常温干燥快、附着力好，特别适用于各种挥发性漆（如硝基漆）配套做底漆。丙烯酸底漆对金属底材附着力很好，尤其是浸水后仍能保持良好的附着力，这是它突出的优点。一般常温干燥，但如经过100～120℃烘干后，其性能可进一步提高。

3. 热固性丙烯酸酯漆

热固性丙烯酸涂料是树脂溶液的溶剂挥发后，通过加热（即烘烤），或与其他官能团（如异氰酸酯）反应才能固化成膜。这类树脂的分子链上必须含有能进一步反应而使分子链节增长的官能团数，因此在未成膜前树脂的分子量可以低一些，而固体分子量则可高一些。

这里有两种情况，其中一类树脂是需在一定温度下加热（有时还需加催化剂），使侧链活性官能团之间发生交联反应，形成网状结构；另一类树脂则必须加入交联剂才能使之固化。交联剂可以在制漆时加入，也可在施工应用前加入（双组分包装）。交联剂不同，可制得不同性能的涂料。

除交联剂外，热固性丙烯酸树脂中还要加入溶剂、颜料、增塑剂等，根据不同的用途而有不同的配方。例如，将含25%甲基丙烯酸-β-羟乙酯，25%乙烯基甲苯和50%丙烯酸乙酯的共聚体树脂与三聚氰胺甲醛树脂以7:3的比例配合，加入含50%正丁醇和50%芳烃的溶剂，以邻苯二甲酸二丁酯和磷酸三甲酚酯为增塑剂，制得的汽车漆光泽好，漆膜丰满而硬，保光、保色性好。配方中的溶剂起到流平、光泽等作用。

【配方】 轿车漆

组分	质量分数/%	组分	质量分数/%
含羟基丙烯酸树脂	59.6	甲基硅油（0.1%二甲苯溶液）	0.03
丙烯酸树脂黑漆片	15.5	140℃烘烤	1h，固化
低醚化度三聚氰胺甲醛树脂（60%）	24.8		

三、环氧树脂涂料

环氧树脂可作为胶黏剂，也可作为涂料。由于其具有很多独特的性能，品种繁多，因而发展较快，产量也较大。随着应用范围日益扩大，在电子工业、宇宙飞行器和结构材料等方面，都有效地采用了环氧树脂。在实际生产中，为了更好地改善性能、降低成本，还常常使其与其他树脂交联改性。

环氧树脂涂料的优点有：①漆膜具有优良的附着力，特别是对金属表面的附着力更强和耐化学腐蚀性好。②环氧树脂涂料在苯环上的羟基能形成醚键，漆膜保色性、耐化学药品及耐溶剂性、耐碱性也好。环氧树脂漆耐碱性明显优于酚醛树脂和聚酯树脂。③环氧树脂有较好的热稳定性和电绝缘性。

环氧树脂涂料的缺点：耐候性差、易粉化、涂膜丰满度不好，不适合作户外用于高装饰性涂料；环氧树脂中具有羟基，如处理不当，涂膜耐水性差；环氧树脂涂料中有的品种是双包装，制造和使用都不方便；环氧树脂固化后，涂层坚硬，用它制成的底漆和腻子不易打磨。

1. 环氧树脂涂料的分类与应用

(1) 环氧树脂涂料的分类　环氧树脂涂料是合成树脂涂料的四大支柱之一，环氧树脂涂料较常用的是以固化剂名称、用途和是否有溶剂来进行分类。

① 以固化剂名称分类，可分为胺固化型涂料、酸酐（或酸）固化型涂料以及合成树脂固化型涂料等。

② 按用途分类，可分为建筑涂料、汽车涂料、舰船涂料、木器涂料、机器涂料、标志涂料、电气绝缘涂料、导电及半导体涂料、耐药品性涂料、防腐蚀涂料、耐热涂料、防火涂料、示温涂料、润滑涂料、食品罐头涂料和阻燃涂料等。

③ 按是否有溶剂来分类，可分为溶剂型涂料、无溶剂型（液态和固态）涂料以及水性（水乳化型和水溶型）涂料。

(2) 环氧树脂涂料的应用　主要应用在石油化工、食品加工、钢铁、机械、交通运输、电子和船舶等行业中。如环氧涂料用于防腐蚀涂料，主要应用于钢材表面，饮水系统，电机设备、油轮、压载舱、铝及铝合金表面和耐特种介质腐蚀等。

2. 主要环氧树脂涂料

(1) 胺固化环氧树脂漆　胺固化环氧树脂漆是常温下进行固化的，固化剂主要是多元胺、胺加成物和聚酰胺树脂，由于环氧基团和固化剂的活泼氢原子交联而达到交联固化的目的。

① 多元胺固化环氧树脂漆。这类环氧树脂漆是双组分包装，施工前现配，使用期很短。漆膜附着力，柔韧性和硬度好，完全固化后的漆膜对脂肪烃溶剂、稀酸、碱和盐有优良的抗性。环氧树脂选用相对分子质量在900左右，相对分子质量在1400以上时，环氧值较低，交联度少，固化后漆膜太软；相对分子质量在500以下时，漆膜太脆，配漆后使用期太短，不大方便。固化剂采用乙二胺、己二胺、二亚乙基三胺等，乙二胺易挥发，毒性较大，漆膜脆，一般少用；己二胺固化的漆膜柔韧性较好。

② 胺加成物固化环氧树脂漆。由于多元胺的毒性，挥发性、刺激性和臭味以及当其配制量不准确时可能造成的性能下降等缺点，目前常采用改性的多元胺加成物作为固化剂。例如，采用环氧树脂和过量的乙二胺反应制得的加成物来代替多元胺，消除了臭味，也避免了漆膜泛白现象。

③ 聚酰胺固化环氧树脂漆。低分子聚酰胺是由植物油的不饱和酸二聚体或三聚体与多元胺缩聚而成。由于其分子内含有活泼的氨基，可与环氧基反应而交联成网状结构。由于聚酰氨基有较长的碳链和极性基团，具有很好的弹性和附着力。因此，除了起固化剂作用外，也是一个良好的增韧剂；此外，耐候性和施工性能也较好。

常用的环氧树脂相对分子质量在900左右，采用酮类、芳烃类和醇类的混合溶剂，与环氧树脂有良好的相容性，对颜料也有较好的润湿性。

聚酰胺作固化剂的速度较胺固化慢几倍,而且用量配比不像胺固化严格,因而使用上要方便得多。

(2) 合成树脂固化的环氧树脂漆　许多带有活性基团的合成树脂,它们本身都可以用作涂料的主体成膜物质,例如,酚醛树脂、脲醛树脂、醇酸树脂、糠醛树脂和多异氰酸酯等,当它们与环氧树脂配合,经高温烘烤(约150~200℃),可以交联成优良的涂膜。

① 酚醛树脂固化环氧树脂漆。一般采用相对分子质量为2900~4000的环氧树脂,由于其含羟基较多,与酚醛树脂的羟甲基固化反应较快;同时分子量大的环氧树脂分子链长,漆膜的弹性较好。这类树脂漆是环氧树脂漆中耐腐蚀性最好的品种之一,具有优良的耐酸碱、耐溶剂、耐热性能;但漆膜色深,不能作浅色漆。

② 氨基树脂固化环氧树脂涂料。这类树脂漆颜色浅、光泽强、柔韧性好、耐化学品性能也好,适用于涂装医疗器械、仪器设备,以及用作罐头漆等。

③ 环氧-氨基-醇酸漆这类树脂漆是采用不干性短油度醇酸树脂和环氧树脂、氨基树脂相混溶而交联固化的,具有更好的附着力、柔韧性和耐化学品性,可作底漆和防腐漆用。

④ 多异氰酸酯固化环氧树脂漆。采用相对分子质量1400以上的环氧树脂的仲羟基和多异氰酸酯进行交联反应,在室温下即可进行,生成聚氨基甲酸酯。可以制成常温干燥型涂料。干燥的涂膜具有优越的耐水性、耐溶剂性、耐化学品性和柔韧性,用于涂装水下设备或化工设备等。

异氰酸酯固化环氧树脂涂料一般是双组分的:环氧树脂、溶剂(色漆应加颜料)为一组分,多异氰酸酯为另一组分。固化剂一般用多异氰酸酯和多元醇的加成物,如果使用封闭型的聚异氰酸酯为固化剂,就可得到储存性稳定的涂料。但这种涂料必须烘干,才能使漆膜交联固化。所有溶剂中不能含水,配制时NCO:OH约0.7~1.1。

(3) 酯化型环氧树脂涂料　又称环氧酯漆,它是将植物油脂肪酸与环氧树脂经酯化反应,生成环氧酯。以无机碱或有机碱做催化剂,反应可加速进行。

环氧树脂可当作多元醇来看,一个环氧基相当于两个羟基,可与两个分子单元酸(即一个羧基)反应生成酯和水。常用的酸有不饱和酸(如桐油酸、亚油酸、脱水蓖麻油酸等)、饱和酸(如蓖麻油酸等)、酸酐(如顺酐等)。用不同品种的不同配比反应可以制得不同性能的环氧酯漆品种。环氧酯漆可溶于廉价的烃类溶剂中,因而成本较低,可以制成清漆、磁漆、底漆和腻子等。环氧酯漆用途很广泛,是目前环氧树脂涂料中生产量和用量较大的一种。

四、聚氨酯涂料

聚氨酯涂料即聚氨基甲酸酯涂料,是指在分子主链上含有相当数量的重复氨基甲酸酯键的涂料统称。其结构如下:

$$\{RNH-\underset{O}{C}-OR^1-O\underset{O}{C}-NH\}_n$$

1. 聚氨酯涂料的主要原料

聚氨酯树脂是由多异氰酸酯(主要是二异氰酸酯)与二羟基或多羟基化合物反应而成。它们之间结合形成高聚物过程既不是缩合,也不是聚合,是介于两者之间,称之为逐步聚合或加成聚合。

2. 聚氨酯涂料的种类

聚氨酯涂料的分类是根据成膜物质聚氨酯的化学组成与固化机理不同而分的,生产上有单包装和多包装。

（1）聚氨酯改性油漆　此涂料又称氨酯油。先将干性油与多元醇进行酯交换，再与二异氰酸酯反应。它的干燥是在空气中通过双键氧化而进行的。此漆干燥快。由于酰氨基的存在而增加了其耐磨、耐碱和耐油性，适合于室内、木材、水泥的表面涂覆，但流平性差、易泛黄、色漆易粉化。

（2）羟基固化型聚氨酯涂料　一般为双组分涂料，甲组分含有异氰酸酯基，乙组分一般含有羟基。使用前将甲乙两组分混合、涂布，使异氰酸酯基与羟基反应，形成聚氨酯高聚物。该类型聚氨酯涂料可分为清漆、磁漆和底漆，它是聚氨酯涂料中品种最多的一种。可用于制造从柔软到坚硬、具有光亮涂膜的涂料。主要用于金属、水泥、木材及橡胶、皮革的防护与涂饰等。

（3）封闭型聚氨酯涂料　封闭型聚氨酯涂料的成膜物质与前述的双组分聚氨酯涂料相似，是由多异氰酸酯及含羟基树脂两部分组成。所不同之处是多异氰酸酯被苯酚或其他含单官能团的活泼氢原子的物质所封闭，因此当两部分可合装时而不会发生反应，成为单组分涂料。在加热时（150℃），苯酚挥发，氨酯键裂解生成异氰酸酯，再与含羟基树脂反应成膜。

该涂料主要用作电绝缘漆，这是由其优良的绝缘性能、耐水性能、耐溶剂性能、力学性能所决定的。电绝缘漆中最卓有成效的是电磁线漆。近年来也用于汽车涂饰等方面。

（4）湿固化型聚氨酯涂料　此涂料是端基含有一个—NCO基的分子结构，能在湿度较大的空气中与水反应，生成脲键而固化成膜。它是一种使用方便的自干性涂料，其性能坚韧、致密、耐磨、耐腐蚀，并有良好的抗污染性，可用于原子反应堆临界区域的地面、墙壁和机械设备作保护层，可制成清漆和色漆。但干燥速率受空气中湿度影响，对寒冬气候不适应，使用时须加催干剂。

（5）催化固化型聚氨酯涂料　这类涂料与湿固化型涂料的结构基本相似，差别之处是利用催干剂作用而使预聚物的—NCO基与空气中的水分子作用而固化成膜。其干燥快，附着力、耐磨性、耐水性和光泽都好。可用于木材、混凝土等，品种多为清漆。

3. 聚氨酯涂料性能

聚氨酯涂料优点如下。①漆膜耐磨性特强，是各种涂料品种中最突出的，因而广泛用作地板漆、甲板漆、纱管漆等。②涂料中有些品种（如环氧、氯化橡胶等）保护功能好而装饰性差；有些品种（如硝基漆等）则装饰性好而保护性差。聚氨酯涂料不仅具有优异的保护性，而且兼具美观的装饰性，所以高级木器、钢琴、大型客机等多采用聚氨酯涂料。③涂膜附着力强，可像环氧一样，配成优良的胶黏剂，因而涂膜对多种物面（木材、金属、水泥、橡胶、某些塑料等）均有优异的附着力。④涂膜的弹性可根据需要而调节其成分配比，可以从极坚硬的刚性涂层调节到极柔软的弹性涂层。一般涂料只能制成刚性涂层，而不能具有高弹性。⑤涂膜具有较全面的耐化学品性能，耐酸、碱、盐液、石油产品，因而可作为化工厂的维护涂料、石油储罐的内衬涂料等。⑥涂料能在高温下烘干，也能在低温下固化。在典型的常温固化涂料中，比如环氧、聚酯等，环氧和聚酯低于10℃难以固化，而聚氨酯涂料即使在0℃以下也能正常固化，因此施工适应季节长。⑦聚氨酯涂料可制成耐—40℃低温的品种，也能制成耐高温绝缘涂料。涂料的耐高、低温性能可根据需要而调节。⑧聚氨酯涂料涂覆的电磁线，可以不刮漆在熔融的焊锡中自动上锡，特别适用于电信器材和仪表的装配。这类电磁线浸水后绝缘性能下降很少。⑨可与其他许多树脂复配制漆，根据不同的需要制成许多新的品种。

由于具有上述优良性能，聚氨酯涂料在国防、基建、化工防腐、电气绝缘、木器涂料等各方面都得到广泛应用,产量日增,新品种相继出现,是极有发展前途的品种。

聚氨酯涂料缺点如下。①保光保色性差。由甲基二异氰酸酯为原料制成的聚氨酯涂料不耐日光,也不宜制浅色漆。②有毒性。异氰酸酯类对人体有害。芳香族异氰酸酯的毒性更大。③稳定性差。异氰酸酯十分活泼,对水分和潮气敏感,易吸潮,储存过程中遇水则不稳定。④施工要求高。操作不慎易引起层间剥离、起小泡。有些品种是多包装的,施工麻烦。

五、聚乙烯树脂涂料

乙烯类树脂的原料来自石油化工,资源丰富而价格低廉,同时它有一系列优点,如耐候、耐腐蚀、耐水、电绝缘、防霉、不燃等。大部分乙烯类树脂涂料属挥发性涂料,具有自干的特点。因此其产量比例在涂料总产量中逐渐增加。

1. 氯酯共聚树脂涂料

聚氯乙烯的分子结构规整,链间缔合力极强,玻璃化温度高,溶解性差。用醋酸乙烯单体与之共聚,使聚合物的柔韧性增加,溶解度改善,同时保留聚氯乙烯的优点,如不燃性、耐腐蚀性、坚韧耐磨等。主要用于化工厂防腐蚀涂料、食品包装涂料、纸张涂料、塑料制品表面涂料、木器清漆、船舶及海洋设备涂料等。

2. 偏氯乙烯共聚树脂涂料

聚偏氯乙烯分子结构对称,其耐化学腐蚀性能非常好,但在有机溶剂中很难溶解。常用氯乙烯或丙烯腈与之共聚,制成防腐漆。氯偏共聚树脂可广泛用于与饮食有关(如饮水柜、食品包装容器、啤酒桶等)的涂料中。偏氯乙烯丙烯腈共聚物的气体液体渗透性极低,适合于配制气密性要求高的纸制品和玻璃纸用的涂料。该树脂涂料最重要的用途是作海上运输石油的大型油船的内部油舱涂料。

3. 聚乙烯醇缩醛树脂涂料

聚乙烯醇缩醛是聚乙烯醇衍生物中最重要的工业产品,在适当介质中(如水、醇、有机酸或无机酸等),聚乙烯醇与醛类缩合可制得聚乙烯醇缩醛树脂。由于它具有多种优良的性能,如硬度高、电绝缘性优良、耐寒性好、黏结性强、透明度佳等,而且主要原料可从石油化工产业中大量生产,因此广泛地应用于涂料、合成纤维、胶黏剂、安全玻璃夹层和绝缘材料等的生产中。

第四节　按剂型分类的涂料

一、溶剂型涂料

商业上的溶剂型涂料包含颜料、高聚物和溶于溶剂的添加剂。涂料工业是溶剂工业的最大用户,一半以上是烃类,其余是酮、醇、乙二醇、醚、酯、硝基直链烷烃以及少量其他物质。溶剂有利于薄膜形成,当溶剂蒸发,高聚物就互相结合。假如溶剂混合物保持一个适当的蒸发速率,就会形成平滑和连续的薄膜。高聚物溶解进入溶液之前,必须经过溶胀阶段,高分子链完全分开而开始溶解。

对于挥发性漆所用溶剂可以分为三类:①真溶剂,是有溶解此类涂料所用高聚物能力的溶剂;②助溶剂,在一定限量内可与真溶剂混合使用,并有一定的溶解能力,还可影响涂料的其他性能;③稀释剂,无溶解高聚物能力,也不能助溶,但它价格较低,它和真溶剂、助溶剂混合使用可降低成本。但这种分类是相对的，三种溶剂必须搭配合适，在整个过程中要求挥发率均匀又有适当溶解能力，避免某一组分不溶而产生析出现象。

真溶剂中，醋酸乙酯、丙酮、甲乙酮属于挥发性快的溶剂；醋酸丁酯属于中等挥发性溶剂；醋酸戊酯、环己酮等属于挥发性慢的溶剂。一般说来，挥发性快的溶剂价格低。

助溶剂一般是乙醇或丁醇。乙醇有亲水性，用量过多易导致漆膜泛白。丁醇挥发性较慢，适宜后期作黏度调节。

硝基漆中用苯作稀释剂，但苯毒性大，现多用甲苯代替。

二、水性涂料

水溶性树脂漆是在 20 世纪 60 年代初期获得发展并在工业上得到广泛应用的新型涂料，它与溶剂型树脂漆不同，是用水作为溶剂的。

1. 水性涂料的特点

目前几乎整个涂料界的技术人员都在关注着低溶剂含量，无溶剂的黏结剂的研究和发展，而水性涂料是一种极有发展前景的新型涂料。以水为溶剂或分散介质的涂料，称为水性涂料。进入 20 世纪 90 年代，水性涂料发展速度非常快，已形成多品种、多功能、多用途的庞大体系，由于这种涂料对环境的相容性和保护性，使水性涂料的市场占有率迅速提高。

水性涂料相对于溶剂型涂料，具有以下特点。

① 以水作溶剂，水来源方便，易于净化，节省大量其他资源；消除了施工时火灾危险性；降低了对大气的污染；仅采用少量低毒性醇醚类有机溶剂，改善了作业环境条件。一般的水性涂料有机溶剂（占涂料）在 10%～15% 之间，而现在的阴极电泳涂料已降至 1.2% 以下，对降低污染、节省资源效果显著。

② 水性涂料在湿表面和潮湿环境中可以直接涂覆施工；对材质表面适应性好，涂层附着力强。

③ 涂刷工具可用水清洗，大大减少清洗溶剂的消耗。

④ 电泳涂膜均匀、平整、展平性好；内腔、焊缝、棱角、棱边部位都能涂上一定厚度的涂膜，有很好的防护性；电泳涂膜有很好的耐腐蚀性，厚膜阴极电泳涂层的耐盐雾性高达 1200h。

总之，水性涂料具有无色、无味、无毒、低黏度、快干性、丰满度好、高固含量、成本低、来源广、无有机挥发物、硬度高、可用水稀释和清洗，对操作要求相对较宽等特点。这些是其他溶剂型涂料所无法相比的。如果加入其他助剂，还可以改善其性能，使其具有良好的光泽性、流平性、耐折性、耐磨性和耐化学药品性等，所以特别适合食品、药品等包装物的表面处理与印后上光；并能广泛应用在水性金属防腐涂料、水性木器家具涂料上。

2. 水性涂料的类型

水性涂料可以根据下面几个方面来划分类型：①胶黏剂的类型；②干燥方法；③应用领域。

按其胶黏剂与水相的关系可分为溶液涂料、胶体溶液涂料和乳液涂料三种。

常用的单体：丙烯酸酯、甲基丙烯酸酯、苯乙烯、醋酸乙烯酯、乙烯、丁二烯、氯乙烯及其他乙烯酯等。

常用的乳液树脂有：醇酸树脂乳液、环氧树脂乳液、硅树脂乳液、沥青乳液等。

按干燥方法，水性涂料可分为：①物理干燥，水分、胺（阴离子胶黏剂）及酸（阳离子胶黏剂）挥发，有时也包括辅助溶剂挥发；②氧化干燥，由氧引发交联；③热交联（烘烤磁漆），加热导致自身官能团缩合交联或与交联树脂缩合交联。

由于涂料的干燥原理和过程不同，导致了涂料有下列两种形式：①单组分涂料，即涂料配方中的一种或多种胶黏剂组分混合在一起可以稳定储存；②两组分或多组分涂料。

由于胶黏剂组分混合后的储存时间（使用寿命）很短，所以必须在使用前按配方比配合。

三、水性涂料的生产过程

合成树脂之所以能溶于水，是由于在聚合物的分子链上含有一定数量的强亲水性基团，例如含有羧基、羟基、氨基、醚基、酰氨基等。但是这些极性基团与水混合时多数只能形成乳浊液，它们的羧酸盐则可部分溶于水中，因而水溶性树脂绝大多数以中和成盐的形式获得水溶性。

水溶性树脂的制备，有以下几种方法。

① 带有氨基的聚合物以羧酸中和成盐（如阴极电沉积树脂）。
② 带有羧酸基团的聚合物以胺中和成盐（如阳极电沉积树脂）。
③ 破坏氢键，例如使纤维素甲基化制成甲基纤维素。
④ 皂化，例如聚乙酸乙烯制聚乙烯醇树脂。

为了提高树脂的水溶性，调节水溶性漆的黏度和漆膜的流平性，必须加入少量的亲水性有机溶剂如低级的醇和醚醇类，通常称这种溶剂为助溶剂。它既能溶解高分子树脂，本身又能溶解于水中，它的助溶作用如图 5-1 所示。在 A 点酸性树脂是不溶于水的，加入中和剂（胺），使之可部分溶于水（B 点）；从 B 点起需要用助溶剂可以使之全部溶解于水（D 点）。

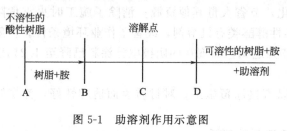

图 5-1　助溶剂作用示意图

为使树脂能全部溶解，需要正确地选择所用的助溶剂。

水性涂料不是一个单一的产品类型，而是代表不同配方的众多产品，可以满足广泛的需求，生产过程同样要适合这一不同需求。但这里只讨论生产的最基本因素。通常，水性涂料与溶剂涂料的生产过程并没有本质的不同，主要是它们各自基本原则的不同导致生产过程的不同。生产过程可以分成几个独立的步骤，其中关键的步骤是颜料和填料在液相（水或黏结剂/水）中的分散。这些步骤如下。

（1）为分散准备预混料　大部分的添加剂在这里已经加了进去，包括浸润剂和分散剂、防沉淀剂和增稠剂、防霉剂、消泡剂、侵蚀剂及成膜剂等。对于水溶性树脂，接下来要进行的是中和、调整 pH、加入辅助溶剂，然后才是在搅拌下加入颜料和填料。固体组分要在慢速搅拌下加入，而且为了能在较低的黏度下脱除气泡及限制气泡产生，要首先加入最细的组分，预混料的组成一定要精确地调整到分散过程所要求的组成。

（2）分散的操作　包括三个独立而又紧密联系的过程：①颜料和填料的分散（分散得要尽量好）；②表面的良好浸润；③达到稳定状态，防止它们重新团聚。

固体与液体组分的简单混合，不会有什么麻烦，颜料和填料开始都是由基本颗粒组成的，干燥状态下就会粘接在一起，这就是团聚。分散作用强力打碎了这些团聚，使其尽可能恢复原来的基本颗粒状态。要打碎基本颗粒的结聚，就要克服它们之间的黏着力，这就要靠分散工具对涂料施加机械能，实质上是压力和剪切力的作用，其传播靠的是湍流（如溶解装置）或层流（三辊研磨机）。另外也可以引入研磨介质，如球磨、砂磨等。

（3）分散操作结束后进入放置阶段　这时要加入剩余的胶黏剂、水和其他辅助组分，使涂料的配方最终完成。在结束研磨之后再加入一定量的消泡剂是有好处的。或在真空混合器中对混合物进行脱泡。

（4）调整、测试　如果有必要的话还要对涂料的组成和性质做一定的调整。其标准的测试方法如下：①密度控制（对于以体积来量度包装时特别重要）；②测定固含量；③测定黏度，既可以测定流动时间也可以测定流变学性质；④测定pH；⑤在分散过程之后检验研磨是否达到所要求的细度；⑥在包装之前，每次都要进行筛余物测定，以免堵塞筛网和泵；⑦一般水溶性体系总是受到细菌的威胁，所以必须按常规进行细菌数的测定；⑧一般对于色漆必须进行色泽和光泽度的测定。

通常室内用的分散液涂料是十分廉价的，但仍然要求满足下面几方面的性能：①遮盖性；②白度；③消光性；④耐擦洗性。根据使用需要所提出的进一步性能要求有：①硬度；②弹性；③粘接性能。

其中后面几种性能可以用各种方法进行测试，如冲击硬度或硬度测量、冲击性能和交叉粘接性能等。防腐蚀涂料还要进行与腐蚀有关的性能测试（如盐雾、耐潮湿性、耐介质浸泡实验等）。

（5）过筛包装　这里同样也要考虑涂料对于剪切力的稳定性。根据需要，涂料包装可以选择小的密封罐、大桶和其他容器，但要注意正确选择容器的材料，生产设备的选择也遇到同样的材料问题。用聚乙烯容器包装建筑涂料比较好。使用金属容器，其内表面都要用适宜的涂料完全涂覆，包装一般的涂料也要如此要求。最新的发展趋势是使用大容器，这样可以方便容器在生产者和使用者之间循环使用，主要是如何确保容器的清洁。涂料在储存期间要特别注意防冻。储存温度以不低于+5℃为宜。

如要用同一套设备同时生产水性涂料和含溶剂涂料，技术和经济上就有很大矛盾，这样在经济上最好，但在技术方面可能存在问题，水性涂料非常容易出现絮凝现象，就会阻塞管道、筛和泵等。所以两种产品应该严格分开。对不同品种的水性涂料的生产工艺和过程需作适当的调整。

四、水性涂料的发展趋势

1. 应用范围不断扩大

水性涂料是以水作为主要挥发成分的涂料，以水来代替有机溶剂和以合成树脂来代替天然油脂一样，是涂料工业发展的两个主要方向，因而近年来发展迅猛，它大大节约了有机溶剂，降低了成本，改善了施工条件，保证了施工的安全，具有低成本、低污染、易净化等优点。随着人们对环保的日益关注，水性涂料已成为涂料工业的一个主要发展方向，汽车工业已普遍采用水性涂料的电泳法涂装底漆；建筑行业广泛采用水性内、外墙涂料，开发耐久、防霉的外墙涂料仍然是涂料工业的研究热点之一。

2. 继续向低毒低污染方向发展

涂料配方的技术进步应当首推其树脂基料品种的发展。在涂料配方中，树脂基料也许不是最贵重的，但肯定是最重要的，为了降低VOC，水性乳液作为基料是最有前途的。如水性聚氨酯的发展主要受到原料、固化剂、封闭剂、交联剂等限制，因此应研制相应的原料和助剂。

丙烯酸、乙烯基丙烯酸和醋酸乙烯-乙烯系列、硅丙树脂等仍然是水性建筑涂料的主要树脂基料品种。在建筑涂料中,主要的改进方向依然是降低溶剂含量而不改变其使用性能,向低气味型、耐久、防霉方向努力,向高档次建筑涂料方向发展。

3. 水性涂料生产向更高的技术水平迈进

水性涂料是涂料工业在严格的环境保护法规推动下,研制成的一类低污染涂料,它与高固体分涂料和粉末涂料一起,标志着涂料生产提高到更高的技术水平。

由国家环境保护总局颁布 HJ/H 201—2005《环境标志产品技术要求 水性涂料》等11项国家环境保护行业标准,2006年1月1日已开始执行。对人们日常生活中使用比较普遍的水性涂料的环保、绿色、健康、安全等要求作了强制性规定。新"标准"的实施对水性涂料的发展起到有力的促进作用,对水性涂料的技术水平提出了更高的要求,为具有良好环保性能的水性涂料提供了广阔的市场空间。

第五节 涂料生产工艺实例

一、醇酸树脂的合成

醇酸树脂主要是通过脂肪酸、多元酸和多元醇之间的酯化反应制备的。根据使用原料的不同,醇酸树脂的合成有醇解法、酸解法和脂肪酸法三种;若从工艺过程上区分,则有溶剂法和熔融法两种。醇解法的工艺简单,操作平稳易控制,原料对设备的腐蚀性小,生产成本也较低。而溶剂法在提高酯化速度、降低反应温度和改善产品质量方面均优于熔融法。因此,目前在醇酸树脂的工业生产中,仍以醇解法和溶剂法为主。

1. 醇解法

所谓醇解法,就是将油先与甘油进行醇解,形成甘油的不完全脂肪酸酯,再与苯酐酯化制备醇酸树脂的方法。其中醇解是整个生产过程中最重要的一步,目的是使油的成分改组,形成甘油的不完全脂肪酸酯(最主要的是甘油一酸酯),以便能与苯酐进行均相酯化,制成成分均匀的醇酸树脂。

醇解过程是在油相内完成的,催化剂的类型及用量、反应温度、油的品质、甘油在油中的溶解度和醇解体系的气氛均对醇解反应有较大影响。

(1) 醇解反应的催化剂 在碱性催化剂存在下,醇解速度加快。其中,以铅化合物和锂化合物的催化效果最好。常用的醇解反应催化剂还有氧化钙、环烷酸钙和环烷酸铅。

在相同温度下,不同催化剂对亚麻仁油-甘油体系醇解反应的影响见表5-7。

表5-7 亚麻仁油-甘油体系醇解反应的影响[①]

催化剂类型	达到平衡所需时间/min	甘油一酸酯含量/%	色泽(铁钴比色法)/号
无	615	50.59	6
LiOH	10	61.63	7
CaO	9	60.36	6~7
PbO	16	64.42	7~8

① 催化剂量0.04%,反应温度250℃;亚麻仁油:甘油=1:2.6(物质的量的比)。

研究表明,在醇解温度较低、催化剂用量较少时,CaO的催化效果较其他催化剂好。增加催化剂用量有利于缩短达到平衡所需的时间,但是,催化剂过多会使树脂色泽加深,酯化时反应体系的黏度增长加快,有时还会造成树脂发浑(不透明),甚至降低漆膜的抗水性和耐久性，而甘油一酸酯的产率并不能提高。所以，催化剂用量必须控制在一定范围内，通常为油量的 0.02%～0.10%。

在实际生产中，醇解反应时间一般应控制在 3h 以内。对不同的催化剂应适当控制醇解反应温度。例如以氧化钙和环烷酸钙为催化剂的反应体系，醇解温度应控制在 220～260℃；以氧化钙为催化剂的反应体系，醇解温度应控制在 230～240℃；而以氢氧化锂或环烷酸锂为催化剂的反应体系，醇解温度应控制在 220～240℃。

(2) 各种多元醇及其用量对醇解反应的影响　醇解反应是可逆反应，增加甘油用量有利于提高甘油一酸酯的含量。但是，在不同油料中甘油的溶解度各不相同。若甘油用量超过了溶解度限值，则其余部分可自成一相，这时，即使再增加甘油用量，对反应也无明显影响。

(3) 保护性气体的影响　在整个醇酸树脂反应中，如果通入一定量的保护性气体，不仅可以避免一部分油发生氧化聚合等副反应，而且有利于迅速排除反应水等低分子挥发物。因此，其产品外观优于未加保护的同类产品。常用的保护性气体为氮气和二氧化碳。在条件允许的情况下，选用二氧化碳作为保护性气体较为经济。

(4) 杂质的影响　如果精制不好，油脂中会含有脂肪酸等杂质。它们将消耗催化剂而使醇解缓慢，且使反应深度降低。因此，对原料油必须精制，反应釜也应清洗干净，不能含有残余的苯酐等杂质。如果条件允许，应使醇解反应和酯化反应在不同的反应器内完成。

(5) 醇解终点的控制　在正常生产中，一般采用乙醇（或甲醇）容许度法或电导测定法来确定醇解的深度。

取 1mL 醇解物于试管中，在规定的温度下以 95% 乙醇（或无水甲醇）进行滴定，至开始浑浊作为终点，所用乙醇（或甲醇）的体积（mL）即为容许度。使用电导测定法控制终点较简便，有利于反应的自动控制。

(6) 酯化　经醇解后的物料降温至 180～200℃后，即可加入邻苯二甲酸酐，再升温至 200～256℃进行酯化。在酯化过程中定期取样，测定酸值与黏度。当酸值与黏度达到规定要求后终止反应，并将树脂溶解成溶液。酯化过程可采用熔融法，也可采用溶剂法。

2. 脂肪酸法

当脂肪酸、多元醇、多元酸一起酯化时，能互相混溶形成均相体系。通常采用先加一部分脂肪酸（总量的 40%～80%）与多元醇、多元酸酯化，形成链状高聚物，然后再补加余下的脂肪酸使酯化反应完全的方法。用此法形成的醇酸树脂分子量较大，与用脂肪酸一次加入的方法所制得的树脂相比，其漆膜干燥快，且挠折性、附着力、耐碱性都有所提高。

3. 溶剂法和熔融法

溶剂法和熔融法的生产工艺比较见表 5-8。

表 5-8　溶剂法和熔融法的生产工艺比较

方法	项目				
	酯化速率	反应温度	劳动强度	环境保护	树脂质量
溶剂法	快	低	低	好	好
熔融法	慢	高	高	差	较差

通过比较可以看出，溶剂法的优点较突出。因此，生产醇酸树脂多采用溶剂法。该工艺操作过程如图 5-2。

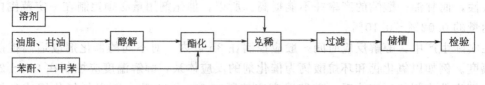

图 5-2　溶剂法生产醇酸树脂操作过程框图

目前采用改进后的酯化反应回流系统的溶剂法制醇酸树脂工艺，其工艺流程如图 5-3。

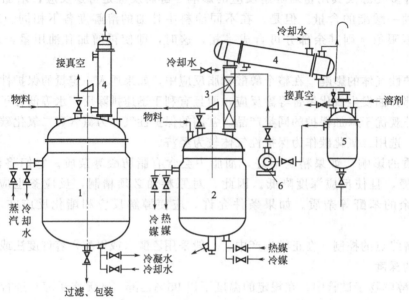

图 5-3　已改进酯化反应回流系统的溶剂法制醇酸树脂工艺流程
1—兑烯釜；2—合成反应釜；3—填料塔；4—冷凝器；5—分水器；6—回流泵

采用改进后醇酸树脂酯化反应回流系统优点：①由于使用了填充塔，反应釜使用性能提高，除生产醇酸树脂外，还可生产其他缩聚型树脂；②填充塔中有恒量热溶剂回流，可以防止积聚污垢。同时加热和净化方式改进，使加热均匀有效，能保证醇酸树脂酯化聚合均匀。树脂合成完毕。用溶剂稀释后过滤，净化。添加少量助滤剂，树脂透明度高，储存稳定。

二、双酚 A 环氧树脂的合成

工业生产的环氧树脂可根据分子量分为三类，即高分子量、中等分子量和低分子量的环氧树脂。低分子量环氧树脂在室温下是液体，而高分子量环氧树脂在室温下是固体。由于分子量大小、分子量分布的不同，生产方法也有差别。低分子量树脂多采用两步加碱法生产，它可以最大限度地避免环氧氯丙烷的水解。中分子量树脂多采用一步加碱法直接合成，其后处理有水洗和溶剂萃取法两种。前者对水质要求较高，后者的产品机械杂质少，树脂透明度高，但劳动条件稍差。高分子量环氧树脂既可采用一步加碱法也可采用两步加碱法生产。

现以低分子量环氧树脂为例，讨论环氧树脂的合成工艺。该类树脂的合成工艺流程简图见图 5-4。

其原料配比如下。

双酚 A	502kg	2.2kmol
环氧氯丙烷	560kg	6.0kmol
液碱（30%）	711kg	5.3kmol

工艺流程如下。在带有搅拌装置的反应釜内加入双酚A和环氧氯丙烷,升温至70℃,保温30min,使其溶解。然后冷却至50℃,在50～55℃下滴加第一份碱,约在4h内加完,并在55～60℃下保温4h。然后在减压下回收未反应的环氧氯丙烷,再将溶液冷却至65℃以下,加入苯同时在1h内加入第二份碱液,并于65～70℃反应3h。冷却后将溶液放入分离器,用热水洗涤,分出水层,至苯溶液透明为止。静置3h后将该溶液送至精制釜,先常压后减压蒸出苯,即得树脂成品。

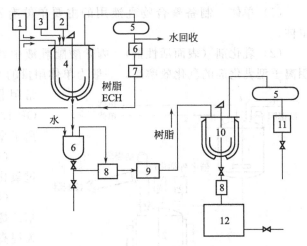

图 5-4 低分子量环氧树脂生产流程
1—环氧氯丙烷储槽;2—氢氧化钠储槽;3—二酚基丙烷储槽;
4—反应釜;5—冷凝器;6—分离器;7—环氧氯丙烷回收器;
8—过滤器;9—湿树脂储槽;10—精制釜;11—溶剂
回收器;12—树脂储槽

影响环氧树脂合成的主要因素如下。

① 原料分子的配比。各种型号的环氧树脂是由环氧氯丙烷与二酚基丙烷按不同的物质的量的比进行缩聚反应制成的。配料比不同,则生成的树脂的分子量不同。

② 反应温度和反应时间。反应温度升高,则反应速率加快。低温有利于低分子量树脂的合成,但低温下反应时间较长,设备利用率下降。通常低分子量环氧树脂在50～55℃下合成,而高分子量环氧树脂在85～90℃下合成。

③ 碱的用量、浓度和投料方式。氢氧化钠水溶液的浓度以10%～30%为宜。在浓碱介质中,环氧氯丙烷的活性增大,脱氯化氢的作用较迅速、完全,所形成的树脂的分子量也较低,但副反应增加,收率下降,一般在合成低分子量树脂时用浓度为30%的碱液,而合成高分子量树脂时用浓度为10%～20%的碱液。

在碱性条件下,环氧氯丙烷易发生水解。其反应如下:

$$\underset{O}{CH_2-CH-CH_2Cl} \xrightarrow[H_2O]{NaOH} \underset{OH\ OH}{CH_2-CH-CH_2Cl} \xrightarrow[H_2O]{NaOH} \underset{OH\ OH\ OH}{CH_2-CH-CH_2}$$

为了提高环氧氯丙烷的回收率,常分两次投入碱液。当第一次投入碱液后,主要发生加成反应和部分闭环反应。由于这时的氯醇基团含量较高,过量的环氧氯丙烷水解概率降低,故当树脂的分子链基本形成后,可立即回收环氧氯丙烷。而第二次加碱主要发生α-氯醇基团的闭环反应。

该树脂漆膜性能良好,附着力、耐候性均好,是目前环氧树脂涂料中产量较大的品种。

三、丙烯酸酯树脂的合成——水乳型丙烯酸酯树脂的合成

由聚合物水乳液配以优质颜料和其他助剂调配而成的乳胶漆,是一种安全无毒、施工方便、耐碱性好的涂料。它广泛用做建筑物的内外墙和金属的防锈涂层。其中以聚丙烯酸酯乳胶漆、丙烯酸酯-乙酸乙烯共聚物乳胶漆和丙烯酸酯-苯乙烯共聚物有光乳胶漆的使用最为广泛。

1. 乳液聚合的组成

在乳液聚合过程中,除使用大量的去离子水外,还使用以下主要原料。

(1) 单体　制备聚合物乳液用的主要单体有乙酸乙烯、苯乙烯和丙烯酸酯等乙烯基单体。

(2) 乳化剂（表面活性剂）　丙烯酸酯乳液中常用的乳化剂是阴离子型和非离子型的。阴离子型乳化剂的乳化效率高，一般为单体用量的2%，但是制得的乳液稳定性较差，所以常用非离子型乳化剂改性。常用的乳化剂有OP-10、OP-18等非离子型乳化剂和MS-1阴离子型乳化剂。

(3) 引发剂　乳液聚合中常用水溶性无机过氧化物如过硫酸钾、过硫酸铵作引发剂。

(4) pH调节剂　纯丙烯酸酯或丙烯酸酯-苯乙烯共聚乳液中有羧基存在，故pH约为3。为提高乳胶的稳定性，可用氨水将体系的pH调到9～10。乙酸乙烯-苯乙烯共聚乳液用$NaHCO_3$作pH调节剂。

2. 乳液聚合法

丙烯酸酯类单体的乳液聚合大体可以分为两类：其一是单体后添加法，即将单体以外的添加物在反应前全部投入釜中，然后根据聚合反应程度，再将单体逐步添加到反应釜中，对所添加的单体，可以先乳化后添加，也可以直接将单体添加到反应釜中。

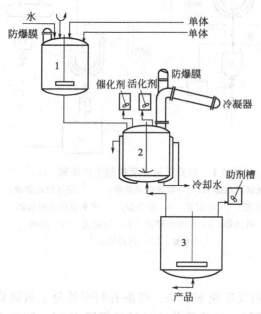

图5-5　乳液聚合工艺流程简图
1—乳化槽；2—聚合釜；3—储槽

其二是间歇法，即反应开始时将单体一次加完，然后再进行乳液聚合，该法可用来制备高分子量丙烯酸酯共聚物水乳液。典型的乳液聚合工艺流程见图5-5。

【配方】　纯丙烯酸乳液

原料	投料量/kg	原料	投料量/kg
丙烯酸乙酯	48	过硫酸铵	0.2
甲基丙烯酸甲酯	32	乳化剂	9.6
甲基丙烯酸	0.8	去离子水	100

操作过程如下：将80份去离子水和配方中的其余试剂（全部用量）在预乳化槽中制成单体乳液。再取20份单体乳液和20份剩余的去离子水置于聚合釜中加热至82℃，并利用聚合热自动升温至90℃。待回流减弱后，开始连续而均匀地滴加单体乳液，滴加时间约2h，维持反应温度在88～94℃之间。待单体乳液加完后升温至97℃，使残余单体完全转化成聚合物。冷却至室温，调节pH并过滤。

本章小结

1. 涂料就是能涂覆在被涂物件表面并能形成牢固附着的连续薄膜的涂装材料。具有保护作用、装饰作用、功能作用、色彩标志作用。有机涂料主要由基料、挥发性组分、颜料、助剂四大部分组成。

2. 涂料命名＝颜料或颜色名称＋成膜物质名称＋基本名称。

3. 涂膜的固化机理有三种类型：第一是物理机理固化；第二是涂料与空气发生反应的交联固化；第三是涂料之间发生反应的交联固化。优良的涂料，必须具备两项最基本要求：一是要与被涂物能很好黏结；二是涂膜应具有相应良好的固化过程。

4. 按成膜物质分类的重要涂料有：醇酸树脂涂料及改性醇酸树脂涂料；丙烯酸树脂涂料；环氧树脂涂料；聚氨酯涂料；聚乙烯树脂涂料。

5. 按剂型分类的主要涂料有溶剂型涂料、水性涂料。它们具有各自的特点。

6. 醇酸树脂主要是通过脂肪酸、多元酸和多元醇之间的酯化反应制备的。根据使用原料的不同，醇酸树脂的合成有醇解法、酸解法和脂肪酸法三种；从工艺过程上区分，则有溶剂法和熔融法两种。在工业生产中，仍以醇解法和溶剂法为主。

7. 环氧树脂生产方法有一步加碱法和两步加碱法。低分子量双酚 A 环氧树脂多采用两步加碱法生产，其合成因素影响有：①原料分子的配比；②反应温度和反应时间；③碱的用量、浓度和投料方式。

8. 水乳型丙烯酸酯树脂的合成使用的原料有：单体（乙烯基类）、乳化剂（表面活性剂）、引发剂、pH 调节剂以及去离子水。其乳液聚合法主要有单体后添加法和间歇法。

复习思考题

5-1 什么叫涂料？涂料的作用是什么？
5-2 涂料的组成有哪些？
5-3 按功能划分，涂料可分为哪几类？按成膜物质为基础来划分，涂料可分为哪几类？
5-4 涂料的命名规则是什么？G64-1 是什么漆？
5-5 优良涂料应具备哪两项最基本要求？
5-6 涂料的固化机理是什么？
5-7 按成膜物质分类的重要涂料有哪些？它们各有什么特性？
5-8 按剂型分类的涂料有哪些？它们各有什么特性？
5-9 醇酸树脂合成的原料是什么？根据原料的不同，其生产方法有哪几种？
5-10 醇解法生产醇酸树脂的影响因素有哪些？
5-11 双酚 A 环氧树脂合成的影响因素有哪些？
5-12 水乳型丙烯酸树脂合成的主要原料有哪些？
5-13 叙述乳液聚合法生产丙烯酸乳液的操作过程。

阅读材料

国外建筑涂料的新品种及新技术

一、建筑涂料的新品种

1. 丙烯酸硅树脂涂料

日本钟渊化学工业公司采用聚硅氧烷为交联剂对丙烯酸进行改性，用改性后的树脂制作的涂料的耐候性可与含氟树脂涂料相媲美，而成本只有含氟树脂涂料的 1/3，是很有发展前景的品种,可广泛用来装饰各种墙面、石板、木板。

2. 耐候性氟树脂涂料

美国最先用氟乙烯树脂研制开发了氟树脂涂料,用于建筑方面取得良好的效果。氟树脂涂料与其他合成树脂涂料相比,具有优良的耐候性、耐久性、耐污染性、耐化学品性,尤其用于建筑物的外部装饰有其他涂料无法相比的优点。该涂料适宜做超高层建筑的复层装饰保护以及超高层钢结构和跨海桥梁等的装饰保护。

3. 水性聚氨酯涂料

聚氨酯是性能优良的高分子材料之一,以这种树脂制成的涂料,具有优良的光泽和耐水、耐候性。溶剂型聚氨酯涂料由于对环境有污染,对施工人员身体有影响,使用量越来越少,人们开发出了水性聚氨酯涂料。目前水性聚氨酯涂料作为一类高档建筑涂料,国外近10年来的专利发明有800多项,前景十分广阔。

4. 粉末涂料

从人类生活的环境意义考虑粉末涂料作为一种新型的建筑涂料发展迅速。美国粉末涂料年增长率为12%左右,欧洲为10%左右,日本为5%左右。粉末涂料近几年已开始在门、栏杆、阳台等建筑物上广泛使用。

5. 功能性建筑涂料

对建筑涂料的要求除了具有保护作用和高装饰性外,还需具有某些特殊的功能,这已成为建筑涂料的装饰性兼功能化的新观念。同时,作为涂料科学基础的高分子科学、化学、生物科学相互交叉与进步,也推动了建筑涂料功能化的发展。因此,近年来国外功能建筑涂料发展很快,主要有防火涂料、防水涂料、防虫防霉涂料和防锈防腐蚀涂料。

防火涂料的研究与应用近年来迅速发展,如德国生产的 BIO-FAX 2000 及 BIO-FAX 3000 高效防火阻燃剂,可喷在窗帘、家具上或应用于建筑涂料,具有优良的防火阻燃性,广泛销于欧洲及亚太地区。美国和加拿大最近推出了一种胶乳基涂料,涂在木材表面,温度达98℃时形成一层保护性炭,能阻止热进入木材,并切断供氧源,防止着火;美国还推出了一种用无机水基溶液制成的防火涂料,经它处理的木材在温度高达537℃时不会燃烧。日本的 ABnee-DS 防火涂料阻止燃烧扩大的效果达90%~95%。

近年来美国和日本建筑防水涂料的品种、性能及应用技术等都处于领先水平,主要品种有聚氨酯、橡胶沥青、硅橡胶、氯丁橡胶、氯化聚乙烯和氯磺化聚乙烯、丙烯酸酯等防水涂料,其中聚氨酯类用量最大,发展最快。目前,日本聚氨酯防水涂料年用量在2万吨左右,水性防水涂料在全世界资源和能源紧缺、环境污染严重的情况下发展较快。美国水性防水涂料已占防水涂料总量的35%以上,德国已占48%。

防虫防霉涂料主要是在保持涂料装饰性的前提下,添加具有生物毒性的药品制成的涂料。因此,高效且对人体无害的防虫防霉剂是制得优良的防虫防霉涂料的关键。近年来,防虫防霉涂料在国外开始步入市场,深受消费者的欢迎,尤其是在食品行业的建筑工程上有较好的市场。

近年来,国外为满足钢结构长期防腐蚀的需要,开发了多种防腐蚀涂料。目前防腐涂料的品种有环氧、环氧酚醛、环氧沥青、聚氨酯、过氯乙烯和氯化橡胶等产品。其中,氯化橡胶作为防腐涂料已广泛应用于各种海洋构筑物。最近日本又推出了一种带锈涂装的聚氨酯防腐涂料,减少了施工工序,是一种很有市场前途的产品。由于对防腐涂料耐久性的要求更高,不久的将来,有机硅改性树脂和含氟树脂将成为防腐涂料的主要品种。

二、国外建筑涂料生产的新技术

1. 聚合物乳液合成技术

采用无表面活性剂的自乳化技术,并用专用技术使多种不同单体组成的聚合物呈层状结构存在于同一胶粒中,从而达到调节玻璃化温度、保证产品性能的目的,使产品既具有一定的硬度、耐污染性,又使施工易于进行。另外,通过定向聚合、辐射聚合、互穿网络聚合等方法生产聚合物乳液以改进涂料的性能和增加使用功能。

2. 高自动化的生产工艺

国外涂料生产基本上实现了现代化电脑控制和液体输送管道化气动和机械输送固体物料及自动控制、计量。

3. 先进的涂料检测技术

对于涂料性能的评价已不再单凭外观、颜色、光泽、硬度、冲击等宏观检测,而且将射线分析(EPNA)、X射线光电子光谱仪(ESCA)、自动电子光谱仪(AES)、离子微分析仪(INA)、富里埃变换红外光谱仪(FT2IR)、紫外光谱仪、核磁共振、色差计等现代化仪器用于涂膜性能测试,深入到涂层内部组成结构和界面状态等的微观检测。此外,还采用综合腐蚀速率测定仪(CRN)、超声波显微镜等对涂膜进行非破坏性测定。正是用以上先进技术促使了涂料生产的规模化、高效率、高质量及研究的发展。

实验五 醇酸树脂的制备

一、实验目的

1. 理解缩聚反应的原理。
2. 掌握醇酸树脂的合成方法。

二、实验原理

1. 产品特性与用途

醇酸树脂是指由多元醇、多元酸与脂肪酸合成的聚酯。在干燥性、附着力、光泽、硬度、保光性、耐候性等方面性能优异,它不但可制成清漆、磁漆、底漆、腻子等,还可与其他涂料成分合用,从而改善它们的性能。

醇酸树脂按性能特点可分为干性油醇酸树脂和不干性油醇酸树脂两大类。按其含油多少即油度又可分为短、中、长、特长油度等四种。醇酸树脂中油的种类和油度决定着醇酸树脂的用途。本实验所制为中油度醇酸树脂。

2. 实验原理

醇酸树脂是指以多元醇、多元酸与脂肪酸为原料制成的树脂。邻苯二甲酸与甘油以等物质的量反应时,反应到后期会发生凝胶化,形成网状交联结构的树脂。若加入脂肪酸或植物油,使甘油先变成甘油一酸酯,因为是二官能团化合物,再与苯酐反应就是线形缩聚了,不会出现凝胶化。

合成醇酸树脂通常先将植物油与甘油在碱性催化剂存在下进行醇解反应,以生成甘油一酸酯。其过程如下:

$$\begin{matrix} CH_2OOCR \\ CHOOCR' \\ CH_2OOCR'' \end{matrix} + 2\begin{matrix} CH_2OH \\ CHOH \\ CH_2OH \end{matrix} \xrightarrow{LiOH} \begin{matrix} CH_2OH \\ CHOH \\ CH_2OOCR \end{matrix} + \begin{matrix} CH_2OH \\ CHOOCR' \\ CH_2OH \end{matrix} + \begin{matrix} CH_2OH \\ CHOH \\ CH_2OOCR'' \end{matrix}$$

然后加入苯酐进行缩聚反应，同时脱去水，最后生成醇酸树脂。醇酸树脂结构式如下：

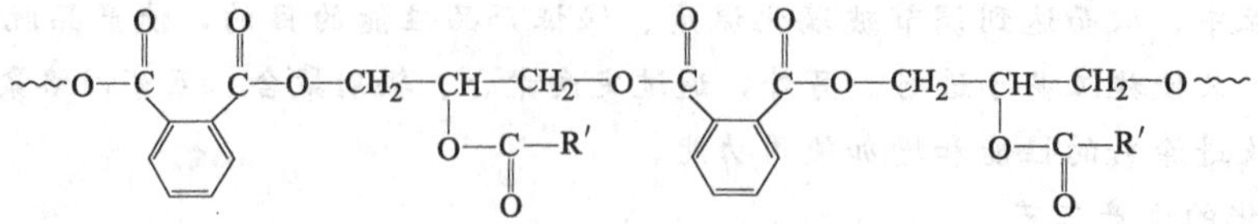

三、主要仪器与试剂

（1）仪器　四口烧瓶、球形冷凝管、温度计、分水器、电热套、电动搅拌装置。

（2）试剂　亚麻油、甘油、苯酐、氢氧化锂、二甲苯、甲苯、乙醇（95%）、氢氧化钾、溶剂汽油。

四、实验内容与操作步骤

1. 亚麻油醇解

① 在装有电动搅拌装置、温度计、球形冷凝管的250mL四口烧瓶中加入84g亚麻油和26.5g甘油。

② 加热至120℃，然后加入0.1g氢氧化钾，继续加热至240℃，保持醇解30min。

③ 取样测定反应物的醇溶性。

醇解终点的测定：取0.5mL醇解物加入5mL 95%乙醇，剧烈振荡后放入25℃水浴中，若透明说明已到终点，浑浊则需继续反应。

④ 到达终点后降温至200℃以下，四口烧瓶中物料可直接用于下一步酯化。

2. 酯化反应

① 在醇解反应中用到的四口烧瓶与球形冷凝管之间，加装一个分水器，分水器中装满二甲苯（到达支管口为止）。

② 从侧口将53g苯酐分批加入四口烧瓶中，温度保持在180～200℃，约在30min内加完。

③ 在四口烧瓶中加入8g回流二甲苯，缓慢升温至230～240℃，回流2～3h。

④ 取样测定酸值，酸值小于20mgKOH/g时为反应终点；冷却，加入150g溶剂汽油稀释，得棕色醇酸树脂溶液，装瓶备用。

酸值测定：取样2～3g（精确至0.1mg），溶于30mL甲苯-乙醇的混合液中（甲苯：乙醇=2:1），加入4滴酚酞指示剂，用氢氧化钾-乙醇标准溶液滴定。

五、实验记录与数据处理

（1）实验记录　测定酸值时样品的质量：_____ g；
氢氧化钾-乙醇标准溶液的体积：_____ mL。
所得醇酸树脂溶液的外观：_____。

（2）数据处理计算酸值

$$酸值 = \frac{c_{KOH} M_{KOH}}{m_{样品}} V_{KOH}$$

式中　c_{KOH}——氢氧化钾-乙醇标准溶液的浓度，mol/L；

M_{KOH}——氢氧化钾的摩尔质量，取56.1g/mol；

$m_{样品}$——样品的质量，g；

V_{KOH}——KOH溶液的体积，mL。

六、注意事项

1. 本实验必须严格注意安全操作，防止着火。
2. 各升温阶段必须缓慢均匀，防止冲料。
3. 加苯酐时不要太快，注意是否有泡沫升起，防止溢出。
4. 加二甲苯时必须熄火，并注意不要加到烧瓶的外面。

七、思考题

1. 缩聚反应有什么特点？
2. 本实验为什么要分成两步，即先醇解后酯化？
3. 本实验中二甲苯的作用是什么？

第六章 化 妆 品

学习目标
1. 掌握各种化妆品的操作方式以及典型品种的配方和生产技术要点。
2. 理解乳化体化妆品配方的基本原则，乳化技术在化妆品生产中的重要作用。
3. 了解皮肤生理学、化妆品的类别以及化妆品生产的基质原料和辅助原料。

第一节 概 述

一、化妆品的定义及作用

化妆品是用以清洁和美化人体皮肤、面部以及毛发和口腔的日常生活用品。它具有令人愉快的香气，能充分显示人体的美；可以培养人们讲究卫生的习惯，给人以容貌整洁的好感；并有益于人们的身心健康。

化妆品的使用对象为人体表面皮肤及其衍生的附属器官。所起的主要作用如下。

① 清洁作用。可温和地清除皮肤及毛发上的污垢。
② 保护作用。可使皮肤柔润、光滑，使毛发保持光泽、柔顺，防枯防断。
③ 营养作用。可维护皮肤水分平衡，补充皮肤所需的营养物质及清除衰老因子，延缓衰老。
④ 美化作用。可美化面部皮肤及毛发和指甲，使之光彩照人，富有立体感。
⑤ 特殊功能作用。具有染发、烫发、脱毛、祛斑、防晒等作用。

现代的化妆品是在化妆品科学和皮肤科学的最新知识基础上研究、开发出来的，它不再是其诞生之初只供少数人使用的奢侈品，现在已成为人们日常生活的必需品。

二、化妆品的分类

化妆品的品种多种多样，分类方式亦有多样。以下介绍几种常见的分类。

1. 按化妆品使用部位分类
① 皮肤用化妆品。如洗面奶、雪花膏、粉底、胭脂等。
② 毛发用化妆品。如香波、护发素、染发剂等。
③ 指甲用化妆品。如指甲油。
④ 唇和眼用化妆品。如口红、眼线、眉笔等。

⑤ 口腔用化妆品。如牙膏、漱口水等。

2. 按化妆品使用功能分类
① 清洁化妆品。如浴液、香波、清洁面膜等。
② 基础化妆品。如化妆水、润肤露、发乳等。
③ 美容化妆品。如香粉、指甲油、唇线笔、口红等。
④ 功能性化妆品。如防晒霜、祛斑霜、减肥霜等。

3. 按化妆品的剂型分类
① 膏霜类。如雪花膏、润肤霜、粉底蜜、雀斑霜等。
② 粉类。如干粉、湿粉、爽身粉、痱子粉等。
③ 水类。如香水、花露水、紧肤水、香体液等。
④ 香波类。如润发香波、调理香波、儿童香波等。
⑤ 其他剂型。如面膜、指甲油、唇线笔、胭脂等。

三、皮肤生理学

化妆品直接与人的皮肤相接触，安全、合适的化妆品对人的皮肤有保护作用和美化的效果。如果使用不当或其质量不好，就会引起过敏性皮炎、眼睛结膜炎及其他疾病。因此，在学习化妆品之前，必须了解皮肤的正常生理代谢。

1. 皮肤组织和生理

皮肤是由表皮、真皮和皮下组织（从外向内）三层组成。

（1）表皮　表皮是皮肤最外的一层组织，厚约 0.1～0.3mm，主要由角蛋白细胞组成。根据角蛋白细胞的形状，从上到下分为角质层、透明层、颗粒层、棘细胞层与基底层共五层。角质层细胞呈扁平状，无细胞核，是坚韧和有弹性的组织，含有角蛋白，遇水有较强的亲和力。透明层一般只见于手掌和脚掌；颗粒细胞对形成角质层有重要作用；棘细胞之间彼此有通道，其中充满淋巴液以输送营养；基底层细胞有星形色素细胞，若受紫外线刺激，色素细胞生成黑色颗粒使皮肤变黑，可阻止紫外线射入人体内。

保护人体皮肤柔软和柔韧的要素是水。在表皮里有一种天然调湿因子的亲水性吸湿物质存在，能使皮肤经常保持水分和维持健康。

（2）真皮　真皮在表皮之下，主要由胶原组织构成，使皮肤富有弹性、光泽和张力。真皮坚韧而有弹性，因有丰富的神经末梢，能感受外界的冷、热、痛、触等多种刺激，通过它的反射使机体产生相应的防御和调节血管、汗腺及体温。真皮含有水分和电解质，参与体内的各种物质代谢和免疫活动，皮脂腺排泄皮脂，形成脂膜来润滑皮肤和毛发，起到保护皮肤的作用。

（3）皮下组织　皮下组织在皮肤最里面，由结缔组织和脂肪细胞所组成，皮下脂肪能起到保持体温的作用。

2. 皮肤的类型

皮肤可分为干性、油性、中性三类。

（1）干性皮肤　干性皮肤上没有油腻感，皮脂分泌少而均，毛孔不明显，肤色洁白，白中透红，给人以细腻舒适感。但皮肤显得无柔软性，表皮干燥，易开裂，对环境的适应性较差，故可经常选用油包水型化妆品滋润，保养皮肤。

（2）油性皮肤　油性皮肤也称脂性皮肤，这类皮肤皮脂分泌比较旺盛，皮肤上像涂了油脂一样，如不及时清洗，容易导致某些皮肤病的发生，因此需经常用清洁类化妆品加以清理和防护。

(3) 中性皮肤　介于前两种之间,是正常型,偏干型较为理想。

3. 皮肤的 pH

人的皮肤不是中性的,而是呈微酸性的。尽管由于年龄、性别不同,人的皮肤外观上有差异,但是皮肤的 pH 都约为 4.5～6.5,平均 5.75,为弱酸性,能防止细菌进入。若使用碱性化妆品,皮肤表面呈碱性,然而皮肤有本能的生理保护作用,1～2h 后,表面又呈弱酸性。这种缓冲作用是由于皮肤表面的乳酸和氨基酸的羧基群在起作用,还有皮肤表面呼出的 CO_2,也在起缓冲作用。

四、化妆品的发展趋势

随着社会经济迅速发展,人们的生活品质也越来越高,对化妆品的需求也越来越大。从 21 世纪发展策略看,提高化妆品的天然性、安全性及实用性备受重视。纵观世界化妆品市场,有以下特点:天然品牌流行走俏;男士化妆品异军突起;儿童化妆品消费逐年上升;环保主题、功能产品等构成了化妆品市场的消费新趋势。

1. 护肤品品种增加迅速

护肤品的比例已占到化妆品总量的 35%～40% 之多。护肤品正向功能化、专业化和系列化方向发展;环保概念、绿色潮流引入护肤品;中医、中药护肤品前景广阔;洁净、保温、美白、防晒、抗衰老、祛斑仍是护肤产品的主题。

2. 美容化妆品前景广阔

我国目前的美容化妆品消费群体尚未形成,因此美容化妆品的生产和销售将有长足的发展。同时健美化妆品是国际化妆品的最新潮流,其中皮肤、美发、口齿、健美等产品最为突出,市场潜力最大。美乳化妆品是健美系列化妆品的一个新项目。富氧护肤品则是健美化妆品的另一类前景光明的产品。

3. 天然化妆品备受青睐

尽可能选用自然界无毒、营养的物质为原料,如芦荟提取物、核酸、SOD(超氧化歧化酶)等,以减少或根除化学物质对皮肤的副作用。同时,化妆品在添加物方面领域更加宽广,将引入生物工程技术,在化妆品中加入透明质酸、微生物及动植物提取物等,使产品更具有功效性,生产商会更加重视这类产品的研究和开发,市场前景看好。因此生物化妆品是 21 世纪化妆品开发的主攻方向。

第二节　化妆品的主要原料

化妆品质量的好坏,除了受配方、加工技术及制造设备条件影响外,主要还是决定于所采用原料的质量。根据原料在化妆品配方中的比例,可分为基质原料和辅助原料。

一、基质原料

基质原料是构成化妆品基本的物质原料,在化妆品配方中占有较大的比重。体现化妆品的主要性质和功能。

1. 油性原料

油性原料是化妆品的主要基质原料,可使油性污垢易于清洗,能保护皮肤,使皮肤及毛发柔软、有光泽。

一般化妆品中所用的油性原料有三类，分别为油脂类、蜡类及化学合成的高碳烃类。

(1) 油脂类 主要有椰子油、蓖麻油、橄榄油、硬脂酸等。

① 椰子油。它是由椰子果肉提取制得。常温下为淡紫色的半固体，具有特制的椰子香味。主要成分是脂肪酸和甘油酯，椰子油和牛脂都是香皂的重要基质油料，椰子油和棉籽油混合，半硬化后可用于乳膏类化妆品。

② 蓖麻油。它是从蓖麻种子中提取制得。呈微黄色的黏稠液体，具有特殊气味，能溶于乙醇、乙醚等。常作为整发化妆油和演员用化妆品的主要原料，特别适合制作口红，还可制作化妆皂、膏霜和润发油等。

③ 橄榄油。它是从橄榄仁中提取的。主要成分是油酸甘油酯，是微黄或黄绿色液体，能溶于乙醚、氯仿，不溶于水。橄榄油用作制造冷霜、化妆皂等的原料。

④ 硬脂酸。从牛脂、硬化油等固体脂中提取，呈白色固体，是制造雪花膏的主要原料。

(2) 蜡类 主要有蜂蜡、鲸蜡、霍霍巴蜡等。

① 蜂蜡。它是由蜜蜂的蜂房精制而得。呈嫩黄色无定形的固体，略有蜂蜜的香气。溶于油类及乙醚，不溶于水。它是制造香脂的主要原料，广泛地应用于膏、霜、乳液、口红、眼影等各类化妆品中。

② 鲸蜡。它是从抹香鲸脑中提取而得，呈珠白色半透明固体，无臭无味，暴露于空气中易酸败。易溶于乙醚、氯仿、油类及热酒精中，不溶于水。它是制造冷霜的原料。

③ 霍霍巴蜡。它是从霍霍巴种子中取得。呈透明、无臭的浅黄色液体。霍霍巴蜡不是甘油酯，与动植物油脂不一样。它最突出的优点是不易氧化和酸败，无毒，无刺激，很容易被皮肤吸收，有良好的保湿性，是鲸油的理想替代品，在化妆品生产中的地位逐渐升高，广泛应用于润肤霜、面霜、香波、口红、指甲油、婴儿护肤品清洁剂中。

(3) 高碳烃类 主要有液体石蜡、固体石蜡、凡士林等。

① 液体石蜡。又称白油，它是石油高沸点馏分经精制而得。呈无色无臭的透明状液体，可作为制造护肤霜、冷霜、清洁霜、发乳、发油等化妆品的原料，是烃类油性原料中用量最大的一种。

② 固体石蜡。它是由石油中提取出来的，无色无臭的结晶型固体，化学稳定性能好，主要成分是十六个碳以上的直链不饱和烃，价格低廉，与其他蜡类或合成脂类一起用于香脂、口红、发蜡等化妆品。

③ 凡士林。它是多种石蜡的混合饱和烃，由于常含有微量不饱和烃，需要加氢制成化学稳定的烃，与液体石蜡一起成为重要的油性原料，在香脂、乳液等化妆品中广泛应用。

2. 粉类原料

粉类原料一般是不溶于水的固体，经研磨制成的细粉状，主要起遮盖、滑爽、吸收等作用。

(1) 滑石粉 滑石粉是天然的含水硅酸镁。由于矿床地区不同，质地、品种、成分也略有不同。滑石粉是制造香粉、粉饼、胭脂、爽身粉的主要原料。

(2) 高岭土 高岭土是一种天然黏土，经煅烧粉碎而成的细粉。高岭土的吸油性、吸水性、对皮肤的附着力等性能都很好，它是制造香粉的原料。它能吸收、缓和及消除由于滑石粉引起的光泽。

(3) 钛白粉 钛白粉由含钛量高的钛铁矿石，经硫酸处理成硫酸钛，再制成钛白粉。有极强的遮盖力，用于粉类化妆品及防晒霜中。

(4) 云母粉　云母是含有碱金属的矾土硅酸盐。手感滑爽，黏附性很好，但遮盖力不强。如用化学方法在云母粉上镀一层，即成珠光粉质。珠光粉质用于粉饼和唇膏中。

3. 胶质原料

胶质原料在化妆品中有增稠、乳化、分散、成膜、黏合、保湿、营养等作用。在化妆品中常用的胶质原料有三种：天然高分子化合物（如动物类明胶、酪蛋白等；植物类淀粉、海藻酸钠等）；半合成高分子化合物（如纤维素的衍生物羧甲基纤维钠，纤维素混合醚等）；合成高分子化合物（如聚乙烯醇、聚丙烯酸钠等）。

4. 乳化剂

乳化剂是使油脂、蜡与水制成乳化体的原料，在化妆品配方中是非常重要的组分。乳化剂基本上是各类表面活性剂，如硬脂酸钠是阴离子型乳化剂；高级胺的盐类二甲基十二烷基苄基氯化铵是阳离子型乳化剂，十二烷基丙酸是两性型乳化剂。除了常用的各类表面活性剂外，还有天然的表面活性剂，如羊毛脂、卵磷脂等。

5. 溶剂

溶剂是膏、浆、液状化妆品配方中不可缺少的成分。在配方上与其他成分互相配合，使制品具有一定的物理化学性质，便于使用。

(1) 水　它是良好的溶剂，也是一些化妆品的基质原料，如清洁剂、化妆水、霜膏、乳液、水粉等都含有大量的水，现在广泛使用在化妆品中的是去离子水和纯净水。

(2) 醇类　低碳醇是香料、油脂类的溶剂，能使化妆品具有清凉感，并且有杀菌作用。如乙醇应用在制造香水、花露水及洗发水等产品上。

二、辅助原料

辅助原料是指除基质原料外的所有原料，是为化妆品提供某些特定性能而加入的。如保湿剂、色素、抗氧剂、防腐剂、收敛剂、香精、营养添加剂等。它们在化妆品的配方中占的比重不大，但不可缺少。

1. 保湿剂

保湿剂可保持皮肤的柔软性，还可以防止化妆品干裂，延长化妆品的寿命。常用的有多元醇、有机金属化合物，如甘油及酒石酸钠。

2. 防腐剂

因化妆品中含有水与很多营养物质，是微生物繁殖生长的场所，加入防腐剂使微生物生长的可能性降至最低限度，延长化妆品的保质期，防止消费者受污染而损害健康。常用的防腐剂有对羟基苯甲酸酯类、咪唑烷基脲等。

3. 抗氧剂

化妆品中的油脂及添加剂中的不饱和键会与空气中的氧结合发生氧化作用，而发生腐败臭味，还会引起变色、对皮肤刺激等，所以要加入抗氧剂。常用的有二叔丁基对甲酚（简称BHT）、叔丁基羟基甲醚（简称 BHA）、维生素 E 等。

4. 香精

香精可掩盖原料中的不良气味或抑制体臭，也有杀菌防腐的作用。香精是由多种香料配合而成的一种混合物，高档的香精可使用较多的天然香料，如精油、浸膏、树脂等；低档香精则主要使用人造香料。

5. 营养添加剂

营养添加剂作用是调节机体新陈代谢，具有延缓衰老、祛斑、增白、护发等功效。常用的有人参、芦荟、沙棘、胎盘、貂油、甲壳素等。

第三节 基础化妆品生产工艺

一、化妆品生产主要工艺

化妆品中乳化体居多,如膏霜、乳液。在乳化体中,既有亲油性成分,如油脂、高碳脂肪酸及其他油溶性成分;也有亲水性成分,如水、酒精;还有钛白粉、滑石粉这样的粉体成分。要使它们均匀地混为一体,必须采用良好的乳化技术。

1. 乳化剂的选择

表面活性剂具有乳化作用,是制备乳化体最重要的化合物,它的种类对于化妆品的黏稠度和稳定性起决定性作用,因此选择合适的乳化剂非常重要。

通常,根据乳化剂的结构来选择乳化剂,首先应考虑乳化剂与产品中的其他成分的相容性和体系的稳定性。如是否能与体系的pH和电解质相容;其次,依据HLB值理论进行乳化剂的选择,如果要配制O/W型体系,则应在O/W型乳化剂中进行筛选,反之,要配制W/O型体系则应该选择W/O型乳化剂;最后,应进行乳化剂试验以检验所选择的乳化剂是否能使膏体稳定和细腻等,以获得最佳的乳化效果。

2. 乳化体的生产工艺

(1) 生产工序 乳化体的制备过程包括水相和油相的调制、乳化、冷却、灌装等工序。以O/W型的乳化体为例,对生产各工序进行论述。其生产工艺流程如图6-1所示。

① 水相的调制。先将去离子水加入带有夹套的溶解锅中,将水溶性成分如甘油、丙二醇、山梨醇、碱类、水溶性乳化剂等加入其中,搅拌下加热至70~80℃待用。为补充加热和乳化挥发掉的水分,可按配方多加3%~5%的水,精确数量可在第一批产品制成后,分析成品水分而求得。

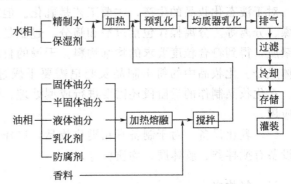

图6-1 O/W型的乳化体化妆品的生产工艺流程

② 油相的调制。将固体油分(如蜂蜡、鲸蜡及高碳脂肪酸等)、半固体油分(如凡士林、羊毛脂、甘油三酸酯等)、液体油分(如液体石蜡、合成油脂)乳化剂和防腐剂等其他油溶性组分加入带有夹套的溶解锅内,开启蒸汽加热,在不断搅拌条件下加热至80℃,使其充分熔化或溶解均匀。

③ 乳化。上述油相和水相原料通过过滤器,按照一定的顺序加入乳化锅内,在一定的温度条件下,进行一定时间的搅拌和乳化。

乳化是最重要的一个工序,乳化过程中,油相和水相的添加方法、添加的速度、搅拌条件、乳化温度和时间、乳化器的结构和种类等对乳化体粒子的形状及其分布状态都有很大影响。为使乳液粒子均匀一致,应在均质器中进行乳化。

乳化时搅拌速度快,有利于形成颗粒较细的乳化体,但过分的强烈搅拌对降低颗粒大小并不一定有效,且容易将空气混入。一般来说,在开始乳化时采用较高速搅拌对乳化有利,在乳化结束而进入冷却阶段后，则以中等速度或慢速搅拌有利，这样可减少混入气泡。应该指出，由于化妆品组成的复杂性，配方与配方之间有时差异很大，对于任何一个配方，都应进行加料速度试验，以求最佳的混合速度，制得稳定的乳化体。

制备乳化体时，温度的控制非常重要。温度太低，乳化剂溶解度低，且固态油脂、蜡未熔化，乳化效果差；温度太高，加热时间长，冷却时间也长，浪费能源，加长生产周期。一般常使油相温度控制高于其熔点 10~15℃，而水相温度则稍高于油相温度，最好水相加热至 90~100℃，维持 20min 灭菌，然后再冷却到 70~90℃进行乳化。尤其是在制备 W/O 型乳化体时，水相温度稍高一些，形成乳化体后，随着温度的降低，水珠体积变小，有利于形成均匀、细小的颗粒。如果水相温度低于油相温度，当油相熔点较高时，两相混合后可能使油相固化，影响乳化效果。

④ 冷却。混合均匀后，乳化体要冷却到接近室温。卸料温度取决于乳化体系的软化温度，一般应使其借助自身的重力，能从乳化锅内流出为宜。当然，也可用泵抽出或用加压空气压出。冷却方式一般是将冷却水通入乳化锅的夹套内，边搅拌，边冷却。

⑤ 陈化和灌浆。一般是储存陈化一天或几天后再用灌装机灌装。灌装前需对产品进行质量评定，质量合格后方可进行灌浆。

（2）乳化工艺　目前，可供选择的工艺有间歇式、半连续式和连续式乳化 3 种方法。由于化妆品生产过程主要是物料的混配，很少有化学反应发生，采用间歇式批量化生产方法较多。

间歇式乳化法即将油相和水相原料分别加热到一定温度后，按一定的次序投入到搅拌釜中，搅拌一段时间后在夹套中通入冷却水，冷却到 50℃以下时加入香精，混匀以后冷却到 45℃左右时停止搅拌，然后放料送去包装。

对于液态化妆品的生产，主要工艺是乳化。但对于固态化妆品涉及到的单元操作主要有干燥、分离等。分离操作包括过滤和筛分。过滤是滤去液态原料的固体杂质。筛分是舍去粗的杂质，得到符合粒度要求的均细物料。干燥的目的是除去固态粉料，胶体中的水分或其他液体成分。化妆品中的粉末制品及肥皂需要干燥过程。有些原料和清洁后的瓶子也需要干燥。在化妆品制作的后阶段还需要进行成型处理、装填等过程，它们的关键在于设备的设计和应用。

（3）乳化设备　对于制备膏霜类化妆品，选择合适的设备是不可忽视的。通常采用的乳化设备有搅拌釜、胶体磨、均质机等。

二、化妆水

化妆水是一种黏度低、流动性好的液体化妆品，能收敛、中和及调整皮肤生理作用，进而防止皮肤老化、恢复活力。一般用于洗脸后、化妆前。如在化妆水中添加滋润剂和各种营养成分，能具有良好的润肤和养肤作用。

化妆水的主要成分是保湿剂（如丙二醇、甘油、乳酸钠等）、收敛剂（如乙醇、硼酸、异丙醇等）、去离子水，有的也添加些表面活性剂，以降低乙醇用量或制备出无醇化妆水，制造时一般不需经过乳化。

化妆水种类繁多，目前较为流行的产品有适于油性皮肤的收敛性化妆水，补充皮肤水分和油分的柔软性化妆水以及清洁功能好的碱性化妆水等。

收敛性化妆水又称紧肤水、收缩水，呈微酸性，接近皮肤的 pH，适合油性皮肤和毛孔粗大的人群使用。配方中主要是具有凝固皮肤蛋白质、变成不溶性化合物的收敛剂，如明矾、硫酸铝、氯化铝、硫酸锌、柠檬酸等。此外，配方中还有保湿剂、水和乙醇。

【配方】 收敛性化妆水

组成	质量分数/%	组成	质量分数/%
明矾	1.5	乙醇	11.0
苯甲酸	1.0	甘油	5.0
硼酸	3.0	香精	0.5
吐温-20	2.5	蒸馏水	75.5

将明矾、苯甲酸、硼酸、甘油溶于水，制成水相；将香精、吐温-20溶于乙醇，制成醇相。略加热以增加溶解。将醇相加于水相，快速搅拌使之溶解，过滤、灌装，即成。

柔软性化妆水配方中以保湿剂成分居多，除了甘油，还有丙二醇、季戊四醇、山梨醇及天然保湿因子等，另外，还添加少量天然胶质等增稠剂来提高黏度。碱性化妆水的配方中，酒精含量高些，约为20%，还加以碳酸钾、硼砂等碱，起去垢和软化皮肤角质层的作用。如半乳糖、果胶等。

三、膏霜

膏霜类化妆品在基础化妆品中起着重要作用。它能在皮肤表面形成薄薄的油脂膜，供给皮肤适当的水分和油脂，从而保护皮肤免受外界不良环境因素刺激，延缓皮肤衰老，维护皮肤健康。近年来，随着乳化技术的改进，表面活性剂品种的增加以及天然营养物质的使用，开发出了各种不同的膏霜制品，其种类与消耗量之多，是其他化妆品望尘莫及的。

1. 雪花膏

雪花膏的外观洁白如雪，擦在皮肤上先成乳白痕迹，继续擦则消失，如雪花，故得名。也有称霜或护肤霜的。雪花膏不刺激皮肤，主要用作润肤、打粉底（有人称之为粉底霜）和剃须后用化妆品。

雪花膏通常都制成O/W型乳状液，是一种非油腻性的护肤用品。主要组分有硬脂酸、水、保湿剂、香精等。

【配方】 美白雪花膏

组成	质量分数/%	组成	质量分数/%
蜂蜡	1.2	防腐剂	0.5
硬脂酸	6	抗氧化剂	0.2
鲸蜡醇	3	丙二醇	3
豆蔻酸异丙酯	2.5	薏苡仁提取物（固体）	0.5
聚氧乙烯山梨糖醇	3	香精	0.3
单硬脂酸酯角鲨烷	6	蒸馏水	73.8

除香精外，将各成分混合，加热至85℃，搅拌下进行乳化，冷却至45℃时加香精，继续冷却至室温。

薏苡仁提取物的制备 将薏苡仁粉末1kg加于2L的2mol/L盐酸中，搅拌下加热至98℃左右，保持2.5h，直至成为浆状流动液时停止加热，冷却。加入同量的三氯三氟乙烷，在300r/min的速度下搅拌15～20min，静止分层，取上中层液于40℃减压蒸馏除去盐酸，变成黏稠物；再加三倍水稀释溶解，后加2mol/L的NaOH溶液，过滤，再于40℃下减压蒸馏成干固物。

这种含薏苡仁提取物的雪花膏具有良好的保湿和柔软作用，能防止黑色素生成，还能增加皮肤的光泽。除此之外，大枣、蜂蜜、当归等天然物中的有效成分也可加入到雪花膏中，赋予其特别的美容护肤效果。

2. 润肤霜

润肤霜是介于弱油性和油性之间的膏霜,油性成分含量一般可以达10%~70%,主要指非皂化的膏状体系,有O/W型和W/O型,现仍以O/W型膏状占主导地位。润肤霜有保持皮肤水分的功能。水分是皮肤最好的柔润剂,皮肤只有在保持恰当水分含量时,才能光滑、柔软而富有弹性。质量好的润肤霜应在表皮角质层上形成油膜,水分能通过,但蒸发缓慢。

润肤霜一般都含有润肤剂、营养剂和保湿剂。润肤剂有羊毛脂、高碳脂肪醇、多元醇、癸酸甘油酯、角鲨烷、植物油、乳酸脂肪醇酯。由于改变配方中油分的种类或添加各种药剂便可赋予产品各种独特的使用感觉和效果,因此品种多种多样,如通用型润肤霜、日霜、晚霜及润肤蜜等。下面以通用型润肤霜配方为例。

【配方】 通用型润肤霜

组成	质量分数/%	组成	质量分数/%
硬脂酸	10.0	羊毛脂衍生物	2.0
蜂蜡	3.0	丙二醇	10.0
十六醇	8.0	三乙醇胺	1.0
角鲨烷	10.0	香精	0.5
单硬脂酸甘油酯	3.0	防腐剂	适量
聚氧乙烯单月桂酸酯	3.0	去离子水	加至100

通用型润肤霜略带油性,较黏稠,涂抹分散时略有阻力,耐水洗,适用于脸部、手和身体敷用。

3. 冷霜

冷霜多为W/O型乳状液,它不仅有保护和柔润皮肤的作用,还可防止皮肤干燥冻裂,此外也能当粉底霜使用。因冬天擦用时,体温使水分蒸发,同时所含水分被冷却成冰雾,因而产生凉爽感,故而得其名。

冷霜的主要成分为蜂蜡、液体石蜡、硼砂和水,含油量可达65%~85%,乳化剂为蜂蜡中的二十六酸与硼砂中和生成的二十六酸钠。原料中对蜂蜡的质量要求较高,至于硼砂的用量可根据中和反应的比例计算出来。

冷霜因包装形式不同而有瓶装和盒装两种,瓶装要求在35℃不致有油水分离现象,冷霜的稠度较软,而盒装的稠度应比瓶装厚些。

【配方】 瓶装冷霜

组成	质量分数/%	组成	质量分数/%
蜂蜡	10	乙酰化羊毛醇	2
白凡士林	7	蒸馏水	41.4
18#白油	34	硼砂	0.6
鲸蜡	4	香精、防腐剂和抗氧化剂	适量
斯盘80	1		

将硼砂溶解在蒸馏水中,加热至70℃,将油相成分混合,加热至70℃,然后将水相加于油相内,在开始阶段剧烈搅拌,当加完后改为缓慢搅拌,待冷却至45℃时加入香精,40℃时停止搅拌,静置过夜,再经三辊机或胶体磨研磨后,瓶装。

四、乳液

乳液多为含油量低的O/W型的乳化制品,又称润肤乳液或润肤蜜。因有流动性,易搽涂，使用感觉滑爽，尤其适用于夏天使用。

乳液成分类似膏霜，有油脂、高级醇、高级酸、乳化剂和低级醇、水溶性高分子等。制作条件比膏霜严格，要选择好最合适的乳化、温度、搅拌、冷却等条件。通常是在油相中加乳化剂，热溶后加于水相中，以强力乳化器进行乳化，边搅拌边用热交换器冷却乳液。下面以 W/O 型润肤露为例。

【配方】 W/O 型，适于干性皮肤润肤露

组成	质量分数/%	组成	质量分数/%
A. 微晶石蜡	1	失水山梨醇倍半油酸酯	4
蜂蜡	2	吐温-80	1
羊毛脂	2	B. 丙二醇	7
液体石蜡	20	蒸馏水	53
异三十烷	10	C. 香精、防腐剂	适量

将 A 组混合，加热至 70℃；将 B 组混合，加热至 70℃，在搅拌下，将 B 组加于 A 组，待温度降至 40℃时加入 C 组。搅拌冷却至 30℃，灌装。

第四节 美容化妆品

美容化妆品也称为装饰用化妆品，除以面部使用为主以外，还包括美化指甲的指甲油。主要注重美学上的润色，同时也注意皮肤的生理学，兼顾美容和护肤。

一、基本美容品

主要包括化妆前打底用的粉底霜类、赋予身体芳香及遮盖瑕疵的香粉类和爽身扑粉。

1. 粉（底）霜

粉底主要在涂抹其他美容化妆品之前使用，不仅有护肤作用，同时有较好的遮盖力，能掩盖皮肤的斑点、皱纹等。

粉底常用的原料有二氧化钛、硅酸盐、碱土金属氧化物和碱土金属脂肪酸盐等化合物，其粒度要求在 40μm 以下，可采用 325 目的筛子来筛分。

【配方】 粉底霜

组成	质量分数/%	组成	质量分数/%
硬脂酸	20.0	甘油	5.0
羊毛脂	1.5	钛白粉	2.0
肉豆蔻酸异丙酯	3.5	丝蛋白粉末	1.0
单甘酯	3.0	香精/防腐剂	适量
三乙醇胺	0.8	精制水	加至 100

钛白粉与甘油先充分搅拌均匀后，加入制成的膏体中，再充分混合均匀。

2. 香粉

香粉可以改变不良肤色，充分发挥其美容品的色彩效果，达到美容目的，其优越性是化妆水、膏霜无法替代的。香粉的生产工艺过程为混合、磨细和过筛，要求香粉粉粒细度为 76μm 左右，并能混合得十分均匀。混合香精时，最好先把香精与吸附性强的粉质（如碳酸钙、高岭土等）混合，然后再与其他粉质混合，香粉易受生产设备金属粒子的污染变质，即使用玻璃、搪瓷材质设备也要经常注意和检查，确认与香粉直接接触的部位无破损外露金属

部件，否则，也会带来同样的不良后果。成品香粉较易吸收空气中的水分，即容易受潮，包装香粉的内外包装应是防潮的。

【配方】 化妆香粉

组成	质量份	组成	质量份
尼龙粉	250	硬脂酸锌	10
N-月桂酰基赖氨酸	150	氯化硼	30
云母	440	马来酸二异十八烷酯（防腐剂）	0.25
硬脂酸异二十烷酯	80	染料	15
空心微球	2.5	香精	1.25

3. 粉饼

粉饼和香粉的使用目的相同，将香粉压制成粉饼的形式，主要是便于携带，使用时不易飞扬，其使用的效果应和香粉相同。

【配方】 干湿两用粉饼

组成	质量分数/%	组成	质量分数/%
滑石粉	30～80	油剂	3～10
云母粉	2～5	香料	少量
钛白粉	2～20	颜料	适量
高岭土	5～30		

该粉饼既具有粉底作用又有定妆功能，粉质细腻，油润易涂，与皮肤的亲和性好，化妆效果透明自然，手感柔软。它与普通粉饼最大的区别是具有疏水性，因此与皮肤渗出的汗不易融合，可以延长化妆时间。

将固体粉料与颜料在混合器内混合，粉碎，加入油剂，进行粉碎，冲压成型得到干湿两用粉饼。

4. 爽身粉

爽身粉主要用于浴后在全身敷用，能润滑肌肤、吸收汗液、减少痱子的滋生，给人以舒适芳香之感，因此，爽身粉是男女老少都适用的夏令卫生用品。

爽身粉的原料和生产方法与香粉基本相同，对爽滑性更为突出，对遮盖力并无要求。它的主要成分是滑石粉，另外，还添加一些具有杀菌消毒作用的硼酸及清凉感觉的薄荷脑香料。

【配方】 爽身粉

组成	质量分数/%	组成	质量分数/%
滑石粉	73	硼酸	4.5
碳酸镁	8.5	着色剂	适量
钛白粉	10	香精	适量
硬脂酸镁	4		

二、色彩美容品

1. 胭脂

胭脂是涂抹于面颊部，使其红润健康的美容化妆品。在古代所使用的原料是天然红色料，包括天然无机物和植物红花；而到了现代，其来源已丰富多了。

与其他粉末制品相比，差异性主要在于色彩浓淡。胭脂在许多方面与粉底相同，只是遮盖力较粉底弱，色调较粉底深。目前胭脂已被试制成各种形态，有液体、半固体和固体等种类。液体胭脂可分为悬浮体和乳化体；半固体可分为无水的油膏型和含水的膏霜型。但固体粉饼状胭脂是目前市场上最受消费者欢迎的剂型。

【配方】 胭脂

组成	质量分数/%	组成	质量分数/%
甘油	5	十二烷基硫酸钠	1
色素	5	蒸馏水	76.5
二甘醇单硬脂酸酯	10	香精/防腐剂	0.5
鲸蜡醇	2		

将除二甘醇单硬脂酸酯外的其余组分混合，另将二甘醇单硬脂酸酯加热熔化至较高温度，然后注于以上混合物中。

2. 唇膏

唇膏又称口红，涂抹在嘴唇上，勾勒唇形，赋予人娴雅或妩媚的气质，同时还可以保护嘴唇不干裂，使之红润美丽。其产品形式有棒状、自由活动的铅笔状和膏状。其中棒状较为普遍。

由于唇膏入口，对原料的毒性控制很严。原料主要有油性、色素与香精。色素是主要成分，其种类有溶解性颜料（溴酸红）及不溶性颜料（红色201号、红色201号）；油性成分是骨干成分，有蓖麻油、单元醇及多元醇的高级酯；还有滋润性物质，如羊毛脂、凡士林等。

唇膏的制备工艺可分为四个工序。一是颜料的研磨，就是将着色剂分布于油中或全部的脂蜡基中，成为细腻均匀的混合体系，将溴酸红溶解或分布于蓖麻油中，或配方中的其他溶剂中。二是颜料相与基质的混合，将蜡类放在一起熔化，温度控制在比最高熔点略高一些。将软脂及液体油熔化后，加入其他颜料，经研磨机磨成均匀的混合体系。三是浇注成型，将上述三种体系混合再研磨一次，当温度下降至约高于混合物的熔点 5～10℃ 时，即进行浇注，并快速冷却。四是火焰表面上光，将脱模后的唇膏表面通过火焰加热，使其表面光亮平滑。

【配方】 变色唇膏

组成	质量分数/%	组成	质量分数/%
蓖麻油	44.8	巴西棕榈蜡	10.0
肉豆蔻酸异丙酯	10.0	钛白粉	4.2
羊毛脂	11.0	曙酸红	3.0
蜂蜡	9.0	香精、抗氧剂	适量
固体石蜡	8.0		

变色唇膏又称双色调唇膏，使用时在数秒内由淡橙色逐渐变为玫瑰红。

3. 眼影、眼线、眉笔、睫毛膏

(1) 眼影 眼影是涂敷于眼皮及外眼角形成阴影而美化眼睛的化妆品。眼影的品种较多，主要包括眼影膏和眼影粉饼等。

【配方】 眼影粉

组成	质量分数/%	组成	质量分数/%
高岭土	47.5	纯白蜂蜡	2.0
二氧化钛	5.0	软脂酸十六醇酯	5.0
氧化铁黑	6.0	单硬脂酸甘油酯	0.5
氧化铁红	6.0	香料	适量
氧化铁黄	8.0	防腐剂、抗氧剂	适量
珠光颜料	20.0		

将粉状颜料烘干，混合研磨，加入已混合熔化的油蜡等原料，拌匀后再研磨即得。

本品为眼部化妆品，搽于上下眼皮和外眼角，形成阴影，突出眼部立体感和神秘感，可产生特殊的魅力效果。

【配方】 眼影膏

组成	质量分数/%	组成	质量分数/%
硬脂酸	16	防腐剂	0.2
凡士林	25.0	香料	0.4
羊毛脂	5.0	颜料	20.0
丙二醇	5.0	精制水	加至100
三乙醇胺	4.0		

水相组分与油相组分分别混合并加热至70℃，在搅拌下，将水相加入油相，搅拌冷却至40℃加香料成一般膏体，然后和颜料充分混合均匀。

(2) 眼线化妆品 眼线化妆品是沿睫毛根部涂于眼皮边缘的美容化妆品，可突出眼睛的轮廓和强化眼睛层次，增加眼睛的魅力，主要包括眼线笔和眼线液。眼线笔的主要原料和配制方法均与眉笔类似，但笔芯较眉笔稍细，色彩更为均匀，质地较眉笔柔软，主要呈蜡状。眼线液是较为流行的品种，主要有薄膜型和乳液型两种。薄膜型眼线液中需添加成膜剂，主要采用纤维素衍生物等天然高分子化合物以及水溶性的合成高分子，还常以乙醇为溶剂，加快膜的干燥速度。

【配方】 眼线笔

组成	质量分数/%	组成	质量分数/%
地蜡	6~12	十八醇	5~8
小烛树蜡	6~9	氢化蓖麻油	6~10
羊毛脂	4~6	尼泊金丙酯	适量
单硬脂酸甘油酯	3~5	色素	6~16
白油	20~30	香精	适量
钛云母珠光颜料	20~26		

先将钛云母珠光颜料、色素与氢化蓖麻油、白油混合，充分搅拌，使色素和颜料充分分散在油相中待用。另将其他原料（香精除外）混合加热熔融。充分熔混后加入上述所得物料中，再加入香精搅匀，进行真空脱气。在慢慢搅拌下，在高于物料熔点10℃时，注入模型制成笔芯，将其黏合在木杆中即成产品。产品硬度可由配方量进行调整。

(3) 眉笔 眉笔是用来修饰、美化眉毛的化妆品，可加深眉毛或修饰、美化眉毛的外形，以便改善容貌。

现代眉笔所采用的原料为油、脂、蜡和颜料。颜料除使用炭黑外，也可选择不同的氧化铁颜料。对制品的质量要求包括：软硬适度；描画容易；色泽自然、均匀；稳定性好；不出汗、不碎裂；对皮肤无刺激；安全性好。

【配方】 眉笔

组成	质量分数/%	组成	质量分数/%
石蜡	33.0	蜂蜡	18.0
凡士林	10.0	18#白油	4.0
羊毛脂	10.0	颜料	13.0
川蜡	12.0		

将颜料和适量的凡士林、白油在三辊机里研磨均匀成为颜料浆，然后全部将油、脂、蜡

在锅内加热熔化，再加入颜料浆搅拌均匀后，浇在模子里制成笔芯。

（4）睫毛膏　睫毛膏是修饰、美化睫毛，使其增加色泽并促进生长的膏状美容制品，颜色以黑色、棕色为主，一般采用炭黑及氧化铁为颜料。使用时，用特制的刷子蘸取少量直接涂于睫毛上。

【配方】 睫毛膏

组成	质量分数/%	组成	质量分数/%
聚丙烯酸酯乳胶	20~36	三乙醇胺	0.5~2
羊毛脂蜡	6~10	斯盘-80	2~5
地蜡（精制品）	6~10	尼泊金甲酯	适量
氧化铁黑	5~8	香精	适量
硬脂酸	3~6	去离子水	加至100

在带搅拌器的不锈钢或搪瓷容器中，加入羊毛脂蜡、地蜡、硬脂酸及尼泊金甲酯，加热至75~85℃，使各组分熔混待用，另将聚丙烯酸酯乳液、去离子水、斯盘-80及三乙醇胺加热至60~70℃，将所得物料倒入前面所得物料中，不断搅拌，降温至50℃左右时加入香精及氧化铁黑，充分搅拌均匀，再经胶体磨研磨，冷却至室温后灌装至软管中，使用时用特制的小刷子涂在睫毛上。

4. 指甲油

指甲油是涂在指甲上的，能保护指甲又能赋予指甲以鲜艳色泽，形成美丽指甲的化妆品。它应具备黏度适当、涂抹均匀、干燥迅速和颜料分散均匀的特点。指甲油的主要成分是成膜剂（硝化纤维素等）、增塑剂（柠檬酸酯、樟脑等）和色素。

【配方】 光亮指甲油

组成	质量分数/%	组成	质量分数/%
醇酸树脂	10	乙醇	5
醋酸乙酯	20	柠檬酸三丁基乙酰醚	5
甲苯	32	氧化铁红	1
醋酸丁酯	16.67	苄基甲基硬脂基改性膨润土铵	0.3
硝基纤维素	10	硬脂酸镁	0.03

将一部分混合溶剂（醋酸乙酯乙醇和甲苯）加入不锈钢容器中，搅拌下加入硝基纤维素，使其被湿润，然后依次加入剩余的溶剂及其他组分，搅拌数小时待全部溶解后，经压滤除去杂质。

美容化妆品为人们的生活增添了光彩，但在美容的同时，不能忽视对人体健康的保障。美容产品必须都符合国家规定的质量标准和卫生标准；消费者要提高识别能力，并且在使用时也要适度。

第五节　清洁用化妆品

一、洗发香波

香波是英文shampoo的译音，原意为洗发。因洗后留有芳香，并被人们当作了洗发用品的称呼。

洗发香波不仅能除去头皮和头发上的污垢，还能促进头皮和头发的生理机能，使头发发亮、服帖。香波的主要活性物质是具有洗涤功能的表面活性剂。添加剂则使香波增添其他功能。

香波的制备工艺与乳液类制品相比是比较简单的。它的制备过程以混合为主。一般设备仅需加热和冷却的夹套配有适当的搅拌反应锅。由于香波的主要原料大多数是极易产生泡沫的表面活性剂，因此，加料的液面必须浸过搅拌桨叶片，以避免过多的空气被带入而产生大量的气泡。

【配方】 调理香波

组成	质量分数/%	组成	质量分数/%
十六烷基三甲基纤维素溴化铵	10	2-溴二硝基丙烷-1，3-二醇	0.01
羟乙基纤维素	1	吡啶硫酮锌	0.35
NaOH	0.1	香精、色素	适量
季铵化乙基纤维素	0.5	水	加至100

该配方中含有吡啶硫酮锌药物，同时具有洗涤、调理、祛头屑作用。

二、洗浴剂

1. 泡沫浴液

泡沫浴剂是适合用于盆浴的沐浴制品，放在水中产生丰富的泡沫，能去污和促进血液循环。泡沫浴剂适用于各种水质，性质温和，对皮肤和眼睛的黏膜无刺激性，以液状制品为主。

【配方】 泡沫浴液

组成	质量分数/%	组成	质量分数/%
食盐	2	月桂醇醚硫酸钠（K-12）	32
苯甲酸钠	0.1	椰油脂肪酰二乙醇胺（ALX-100）	4
色素	适量	椰油醇聚氧乙烯醚（$a=7$）	3
水	58.5	香精	0.3

将食盐、苯甲酸钠、色素、水混合溶解，将月桂醇醚硫酸钠、椰油脂肪酰二乙醇胺、椰油醇聚氧乙烯醚混合后逐步加入，搅拌均匀后加香精。

2. 浴盐

浴盐是一类粉末或颗粒状态的沐浴制品，也适用于盆浴。在其中加入了无机盐类物质，通过其在水中的溶解，提供保温和杀菌的作用。

【配方】 矿化浴盐

组成	质量分数/%	组成	质量分数/%
硫酸钠	60	亚硫酸钠	5
碳酸氢钠	20	葡萄糖	3
氯化钠	10	香精	2

将除香精外的其他原料研成细粉状，然后混合，最后加香精，混合均匀即可。

3. 浴油

浴油是在洗浴后能涂在皮肤上的类似皮脂膜的油制品，可防止因为洗澡后皮肤发干，还可赋予皮肤以清香。

【配方】 浴油

组成	质量分数/%	组成	质量分数/%
石蜡油	50	二丁基羟基甲苯（BHT）	0.05
精制花生油	32.95	油溶性香精	2
月桂醇聚氧乙烯醚（9）	15		

将石蜡油、精制花生油、月桂醇聚氧乙烯醚置于混合器中,搅拌均匀后加入二丁基羟基甲苯,最后加油溶性香精搅拌均匀即可。

三、牙膏

牙膏是保护牙齿、防止口腔疾病的生活必需品。因与口腔相接触,所以要求无毒性,对口腔膜无刺激性。

牙膏组成成分有摩擦剂、保湿剂、发泡剂、结剂、香味剂、着色剂、防腐剂、药效成分等。

牙膏的制作工艺有两种,即湿法溶胶制膏和干法溶胶制膏。

湿法是较为广泛采用的方法。先用甘油等润湿剂(不能与胶黏剂形成溶胶)使胶黏剂均匀分散,然后加入水使胶黏剂膨胀胶溶,并经储存陈化后,拌和粉料并加入表面活性剂、香精,经研磨、储存陈化,进行真空脱气即成。

干法是将胶黏剂粉料与摩擦剂粉料预先用粉料混合机混合均匀,在捏合设备内与水、甘油溶液一次捏合成膏。此法流程短,有利于自动化生产。

【配方】 普通透明牙膏

组成	质量分数/%	组成	质量分数/%
二氧化硅	20.0	糖精钠	0.05
山梨醇液	50.0	尼泊金乙酯	0.01
甘油	10.0	色素	适量
CMC	1.5	香料	适量
K12	1.8	去离子水	11.64

四、肥皂

肥皂(soap)是高级脂肪酸盐的总称,其中香皂是带有宜人香味的块状硬皂,采用牛油、羊油、椰子油为原料。皂中除脂肪酸钠盐外,还加有各种添加剂(如抗氧剂、香精及钛白粉)。香皂的性能温和,有乳状泡沫,对皮肤无刺激,常用于洗脸、洗澡,兼有清洁护肤功能,用后皮肤感觉良好,留香持久。

近年来,为了增加香皂品种的竞争力,在市场上出现了许多香皂新品种。

【配方】 普通香皂

组成	质量分数/%	组成	质量分数/%
皂基	84.35	EDTA(20%)	0.09
尿素	11.25	丁基化羟基甲苯(BHT)	0.07
椰子油脂肪酸	4.22	香料/色素	适量

将上述成分混匀后,加热至140℃,喷雾干燥,制皂粉,含水量12%,然后按此皂粉100计,添加香料1%、TiO_2 0.3%、色素0.5%,搅拌后压成块状。

上述介绍的仅为清洁化妆品中几类典型例子,制作皮肤、毛发清洁用品所需原料和生产工艺都要精良一些,如选用性质温和、不刺激皮肤的表面活性剂等。在掌握了其中的规律后,可根据市场需求,不断开发新的品种。

第六节 功能性化妆品

功能性化妆品是通过其特殊作用达到美容、护肤、消除人体不良气味等目的的化妆品,也称特殊用途化妆品。主要包括防晒、祛斑、祛臭、健美等。

一、防晒化妆品

防晒化妆品是指具有屏蔽或吸收紫外线作用,减轻因日晒引起皮肤损伤的化妆品。近年来,其产品类型和产量都获得大幅度增长,这类化妆品在膏霜类及奶液类的基础上添加防晒剂制得,其形态有防晒霜、防晒油、防晒液等。

美国 FDA 在 1993 年的终审规定,最低防晒品的防晒率 SPF 为 2～6,中等防晒品的 SPF 为 6～8,高度防晒品的 SPF 为 20～30。皮肤病专家认为,一般使用 SPF 为 15 的防晒品已经足够。

【配方】 防晒油

组成	质量分数/%	组成	质量分数/%
二甲基硅油	20.0	水杨酸薄荷酯	6.0
白油	37.45	尼泊金丙酯	0.05
橄榄油	36.0	香精	0.5

将各组分除香精外放入容器内,搅拌使其充分混溶,如有不溶物可适当微热,全溶后加入香精搅匀,经过滤即成产品。

【配方】 防晒霜

组成	质量分数/%	组成	质量分数/%
硬脂酸	12.0	氢氧化钾	0.5
单甘油酯	8.0	蒸馏水	加至100
甘油	17.0	香精	1.0
芦根提取物	17.0		

将硬脂酸、单甘油酯两种成分加热至 85℃,另将甘油、芦根提取物、氢氧化钾三种成分加热至 70℃,然后加入前面配好的溶液内,搅拌,待温度降至 45℃ 时加入香精,然后继续搅拌,至 30℃ 时停止搅拌。

二、祛斑化妆品

祛斑化妆品是指用于减轻或去除面部皮肤色素沉着斑的化妆品。祛斑剂是这类化妆品所必需的添加剂。常用的祛斑剂包括化学制剂,如维生素及其衍生物;生化制剂,如曲酸、熊果酸等;中草药提取物,如芦荟、人参、当归、薏米等的提取物;还有紫外线吸收剂和屏蔽剂。

【配方】 祛斑霜

组成	质量分数/%	组成	质量分数/%
A. 硬脂酸	8.0	漂白蜂蜡	4.5
甘油单硬脂酸酯	11.0	香料及防腐剂	适量
凡士林	10.0	当归,菟丝子,麻黄提取物	4.5
液体石蜡	9.0	B. 三乙醇胺	0.3
羊毛脂	22.0	水	35.0

将 A 组分加热至 80℃,在此温度下随着搅拌把 B 组分慢慢加入 A 组分中,冷却至常温即可。

三、祛臭化妆品

祛臭化妆品可以祛除或减轻体臭,抑制、杀灭细菌。祛臭化妆品在国外尤其在欧美极为普遍，占有很大的化妆品市场，销售额增长迅速。

祛臭化妆品中的主要原料抑汗祛臭剂和杀菌剂等多为化妆品限用物质，因此在设计配方时它们的使用浓度应符合 GB 7916—87《化妆品卫生标准》的规定。

【配方】 祛臭液

组成	质量分数/%	组成	质量分数/%
A. 聚甘油油酸酯	5	B. 甘油	2
六氯酚	1	蒸馏水	76.4
乙醇	10	单异丙醇胺	0.2
甘油（轻质）	5	C. Carbopol 934	0.3
薄荷脑	0.1		

将 A 组分各组分混合。将 B 组分各组分混合。在搅拌下将 A 组加于 B 组，再加入 C 组，继续搅拌 30min。

四、减肥化妆品

临床试验表明，将 β-肾上腺素刺激剂、α₂-肾上腺素抑制剂与磷酸双酯酶抑制剂（如咖啡因）结合，对加速体内局部脂肪沉淀的减少是有效的；一些草药，如大麦、常春藤、加叶树、蘑菇、地下车轴草等可改善皮肤末梢的微循环，具收敛减肥的辅助作用。

在市场常见的减肥霜、减肥凝胶、减肥香皂、健美精华素等产品中，以减肥霜的效果最好

【配方】 减肥凝胶

组成	质量份	组成	质量份
苯甲醇烟酸酯	5	甘油	30
壬基酚聚氧乙烯（12）醚	50	香料	3
交联聚丙烯酸	10	防腐剂	3
乙醇	300	水	569
三乙醇胺	3		

将各物料分散于水中，即可制成凝胶状减肥化妆品。

五、面膜

面膜是在面部皮肤上敷一层薄薄的物质，其作用是将皮肤与外界空气隔绝，使皮肤温度上升，这时敷在皮肤上的面膜中其他成分，像维生素、水解蛋白以及其他营养物质，就有可能有效地渗进皮肤里，起到增进皮肤机能的作用。经一段时间后，再除去面膜，皮肤上的皮屑等杂物也就随之而被除去，不仅使皮肤清洁，并且还可以滋润皮肤、促进新陈代谢。面膜可分为粉状面膜、剥离型面膜、膏状面膜等。

【配方】 剥离型面膜

组成	质量分数/%	组成	质量分数/%
A. 聚乙烯醇	10.0	水溶性防腐剂	适量
丙二醇	5.0	香料	5.0
去离子水	44.1	C. 乙醇	30.0
B. 聚丙烯酸树脂	0.4	色料	适量
三异丙醇胺	0.5	D. 水解蛋白	5.0

① 将水和丙二醇加热到70~75℃，在不断搅拌下加入聚乙烯醇，加完后继续搅拌直至全部溶解，再加入组分B，继续搅拌至全部溶解后，冷却至40℃；②在另一容器内将组分C混合，搅拌至全部溶解；③将组分C加至上述40℃的溶解液中，再加入组分D，搅拌均匀后，冷却至38℃，即得产品，产品的pH7.2。

六、粉刺霜

粉刺又称痤疮，是一种毛囊、皮脂腺组织的慢性炎症性皮肤病。青年男女的发生率较高，多发于人的颜面、上胸部、背部等。主要原因是由于青春期性内分泌腺的活动加强，皮脂分泌量增加，逐渐积聚在毛囊口诱发粉刺。

轻度粉刺可用消炎药物治疗，但重要的在于预防，特别是在初发期，抹用除皮脂与消炎作用的粉刺霜，即可收到良好的防治效果。

【配方】 粉刺霜

组成	质量分数/%	组成	质量分数/%
单甘油酯	3.0	十二烷基硫酸钠	10.0
十八醇	2.0	甘油	5.5
硬脂酸	10.0	薏苡仁提取物	4.0
蒸馏水	加至100	香精/防腐剂	适量

将单甘油酯、十八醇、硬脂酸加热至70℃，另将蒸馏水、十二烷基硫酸钠、甘油、薏苡仁提取物加热至60℃，然后将前者加入后者，边加边搅拌，降温至45℃时，加入香精、防腐剂，继续搅拌0.5h即可。

功能性化妆品种类繁多，除上述列举之外，还有祛虫剂、脱毛霜、脱毛液等，随着时代的发展，将会不断开发出更多具有特殊功效的化妆品。

本章小结

1. 化妆品已成为人们日常生活的必需用品，其品种多样，可按化妆品使用部位、使用功能及剂型等标准分类。

2. 根据原料在化妆品配方中的比例，化妆品原料可分为基质原料和辅助原料。基质原料主要是油性原料、粉类原料、胶质原料及溶剂等，辅助原料主要是保湿剂、色素、抗氧剂、防腐剂等。

3. 化妆品中乳化体居多，采用良好的乳化技术是十分重要的。一般乳化工艺以间歇式乳化居多。

4. 化妆水、乳液和膏霜是基础化妆品，具有滋润皮肤、促进皮肤新陈代谢的重要作用。

5. 美容化妆品在化妆美容过程中起着锦上添花的作用，如粉底、香粉、胭脂、唇膏、眼影等。

6. 清洁用化妆品是人们普遍使用的化妆品，如洗发用品、沐浴用品、口腔用品等。

7. 特种化妆品是指用于防晒、祛斑、除臭、减肥、育发、脱毛、烫发等的化妆品。这类化妆品介于药品和化妆品之间，内含等效成分，具有一定作用，但作用是缓和的。

复习思考题

6-1　化妆品有什么作用？
6-2　化妆品按剂型如何分类？按用途又怎样分类？
6-3　查阅资料，谈谈化妆品的发展趋势怎样？
6-4　人的皮肤有什么功能？
6-5　举例说明化妆品的基质原料包括哪几类？
6-6　化妆品的辅助原料有哪些？
6-7　选择乳化剂的原则是什么？影响乳化的因素有哪些？
6-8　简述乳化体化妆品的生产工艺。
6-9　举例说明基础化妆品的配方。
6-10　美容化妆品有什么作用？有哪些类型？
6-11　香粉和粉饼类化妆品存在哪些质量问题，应如何克服？
6-12　香粉和粉饼在配方上有什么不同？
6-13　沐浴剂有哪些类型？并简述其作用。
6-14　牙膏的制作工艺有几种，各有什么特点？
6-15　联系生活用品谈谈不同香皂品牌的特点。
6-16　什么是功能性化妆品？请举例。
6-17　防晒化妆品在配方上有什么特殊的要求？它的品质指标是怎么规定的？
6-18　为什么年轻人易得粉刺？有什么克服措施？
6-19　对减肥化妆品的质量有何特别要求？

阅读材料

化妆品的储存

由于化妆品的许多组分是无毒的，具有营养、保护的功能，还有一些本身就是纯天然物及其提取物（如人参、貂油、胎盘等），所以化妆品较易被细菌污染。如果使用已经被污染的化妆品，不仅不会美容，而且会带来新的苦恼，危害健康。更不用说使用过期或劣质的化妆品。

正确的储存方式和良好的储存环境，是减少或避免化妆品被污染，延长其使用时间的重要一环。使用化妆品后瓶盖必须拧紧，以免水分挥发或细菌进入。倒出过多的化妆品，不要再放回瓶子内，否则化妆品很可能变质。口红用蜡制成，因而可使用数年，最好储存在冰箱或避开阳光与高温。粉底储存在冰箱中皆可，另外要避免日光照射。用过一两年后若变硬、变色或出现异味，不宜再用。霜状眼影的期限为一到两年，粉状眼影因不会氧化或含水可维持较久，储存在室温下即可，不要在阳光下暴晒，以防褪色。液状眼线笔可存放3～6个月，一般眼线笔可存放10多年，储放在室温下即可。乳状液可使用两三年，水状乳液变质较快，一旦发出异味就表示变坏，可存放于室温下或冰箱中。香水可存放一年左右，当香味变淡、发出酸味，就应丢掉，储存于室温下即可。面膜的保存期2～3年，发现面膜的气味、浓度、颜色有变及有干裂现象，不宜再用。指甲油若变硬干枯就要丢弃，一般使用期限为1年。防晒用品通常可存放使用3～4年。

实验六　雪花膏的制备

一、实验目的
1. 掌握雪花膏的配方原理及配制方法。
2. 了解雪花膏中各组分的作用。

二、实验原理

1. 性状及使用功效

雪花膏类化妆品属于弱油性膏霜，较少油腻感，具有舒适而爽快的使用感。雪花膏是一种以硬脂酸为主要油分的膏霜，由于抹在皮肤上似雪花状溶入皮肤而消失，故得此名。也有称霜或护肤霜的。

2. 主要成分

雪花膏主要组分有硬脂酸、水、保湿剂、香精等。

（1）硬脂酸　雪花膏的主要组分是硬脂酸。牛羊油、硬化油经水解即可获得硬脂酸。现在生产雪花膏多用三压硬脂酸。它与碱反应，使一部分硬脂酸皂化生成硬脂酸盐（作乳化剂），并使其余未皂化的硬脂酸与甘油、香精、水等发生乳化，形成软膏状的乳化体系。

（2）碱类　用氢氧化钠、碳酸钠及硼砂等的制品稠度高，光泽性差；而用氢氧化钾、碳酸钾的制品呈软性乳膏，稠度和光泽适中。采用氢氧化钠与氢氧化钾比为10∶1（质量比）的复合碱，制品的结构和骨架较好，且有适度光泽。

（3）保湿剂　经常使用的保湿剂有甘油、山梨糖醇、丙二醇、聚乙二醇等。现在也有以霍霍巴蜡为保湿剂的。甘油是一种无色透明的油状液体，味甜、吸湿能力很强，能吸收空气中的水分。所以甘油能使雪花膏在一定时间内不发生干缩，使膏体软硬适度。此外，还能防冻。

（4）水　雪花膏中含有60%～80%的水，因此水的质量也是影响膏体质量好坏的一个重要因素，一般用蒸馏水或去离子水。若用天然水或自来水，则因其中盐分较高影响膏体的稳定性。

其他除上述原料外，还需要防腐剂（如尼泊金乙酯等）、羊毛脂等润肤剂和香精。

三、实验内容与操作步骤

1. 雪花膏的配方

组成	质量分数/%	组成	质量分数/%
化合硬脂酸	3～7.5	不皂化物（脂肪醇）	0～2.5
游离硬脂酸	10.0～20.0	香料	适量
多元醇	5.0～20.0	防腐剂	适量
碱（按氢氧化钾计）	0.5～1.0	去离子水	60.0～80.0

2. 雪花膏的制法

（1）原料加热　将油相物料加热到90～95℃，加热温度不超过110℃。碱和水可混合或分别加至90℃后混匀。

（2）混合乳化　将混匀的碱水加入油相中，硬脂酸与碱反应生成的皂便起乳化作用，将油和水乳化成均匀的乳化体系。

（3）搅拌冷却 待料温降至70～80℃时，加香精，这里的关键是应掌握冷却速度。当物料搅拌缓慢冷却至70～75℃时，通入50℃的夹套回流温水，在1～1.5h内，水温从50℃逐渐降至40℃。回流水温与物料的温差过大，产品质量变坏，温差过小，周期延长。

（4）静置冷却 在55℃左右停止搅拌，须静置冷却至30～40℃，装瓶。

四、产品标准

产品标准参见 QB/T 1857—93、QB/T 1861—93、QB/T 7916—87。

五、注意事项

1. 原料加热要控制好，不能过高。
2. 合成乳化体后冷却速度不宜快。

六、思考题

1. 雪花膏中起润肤作用的是哪些成分？
2. 在实验配方中，哪些物质是乳化剂？
3. 乳化作用的机理是什么？
4. 如何控制乳液体系为 O/W 型？

第七章 洗 涤 剂

学习目标
1. 掌握液体洗涤剂、粉状洗涤剂和浆状洗涤剂的生产技术要点。
2. 理解洗涤剂配方设计的基本原理。
3. 了解影响去污作用的因素、洗涤剂的主要组成。

第一节 概 述

一、洗涤剂的定义及分类

简单地说,洗涤就是以化学和物理作用并用,从浸在某种介质(一般为水)中的固体表面除去污垢的过程。用于洗涤的制品叫**洗涤剂**(detergent)。

洗涤剂的种类很多,按照不同的标准划分,大致可以分为以下几类。

(1) 按洗涤用途分类

① 家庭日用品清洁剂,如餐具洗涤剂、玻璃洗涤剂、卫生间用洗涤剂等;

② 个人卫生清洁剂,如洗手液、洗发香波、沐浴液等;

③ 织物用洗涤剂,如洗衣粉、重垢洗涤剂、干洗剂等;

④ 工业用洗涤剂,如金属清洗剂、交通工具清洗剂、食品工业洗涤剂等。

(2) 按洗涤剂的剂型分类

① 粉状洗涤剂,如普通洗衣粉、特种洗衣粉等;

② 液体洗涤剂,如衣用液体洗涤剂、餐具洗涤剂、洗发香波等;

③ 浆状洗涤剂,如洗面奶、干洗剂等;

④ 块状洗涤剂,如肥皂、香皂等。

(3) 按去除污垢的类型分类 按去除污垢的类型可分为重垢型洗涤剂和轻垢型洗涤剂。

二、洗涤与去污

因被洗涤对象和要清除的污垢多种多样,所以洗涤是一个十分复杂的过程,洗涤作用的基本过程可用如下简单关系表示:

$$\text{载体} \cdot \text{污垢} + \text{洗涤剂} \xrightleftharpoons{\text{介质}} \text{载体} + \text{污垢} \cdot \text{洗涤剂}$$

洗涤过程是一个可逆过程,分散、悬浮于介质中的污垢也有可能从介质中重新沉淀到被洗物上。因此,一种优良的洗涤剂除了具有使污垢脱离载体的能力外,还应有较好的分散、悬浮污垢、防止污垢再沉积的能力。

1. 去除污垢的作用

(1) 吸附作用　去除污垢的机理主要是利用同污垢有亲和性的某种物质将附着在被洗物上的污垢吸附到某种亲和性物质的表面。在水和被洗织物之间、水和污垢之间，都存在着界面，洗涤液中的有效成分被织物和污垢吸附后，改变了界面与织物对污垢的静电引力，使污垢在水里呈悬浮状态。

(2) 增溶作用　表面活性剂在水溶液中形成胶束后具有能使不溶或微溶于水的有机物的溶解度显著增大的能力，且此时溶液呈透明状，胶束的这种作用称为增溶。增溶作用可使被增溶物的体系变得稳定。

(3) 化学作用　酸、碱、氧化剂等药品的化学反应有重要的去污作用。例如洗涤织物上的混合污垢，有时可使用氨水，利用氨水同污垢中的脂肪酸中和生成皂来洗涤，效果比较好。

(4) 机械作用　机械作用主要是为了提高洗涤剂与纤维的接触面积，利用机械力促使污垢从纤维上脱离和移走。当污垢和织物吸附表面活性剂时，在人工搓洗或机械作用下，污垢从织物上分离而分散在溶液中，经反复漂洗，污垢即可除去。

2. 污垢的去除过程

以油污的去除过程为例，可分为以下3步。

(1) 润湿被洗物表面　首先用洗涤剂润湿被洗物表面，不同质地的被洗物的润湿性能有所差异。水在天然纤维（棉、毛等）上的润湿性能较好；在人造纤维上较差，因表面活性剂能够降低水的表面张力，从而使纤维能较好的润湿。

(2) 污垢从物体表面去除　一般，油污呈薄膜状附着在被洗物的表面。在洗涤过程中，油污逐渐卷缩成液滴从被洗物表面脱离，固体污垢靠的是洗涤剂对固体表面有较好的润湿作用而顶替污垢，使污垢卷缩成液珠而乳化，分散在洗液中。另外，油污可加溶在表面活性剂的胶束中，使污垢不沉积。

(3) 洗脱的污垢进入洗液介质　被洗脱的油污进入洗液介质中，呈O/W型乳液而分散。当洗涤液排放时，污垢同时被排放掉。

3. 影响洗涤作用的因素

(1) 表面活性剂的浓度　溶液中表面活性剂的胶束在洗涤过程中起到重要作用。当浓度达到临界胶束浓度（CMC）时，洗涤效果急剧增加，但高于CMC值后洗涤效果递增就不明显了。过多地增加表面活性剂浓度是没有必要的。

(2) 温度　温度对去污作用影响很大。总的来说，提高温度有利于污垢的去除，但有时过高也会引起不利因素。一般最适合的洗涤温度与洗涤剂的配方及与被洗对象有关。

(3) 水的硬度　水中Ca^{2+}、Mg^{2+}等金属离子的浓度对洗涤效果的影响也很大，特别是阴离子表面活性剂遇到Ca^{2+}、Mg^{2+}形成的钙、镁盐溶解性较差，会降低它的去污能力。要使洗涤效果显著，Ca^{2+}、Mg^{2+}浓度要降到1×10^{-6} mol/L（$CaCO_3$要降到0.1mg/L）。这就需在洗涤剂中加入各种软水剂。

(4) 泡沫　泡沫与洗涤效果虽然没有直接联系，但是在某些场合下，泡沫还是有助于去除污垢的。例如，手洗餐具时洗涤液的泡沫可以将洗下来的油滴携带走；擦洗地毯时，泡沫也可以带走尘土等固体污垢粒子。

三、洗涤剂的发展趋势

随着全球经济一体化、信息化的迅速发展，洗涤剂已成为生活必需用品，人们对洗涤剂的需求也随着生活水平的提高日益多样化。洗涤剂将向有利于环保、节水、节能、高效、温和、使用方便的方向发展。

(1) 开发无磷洗衣粉　洗衣粉中含有的助剂磷酸盐类已经使用了数十年,但大量的磷酸盐排入水中,使水体富营养化而污染水源。为此,无磷化成为合成洗涤剂研究和开发的一个主要方向,使低磷、无磷洗衣粉得到了较快发展。积极倡导无磷助剂的使用能促进我国合成洗涤剂行业的发展。

(2) 开发温和型、安全化洗涤剂　洗涤剂中很多产品涉及人体的接触,因此,刺激性和安全性是这些产品的重要指标。人们普遍认识到目前常用的表面活性剂,有的生物降解性差,有的刺激性大。因此,开发新型的对人体和环境都温和的表面活性剂及安全的溶剂成了研究的热点。

(3) 开发具有多种外观形态的新剂型　除传统型洗衣粉和液体洗涤剂之外,一些新型洗涤产品相继问世。近年来,在欧洲市场上出现了一种片剂型洗涤剂,并迅速占据了市场份额。这种产品有利于消费者更方便、更准确地计量,且体积小,易于携带,节省包装材料,有利于环保。

第二节　洗涤剂的主要组成

洗涤剂所用原料品种繁多,主要可分为两大类,一类是主要原料,即起洗涤作用的各种表面活性剂。它们用量大、品种多,是洗涤剂的主体。另一类是辅助原料,即各种助剂。用量可能不大,但作用非常重要。实际上,主要原料和辅助原料没有严格的界限,需根据它们在洗涤剂中的用量及作用而定。

一、洗涤剂的主要组成

(1) 阴离子表面活性剂　阴离子表面活性剂占表面活性剂总量的 65%～70%。其中以脂肪酸金属盐[分子通式为 RCOOM,其中 $R=C_{12}\sim C_{22}$,M=K、Na、$N(CH_2CH_2OH)_3$ 等]、烷基硫酸酯盐[分子式为 $ROSO_3M$,其中 $R=C_8\sim C_{18}$,M=K、Na、$N(CH_2CH_2OH)_3$ 等]、烷基磺酸盐用量最多。它们的优点是:价格便宜,与碱配用可以提高洗涤力,在高温下有良好的溶解性,使用范围广,除烷基苯磺酸钠外,用其他品种洗涤纤维时手感舒适。

(2) 阳离子表面活性剂　阳离子表面活性剂去污能力差,甚至有洗涤负效果,所以在合成洗涤剂中占的比例小。这类表面活性剂在日常生活中广泛用作杀菌剂。在纺织印染业作纤维的柔软剂、固色剂、抗静电剂,在农业上可用作防莠剂,在矿山上作矿物浮选剂等。

(3) 非离子表面活性剂　目前非离子表面活性剂用于合成洗涤剂的很多,具有广阔的前途,在数量上仅次于阴离子表面活性剂,非离子表面活性剂主要用于液体洗涤剂、洗发剂、食品清洗剂和化妆品。

(4) 两性离子表面活性剂　在洗涤剂中主要利用两性离子表面活性剂兼有阴离子表面活性剂的洗涤性质和阳离子表面活性剂对织物起柔软作用的性质来改善洗后手感。有些两性离子表面活性剂具有很好的起泡力,在高酸度溶液中稳定,在用氢氟酸配制的酸性洗涤剂中得到应用。

关于表面活性剂的品种和洗涤机理,请参阅第一章的有关部分。

二、洗涤助剂

在洗涤剂中添加助剂能与高价阳离子起螯合作用，软化洗涤硬水；对固体污垢有抗凝聚作用或分散作用；起碱性缓冲作用；防止污垢再沉积。洗涤助剂种类很多，下面是常用的洗涤助剂。

(1) 螯合剂、离子交换剂　螯合剂能螯合水中的钙、镁、铁等离子，使水软化。离子交换剂在洗涤剂中具有较好的助洗性能和配伍性，对人体无毒，不会危害环境。

(2) 柔软剂、抗静电剂　柔软剂是赋予纤维制品以柔软感觉的表面活性剂。多数阳离子表面活性剂都具有柔软和抗静电的作用。

(3) 增溶剂　可以提高配方中组分的溶解度和液体洗涤剂的溶解性能。品种如甲苯磺酸、二甲苯磺酸钠等。

(4) 漂白剂　可有效提高去污力，可使洗过的衣物洁白、鲜艳。常用的漂白剂有含氯和含氧两种。常见的品种有次氯酸盐、过硼酸钠、过碳酸钠、过硫酸钠等。

(5) 荧光增白剂　是一类吸收紫外光，发射出蓝色或紫蓝色的荧光物质，洗涤用荧光增白剂的吸收波长为 300～400mm 之间。

(6) 硫酸钠　来源广泛，价格低廉，加在洗衣粉中主要用作填充料。

(7) 碳酸钠　可使洗涤液的 pH 不会因遇到酸性污垢而降低。

(8) 酶（蛋白酶、淀粉酶、脂肪酶和纤维素酶）　蛋白酶可将蛋白质转化为分子量较小的物质或水溶性氨基酸；脂肪酶可将油脂污垢水解为脂肪酸和甘油。

(9) 泡沫稳定剂和调节剂　常用的泡沫稳定剂有椰子油脂肪酸的烷基二乙醇酰胺、甜菜碱等；常用的泡沫调节剂有肥皂、聚硅氧烷和石蜡油。

(10) 腐蚀抑制剂　具有抗腐蚀作用，如杀菌抑菌剂三溴水杨酰苯胺、二氯异氰尿酸等。

(11) 香精　遮盖洗涤液的恶臭，使洗后衣服具有洁净、清新的感觉。

三、洗涤剂组分间的协同作用

洗涤剂基本都是多种表面活性剂和助剂复配的产品，并且通过复配技术达到提高性能和降低成本的目的。实验发现，不同的组分复配常常达到比混合物中任何单一组分都好的性能，称之为增效作用或协同作用。但如果搭配不当，或是品种、比例选择不合理，也可能出现负协同作用。然而有时也利用这种负协同作用达到特定的目标。以下对洗涤剂各组分间产生的协同作用简单介绍。

(1) 电解质和表面活性剂的复配　电解质对离子型表面活性剂性质的影响较大，对两性表面活性剂的影响次之，对非离子型表面活性剂的影响较小。

(2) 极性有机物与表面活性剂的复配　极性有机物与各类表面活性剂的复配对体系的表面张力、吸附作用、胶束化作用及溶解特性均有明显影响。其作用的基本原理也是通过混合吸附和形成混合胶束改变吸附层和胶束的性质，以及由于与水的强烈相互作用而影响疏水效应。

(3) 同系同类型表面活性剂之间的复配　同系同类型表面活性剂是指结构相似，但分子量分布不同的表面活性剂。如阴离子型表面活性剂中的脂肪酸皂和烷基硫酸盐类、非离子表面活性剂中环氧乙烷加成物都属于同系同类型表面活性剂。一般商品表面活性剂都是同系物的混合物，对同系同类型表面活性剂来说，只要在表面活性较低的表面活性剂中，加入少量表面活性较高的表面活性剂，即可得到表面活性较高的混合体系。这在实际应用中非常重要。

（4）阴离子-阳离子型表面活性剂的复配　在表面活性剂的应用中，人们长期认为阴离子-阳离子型表面活性剂在水溶液中不能混合使用，否则将失去表面活性。然而在一定条件下，阴离子-阳离子型表面活性剂复配体系将具有很高的表面活性。阴离子-阳离子型表面活性剂复配体系可同时具有两组分各自的优点。目前市场上的"防尘柔软洗衣粉"就是阴离子-阳离子型表面活性剂复配的。

（5）非离子-离子型表面活性剂的复配　一般来说，在离子型表面活性剂中只要有少量非离子型表面活性剂的存在，即可使 CMC 大大降低，这是由于非离子型表面活性剂与离子型表面活性剂在溶液中形成混合胶团之故。但是，在大量非离子型表面活性剂中配入少量阴离子型表面活性剂时，有时起负协同作用。

第三节　洗涤剂的配方

洗涤剂中成分多，各成分混合在一起时会发生加和、协同或对抗效应。配方的目的就是充分发挥洗涤剂中各组分的作用，配制出性能优良、成本较低的产品。

洗涤剂的配方是生产中很重要的一个环节，配方的基本要求如下。①必须符合各国家和地区的法规。法规的制定有两个出发点：首先是保证对人体的无害性及对环境的安全性；其二是确保产品的基本性能。比如一般国家对洗涤剂的活性物含量均有最低限量要求，如果不懂这一点，就有可能触犯法规。②应该符合洗涤对象的要求。如不同的金属清洗剂要求不同类型的缓蚀剂；手洗餐具洗涤剂要求对皮肤产生的刺激性小，而机洗餐具洗涤剂则无此要求等。③应该考虑到使用条件。例如北方地区的水硬度大，洗涤剂组分应该含有较大量的螯合剂，而且所用的表面活性剂应该具有较大的抗硬水性。④应该考虑到原料来源的稳定性及运输的便利性。在选择原料上，有国产的最好不用进口的；有便宜的不用昂贵的。相对来说，固体便于运输，而液体便于配制，节省能源。

一、粉状织物洗涤剂配方

1. 普通洗衣粉

在设计洗衣粉的配方时，除了充分考虑多种表面活性剂的复配使用，助洗剂和漂白剂的用量外，还应考虑洗涤习惯、产品成本及对环境的影响。

【配方】普通洗衣粉

组成	质量分数/%	组成	质量分数/%
粉状碳酸钠（视密度 $0.75g/cm^3$）	5.5	香料	适量
双氧水（质量分数 30%）	2	烷基苯磺酸（质量分数 96%）	28
粉状三聚磷酸钠（相对分子质量为 322）	15		

该配方以烷基苯磺酸为基础，配以纯碱和三聚磷酸钠，配制简单，且有极强的去污效果。

2. 超浓缩洗衣粉

在设计超浓缩洗衣粉时，根据要求充分考虑表面活性剂的总含量和其中非离子表面活性剂的含量，并注意表面活性剂之间的协同效应，使产品具有更好的洗涤性能。选择合适的胶黏剂以及合适的固体粉料与液体料的比例，以改善产品的颗粒结构和流动性及其在水中的溶解度。

【配方】 超浓缩洗衣粉

组成	质量分数/%	组成	质量分数/%
脂肪醇聚氧乙烯醚	5	羧甲基纤维素钠	2
烷基苯磺酸钠	30	碳酸钠	11.5
椰子油单二醇胺	3	倍半碳酸钠	30
三聚磷酸钠	8	荧光增白剂	0.5
硅酸钠	10		

二、液体织物洗涤剂配方

液体织物洗涤剂是使用量最大的一种液体洗涤剂，它用于各种织物的洗涤和保养。其主要产品包括重垢洗涤剂、轻垢洗涤剂、柔软剂、漂白剂、干洗剂等。液体织物洗涤剂与洗衣粉相比，有配制方便、投资少、适应性强的优点，可以配制成各种功能的产品，在我国已得到消费者的广泛认可。

1. 重垢液体洗涤剂

重垢型液体洗涤剂主要用于洗涤粗糙织物、内衣等污垢严重的衣物，配方中以阴离子表面活性剂为主体，一般为高碱性。另外还需加入抗再沉积剂，如聚乙烯吡咯烷酮（PVP）。

【配方】 重垢液体洗涤剂

组成	质量分数/%	组成	质量分数/%
2-十二烯基琥珀酸盐	10.40	乙醇	6.00
柠檬酸	3.70	十二烷基磺酸盐	8.00
污垢松散多聚物	0.50	椰子油烷基磺酸盐	2.50
二亚乙基三胺	0.80	$C_{13} \sim C_{15}$醇聚氧乙烯醚	17.00
氯化钙	0.01	油酸	3.70
甲酸钠	0.90	酶	0.15
三乙醇胺	6.00	水	余量
氢氧化钠	5.60		

2. 轻垢液体洗涤剂

轻垢洗涤剂专用于洗涤羊毛、羊绒、丝绸和纤细织物。配方中活性物含量较低，一般不超过20%（质量分数）。选用的阴离子表面活性剂主要是直链烷基苯磺酸盐（LAS）（除少量钠盐外），多采用它的乙醇胺盐。

【配方】 羊毛衫洗涤剂

组成	质量分数/%	组成	质量分数/%
脂肪酸聚氧乙烯醚	23	柔软剂1631	5
乙醇	15	其他	57

3. 干洗剂

干洗剂是利用溶剂溶解力和表面活性剂的增溶能力的典型洗涤用品。它可防止水洗涤所造成羊毛织物和真丝织物不可逆收缩。干洗剂除具有去除污垢的功能外，还具有使织物去皱复原的作用，因而精细的织物有时也选用干洗剂进行洗涤。

有机溶剂是干洗剂的主要成分，其次含有少量的水和表面活性剂等。为了改善洗后织物的手感和防止静电，可加入柔软剂和抗静电剂，常用的有季铵盐类、咪唑啉类、聚氧乙烯磷酸酯等。

【配方】 机用干洗剂

组成	质量分数/%	组成	质量分数/%
四氯乙烯	65.0	月桂酸二乙醇酰胺	1.0
水	5.0	油酸	5.0
异丙醇	10.0	羟乙基二甲基硬脂基对甲苯磺酸铵	14.0

4. 预去渍剂

当衣物被某些物质严重污染，在整体洗涤前，必须对局部重垢进行预去斑洗涤。预去渍剂中常含有机溶剂。

【配方】 预去渍剂

组成	质量分数/%	组成	质量分数/%
$NaHSO_3$	8.00~10.00	乙酰脲	5.00~15.00
硫脲	15.00~30.00	Na_2CO_3	5.00~10.00

该配方利用氧化还原作用来去除钢笔水的污痕。

三、个人卫生清洁剂配方

由于个人卫生清洁剂的清洗对象是人体，这就对清洁剂泡沫、刺激性、安全性、与皮肤相容性及护理性提出了更高的要求。

1. 面部清洁剂

面部清洁剂在完全清除面部污垢、化妆品残留物之外，更主要是考虑对脸的温和、不过度脱脂、起泡，并能提供柔和、润滑、保湿、调理等性能。

【配方】 清洁霜

组成	质量份	组成	质量份
矿物油	50	三乙醇胺	18
烷氧基化多元醇酯	50	香精、防腐剂	适量
十八碳脂肪酸	30	水	847
十六醇	5		

这种清洁霜中含有无刺激、无毒、不过敏、不水解的烷氧基化多元醇酯，具有很好的洁肤润肤的功能。

2. 洗手液

洗手液在去污及泡沫基础上主要考虑对手的柔和与保护作用，其中的功能添加剂，通常有阳离子聚合物、水解胶原蛋白、维生素 E、三氯生（新）、三氯卡班、对氯二甲酚。对于重垢洗手液，加磨料和溶剂可以提高去污力，但也常通过表面活性剂或添加剂尽量降低对皮肤的脱脂作用。

【配方】 无水洗手液

组成	质量分数/%	组成	质量分数/%
ACUSOL®™ 820	1.7	D-苎烯	12.0
（丙烯酸洗涤聚合物，30%）		矿物油	10.0
TERGITOL™ 15-S-9	3.0	氢氧化钠（50%）	0.2
（C_{12}~C_{15} 仲醇聚氧乙烯醚-9）		水	73.1

个人卫生清洁剂还包括洗发液及沐浴液等，已列入化妆品范畴，在此不再赘述。

四、家庭日用品洗涤剂配方

1. 厨房洗涤剂

厨房洗涤剂主要用于洗涤餐具、灶具、缸罐、蔬菜、瓜果鱼肉等。所使用的原料应对人体安全无害。人们最关心的是厨房洗涤剂中配用的表面活性剂是否有毒性。

【配方1】 餐具洗涤剂

组成	质量分数/%	组成	质量分数/%
聚氧乙烯（9）月桂醇醚	5	苯甲酸钠	0.5
十二烷基苯磺酸钠	5	果香型香精	0.2
三乙醇胺	4	水	85.3

本品不但可以洗涤碗碟，而且可以清洗水果蔬菜，是家庭理想厨房用品。

【配方2】 肉类洗涤剂

组成	质量分数/%	组成	质量分数/%
干燥的大豆提取物	1.0	山梨酸钙	0.2
聚乙烯吡咯烷酮（相对分子质量40000)	0.5	香精/色素	适量
聚乙烯醇	0.5	水	加至100.0
乙酸钠	10.0		

本品洗涤性能良好，低泡，易用水冲洗干净，对人体及皮肤无毒无害。适用于肉类、鸡鸭产品的清洗，使用时将本品用水稀释50倍后直接洗涤。

2. 浴室洗涤剂

浴室洗涤剂的使用对象是浴室的浴缸、浴盆、洗手池及瓷砖等，这类区域的污垢主要为皂垢、油脂及人体分泌的其他污渍。另外，由于室内潮湿，可能还有霉渍。

浴室清洁剂表面活性剂的选择，应考虑：①耐水性；②在光滑表面的残留少；③与漂白剂相容（漂白消毒配方）；④酸液中极好的润湿、去污性能。因此，常选用两性表面活性剂、氧化胺、N-烷基吡咯烷酮及烷基二苯醚二磺酸盐。

【配方】

组成	质量分数/%	组成	质量分数/%
去离子水	89.60	烷基二甲基苄基氯化铵（30%）	1.40
月桂基二甲基氧化胺（30%）	2.00	Surfadone LP-100（N-辛基吡咯烷酮）	2.5
羟基乙酸（65%）	3.00	香精、染料、防腐剂	适量
冰醋酸	1.50		

酸性配方有助于分解和溶解硬水碱性污垢，如钙垢和皂钙。洗涤性和表面活性由氧化胺和 Surfadone LP-100 提供，氧化胺也用作配方的偶联剂。实验表明如果偶联剂的量超过所必需的增溶量时，清洗性能有显著的提高。Surfadone LP-100 也有减少皂垢沉积于表面的能力。季铵盐使用配方有抗菌效果。

3. 厕所洗涤剂

随着人们生活水平的提高，居住条件的改善，厕所洗涤剂已成为人们熟悉的日用品。厕所洗涤剂有酸性、碱性和中性等清洗剂。目前，碱性产品较少，酸性产品较多，中性产品由于对被处理的对象损伤较小，所以是重点开发的对象。

抽水马桶的清洁基本上都采用酸性配方。酸性配方有助于硬水垢、皂垢和铁锈的溶解与去除，也可以分解人体排泄物中的碱性物质，达到部分除味的效果。

【配方】 酸性卫生间清洗剂

组成	质量分数/%	组成	质量分数/%
烷基酚聚氧乙烯醚（TX-10）	24.0	缓蚀剂	2.0
硫脲	4.0	水	50
盐酸（31%）	20.0		

五、工业用清洗剂配方

工业用清洗剂指工业及公共设施用清洗剂。工业清洗剂绝大部分制成液体状态，并以大桶形式包装出售，另外，工业清洗剂大多数是专业产品，在工业洗涤过程中要借助于清洗设备，采用严格清洗工艺。因此，工业清洗剂的配方比民用洗涤剂更富于变化，产品性能也千差万别，产品品种和类型繁多。如用于纺织业洗涤纤维；用于化工、医药、机械等行业洗涤金属器件；用于各类汽车、轮船、飞机、火车等交通运输工具的清洗等。

1. 金属清洗剂

在机械加工过程中，常常需要对加工的钢、铸铁、铜、铝等多种金属进行清洗。同时，也需要对加工机械本身进行清洁，这就需要清洗剂。

金属清洗剂所涉及的领域非常广，底物、污垢随金属的不同应用也千差万别。因此，不同的配方常有各自的应用范围和专业的清洗工艺，以下列出一些配方。

【配方1】 溶剂清洗剂

组成	质量分数/%	组成	质量分数/%
油酸	10	煤油	60
三乙醇胺	5	水	25

利用组合溶剂，极大提高蜡和脂类污垢的去除能力。

溶剂清洗剂可以较好地完成金属表面的去脂、清洁要求。与纯溶剂清洁剂相比，更能发挥表面活性剂和助剂的去污作用，提高去污效率，同时也可减少溶剂的使用用量。

【配方2】 碱性清洗剂

组成	质量分数/%	组成	质量分数/%
十二烷基苯磺酸钠	8	六偏磷酸钠	14
聚醚	3	硫酸钠	54
脂肪醇聚氧乙烯醚磷酸盐	6	碳酸钠	15

对金属的清洗最为广泛使用的是碱性清洗剂，主要是因为它便宜有效。为完成金属清洗任务，碱性清洗剂可设计不同的配方。

2. 交通工具清洁剂

车辆在行驶过程中，由于路面尘土飞扬，无论是铁路车辆，还是对公路上的车辆都会造成污染。由此，车辆用清洗剂也逐渐形成。

【配方】 汽车外壳清洗剂

组成	质量分数/%	组成	质量分数/%
氧化微精蜡	4.2	辛基酚聚氧乙烯醚	5.0
油酸	0.7	脂肪醇聚氧乙烯醚	1.2
液体石蜡	2.52	甲醇	0.2
羧甲基纤维素	0.41	水	至100
聚二甲基硅氧烷	2.38		

该配方中由于添加了氧化微精蜡和液体石蜡，因此制得的清洗剂除具有清洗作用外，还

具有上光作用。

汽车外壳的污染主要是尘埃、泥土和排出废气的沉积物，这类污垢适宜用喷射型的清洗剂进行冲洗，并且应采用低泡沫型清洗剂。

第四节　洗涤剂生产工艺

实践证明，在根据性能和成本等因素的基础上得出较好的洗涤剂配方，有时还需要进一步修改、确定各成分的加料顺序及方式，或改变现用成型工艺的某些参数，甚至改变其中的部分工艺，才能使选定的配方能够得以实现，最终达到产品要求的外观及物理形态。以下将介绍粉状洗涤剂、液体洗涤剂、浆状洗涤剂的生产过程。

一、液体洗涤剂的生产工艺

液体洗涤剂的生产方法有间歇式和连续式两种。一般采用间歇式批量化工艺，而不采用连续化生产方式，主要是因为液体洗涤剂生产过程没有化学反应，也不需要造型，只是几种物料的混配，品种繁多，根据市场需求须不断变换原材料和工艺条件等。

液体洗涤剂的主要工序：原料的精制处理、混配、均质化、排气、老化、成品包装。这些化工单元操作设备主要是带搅拌的混合罐、高效乳化或均质化设备，各种过滤器，物料输送泵、计量泵和真空泵，以及计量罐和灌装设备等。图7-1是液体洗涤剂的生产工艺流程。

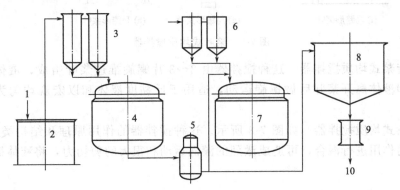

图 7-1　液体洗涤剂的生产工艺流程
1—进料；2—储料罐；3—主料加料计量罐；4—乳化罐；5—均质机；6—辅助加料计量罐；
7—冷却罐；8—成品储罐；9—过滤罐；10—成品包装

以下重点介绍透明型液体洗涤剂的生产工艺。

1. 原料处理

液体洗涤剂的原料至少有两种或更多，而且形态各异，固、液、黏稠膏体等均有。因此，需预先调整其形态，以便于均匀地混合。如有些原料应预先加热或在暖房中熔化；有些要用水或溶剂预溶，然后才可加到混配罐中混合；某些物料还应预先滤去机械杂质，而经常使用的溶剂——水，还须进行去离子处理等。各种物料都要通过各种计量器、计量泵、计量槽、秤等准确计量。

2. 混配

为了制得均相透明的溶液型或稳定的乳液型液体洗涤剂产品，物料的混配是关键工序。

在按照预先拟定的配方进行混配操作时，混配工序所用设备的结构、投料方式与顺序、混配的各项技术条件都体现在最终产品的质量指标中。

混配设备锅或罐为具有加热或冷却装置的釜式混合器，材质通常为不锈钢。烷基苯磺酸可在这一混合设备中进行中和，中和温度一般控制在40～50℃，pH7～9。中和及混合各种物料时，为了保证物料充分混合，需要选择适当的搅拌器，常用的均质搅拌器有以下3种类型。

(1) 桨叶式均质搅拌器 如图7-2所示。这种搅拌器构造简单，搅拌速度较慢，液体在旋转的水平方向运动效果好，但垂直方式搅拌效果不好，适用于流动性大、黏度小的液体物料，也适用于纤维状或结晶状固体物料的溶解或混合。

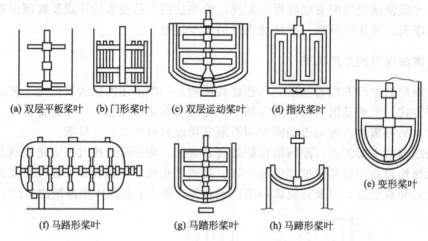

(a) 双层平板桨叶 (b) 门形桨叶 (c) 双层运动桨叶 (d) 指状桨叶 (e) 变形桨叶
(f) 马路形桨叶 (g) 马踏形桨叶 (h) 马蹄形桨叶

图7-2 桨叶式均质搅拌器

(2) 螺旋桨式均质搅拌器 这种搅拌器由2～3片螺旋推进桨叶组成，液体可在轴向和切向运动，即液体离开桨叶后做螺旋运动，适用于低黏度液体和以宏观均匀为目的的混合过程。

(3) 涡轮式均质搅拌器 如图7-3所示。这种搅拌器的作用原理和结构类似于离心泵，利用离心力的作用进行混合，可造成激烈的漩涡运动和很大的剪切力，将液体微团分散得非常细。

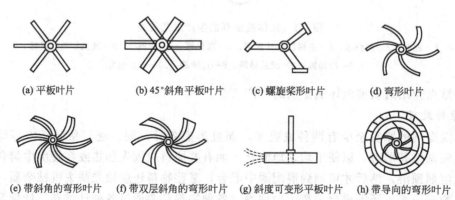

(a) 平板叶片 (b) 45°斜角平板叶片 (c) 螺旋桨形叶片 (d) 弯形叶片
(e) 带斜角的弯形叶片 (f) 带双层斜角的弯形叶片 (g) 斜度可变形平板叶片 (h) 带导向的弯形叶片

图7-3 涡轮式搅拌器的涡轮叶片形状

3. 调整

(1) 加香 许多液体洗涤剂都要在配制工艺后期进行加香，以提高产品的档次。洗发香波、淋浴液类、厕所清洗剂等一般都要加香。加香液体洗涤所用的香精主要是化妆品用香精，常用的有茉莉型、玫瑰型、香型、桂花型、白兰型以及熏衣草型等。根据不同产品用途和档次，选择不同档次的香精，且用量差别也较大，少到0.5%以下，多到2.5%不等。香精一般在工艺最后加入，加入温度在50℃以下为宜。有时，将香精用乙醇稀释后再加入到产品中。

（2）加色　在液体洗涤剂中添加色素可赋予产品一定的色泽，能给消费者愉悦的感觉。常用的色素包括颜料、染料及珠光剂等。透明液体洗涤剂一般选用染料使产品着色，这些染料大多不溶于水，部分染料能溶于指定溶剂（如乙醇、四氯化碳），用量很少，一般为千分之几。对于能溶于水的染料，加色工艺简单。如果染料易溶于乙醇，即可在配方设计时加乙醇，将染料溶解后再加入水中。有时色素在脂肪酸存在下有较好溶解性，则应将色素、脂肪酸同时溶解后配料。

（3）产品黏度的调整　对于透明型液体洗涤剂，常加入胶质、水溶性高分子或无机盐来提高其黏度。一般来说，用无机盐来增稠很方便，加入量为1%~4%，配成一定浓度的水溶液，边搅边加，但不能过多。若用水溶性高分子增稠，传统的工艺是长期浸泡或加热浸泡。但如果在高分子粉料中加入适量甘油，就能使粉料快速溶解。操作方法是：在有甘油存在下，将高分子物质加入水相。室温搅拌15min，即可以溶解。如果加热则溶解更快，当然加入其他助溶剂亦可收到相同的效果。

（4）pH调节　液体洗涤剂的pH都有一个范围要求。重垢型液体洗涤剂及脂肪酸钠为主的产品，pH=9~10最有效，其他以表面活性剂复配的液体洗涤剂，pH=6~9为宜。洗发和沐浴产品pH最好为中性或偏酸性，以pH=5.5~7为好。特殊要求的产品应单独设计。根据不同的要求，可选择硼酸钠、柠檬酸、酒石酸、磷酸和磷酸氢二钠等作为缓冲剂。一般将这些缓冲剂配成溶液后再调产品的pH。当然产品配制后立即测pH并不完全真实，长期储存后产品的pH将发生明显变化，这些在控制生产时应考虑到。

4. 排气

在搅拌作用下，各种物料可以充分混合，但不可避免地将大量气体带入产品中，造成溶液稳定性差，包装计量不准。一般可采用抽真空排气工艺，快速将液体中的气泡排除。

5. 过滤

在混合或乳化时，难免带入或残留一些机械杂质，或产生一些絮状物。这些都会影响产品的外观，因此要进行过滤。液体洗涤剂的滤渣相对来说较少，因此过滤比较简单，只要在底放料阀后加一个管道过滤器，定期清理就可以了。

6. 包装

日用液体洗涤剂大都采用塑料瓶小包装。因此，在生产过程的最后一道工序，包装质量的控制是非常重要的。正规大生产通常采用灌装机进行灌装，一般有多头灌装机连续化生产线和单头灌装机间歇操作两类。小批量生产可用高位手工灌装。灌装时，严格控制灌装质量，做好封盖、贴标签、装箱等工作。

二、粉状洗涤剂的生产工艺

制造粉状洗涤剂有多种方法，国内主要有喷雾干燥法、附聚成型法及干式混合法、吸收法等几种。虽然粉状洗涤剂的主要质量指标是洗涤性能，但粉体原料的选择、料浆的固/液比等对某些物理性质也有很大影响，并会对产品的整体质量产生影响。

1. 喷雾干燥法

喷雾干燥法是先将表面活性剂与助剂调制成一定黏度的料浆，再用高压泵和喷射器喷成细小的雾状液滴，与200～300℃的热风接触后，在短时间内迅速成为干燥的颗粒，这种方法也叫气流式喷雾干燥法。

大多数普通洗衣粉是用喷雾干燥法生产的。喷雾干燥法生产的粉剂与其他方法生产的粉剂相比有如下优点：①配方不受限制；②颗粒呈空心状，在水中易溶解；③粉剂不含粉尘，不易结块，有悦目的外观；④在一定限度内，热敏性原料也可在喷雾干燥器中处理。

（1）喷雾干燥的原理　喷雾干燥是通过大量的高温干燥介质（热空气）与高度分散的雾化料浆作相对运动来完成干燥的，它包括喷雾及干燥两个方面。

① 料浆的雾化。料浆的雾化是通过雾化器完成的，雾化器主要有三种，即气流式雾化器、压力式雾化器及旋转式雾化器。目前洗衣粉的喷雾干燥使用的是压力式雾化器。通过压力使料浆雾化为细雾滴，使料浆的表面积大大增加，如体积为 $1cm^3$ 的料浆，若成一个球形大液滴，其表面积仅 $4.84cm^2$，若将其分散成直径为 $10\mu m$ 的球形小液滴，其表面积为 $6000cm^2$，增大1290倍，从而大大地增加了蒸发表面，缩短了干燥时间。

② 料浆雾滴在喷粉塔内的干燥过程。料浆雾滴离开喷嘴后与热空气接触发生传热及水分的蒸发。逆流干燥时，塔顶温度在100℃左右，料浆温度一般为60～70℃，料浆中水分含量较高（40%左右）。当雾滴表面水分蒸发时，其内部的水分迅速向表面扩散，使表面始终保持湿润，而且由于塔顶处热空气相对湿度较高，空气与料浆雾滴的温差小，故水分蒸发速度不快。雾滴在继续下降的过程中，由于热空气逆向上升，下降速度逐渐降低，雾滴接触的热空气温度越来越高，温差增大，使雾滴表面水分蒸发速度加快，整个液滴的含水量不断降低。在降速蒸发过程中，颗粒内部生成一个不规则的空间，形成空心颗粒。当干燥颗粒落至热风进口高度以下时，颗粒冷却老化。

（2）喷雾干燥设备　喷雾干燥的核心设备是喷雾干燥塔，主要有两种类型。

① 并流式喷雾干燥塔。如图7-4所示。其特点是热风和料浆均从塔顶进入，料浆与热风迅速接触，水分蒸发快，防止了液滴温度的迅速上升，因此特别适合于处理热敏性物质，如脂肪醇硫酸盐。由于物料在塔内停留时间短，干燥塔塔身较低，产量较大。此法干燥条件适度，对处理有机物含量高的高泡洗衣粉有利。料浆与高温空气迅速接触，水分蒸发快，形成的颗粒皮壳很薄，易破碎、细粉多，产品的表观密度小。大多数洗衣粉厂已经不用此法生产。

② 逆流式喷雾干燥塔。如图7-5所示。在逆流式喷雾塔中，料浆从塔顶喷下，热风从

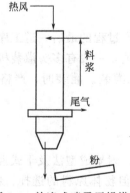

图7-4　并流式喷雾干燥塔

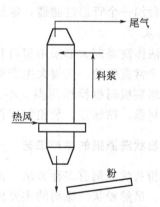

图7-5　逆流式喷雾干燥塔

塔底送入。液滴与温度较低的热风相遇，表面蒸发较慢，内部水分不断向外扩散，直至内部残存少量水分时表面才形成弹性膜，颗粒的膨胀受力的影响较小。逆流干燥塔生产的特点是生产的洗衣粉颗粒一般比较硬，表观密度较大；易于通过改变热风送入量和在塔内旋转的程度，从而改变料浆液滴在塔内的停留时间，以便获得干燥适度（指含有适量水分）的颗粒；由于逆流干燥中，干燥成品与高温热风相遇，故不宜处理受热易变质的物料，如酶、脂肪醇硫酸盐等料浆的干燥。不足的是成品粉以较高的温度离塔，使得冷却步骤在塔外进行，如果温度控制不当，易产生黄粉，或老化、冷却都不够而吸潮。

(3) 喷雾干燥工艺流程　喷雾干燥工艺生产粉状洗涤剂包括料浆的制备、喷雾干燥和成品包装等工序。其中每一步骤都会影响最后成品粉的质量，但从配方的角度看，最重要的是配料工序。

以下以逆流式喷雾干燥法来说明洗衣粉的工艺，其工艺流程如图 7-6 所示。

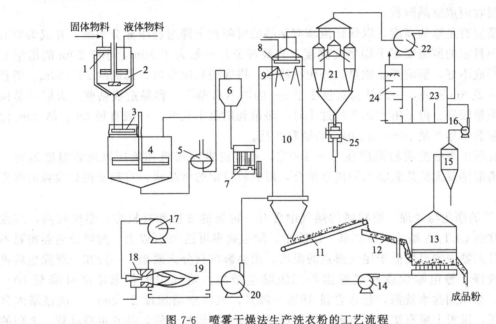

图 7-6　喷雾干燥法生产洗衣粉的工艺流程
1—筛子；2—配料缸；3—粗滤器；4—中间缸；5—离心脱粒机；6—脱气后中间缸；
7—三柱式高压泵；8—扫塔器；9—喷粉枪头；10—喷粉塔；11—输送带；12—振动筛；
13—沸腾冷却器；14—鼓风机；15—旋风分离器；16—引风机；17—煤气炉一次风机；
18—煤气喷头；19—煤气炉；20—热风鼓风机；21—圆锥式旋风分离器；
22—引风机；23—粉仓；24—淋洗塔；25—锁气器

① 料浆的配制。配制的料浆基本要求是均匀无团块，有较高的固/液比和适宜的稠度。为达到这一要求，需选择合适的配方和配料顺序。在配方中加入适量甲苯磺酸钠或二甲苯磺酸钠（常用量1%～3%），可提高物料的溶解度，降低料浆的稠度，从而能使料浆的固/液比提高，达到增加喷粉塔的生产能力并节约能耗目的。料浆中的水既起溶解作用，又起黏合作用，要尽可能使粉体成品中的水分大都是结晶水状态。在保证成品的流动性、不结块、表观密度及颗粒度的情况下，可适当提高粉体的水分。若配方中含有热敏性物料，如非离子表面活性剂、酶制剂、香精等，应在喷雾干燥后以后配料的方式加入，否则喷雾干燥时的高温会大量分解破坏这些成分。配制好的料浆总固体含量在60%以上。制备料浆时各组分的添加顺序对料浆的均匀性和三聚磷酸盐的水解程度有较大关系。一般的投料规律是先投难溶解

料，后投易溶解料；先投轻料，后投重料；先投少料，后投多料。总的原则是每投一料，必须搅拌均匀后方可投入下一料，以达到料浆的均匀性。

配制好的料浆由配料锅进入低速搅拌的储罐（或老化器）使三聚磷酸钠充分水合，以利于提高产品的质量。老化后的料浆通过磁性过滤器和过滤网除杂后，进入均质器。再用升压泵送至高压泵。由高压泵经过一个稳压罐后进入喷雾塔，进行喷雾干燥。

② 喷雾干燥。料浆经高压泵以 5.9～11.8MPa 压力通过喷嘴，呈雾状喷入塔内，与高温热空气相遇，进行热交换。一开始液滴表面水分因受热而蒸发，液体内部的水分因浓度差而扩散到液滴表面，内部水分逐渐减少。随着表面水分的不断蒸发，液滴表面逐渐形成一层弹性薄膜。随后，液滴下降，温度升高，热交换继续进行，这时表面蒸发速度增大，薄膜逐渐加厚。内部的蒸汽压力增大，但蒸汽通过薄膜比较困难，这样就把弹性膜鼓成空心粒状。最后，干燥的颗粒进入塔底冷风部，这时温度下降，表面蒸发很慢，残留水分被三聚磷酸钠等无机盐吸收而成结晶颗粒。

喷粉塔应有足够的高度，以保证液滴有足够的时间在下降过程中充分干燥，并成为空心粒状。中国目前的逆流喷雾干燥塔的高度（直筒部分）一般大于 20m，小于 20m 的塔空心粒状颗粒形成不好，影响产品质量。如包括塔顶、塔底的高度在内，总高约 25～30m。塔径有 4m、5m 及 6m 三种，一般认为直径小于 5m 的塔不易操作，容易造成粘壁。大塔容易操作，成品质量较好。但是塔大而产量过小时，热量利用就不充分。一般直径 6m、高 20m 的喷粉塔，能获得年产量 15～18kt 的空心颗粒产品。

从喷粉塔出来的洗衣粉温度在 70～100℃，经过皮带输送机和负压风送后温度迅速下降，三聚磷酸钠及无机盐就能与游离水结合，形成较稳定的结晶水，有利于提高颗粒的强度和流动性。

③ 尾气的净化与处理。喷粉塔的尾气中含有一定量的细粉和有机物，温度较高，湿度较大。通常经 CLT/A 型旋风分离器一级除尘，除尘效率可达 99％ 以上。旋风分离器密封不好或旋风分离器中的温度低于尾气露点的温度，则会影响到分离效果。一般在一级除尘后再加上盐水洗涤、静电除尘或布袋除尘等二级除尘措施。尾气中的粉末浓度可降至 10～30mg/m³。如采用盐水洗涤，盐水含量 18％～22％，气体空塔速度 2～5m/s，洗涤塔内具有 4 层塔板，塔板上堆有塑料鲍尔环。每层塔板上装有一组喷淋管，共 6 组喷淋管，上面的 2 组喷淋清水，下面的 4 组喷淋盐水。尾气通过它的温度均为 50℃。

从旋风分离器或袋滤器中分离的细粉可通过气流或机械方法返回到塔中，进塔位置可置于喷嘴上方。这样有利于附聚成型，使成品粉质量均匀。

④ 产品的输送、保存以及热敏性物料的添加。从喷雾干燥塔出来的洗衣粉一般都要经过皮带输送机和负压风送装置进入容积式分离器。再经过筛分，得到成品粉进入料仓。料仓中的粉在后配料装置中与热敏性物料（如酶、过硼酸盐和香精等）以及非离子表面活性剂混合，过筛后的成品粉进入包装机进行包装。

风送是物料借空气的悬浮作用而得到移动。洗衣粉风送时，考虑到进口物料分布不匀和气流的不均匀性，输送管中空气流速 10～18m/s。比洗衣粉在空气中的沉降速度 1～2m/s 大得多。对于粉状物料，一般为 1kg 空气输送 0.3～0.35kg 粉料，即气料比为 1：(0.3～0.35)。风送中掉下的疙瘩料可回到配料锅重新配料。

筛分设备是根据对洗衣粉颗粒度的要求而确定的。有的采用溜筛除去疙瘩粉，有的采用双层振动平筛除去粗粉和细粉。疙瘩粉和细粉均可回到配料锅重新配料。细粉也可以直接回到喷粉塔中。

⑤ 成品包装。经过喷雾干燥、冷却、老化的成品，在包装前应抽样检验粉体的外观、色泽、气味等感观指标，以及活性物、不皂化物、pH、沉淀杂质和泡沫等理化指标。成品的粉体应是流动性好的颗粒状产品，应无焦粉、湿粉、块粉、黄灰粉及其他杂质。装袋时的粉温越低越好，以不超过室温为宜，否则容易反潮、变质结块。

尽管高塔喷雾干燥法沿用已久，但却存在不少严重问题，如投资大、能耗高，并且造成周围环境的污染。随着粉状洗涤剂新品种的发展，我国洗衣粉的生产技术逐渐脱离高塔喷雾的方法，一方面是大中型厂采用附聚成型法，或者以高塔喷雾干燥法结合附聚成型法后配料生产；另一方面是中小型企业，尤其是小型厂，采用一些投资小、操作费用低的早期使用的生产方法。

2. 附聚成型法

(1) 附聚成型的原理　附聚成型法生产洗衣粉是指液体胶黏剂（如硅酸盐溶液）通过配方中三聚磷酸钠和纯碱等水合组分的作用，失水干燥而将干态物料桥接、黏聚成近似球状实心颗粒。附聚作用是干原料和液体黏结并形成颗粒的作用过程，形成的颗粒称附聚物。洗涤剂附聚是物理、化学混合的过程，用硅酸盐的液体组分与固体组分混合并形成均匀颗粒。该过程是一个物理化学过程，导致附聚的主要机理有机械连接、表面强力、塑性熔合、水分作用或静水作用等。

附聚产品中大多数是以三聚磷酸钠的六水合物和碳酸钠的一水合物存在。这种结合紧密而稳定的水合水，称为结合水。结合松弛而不稳定的水叫游离水。产品的含水是结合水和游离水的总和。为防止结块，一般游离水的含量<3%。结合水对产品是有益的，它可降低产品的成本，并能增加产品的溶解速率。

(2) 常用的附聚器　附聚器是附聚成型生产洗衣粉最重要的设备，最近十几年来研究成功了许多符合附聚特点的附聚装置，如立式附聚器、转鼓式附聚器、斜盘附聚器等。立式附聚器由荷兰Schugi BV公司研制，这种附聚器是由弹性材料制成的直立圆筒附聚器，筒内悬挂一搅拌轴，轴上有几组突出刮板，刮板的角度可单独变化。由于物料在这种附聚器内停留的时间很短，产品一般很湿也很黏，必须进一步调理。产品常在硫化床中进行调理、干燥、冷却、筛分。转鼓式附聚器，是水平安装在滚珠上的一个大圆筒，该圆筒由马达带动旋转，可以把整个装置看作"鼓中之鼓"。其内鼓是由一根杆和笼式结构组成。这种杆和笼式结构在外鼓中可以自由浮动。物料在这种附聚器内的停留时间平均为20~30min。转鼓式附聚器的生产能力为100t/h，主要用于生产机用餐具洗涤剂和洗衣粉。

总之，附聚器的种类较多，但通常具有两个主要特性。首先要使固体组分保持恒速运动，保证所有颗粒表面都能与液体接触。其次，是将液体硅酸钠均匀喷到干物料上，使其形成附聚颗粒。

(3) 附聚成型工艺　根据不同的配方和工艺，附聚成型法的生产工序有预混合、附聚、调理（老化）、后配料、干燥、筛分和包装，如图7-7所示。预混合是将某些物料在进入附聚器前先行混合。先将配方中各种固体组分分别粉碎、过筛后送入上部粉仓，其中少量组分先混合后再送入。粉仓中的原料经过计量后落在水平输送带上送入预混器进行预混合。附聚工序是使物料完成游离水转变成结合水的水合过程。预混合后的粉料经螺旋输送机进入造粒机。经过预热定量的几种液体组分如非离子表面活性剂、水等同时进入造粒机，直接喷洒在处于悬浮状态的粉料上，进行附聚，并完成必要的中和反应，再经调理以保证三聚磷酸钠、碳酸钠等充分水合，再加酶加香进行后配制，最后经干燥、筛分后送至成品储槽。

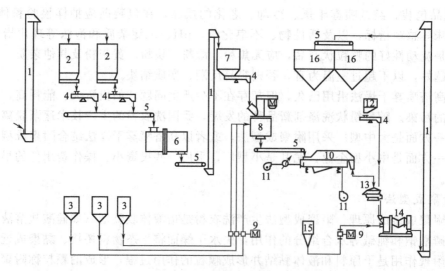

图 7-7 附聚成型工艺设备

1—斗式提升机；2—固体原料储槽；3—液体原料储槽；4—电子皮带秤；
5—皮带输送机；6—预混合器；7—预混合料仓；8—连续造粒机；
9—计量泵；10—流化干燥床；11—风机；12—酶储槽；
13—旋转振动筛；14—后配混合器；15—香精储槽；16—成品粉仓

目前洗衣粉生产中使用最多的是采用混合机附聚和混合机附聚与硫化床干燥相结合的工艺，硫化床干燥可使附聚成型的浓缩洗衣粉进一步干燥、成型，得到的洗衣粉粒度分布更窄，颗粒表面更光滑，水分含量更少，流动性更好。

3. 干式混合成型法

干式混合成型法是制造洗衣粉最简单的一种方法。此种方法是将粉状表面活性剂或易于干燥的表面活性剂及需要添加的各种固体助剂送入干燥设备中混合搅拌，脱水成无水物，然后粉碎、筛分计量、包装，制得产品。适用于这一成型方法的设备种类很多，但最为常用和有效的设备是带有高速旋转叶片的立式混合器。

干式混合成型法的生产过程及设备比较简单、方便，无须高温干燥，可节约热能，降低成本。由于是在常温下生产，不会产生热分解现象。干混得到的洗衣粉不具备附聚成型的完整实心颗粒和喷雾干燥成型的空心颗粒，它们只是粉料或与液体的简单混合，因此颗粒特性与原料基本相同。这种生产方法制得的成品颗粒大小不易均匀，如果混合不充分还容易夹杂硬块。因此干式混合成型法是生产对产品质量要求不高的颗粒产品的经济适用的方法。

三、浆状合成洗涤剂的生产工艺

浆状洗涤剂又称膏状洗涤剂。其制作设备简单、投资少、燃料和动力消耗低、节省硫酸钠，且生产过程中无粉尘，洗涤性能良好，适合中小型工厂生产。

1. 浆状洗涤剂的配方

浆状洗涤剂含有一种或几种表面活性剂、多种无机电解质及少量极性溶剂和高分子物质，它们与水结合的性能各不相同，所以在这个体系中的胶体状态是复杂的多相组合体。根据生产实践经验，从配方和加工两个方面控制好若干因素，可以制成满意的产品。表面活性剂是浆状洗涤剂具有良好去污能力的主要成分，早期的浆状洗涤剂都用单一阴离子表面活性剂制造，现在还加入一部分非离子表面活性剂进行复配；有时为了降低起泡力或增加膏体的稠度，也可以适当地配入少量的脂肪酸钠。一般来说，碳链短的脂肪酸钠，如 C_{12}、C_{14} 或椰子油脂肪酸钠，较碳链长的适合加入浆状洗涤剂中；纯度较高的硬脂酸钠容易导致膏体变稠变硬。浆状洗涤剂配方的特点是严格控制无机盐如硫酸钠、碳酸钠等的加入量，防止结晶析出。添加少量尿素对无机盐能产生络合作用，可以增加成品在低温下的流动性，加入少许酒精防止成品在低温下裂开。由于稠度的限制，浆状洗涤剂的固体物含量不可能很高，从而电解质的加入量受到限制。在活性物含量相同时，浆状产品的去污力比粉状产品差。为提高固体物含量而又不过多增加稠度，可加入水助溶剂来调节，如甲苯、二甲苯或异丙苯等低级烷基苯的磺酸盐或尿素，其加入量视需要而定。

2. 浆状洗涤剂的生产工艺

浆状洗涤剂的生产工艺与液体洗涤剂的工艺相同，是按照配方将各种液体和固体组分混合，配制而成的一种均匀、稳定、黏稠的分散体，要求膏体细腻均匀，不因储藏和气温的变化而发生分层、沉淀、结晶、结块或变成稀薄流体等现象。因此其制备工艺条件要求较高，应注意以下三个因素。

（1）投料次序　各个生产厂都有自己的经验，所以投料次序并不一致，但要注意掌握以下几个问题。①表面活性剂宜尽早与水混溶成均一溶液，避免产品中各个局部的含量不均。②羧甲基纤维素溶于水中时有一个溶胀过程，故宜尽早投入水中并充分浸溶后，再投入下一种物料。③非离子表面活性剂与硅酸钠不能同时加入，两者相遇宜形成难分解的凝冻状物质，影响物料混匀。④三聚磷酸钠中含有Ⅰ型和Ⅱ型两种结构的盐类，Ⅱ型三聚磷酸钠的水合速率较慢，在水合前还需要 5min 左右的诱导期，当水合作用发生时，它将吸收料浆中的水分而使料浆的黏度逐渐增大，给物料的搅拌带来一定困难，所以三聚磷酸钠应尽量放在其他物料之后加入。

（2）温度　物料在反应锅内混合是一种预混合的过程，浆状洗涤剂的最后完成还需要经过研磨，以脱气和均质，所以反应锅的温度宜稍高一些，以增加物料的溶解性和流动性，一般控温在 60~70℃ 之间。

（3）研磨　机械研磨，可使膏体均匀，组织细腻，同时有利于预混合时混入的气泡逸出，避免膏体疏松发软，但是过度的研磨反而会使膏体变稀。在研磨前加一个脱气装置，再进行均质研磨，则更紧密细腻。

浆状洗涤剂的稳定性和组成与温度、稠度及受力情况有关。温度高易分层，温度低无机盐易析出；在受到压力时，也会有水分挤出。因此，储存时必须注意。

本章小结

1. 洗涤剂的产品形式，最重要的有如下几种：粉状（颗粒）、液体、浆状和块状。此外还有凝胶、气雾剂、乳液等，但后几种的产量很小。

2. 洗涤剂的选涤过程是一个复杂的过程，影响洗涤作用的因素有表面活性剂的浓度、温度、水的硬度及泡沫等。

3. 洗涤剂所用原料品种繁多，主要可分为两大类，一类是主要原料，即起洗涤作用的各种表面活性剂。另一类是辅助原料，即各种助剂。如螯合剂、离子交换剂、柔软剂、抗静电剂、增溶剂、漂白剂、防腐剂等。

4. 洗涤剂中的不同组分复配能达到比混合物中任何单一组分都好的性能，称之为协同作用。

洗涤剂通过复配技术达到提高性能和降低成本的目的。

5. 各种洗涤剂都有制造、加工、成型和包装等工序。配方选择恰当与否，不仅会影响产品的使用性能，对产品的可加工性也有很大的影响。

复习思考题

7-1 按洗涤用途分类，洗涤剂的种类有哪些？
7-2 为什么必须在洗涤剂中加入抗再沉积剂？
7-3 洗涤剂的去污过程分哪几步？
7-4 洗涤剂中的主要组成是什么？有哪些类型？
7-5 洗涤剂配方的基本原则是什么？
7-6 干洗剂有什么特点？
7-7 个人卫生清洁剂有哪些种类？各有什么作用？
7-8 液体洗涤剂中常用的助剂有哪些，各起什么作用？
7-9 家庭日用品洗涤剂有哪些类型？举例说明。
7-10 浴室洗涤剂配方有什么特殊要求？
7-11 厨房洗涤剂必须有哪些性能？
7-12 厕所洗涤剂的特效组分有哪些，各起什么作用？
7-13 解释喷雾干燥的原理。
7-14 工业用清洗剂有哪些应用？并说明其特点。
7-15 金属清洗剂有哪些类型？举例说明。
7-16 为什么液体洗涤剂多采用间歇式的生产方法？
7-17 液体洗涤剂的主要工序有哪些？最重要的工序是什么？
7-18 喷雾干燥法生产洗衣粉时，按物料与气流接触的方式可分为哪两类，各有什么特点？
7-19 简述附聚成型法生产洗衣粉的原理，并说明该法的特点。

阅读材料

洗涤剂洗涤织物的技巧

家庭的织物清洁、护理是人们比较关心的问题，懂得正确选择和使用织物洗涤剂是非常必要的。

使用肥皂洗涤织物时，先将织物放在温水中浸泡一段时间，将织物上的尘土和污垢除去一些，然后涂擦肥皂，稍有泡沫即可。如衣服着污较多的衣领、袖口等处，可多用些肥皂。如果用皂液泡织物，浸泡时间一般在0.5h左右，不宜过长，以防皂液碱性损害织物的纤维。

使用洗衣粉洗涤织物时，先将织物用清水浸透、拧干，除去浮土或水溶性污垢。然后，将织物放入用洗衣粉加水配成0.3%～0.5%浓度的溶液里，浸泡20min左右即可揉洗。一般用一平汤匙的普通洗衣粉可洗单衣一件。用量多少，要视织物污垢多少酌情掌握。在揉洗时，如果泡沫消失，衣物尚未洗净时，不宜在污水中再加洗衣粉，应另配粉液，再洗一次。这样，既节省洗衣粉，又可洗得干净。揉洗后，要用清水漂洗2～3次，织物即可洗净。

只用洗涤剂浸泡织物是洗不干净的。因为洗涤剂并不是那么容易就会渗透到污垢与织物纤维之间的。必须借助外力，使用有关工具，才能使污垢脱离。用手洗方法洗涤织物时，最好先洗污垢较多的部位，如衣领、袖口、兜口等，然后再洗其他部位。

棉织品一般纤维粗糙，耐碱性能好，吸水性强，与油污的结合不如油性纤维（如涤纶）牢固，所以，洗涤不太困难。选择的洗涤剂和方法都比较随便。毛织品常用来做外衣，毛纤维表面为鳞片状，不平滑，容易吸附污垢和灰尘。但污垢和纤维结合得并不太牢固。所以，选择中性洗涤剂在低温下用手轻轻揉洗织物即可干净。通常采用干洗法效果也比较好，切不可用搓洗或刷洗。丝织品表面光滑，不贴身，污染较轻，污垢容易被去除，洗涤方法与毛织品相同。合成纤维亲油性强，虽然疏水，但与皮脂结合紧密，不易去除。洗涤时应选择碱性强的洗涤剂。人造棉吸水后，强度显著下降，洗涤时不宜用力搓洗。洗涤织物，除棉织品外，都不能用开水烫洗，以免损伤织物纤维，使织物变形。

实验七 餐具洗涤剂的制备

一、实验目的

1. 掌握餐具洗涤剂的配制方法。
2. 了解餐具洗涤剂各组分的性质及配方原理。

二、实验原理

1. 主要性质与用途

餐具洗涤剂又称为洗洁精（cleaning mixture），外观透明，带有水果香气，去污力强，乳化去油性能好，泡沫适中，洗后不挂水滴，安全无毒。洗洁精是最早出现的液体洗涤剂，产量在液体洗涤剂中居第二位，世界总产量为 2×10^6 千吨/年。

2. 配制原理

（1）基本原则

① 对人体安全无害。
② 能较好地洗净并除去动植物油垢，即使对黏附牢固的油垢也能迅速除去。
③ 清洗剂和清洗方式不损伤餐具、灶具及其他器具。
④ 用于洗涤蔬菜和水果时，应无残留物，也不影响其外观和原有风味。
⑤ 手洗产品发泡性良好。
⑥ 消毒洗涤剂应能有效地杀灭有害菌，而不危害人的安全。
⑦ 产品长期储存稳定性好，不发霉变质。

（2）配方结构特点 设计餐具洗涤剂的配方结构时，应根据洗涤方式、污垢特点、被洗物特点，以及其他功能要求，具体可归纳为以下几条。

① 设计配方时应考虑表面活性剂的配伍效应以及各种助剂的协同效应。如阴离子表面活性剂烷基聚氧乙烯醚硫酸酯盐与非离子表面活性剂烷基聚氧乙烯醚复配后，产品的泡沫性和去污力均好。配方中加入乙二醇单丁醚，则有助于去除油污。加入月桂酸二乙醇酰胺可以增泡和稳泡，可减轻对皮肤的刺激，并可增加介质的黏度。羊毛脂类衍生物可滋润皮肤。

② 餐具洗涤剂一般都是高碱性，目的是为了提高产品的去污力和节省活性物的用量，

并降低成本，但 pH 不能大于 10。

③ 餐具洗涤剂应制成透明状液体，要设法调配成适当的浓度和黏度。

④ 高档的餐具洗涤剂要加入釉面保护剂，如醋酸铝、甲酸铝、磷酸铝酸盐、硼酸酐及其混合物。

⑤ 加入少量香精和防腐剂。

3. 主要原料

餐具洗涤剂都是以表面活性剂为主要活性物配制而成的。手工洗涤用的餐具洗涤剂主要使用烷基苯磺酸盐和烷基聚氧乙烯醚硫酸盐，其活性物含量大约为质量分数 10%～20%。其他的有增稠剂、防腐剂和香精。

三、实验内容与操作步骤

1. 配方

成　　分	质　量　分　数/%			
	Ⅰ	Ⅱ	Ⅲ	Ⅳ
烷基苯磺酸钠(30%)		16.0	12.0	16.0
脂肪醇聚氧乙烯醚硫酸钠(70%)	16.0		5.0	14.0
烷基醇酰胺(70%)	3.0	7.0	6.0	
脂肪醇聚氧乙烯(10)醚(70%)		8.0	8.0	2.0
EDTA-2Na	0.1	0.1	0.1	0.1
乙醇		6.0	0.2	
甲醛			0.2	
三乙醇胺				4.0
二甲基月桂基氧化胺	3.0			
二甲苯磺酸钠	5.0			
苯甲酸钠	0.5	0.5		0.5
氯化钠	1.0			1.5
香精、硫酸	适量	适量	适量	适量
去离子水	加至 100	加至 100	加至 100	加至 100

2. 操作步骤

① 将水加入水浴锅中并加热，烧杯中加入去离子水加热至 60℃ 左右。

② 加入脂肪醇聚氧乙烯醚，硫酸钠（AES）并不断搅拌至全部溶解，此时水温要控制在 60～65℃。

③ 保持温度 60～65℃ 在连续搅拌下加入其他表面活性剂，搅拌至全部溶解为止。

④ 降温至 40℃ 以下加入香精、防腐剂、螯合剂、增溶剂，搅拌均匀。

⑤ 测溶液的 pH，用磷酸或氢氧化钠调节 pH 至 7～8。

⑥ 加入食盐调节到所需黏度。调节之前应把产品冷却到室温或测黏度时的标准温度。调节后即为成品。

四、产品标准

产品标准参见 GB 9985—2000。

五、注意事项

1. AES 应慢慢加入水中。

2. AES 在高温下极易水解,因此溶解温度不可超过 65℃。

六、思考题

1. 配制餐具洗涤剂有哪些原则?
2. 餐具洗涤剂的 pH 应控制在什么范围?为什么?

第二篇 精细无机化工篇

第八章 经典精细无机化工生产方法简介

学习目标

1. 掌握精细无机化学品的主要生产过程——物料预处理过程、物料分离过程、物料精制过程以及其他的常用过程。
2. 理解各个过程中对精细无机化工产品的生产方法。
3. 了解精细无机化学品的用途以及生产所需的原料。

第一节 精细无机化学品的用途

精细无机化工是指精细化工当中精细无机化学品的生产。虽然在整个精细化工大家族中，相对而言起步较晚、产品较少。但作为精细化工产品中的重要组成部分，其近年来崛起的趋势越来越明显，无论是门类还是品种都在以较快的速度增长；并且对诸多部门以及化工本身的科技发展起着显著的推动作用。

在原化学工业部 1986 年关于精细化工产品 11 大类中，除功能高分子材料外，精细无机化学品在其余各类中都占有一定份额。如用作农药的硫酸铜，用于涂料的二氧化钛，铁系、铬系颜料，各种无机试剂和高纯物，永磁材料和软磁材料，各种矿物质饲料添加剂，磷酸盐高温胶黏剂，多种多样的有色金属氧化物做成的催化剂等。精细化工新增领域中的精细陶瓷，包括结构陶瓷、工具陶瓷、各类功能陶瓷和超导材料、稀土材料、精细无机盐、沸石分子筛、无机膜、非晶硅等都属于精细无机化学品的范畴。

多年来，工农业、医药和日常生活都消耗大量的无机盐，但无机盐工业一直主要是作为基础原料工业而生存和发展的。精细化工的兴起使无机盐工业的面貌逐步发生了改变，从而使精细无机化学品在近代科技领域中获得了更广泛的应用。例如，精细无机化工提供了大量用于集成电路加工的超纯试剂和高纯电子气体，制造了大直径、高纯度、高均匀度、无缺陷方向的单晶硅，可用作半导体材料；砷化镓、磷化铟、人造金刚石相继进入实用阶段，使电子器件实现了微型化、集成化、大容量化、高速度化，并有条件向着立体化、智能化和光集成化等更高的技术方向发展。精细无机化工已经为我国高科技的代表"两弹一星"的成功崛起提供了上千种的化工材料，并且将为我国 21 世纪的材料科学、信息科学和生命科学三大前沿科学的发展提供更多的新型功能材料，为人们的工作和生活迅速实现现代化提供各种崭新的产品。

第二节 原 料

精细无机化工产品的原料大致有化学矿物、各种天然含盐水、工业废料、化工原料、农副产品及其他。

一、化学矿物

化学矿物存在于自然界中,它是化学工业所用矿物原料的总称。如砷矿(雄黄、雌黄等)、铝矿(铝土矿、膨润土、高岭土等)、氟矿(萤石、冰晶石)、钡矿(重晶石等)、镁矿(硫镁矾、白云石等)、石灰岩矿(石灰石等)、磷矿(磷块岩等)、锰矿(菱锰矿等)、铬矿(铬铁矿)、钾矿(钾岩盐、明矾石、钾长石等)、硼矿(方硼石、硫酸硼镁石等)、硫酸块矿(无水芒硝、石膏等)、硫及硫铁矿(硫黄、硫铁矿等)、硅石及硅酸盐矿(硅石、滑石等)、钼矿(辉钼矿)、钨矿(黑钨矿、白钨矿)等。利用这些原料可生产各种人们所需的化工产品。

二、各种天然含盐水

天然含盐水包括海水、盐湖水、地下卤水、石油井及天然气井水等。

1. 海水

海水的盐分是由 $NaCl$、$MgCl_2$、$MgSO_4$、$CaSO_4$、K_2SO_4、$CaCO_3$、$MgBr_2$ 组成。除此之外,海水中还含有其他元素(如锶、硼、氟、铝、铷、磷、锂、碘、砷、铁、锰、锌、硒、钒、镍等)的化合物和络合物。

2. 盐湖水

盐湖水中的盐分大致与海水相同,其中主要的阳离子有 Na^+、Mg^{2+}、Ca^{2+}(K^+ 较少),阴离子有 CO_3^{2-}、HCO_3^-、SO_4^{2-}、Cl^- 等。根据化学成分盐湖可分为碳酸盐湖、硫酸盐湖和氯化物盐湖等类型。

(1) 碳酸盐湖 其离子的主要成分是 Na^+、Mg^{2+}、Ca^{2+} // CO_3^{2-}、HCO_3^-、SO_4^{2-}、Cl^-;组成这种盐湖的基本体系为 Na^+ // HCO_3^-、CO_3^{2-}、SO_4^{2-}、Cl^-、H_2O。此盐湖水的主要特征反应是:①可使酚酞变红,呈明显的碱性反应;②加入盐酸有气泡产生;③加入10%硫酸镁溶液后可产生冻胶;④加入氯化钡溶液可生成白色沉淀,沉淀加入盐酸会产生气泡但不会完全溶解。

(2) 硫酸盐湖 其离子的主要成分是 Na^+、Mg^{2+}、Ca^{2+}、K^+ // SO_4^{2-}、Cl^-、HCO_3^-;组成这种盐湖的基本体系为 Na^+、K^+、Mg^{2+} // Cl^-、SO_4^{2-}、H_2O。此盐湖水的主要特征反应是:①当用水稀释后加入酚酞变红;②加入氯化钡溶液可生成白色沉淀,但沉淀加入盐酸不会产生气泡,也不溶解。

(3) 氯化物盐湖 其离子的主要成分是 Na^+、Mg^{2+}、Ca^{2+} // Cl^-、HCO_3^-;组成这种盐湖的基本体系为 Ca^{2+}、Mg^{2+}、Na^+ // Cl^-、H_2O。此盐湖水的主要特征反应是:①当用水稀释后加入酚酞变红;②加入10%硫酸镁溶液后生成石膏沉淀(需一定时间);③加入氯化钡溶液后略有浑浊。

在我国分布着各种不同的盐湖,例如运城盐池,其成分为 Na_2SO_4、$MgSO_4$、$NaCl$、

$CaSO_4$。它的存在使一个大型化工企业得以建成和发展。

3. 地下卤水

地下卤水含有大量镁、钾、钠的化合物及硫酸盐等化学物质，可用来提取钾盐、镁盐和溴化物等。我国的地下卤水分为黄卤和黑卤，其主要成分为 $NaCl$、$CaCl_2$、$CaSO_4$、$BaCl_2$、及 Li^+、K^+、Mg^{2+}、Br^-、I^- 等。

4. 石油井和天然气井水

石油井和天然气井水中含有大量的无机盐等物质，均可作为化工生产的原料。我国较好的油田井水的组成大致为 Na^+、K^+、Ca^{2+}、Mg^{2+}、Fe^{3+}、Li^+、Mn^{2+}、As^{3+}、NH_4^+ // Cl^-、SO_4^{2-}、HCO_3^-、Br^-、I^-、F^- 等。其中碘含量约为 27×10^{-6} kg/L（一般平均为 0.003%），虽然石油井和天然气井水中碘含量较低，但却是碘的主要来源。

三、工业废料

工业废料包括工业生产中排出的废气、废液、废渣（统称三废）。工业废料的利用既解决了环境的污染问题，又给化工产品的生产提供了原料。如硝酸生产的尾气（一氧化氮、二氧化氮）可制亚硝酸钠、硝酸钙等硝酸盐；用过磷酸钙（或萃取磷酸）生产过程中的含氟废气生产氟硅酸钠；纯碱生产中的废液可用来生产二水氯化钙等。

四、化工原料

基本无机化工的产品如酸、碱、盐、单质等均可作为精细无机化学品的原料。例如，高纯气体、超纯试剂、各种盐等精细无机化学品都是以化工产品为原料制得的。

五、农副产品及其他

各种植物壳如桐籽壳、棉籽壳、茶籽壳和葵花籽壳等，烧制成的草木灰（是碳酸钾、硫酸钾、氯化钾的混合物）可生产碳酸钾等；从海带中提取碘；用牡蛎壳生产活性钙等。

第三节 精细无机化工产品的主要生产过程

一、物料预处理过程

1. 固体物料（矿石）的粉碎

将固体物料在外力的作用下分裂为更小尺寸的小块或粉粒的操作，称为粉碎。它是破碎和磨碎的总称。破碎是用机械的方法使大块固体物料变成小块的操作；磨碎是使小块固体物料变成粉末的操作。粉碎的目的是减小固体的粒度（一般以100～300目居多）。

固体物质的粒径大小在生产中有着非常重要的意义。粉碎可增加固体物料的表面积，提高反应速率或溶解、浸取速率以及有利于干燥加工；可提高多组分物料混合的均匀度。粉碎还可有利于固体物料的应用，如粉末颜料、涂料等一般大于300目时才能保证产品的均匀性，否则影响产品的质量和生产效率等。

粉碎操作可分为干法和湿法两种。干法粉碎是指物料在粉碎过程中完全处于干燥的状态而没有任何液体参加。此法粉碎主要是依赖粉碎机械起作用，物料本身一般无任何摩擦和润滑作用。操作时产生粉尘，当粉尘和氧达一定比例，遇火燃烧、爆炸。该法粉碎度小。湿法粉碎是指物料在有水、油或其他润滑性的液体存在时进行粉碎（克服了干法的缺点，粉碎度高，但物料有时需干燥，故其操作要求高）。

2. 固体物料（矿石）的筛选

矿石原料进行化学加工前除需要粉碎外，还需要筛分、精选。筛分是指用尺寸不同的筛子将固体物料按所要求的颗粒大小分开的操作。而精选的目的则是要提高筛分后矿石的工业品位，以除去矿石中的杂质（以及含脉石等）。

精选是利用矿石中各组分之间在物理及化学性质上的差异而使有用成分富集的方法。精选方法有手选、光电选、摩擦选、重力选、磁选、电选和浮选等。其中使用较多的是手选、磁选和浮选。

（1）手选　手选是按矿石外表特征（颜色、光泽、形状等）进行选矿的简单方法，其只能部分地将明显的杂质挑去，提高一些矿石的工业品位，但不能达到完全精选的目的。此法需耗费大量人力，且适宜富矿、小规模生产。手选的粒度为 75～100mm。

（2）磁选　磁选（磁力选矿）是利用矿物颗粒间磁性的差异及它们在磁场中所受磁力的大小，进行矿物分离的选矿方法。一般分为强磁选和弱磁选，湿式和干式。

例如，磁铁矿的磁性相对于 Fe 的磁性为 40.18，而磁硫铁矿的磁性相对于 Fe 的磁性为 6.69，故利用其磁性差异可将二者分离。为了提高磁选效果，有时需将被选的矿物进行磁化（还原）焙烧，从而增强被选矿物的磁性。

（3）浮选　浮选（浮游选矿）是根据矿物不同物理化学性质，从矿浆（磨细矿石和水的混合物）中分选出浮起的一些矿物的方法。通常采用泡沫浮选。用化学药剂处理后，有些矿物的颗粒容易黏着于气泡而上浮，形成泡沫层，可以刮出。另一些矿物则留于矿浆中。

3. 矿石的热化学加工

此过程的目的是要改变矿石的物理化学性质，便于下一步处理或制取产品。常用的方法有煅烧、焙烧、烧结等。

（1）煅烧　是将物料加热到低于熔点的一定温度，使其分解，并除去所含结晶水、二氧化碳、三氧化硫等挥发性物质的过程。通过煅烧可使矿石变成疏松多孔的结构，便于进一步加工，如各种硼镁石的煅烧。通过煅烧也可制造产品如石灰石煅烧可制氧化钙等。

$$CaCO_3 \xrightarrow{940\sim1200℃} CaO+CO_2\uparrow$$

（2）焙烧　将矿石、精矿或金属化合物在空气、氯气、氢气等气流中配加（或不加）一定的物料，加热至低于炉料熔点，使之发生氧化、还原或其他化学变化的过程。目的是改变炉料中提取对象的化学组成与物理性质。常用方法有氧化焙烧、还原焙烧、氯化焙烧、硫酸化焙烧等。

① 氧化焙烧。矿石在低于其熔点的情况下氧化，如黄铁矿的氧化焙烧（空气过剩时的主反应）：

$$4FeS_2+11O_2 \xrightarrow{焙烧} 2Fe_2O_3+8SO_2\uparrow$$

② 还原焙烧。矿石在氢、一氧化碳、各种烃类、煤等还原剂存在下焙烧，使矿石中的有用成分还原，如重晶石矿的还原焙烧是生产各种钡化合物最经典、最重要、使用最广的方法；还有金属氧化物还原焙烧可制得金属等。

$$BaSO_4+4C \xrightarrow{1000\sim1250℃} BaS+4CO\uparrow$$

③ 氯化焙烧。借助于氯化剂（如 Cl_2、HCl、NaCl、$CaCl_2$ 等）的作用，使物料中的某些组分转变为气态或凝聚态的氯化物，从而与其他组分分离。如天然金红石矿的氯化焙烧：

$$TiO_2 + 2Cl_2 + 2C \xrightarrow{900℃} TiCl_4 + 2CO\uparrow$$

④ 硫酸化焙烧。使某些金属硫化物氧化为易溶于水的硫酸盐的焙烧过程，若 Me 代表金属，则其主要反应为

$$2MeS + 3O_2 \longrightarrow 2MeO + 2SO_2\uparrow$$
$$4MeO + 2SO_2 + O_2 \longrightarrow 2MeO \cdot MeSO_4$$
$$2MeO \cdot MeSO_4 + 2SO_2 + O_2 \longrightarrow 4MeSO_4$$

如一定组成下的铜的硫化物，在 600℃下焙烧时，可生成硫酸铜。

（3）烧结 是物料（矿石）配加其他氧化剂或还原剂，并添加助熔剂，在高于炉料熔点下发生化学反应的过程。如硼镁铁矿与纯碱在高温下烧结：

$$MgO \cdot FeO \cdot Fe_2O_3 \cdot B_2O_3 + 2Na_2CO_3 \longrightarrow MgO + FeO + 2NaFeO_2 + 2NaBO_2 + 2CO_2\uparrow$$

通过烧结还可以生产产品，如热法磷肥中的烧结钙钠磷肥、烧结钙镁磷肥等。

（4）热化学加工的影响因素

① 温度。一般来说，温度较高时可加快热化学加工的速率，但并不是无限提高温度，生产中要控制在一定温度范围内，防止熔结、结疤等不良现象的发生。

② 固体原料粒度。热化学加工是固-固、气-固间的反应，所以增加反应物的接触面积可提高反应速率，故应将矿物粉碎。颗粒过大，除接触面减少外，还会在未反应芯外部形成一层致密的产物层，物料还没反应完全就会被排出。但颗粒也不能过小，过小不但会增加矿石被粉碎的工作量，而且会增加除尘处理的工作量。

③ 热化学处理时，若在气-固（或液-固）间进行，气体向物料表面的扩散速率以及反应产生的气体由表面扩散到气相的速率是决定整个处理过程速度快慢的主要因素，而加搅拌可加快扩散速率，因此在处理过程中增加搅拌或采用沸腾炉可加快热化学加工的速率。

二、物料分离过程

在生产过程中提取产品、回收有效成分、清除杂质和有害物质的各种方法，称为分离。许多精细无机化工产品都是从天然原料、合成混合物或生产过程的产物及副产物中分离出来的，因此分离在很多领域有着极其重要的应用。常用的分离方法有沉降、过滤、萃取、浸取、膜分离等。在此简单介绍几种。

1. 萃取

用与之不相溶的溶剂将复杂溶液中的某种溶质分离出来的分离方法称为溶剂萃取（简称萃取）。它是利用各种组分在互不相溶的两液相间的溶解度不同所导致的分配系数差异，来实现组分分离。

（1）溶剂萃取的过程 在萃取过程中，液体混合物称为料液，其中欲提取的物质称为溶质，而用以进行萃取的溶剂称为萃取剂，萃取操作后的萃取剂为萃取液，经萃取出溶质以后的料液称为萃余液。

萃取操作过程包括三个步骤：料液和萃取剂充分混合并进行溶质的传递；萃取液和萃余液的分离；溶剂的回收。这可以通过不同的操作方式来实现，在较多的情况下，料液经萃取分离后还不能直接得到纯的产品，常需要进一步处理，如结合使用蒸馏、蒸发、结晶、干燥等操作才能达到目的。

① 单级萃取方式。单级萃取接触方式是料液与全部萃取剂在一级萃取器中进行萃取，达到平衡后，经分离可得到萃取液 L 和萃余液 R（如图 8-1 所示）。这种方法简单、设备投

资小、操作方便、灵活，适用于一些天然物质的简单分离。

② 多级错流萃取方式。这种方式是在每一萃取级中都依次加入萃取剂，再于各萃取级分别获得不同浓度的萃取液。其特点是萃取较为完全，溶剂耗量大，萃取液浓度低，工业上一般用得较少（如图8-2所示）。

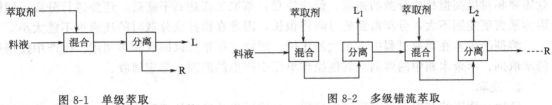

图 8-1　单级萃取　　　　　　　　　图 8-2　多级错流萃取

③ 多级逆流萃取方式。此方式是在第一级加入料液，末级加入萃取剂，产生的萃取液与萃余液逆向流动，具有分离效果较好、消耗溶剂量少、萃取液平均浓度较高的特点，生产上应用较多（如图8-3所示）。

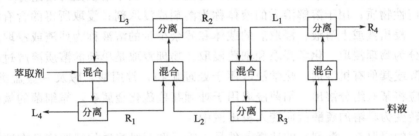

图 8-3　多级逆流萃取

(2) 溶剂萃取工艺条件的选定

① 萃取剂的选择。这是萃取操作的关键，萃取剂选择的一般原则为：萃取剂应具有较高的选择性和较高的萃取容量；萃取剂与料液的互溶性要低，与料液有一定的密度差，易于分相；熔点要低，沸点不宜太高，相对密度要小，黏度要低，腐蚀性要低，化学及热稳定性要好；萃取剂的挥发性要低，毒性要小，价廉易得，回收方便。较常用的萃取剂有丁醇、乙酸乙酯、乙酸丁酯和乙酸戊酯等。

② 体系pH。在萃取操作中，体系pH的正确选择是很重要的，特别对于弱酸或弱碱性物质，pH会影响其在两相中的分配，而这又直接关系到产品的收率；同时体系pH也将影响物质的化学稳定性，特别是一些生化物质的活性有可能受到影响。

③ 体系温度。体系温度较高时将使一些物质的稳定性降低；同时温度也会影响溶质在两相中的分配；另外，在高的温度下，萃取剂与料液的互溶度将增大而影响萃取的效果，故萃取一般应在较低的温度下进行。

④ 添加剂的影响。有时添加稀释剂用以改善萃取剂的某些性能，如减小黏度，降低密度，以利于两相的分离流动。稀释剂大多是不与被萃取组分发生化学反应的惰性溶剂，它常与萃取剂混合后使用，使用较多的有煤油、二甲苯等。加入盐析剂如氯化钠、氯化铵及硫酸铵等，可能会与水分子结合而减少游离水分子的浓度，降低物质在水中的溶解度，提高萃取率；盐析剂能降低萃取剂与料液的互溶度，提高分离效果；盐析剂还能使萃余液的密度增大，有助于分离。有时还可添加其他试剂来消除某些萃取过程中可能产生的第三相，并抑制两相之间乳化现象的产生，如5%～10%的醇、酚、磷酸三丁酯（TBP）等含极性基的溶剂作添加剂。但添加剂的用量应控制在最佳的范围，否则会引入杂质而影响产品纯度。

⑤ 搅拌与分散。由于萃取过程中，液相之间密度差一般较小，而黏度和表面张力较大，要使萃取过程进行得比较完全，就应尽量增大两相间的传质面积，即让其中一相高度分散于另一相中，或两相均使液滴细化，通过充分的接触而实现传质，提高萃取过程达到平衡的速度。一般对表面张力较小的体系，可采用较低的搅拌或分散速度，而表面张力较大的体系，就需要相对提高搅拌或分散的速度。但应注意：萃取过程达到平衡后，还要进行分离，同样因体系密度差别不大，分离需要的时间将很长，因此在搅拌或分散时的液滴也不能太小。

溶剂的成本在萃取过程中占很大的比例，因此应尽量加以回收和再利用。生产中使用过的萃取剂、萃余水相中的溶剂及其他操作单元中产生的溶剂，都应回收。

2. 浸取

浸取又称固液萃取，也常称浸出过程。是用适当的溶剂处理固体物料，选择性地溶解固体物料中的一种或几种组分（或有价金属），使之与固体物料中不溶解的组分分离的过程。浸取所处理的物料，有天然的或经火法处理的矿物，也有生物物质，如植物的根、茎、叶、种子等。进行浸取的原料是溶质与不溶性固体的混合物，其中溶质是可溶组分，而不溶固体称为载体或惰性物质；用于溶解溶质的液体称为溶剂或浸取剂；浸取所得的含有溶质的溶液称为溢流液、浸出液或上清液；浸取后的载体和残余少量的溶液称为残渣或浸取渣。

浸取可分为物理浸取、化学浸取和细菌浸取。物理浸取是单纯的溶质溶解过程，所用的溶剂有水、醇或其他有机溶剂。化学浸取用于处理矿物，常用酸、碱及一些盐类的水溶液，通过化学反应将某些组分溶出。细菌浸取用于处理某些硫化金属矿，靠细菌的氧化作用将难溶的硫化物转变为易溶的硫酸盐而转入浸出液中。

浸取过程的浸取剂（溶剂）的选择条件是：①浸取剂对溶质的浸取应具有选择性，以减少浸出液精制的费用；②对溶质的饱和溶解度大，可得到高浓度浸出液，再生时消耗的能量小；③要考虑浸取剂的物性。从浸取剂的回收看，沸点应低一些，如常压下操作，沸点将成为浸取温度的上限，浸取液的黏度、密度对扩散系数、固液分离、搅拌的动力消耗均有影响；④浸取剂的价格、毒性、燃烧性、爆炸性、腐蚀性等有关性质。

浸取操作包含至少三个主要过程：①原料与浸取剂的充分混合和良好的液固接触，使可溶组分转入液相，成为浸出液；②浸出液与不溶固体（残渣）的分离；③浸出液的提纯与浓缩，使溶质与溶剂分离而获得溶质以及溶剂的回收处理。

浸取速率受以下因素影响：温度、浸取剂浓度、粒径大小、搅拌速率等。①颗粒大小。减小颗粒度，可增大接触面积，提高浸取速率；但也并非愈细愈好，颗粒过细，会增加液体黏度，从而降低浸取的速率，而且还增加了粉碎的成本。②浸取剂浓度。浸取剂浓度提高，可提高浸取的速率；但也不宜过高，否则不但在经济上不利，也会使进入溶液的杂质过多。③浸取的温度。升高温度可提高浸取速率，但温度也不宜太高，对由扩散控制的浸取过程，提高温度浸取速率增加不多，却明显增加了杂质的含量。④搅拌速率。浸取过程加搅拌，一是使浸取剂迅速接近固体表面，反应物迅速到达溶液主体；另一个作用是使扩散层减薄。扩散层厚度与搅拌速率成反比，但即使最强烈的搅拌也不能使扩散层厚度等于零，这是由于靠近固体表面的溶液与固体颗粒之间有牢固的吸附力，扩散层不会完全消失，随搅拌速率的增加可减少到一个极限值，之后再增加搅拌速率不但不会增加浸取速率，有时会降低浸取速率。这是因为剧烈的搅拌会使细小颗粒随液体一起运动，或使离心力加大，从而产生固液分离。所以搅拌速率有一个最佳范围，此值可由实验来确定。

3. 膜分离

膜分离是以选择性透过膜为分离介质，在膜两侧一定推动力的作用下，物料中的某组分选择性地透过膜，使混合物得以分离，从而达到提纯、浓缩等目的的分离过程。膜分离工艺与传统分离相比具有以下特点：膜分离过程中大多不发生相的变化，因此能耗较低；膜分离工艺多在常温下进行，特别适合热敏性物料；膜分离本身没有运动部件，可靠性高，工艺和操作简便，维护和控制容易，规模大小灵活，环境污染小，因而适用面很广。

分离膜按物态可分为固膜、液膜和气膜三大类，其中固膜是目前应用最多的。固体膜有高分子聚合物膜和无机材料膜。高分子聚合物膜通常是用纤维素类、聚酰胺类、聚酯类、含氟高聚物等材料制成；无机材料膜包括陶瓷膜、玻璃膜、金属膜和分子筛炭膜等。

对膜分离过程的推动力可以是膜两侧的压力差、浓度差、电位差或温度差。表 8-1 列出了几种主要膜分离过程的基本特征。

表 8-1 膜分离过程

过程	示意图	膜类型	推动力	传递机理	透过物	截留物
微滤 MF	原料液→□→滤液	多孔膜	压力差 <0.1MPa	筛分	水 溶剂 溶解物	悬浮物 各种微粒
超滤 UF	原料液→□→浓缩液/滤液	非对称膜	压力差 0.1～1MPa	筛分	溶剂 离子 小分子	胶体及各类大分子
反渗透 RO	原料液→□→浓缩液/溶剂	非对称膜 复合膜	压力差 2～10MPa	溶剂的 溶解-扩散	水 溶剂	悬浮物 溶解物 胶体
电渗析 ED	阳极/阴极 阴膜/阳膜 原料液 浓电解质/溶剂	离子交换膜	电位差	离子在电场中的传递	离子	非解离和大分子颗粒
气体分离 GS	混合气→□→渗余气/渗透气	均质膜 复合膜 非对称膜	压力差 1～15MPa	气体的 溶解-扩散	易渗透 气体	难渗透 气体
渗透汽化 PVAP	原料液→□→溶质或溶剂/渗透蒸汽	均质膜 复合膜 非对称膜	浓度差 分压差	溶解-扩散	易溶解 或易挥 发组分	不易溶解 或难挥发 组分
膜蒸馏 MD	原料液→□→浓缩液/渗透液	微孔膜	由于温度差而产生的蒸气压差	通过膜的扩散	高蒸气压的挥发组分	非挥发的小分子和溶剂

超滤和微滤都是被分离的混合溶液在外界压力的作用下，以一定的速度流过有一定孔径

的过滤膜表面时，溶剂、溶液中的无机离子、低分子量物质透过膜表面，即为渗透液；而溶液中的高分子和大分子物质、胶体等被膜截留下来，即为浓缩液。

反渗透的机理与超滤、微滤相似只是膜的孔径不同。

电渗析分离是在支流电场中以电位差为推动力，通过离子交换膜（用高分子材料合成的含有离子交换基团的薄膜）的选择透过性而实现的分离过程。

气体膜分离是在压力的推动下，混合气体中各组分在透过分离膜时由于传递速率不同，而达到分离的目的。

三、物料精制过程

许多精细无机化学品是以普通的化工产品为原料，经过不同的精制纯化工艺而制得的。而另一些产品，虽然不能直接由精制纯化的方法获得，但在其生产工艺过程中要用到纯化的方法来获得半成品。故精制工艺是深加工中最常采用的方法之一。精制的方法分为物理法和化学法，其中又包括许多种不同的工艺，在此仅讨论几种最常用的精制纯化方法。

1. 沉淀

沉淀是利用某种方式使需要合成的产品或杂质在溶液中的溶解度降低而形成固体沉淀，其中加入沉淀剂使之形成沉淀的方法是最常采用的。沉淀工艺既可用于许多沉淀性难溶产品的合成，在合成中除去可溶性杂质；也适用于提纯许多可溶性的固体物质，使杂质以难溶沉淀的形式除去。二者的目的都是除去杂质，提高产品的纯度及质量。

沉淀形成过程，首先是离子或分子互相碰撞形成微小的晶核；然后溶液中的沉淀离子在静电引力作用下向晶核表面扩散，并按一定的顺序排列在晶格上，晶核就逐渐长大成为沉淀。任何影响沉淀形成过程的因素，都将影响沉淀提纯工艺的效果。

影响杂质沉淀的因素有如下。

（1）同离子效应　加入含有共同离子的物质，能使难溶电解质的溶解度降低的现象，此现象能使沉淀的溶解度明显下降，使杂质的沉淀更完全。

（2）盐效应　由于强电解质的存在使沉淀的溶解度增大的现象，此现象能使杂质沉淀溶解度增大而不利于除杂完全，它与同离子效应的作用相反。因此，在用过量沉淀剂除杂质时，其加入量不能太多，否则盐效应会起主导作用而导致相反的结果。

（3）酸效应　溶液的酸度对沉淀的影响称为酸效应。对不同类型的沉淀，酸效应的影响程度不同，其中受影响最大的是弱酸盐沉淀。

（4）络合效应　在沉淀过程中由于生成了络合物而使沉淀的溶解度大幅度增大的现象，某些沉淀剂能与金属离子生成络合物，由于络合物的溶解度较大，可以导致沉淀溶解。故沉淀剂使用一定要适量。

（5）沉淀颗粒的大小及形态　大颗粒沉淀溶解度小一些，稳定性好；而小颗粒的沉淀，稳定性较差，其溶解度较大。有些物质的结晶形态存在着两种情况，亚稳态和稳态，而二者的溶解度不同，稳态沉淀的溶解度较低。

（6）温度　沉淀的溶解度随温度的上升而增大，但沉淀的性质不同，温度所产生的影响也不同。故在生产中应选择适合的温度进行沉淀和分离。

（7）沉淀剂　要求能生成溶解度小的难溶物；不带入其他杂质；工艺简短、无毒、价廉、易得。

2. 离子交换

离子交换是采用离子交换树脂，将溶液中的物质选择性地吸附（溶液中的某些离子与交换树脂中的同性离子发生交换作用），然后用适宜的洗脱剂将吸附物从树脂上洗脱下来，达到提纯分离和浓缩的目的，并且洗脱后的树脂可反复再生使用。离子交换工艺广泛应用于水的软化、去离子水的制备、稀土元素的分离以及各种类型物质、产品和中间产品的盐转换、脱色、脱盐、去除有害毒素、回收和分离富集贵重物质等。

(1) 离子交换树脂的结构和分类　离子交换树脂一般是通过交联剂将线性的有机分子联结在一起，形成多孔性网状有机高分子，由此构成了树脂的三维空间立体结构骨架（如以二乙烯苯作交联剂，苯乙烯分子聚合在一起，形成交联了的聚苯乙烯骨架）；骨架上固定联结着不能移动的功能基，即活性基团（如$-SO_3H$、$-NH_2$等）；活性基团上又带有具相反电荷的活性离子（如在水中$-SO_3H$可离解出H^+、$-NH_2$可离解出OH^-），活性离子可以在网络骨架和溶液间自由移动。按活性基团的种类将离子交换树脂分为阳离子交换树脂、阴离子交换树脂和其他种类的树脂。

① 阳离子交换树脂。阳离子交换树脂的活性基团能解离出阳离子，而其作为交换离子可与溶液中的其他阳离子发生交换。阳离子交换树脂相当于高分子多元酸，又分为强酸性与弱酸性两种。

② 阴离子交换树脂。阴离子交换树脂的活性基团能解离出阴离子，而其作为交换离子可与溶液中的其他阴离子发生交换。阴离子交换树相当于高分子多元碱。又分为强碱性和弱碱性两种。

其他种类树脂还有能与金属离子形成螯合基团，并对某些金属离子具有优异选择性的螯合性交换树脂；同时含有酸性和碱性基，可以在不同条件下进行两性交换的两性交换树脂；以及可促使电子转移，起氧化还原作用的氧化还原树脂等。

(2) 离子交换树脂的性能　主要有物理性能和化学性能。

① 物理性能。外观为白色、黄色、黑色及赤褐色等透明或半透明物质，一般为球状小颗粒，也有纤维状或粉状。球状制造简单、表面积大、使用时填充状态好、流动容易均匀、利于交换，且在正常情况下有较长的使用寿命；粒度一般为0.3～1.2mm，多数在0.4～0.6mm之间。颗粒愈小，交换速度愈快，但流失也大，反洗困难，且液体在其内的流动阻力较大。大颗粒适用于高流速及有悬浮物的液相，小颗粒则常用于色谱柱和稀土金属的分离。干树脂密度称为真密度。树脂在水中充分膨胀时的堆积密度为视密度。视密度一般为0.60～0.85g/mL。离子交换树脂含有大量的亲水基团，与水接触时会吸水膨胀；树脂中的离子变换时，也会因离子直径的增大而发生膨胀。在离子交换装置的使用中，必须考虑树脂的膨胀度带来的树脂体积变化。

② 化学性能。离子交换树脂所含活性基团的酸碱度会影响树脂的交换能力。离子交换容量是表征树脂活性基数量的重要参数，是树脂进行交换反应性能的体现，它是指每千克干树脂或每升湿树脂所能交换的离子的物质的量。一般有总交换容量（表示每单位数量树脂能进行离子交换反应的化学基团的质量）、工作交换容量（在某一指定的应用条件下，树脂表现出来的离子交换能力，即树脂在工作时的实际交换容量）和再生交换容量（在一定的再生剂量条件下所取得的再生树脂的交换容量，表明树脂中原有化学基团再生复原的程度）等表达方式。

(3) 离子交换过程、影响因素与离子交换树脂的选择吸附性

① 离子交换过程。一般的离子交换过程可分为五个阶段：a. 溶液中要交换的离子穿过静液层扩散到树脂表面（称膜扩散，属于外扩散）；b. 穿过树脂的半透膜表面，扩散到树脂网孔内部的活动中心（称为孔内扩散或内扩散）；c. 与树脂网孔内部的活性基团上带相同电

荷活性离子进行极快的交换反应（交换）；d. 被交换下来的离子自树脂内部的活动中心扩散到树脂表面，穿出半透膜，进入静液层（称为表面扩散，属于内扩散）；e. 穿出静液层并离开树脂表面而扩散到溶液中（外部扩散即外扩散）。

② 影响交换速率的因素。由上可知，扩散速率是决定交换的主要因素，而扩散速率又与溶液浓度、离子、温度、树脂粒度、交联度以及溶液状态有关。交联度低的树脂膨胀率高，树脂内部的网孔相对较大，扩散就较容易；树脂颗粒度的减小有利于扩散从而提高交换速率；温度上升，交换速率加快；离子的价态越高，带相反电荷的活性基团间的库仑引力越大，扩散速率就越小；离子半径小，交换速率较快；溶液浓度较低（0.001mol/L）时为外扩散控制，交换速率随浓度的增加而增大，增大到 0.01mol/L 时，转变为内、外扩散控制，交换速率随浓度的增大增加较慢，溶液浓度再增加则为内扩散控制，交换速率已达极限值，不再随浓度增大而增加；在外扩散时，增加搅拌速率会使交换速率增加，但增加到一定值，交换速率将不再增加。

③ 离子交换树脂的吸附选择性

(a) 阳离子交换树脂的吸附选择性。化合价愈高的离子被交换吸附愈强；若价态和类型相同时，半径小的离子易被吸附。一些阳离子被吸附的顺序为：

$$Fe^{3+}>Al^{3+}>Pb^{2+}>Ca^{2+}>Mg^{2+}>K^+>Na^+>H^+$$

对碱金属和碱土金属离子，强酸性阳离子交换树脂对它们的交换吸附顺序为：

$$Cs^+>Rb^+>K^+>Na^+>Li^+；Ba^{2+}>Sr^{2+}>Ca^{2+}>Mg^{2+}$$

弱酸性阳离子交换树脂对它们的交换吸附顺序为：

$$Li^+>Na^+>K^+>Rb^+>Cs^+；Mg^{2+}>Ca^{2+}>Sr^{2+}>Ba^{2+}$$

(b) 阴离子交换树脂的吸附选择性。在稀溶液中，酸的价数愈高，越易被吸附。强碱性阴离子交换树脂可以吸附电离常数大于 10^{-10} 的酸根，其对无机酸根吸附的一般顺序为：

$$SO_4^{2-}>NO_3^->Cl^->HCO_3^->OH^-$$

弱碱性阴离子交换树脂一般只能吸附电离常数大于 10^{-5} 的酸根，其对阴离子吸附的一般顺序为：

$$OH^->C_6H_5O_7^{3-}>SO_4^{2-}>C_4H_4O_6^{2-}>C_2O_4^{2-}>PO_4^{3-}>NO_2^->Cl^->CH_3COO^->HCO_3^-$$

离子交换树脂的吸附选择性除受到树脂及被交换离子影响外还与其他因素有关。溶液的 pH 对酸、碱性较弱的树脂的交换能力影响很大，其选择性也就很强；溶液的 pH 还会影响弱酸、弱碱或两性被交换物质的性质，甚至改变离子的电离度或电荷性质而使交换反应发生质的变化。

树脂的交联度对吸附选择性影响也较大。通常，交联度高的树脂对离子的选择性较强，大孔径树脂的选择性小于小孔径凝胶型树脂。这种选择性在稀溶液中较大，在浓溶液中较小。提高树脂的交联度，可使树脂具有能将大分子离子与无机小分子离子分离的能力（称为"离子筛"法）。另外，有机溶剂的影响也不可忽视，因为离子交换树脂在水和有机溶剂中的行为是不同的。有机溶剂可使树脂发生收缩，结构变得更紧密，从而降低了对有机大离子的吸附能力，相对提高了吸附无机离子的能力；有机溶剂可降低离子的溶剂化，特别对易水化的无机离子，增大了其裸离子的比例；有机溶剂会降低物质的电离度，特别对有机物的影响更为明显。因此，在有机溶剂存在时，可提高树脂分离有机和无机物质的能力。实际上，可在洗涤剂中添加适当的有机溶剂，以洗脱难以脱除的有机物质。

四、其他过程

精细无机化学品生产除采用以上过程外，还常用到其他化工单元操作过程，如蒸发、干燥、结晶、混合等，现简单介绍如下。

1. 蒸发

将含有不挥发性溶质和挥发性溶剂组成的溶液进行浓缩的过程称为蒸发。其仅是从溶液中分离出部分溶剂，而溶质仍留在溶液中，因此，蒸发操作是一个使溶液中的挥发性溶剂和不挥发性溶质分离的过程。

按操作温度可将蒸发分为在沸点温度下的沸腾蒸发和低于沸点温度下的自然蒸发两大类。沸腾蒸发效率高，具有生产价值，是工业生产常用的溶液浓缩方式。蒸发就是不断地向溶液提供热能（生产中最常用的是水蒸气），并使之保持沸腾状态，其中的溶剂就不断被汽化并除去而达到浓缩的目的。按操作压力可分为常压蒸发、加压蒸发和减压（真空）蒸发。减压蒸发效率高、热量损失小，可以利用低压蒸汽，对热敏性的溶液也适用。

蒸发过程属于传热过程，溶液的性能和热能的有效利用是蒸发过程的关键。在生产工艺中对不同的料液应选择适当的蒸发方法和设备。蒸发操作流程根据对蒸发操作中产生的二次蒸汽的利用方法，可分为单效蒸发流程和多效蒸发流程两类。

单效蒸发流程不再利用溶液蒸发时所产生的二次蒸汽（直接排放或在冷凝器中冷凝）。其设备简单、投资少，但热能利用率相对较低，适用于小规模生产。

多效蒸发流程是将生产中产生的二次蒸汽加以利用，依次作为下一效蒸发器的加热蒸汽。一个蒸发器称为一效，多个蒸发器串联构成多效蒸发器。常用的为 2～4 效多效蒸发器。此流程降低了能源消耗，适用于大规模生产。

2. 干燥

干燥是在加热的条件下，利用热能除去固体物料中溶剂的操作。将湿物料中的溶剂去除的方法有很多种：机械法是采用压滤、抽吸、过滤和离心分离等方法除去湿分，这种方法只适用于不需要将湿分完全去除的场合；化学去湿法是用石灰石、硫酸、无水硫酸钙等吸湿性物料除去湿（水）分，但此法费用高、操作麻烦，只适用于小批量固体生产物料去湿或除去气体中的水分。化学去湿法较为完全、规模灵活、干燥器投资和维修费用小、便于操作，生产中常常与机械去湿法结合使用，可达到经济有效的目的。

根据供热方式的不同，可将干燥分为传导干燥、对流干燥、辐射干燥和介电加热干燥等。传导干燥是热能（通过固体壁）以传导方式传给湿物料，此过程热能的利用程度较高。对流干燥是热能以对流方式由热气体（常用空气）传给与其直接接触的湿物料，在此过程中，热空气的温度调节比较方便，物料不至于被过热。辐射干燥是由辐射器发射出电磁波，入射至湿物料表面被其所吸收而转变为热能，将湿（水）分加热汽化而达到干燥的目的。此种方法电能消耗较大。介电加热干燥是将湿物料置于高频电场中，高频电场的交变作用使物料加热而干燥。目前，应用最普遍的是对流干燥。

保证对流干燥过程进行的物理条件是湿物料表面所产生的湿（水）蒸气压力必须大于空气（或其他气体）中的湿（水）蒸气分压。二者的压力差就是湿（水）分汽化的推动力。此推动力越大，干燥速度越快，故在干燥过程中必须及时将汽化的湿分带走，以保持一定的汽化推动力。压力差为零，则过程达动态平衡，干燥即停止进行。对流干燥是属于传热（热能由热气流传到物料表面，再由表面传到物料内部）和传质（湿分由物料内部扩散到热气流）相结合的操作过程。对流干燥只能除去物料表面的附着水和少量结合水（如多孔固体的毛细管中留有的水分等），很难除去结晶水。

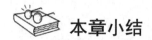

本章小结

1. 精细无机化工是指精细化工当中精细无机化学品的生产。随着精细化工的兴起使无机盐工业的面貌逐步发生了改变，从而使精细无机化学品在近代科技领域中获得了更广泛的应用。

2. 精细无机化学品生产所用的原料有化学矿物、各种天然含盐水、工业废料、化工原料、农副产品及其他。

3. 精细无机化工产品的主要生产过程：物料预处理过程、物料分离过程、物料精制过程及其他过程。其中物料预处理过程，包括固体物料（矿石）的粉碎、筛选、热化学加工；物料分离过程，主要有萃取、浸取、膜分离；物料精制过程，主要有沉淀、离子交换；其他过程，包括蒸发、干燥等。

复习思考题

8-1 简述精细无机化工产品的主要生产过程。
8-2 煅烧和焙烧有何异同点？
8-3 萃取剂选择的一般原则是什么？
8-4 浸取速率受哪些因素影响？
8-5 影响杂质沉淀的因素有哪些？
8-6 何为矿石原料的精选？精选方法有哪些？
8-7 确定萃取工艺条件时，应注意哪些因素？
8-8 去除湿物料中溶剂的方法有哪些？各有何特点？

阅读材料

新型膜分离式酶解反应器

膜分离技术是以选择性半透膜（天然的或合成的、有机的或无机的）作为膜滤介质，以外界能量或化学位差为推动力（化学力、压力、电场等），对双组分或多组分混合物或溶液进行分离、分级或提纯的方法。膜分离技术依据传质驱动力、分离机理及所用膜的类型不同，可实现微滤（MF）、超滤（UF）、反渗透（RO）、透析、电渗析、气体分离等。

膜分离式酶解反应器是一种新型反应器，它是在传统的连续釜式反应器的外部，再设置一套超滤膜组件，将两者串联使用，已成功地进行了血浆蛋白的酶解和菊糖酶解生成果糖的模拟实验。

采用这种联合装置进行酶解反应时，由于超滤膜对大分子的酶和底物起截留作用，故从反应器流入膜组件的混合溶液中，相对分子质量小的酶解产物能透过超滤膜，排出反应系统，而大分子的底物和酶被截留，随循环液得以回收利用或处理排放。超滤膜组件多为平板膜，有时为增大过滤面积而采用中空纤维膜或多根管状膜。

在酶工程领域内，应用膜分离技术的酶解反应器与其他形式的酶反应器相比有如下优点：

① 可从反应混合物中连续而有选择性地移出反应产物；

② 可将具有抑制性的产物通过膜不断地滤出，减小了反应中的产物抑制现象，可获得比其他反应器更高的反应速率和转化率；

③ 在多相系统中，若膜能将产物截留，则在流出的物料中便可得到富集的产物；

④ 对大分子水解时，膜的适当截留可以对水解产物的相对分子质量进行控制，使渗透液中相对分子质量小的物质增多，反应器内相对分子质量大的物质浓度增大，加大水解程度。

第九章 现代精细无机化工生产方法简介

学习目标

1. 掌握现代精细无机化工生产方法中超细化、单晶化、非晶化、表面改性化、薄膜化、纤维化的具体方法及工艺。
2. 理解精细化工生产方法中所采用的不同方法。
3. 了解现代精细无机化工生产方法中各特殊工艺的特点，以及精细无机化合物的特殊功能。

众所周知，无机化合物的种类是有限的。但目前无机精细化学品在诸多领域的应用越来越广，这不是因为又开发出了新的化合物，而是采用了众多的、特殊的、精细化的工艺技术。或是对现有的无机物在极端的条件下进行再加工，从而改变物质的微结构，产生了新功能的结果。例如碳酸钙是一种普通的无机化合物。近年来，工程技术人员将化学方法和物理方法结合，控制碳酸钙晶体的结构形态和粒径大小，并进行表面改性处理，已使碳酸钙由单一发展为微细、超微细的改性的系列产品，适应了橡胶、塑料、造纸、涂料、日化、汽车等各种不同工艺用户的不同需要。碳酸钙粒径小于 $0.09\mu m$ 时，在 PVC 涂料中呈现明显的触变性，广泛应用于汽车底盘防石击涂料。超高纯碳酸钙则在电子材料工业中用于集成电路板、陶瓷电容器、微波介电体、压电陶瓷、固体激光材料的制作，在光学材料工业中它可用于制造高纯氟化钙、光学结晶体、荧光材料、新型玻璃、红外线透过材料、光纤维；在传感器材料中用于温度传感器为主的气体传感器、露点传感器、热敏电阻、氧气传感器等的制造；碳酸钙也用作试剂，特需的烧结助剂等。

随着科学技术的发展，无机化合物许多潜在的特殊功能将被人们所发现。就目前所开发的新功能而言，与之相应的特殊工艺概括起来有超细化、纤维化、薄膜化、表面改性化、单晶化、多孔化、高纯化、非晶化、高密度化、高聚合化、非化学计量化、化合物的复合化等。本章将简单介绍几种特殊工艺，便于大家了解其赋予无机化合物的特殊功能。

第一节 超 细 化

固态是物质存在的一种形态，且任何一种固态物质都有一定的形状和大小。通常粉末或细颗粒是指粒径在 1mm 以下的固态物质。而通过超细化可使颗粒转变为超细粉体，从而改变其性质。超细粉体按大小可分为微米级、亚微米级和纳米级粉体。通常将粒径在 $1\sim100\mu m$ 的粉体称为超细粉体或微米材料；粒径在 $0.1\sim1\mu m$ 的粉体称为亚微米粉体（材料）；粒径为 $0.001\sim0.1\mu m$ 之间（即 $1\sim100nm$）的粉体称为纳米粉体（材料）。可见，超细粉体是介于大块物质与原子或分子之间的中间物质状态，是人工获得的由数目较少的原子或分子组成的，保持了原有物质的化学性质，而处于亚稳态的原子或分子群，它在热力学上是不稳定的。

超细粉体与一般粉末相比较，具有熔点低、化学活性高、磁性强、热传导好、对电磁波的异常吸收等奇特的性质。这是由超细粉体的"尺寸效应"和"界面与表面效应"等所引起的。由于超细粉体具有奇特的性质，其构成的各种材料也呈现出如下的宏观物理性能：①高强度和高韧性；②高热膨胀系数、高比热容和低熔点；③奇特磁性；④极强的吸波性；⑤高扩散性。

目前，国内外通常将超细粉体的制备方法分为物理法和化学法两大类。颗粒度为微米级的多用物理法，即颗粒由大到小的粉碎过程；对纳米级的多用化学法，即颗粒由小到大的生成过程。物理法又分为粉碎法和构筑法；化学法又分为沉淀法（溶液反应法）、气相反应法等。粉碎法是借用各种外力，如机械力、流能力、化学能、声能、热能等使物料的固体块料粉碎成超细粉体；构筑法是通过物质的物理状态变化来生成超细粉体（如气体蒸发法、溅射法、等离子体法等）。化学法是制备超细粉体的一种重要方法。其中沉淀法、气相反应法等目前在工业上已大规模用来制备微米、亚微米或纳米粉体。

近来有些学者认为，虽然粉碎法在制备过程中没有化学反应发生，但这种粉碎技术在不断研究的过程中进行了各种改进；且发现机械力给颗粒输入了大量机械能，引起了晶格畸变、缺陷乃至纳米微晶单元出现等一系列的物理化学变化。在新生表面上有不饱和价键和高表面能的聚集，呈现较强的化学活性，使以机械力化学为基础的粉体改性研究和超细粉碎技术得到了越来越多的应用。而在化学合成的工艺中也常涉及物理过程和技术，如干燥、超声波分散、微波加热等。因此，可按照反应物所处物相和超细粉体生成的环境来分类，将其分为气相法、液相法和固相法三大类。

气相法包括低压气体中蒸发（气体冷凝）法、流动液面上真空蒸发法、溅射法、化学气相沉积法、等离子体法、化学气相运输（转移）反应法。液相法又有沉淀法、水热法、胶体法、微乳液法和微波合成法五类，且每一类中又有很多种方法。固相法包括高温固相合成法、自蔓延燃烧合成法、低温燃烧合成法、机械合金化技术、室温和低热温度固相反应合成法以及冲击波化学合成法。随着科学技术的发展，为了适应各个领域对超细粉体的特殊要求，超细粉体制备工艺也将越来越多样化。本节就现用超细粉体的制备技术（超细化）简单介绍几种。

一、气相法

气相法较多地使用在纳米级别的粉体或薄膜的制备。由气相法合成的纳米颗粒具有纯度高、粒度细、分散性好、组分易于控制等优点。按构成物质的基本粒子是否由化学反应形成，将气相法大致分为物理方法（主要指蒸发-凝结法等）和化学方法（主要指化学气相沉积法等）。

1. 蒸发-凝结法（气体冷凝法）

蒸发-凝结技术又称惰性气体冷凝技术（简称IGC），是通过适当热源使可凝物质在高温下蒸发，然后在惰性气体氛围下骤冷从而形成超细颗粒。由于颗粒的形成是在很高的温度梯度下完成的，因此可得到很细的颗粒（小于$0.1\mu m$），且颗粒的团聚、凝聚等形态特征可以得到良好控制。这种方法的装置不仅可用来制取超细颗粒，还可以在这个真空装置中采用原位加压法制备具有清洁界面的纳米材料。

2. 溅射法

溅射法是利用了半导体领域的物理成膜法（PVD）中的溅射成膜方法来制备超细粉体

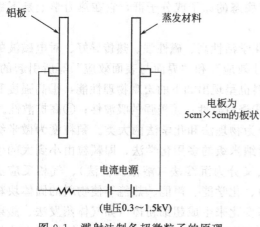

图 9-1 溅射法制备超微粒子的原理

的。其制备原理如图 9-1 所示。

用两块金属板分别作为阳极和阴极，阴极为蒸发用的材料，在两极间充入 Ar（40～250Pa），两极间施加的电压范围为 0.3～1.5kV。由于两极间的辉光放电使 Ar 离子形成，在电场的作用下 Ar 离子冲击阴极靶材表面，使靶材原子从表面蒸发出来形成超微粒子，并在收集超微粒子的附着面上沉积下来。

粒子的大小及尺寸分布主要取决于两极间的电压、电流和气体压力。靶材的表面积愈大，原子的蒸发速度愈高，超微粒的获得量愈多。

用溅射法制备纳米微粒有以下优点：①可制备多种纳米金属，包括高熔点和低熔点金属，而常规的热蒸发法只能用于低熔点金属制备；②能制备多组元的化合物纳米微粒，如 $Al_{52}Ti_{48}$、$Cu_{91}Mn_9$ 及 ZrO_2 等；③通过加大被溅射的阴极表面可提高纳米微粒的产量。

3. 化学气相淀（沉）积法

化学气相沉积（简称 CVD）是指利用气体原料在气相中通过化学反应形成基本粒子并经过成核、生长两个阶段合成薄膜、粒子、晶须或晶体等固体材料的工艺过程。它作为超细颗粒的合成具有多功能性、产品高纯性、工艺可控性和过程连续性等优点。由于 CVD 可以在远低于材料熔点的温度下进行纳米材料的合成，因此在非金属粒子和高熔点无机化合物的合成方面几乎取代了 IGC 方法。最初的 CVD 反应器是由电炉加热的，这种热 CVD 技术虽然可以合成一些材料的超细颗粒，但由于反应器内温度梯度小，合成的粒子不但粒度小，而且易团聚和烧结，这也是热 CVD 合成纳米颗粒的最大局限。

人们在此基础上又开发了多种制备技术，其中较普遍的是等离子体 CVD 技术。它利用等离子体产生的超高温激发气体发生反应，同时利用等离子体高温区与周围环境形成巨大的温度梯度，产生急冷作用得到纳米颗粒。由于该方法气温容易控制，可以得到很高纯度的纳米颗粒，它特别适合制备多组分、高熔点的化合物〔如 Si_3N_4+SiC、$Ti(NC)$ 和 $TiN+TiB_2$ 等〕。

二、液相法

如前所述在液相中进行超细粉体的制备方法有五类，即沉淀法、水热法、胶体法、微乳液法和微波合成法。其中沉淀法包括均相沉淀法、共沉淀法、化合物沉淀法、草酸盐沉淀-热分解法和熔盐法；水热法又有水热氧化法、水热沉淀法、水热结晶法、水热合成法、水热脱水法和水热阳极氧化法之分；胶体法可分为溶胶法（相转移法）、相转变法、气溶胶（气相水解）法、喷雾热解法、包裹沉淀法和溶胶-凝胶法（其中又有无机工艺、醇盐工艺和硬脂酸凝胶法之分）。在此只简单介绍几种微粉制备方法。

1. 沉淀法

向含某种金属盐的溶液中加入适当的沉淀剂，当形成沉淀的离子浓度的乘积超过该条件下该沉淀物的溶度积时，就能析出沉淀。然后再将此沉淀物进行煅烧就成为陶瓷或其他用途的微粉，这是一般制备化合物粉料的沉淀法。

（1）均相沉淀 是在金属盐溶液中加入某种试剂，使其在适宜的条件下均匀地生成沉淀剂，例如在中和沉淀法中采用尿素（碳酸二酰胺）水溶液。在常温下，该溶液体系没有明显变化，但当溶液加热到 70℃ 以上时，尿素发生如下水解反应：

$$(NH_2)_2CO + 3H_2O \longrightarrow 2NH_4OH + CO_2 \uparrow$$

这样在溶液内部就生成了沉淀剂 NH_4OH。若溶液中存在金属离子，如 Al^{3+}，则可生成 $Al(OH)_3$ 沉淀，将 NH_4OH 消耗掉。而尿素会继续水解，产生 NH_4OH。因为尿素的水解是由温度控制的，故只要控制好升温速率，就能控制好尿素的水解速率。这样可以均匀地产生沉淀剂，从而使沉淀在整个溶液中均匀析出。这种方法可以避免沉淀剂局部过浓的不均匀现象，使过饱和度控制在适当的范围，从而控制沉淀粒子的生长速率，能获得粒度均匀、纯度高的超细粒子。

（2）草酸盐沉淀-热分解法 利用草酸（$H_2C_2O_4$）与 Ca^{2+}、Sr^{2+}、Ba^{2+}、稀土金属等能生成微溶性草酸盐沉淀，而与 Fe^{3+}、Al^{3+}、Nb（V）等生成可溶性络合物这一性质。可用钙、锶、钡、稀土金属等的可溶性盐与草酸（或草酸铵）溶液直接反应，即可得到金属盐结晶（$MC_2O_4 \cdot mH_2O$），同时与原料中的 Fe^{3+} 等杂质分离。再将所得金属盐在氧气中焙烧，草酸盐受热先脱水，然后与氧结合生成金属氧化物和二氧化碳。此法操作的关键是控制焙烧的温度（必须高于热分解的温度），从而控制粉体粒径大小。如将草酸盐 $ZrC_2O_4 \cdot 2H_2O$ 在 400℃ 下焙烧 1.5h，可制得粒径约为 0.03μm 的 ZrO 超细粉末，其颗粒大小均匀，分散度好。采用此法制备金属氧化物超细粉末具有工艺路线短、设备条件简单、成本低、产品纯度高、质量稳定、结晶颗粒细等优点，在实际生产中有着广泛的应用。

2. 水热法

水热法是指在密闭体系中，以水为溶剂，在一定温度和水的自身压强下，原始混合物进行反应制备微粉的方法。由于在高温、高压水热条件下，特别是当温度超过水的临界温度（647.2℃）和临界压力（22.06MPa）时，水处于超临界状态，物质在水中的物性与化学反应性能均发生很大变化，因此水热化学反应与常态大不相同。一些热力学分析可能发生的、在常温常压下受动力学影响进行缓慢的反应，在水热条件下变得可行。

这是因为在水热条件下，可加速水溶液中的离子反应和促进水解反应、氧化还原反应、晶化反应等的进行。

利用高温高压下水热沉淀处理，可直接得到纳米级、结晶良好的金属氧化物。例如以 $ZrOCl_2 \cdot 8H_2O$ 和 $(NH_2)_2CO$ 为原料，用水热沉淀法制备掺 Y_2O_3 的 ZrO_2 粉末 3Y-PSZ（含 3% Y_2O_3 部分稳定的氧化锆），其工艺流程如图 9-2 所示。

水热法处理制得的粉末由亚稳立方晶 ZrO_2 和少量单斜 ZrO_2 组成。单斜相的含量随水热条件温度的增加而减少，亚稳立方晶 ZrO_2 经过 800℃ 以上煅烧转型成四方晶相。

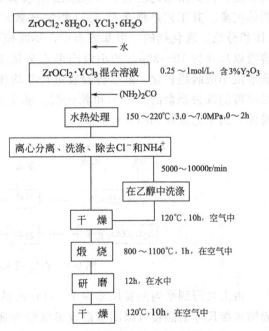

图 9-2 水热均相沉淀法的工艺流程

3. 胶体法

用胶体法合成超细粉体的各种前驱体是在溶胶状态下混合，固相微粒也是从溶胶中析出。这是胶体法的基本特征。

包裹沉淀法可以制备由高温固相合成法很难得到的高纯、均匀、超细、易于烧结的粉料。它的特色是组成中的一种组分为固相活性基体，其余均为液相组分，通过加入沉淀剂使生成的沉淀均匀附着在固相表面，一起沉淀下来，生成均匀的混合物，再经干燥、烧结，即得所需的粉料。例如以 α-Al_2O_3 粉末作为固相添加剂（固相活性基体），悬浮在锆、钇混合盐溶液中进行包裹沉淀，可获得组分均匀、烧结活性高的超细 α-Al_2O_3-ZrO_2(Y_2O_3) 粉体，其工艺流程如图 9-3 所示。

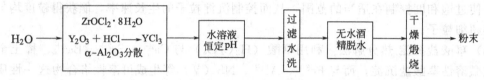

图 9-3　α-Al_2O_3-ZrO_2(Y_2O_3) 粉体制备工艺流程

此法得到均匀粉末的首要条件是作为核的固相在液相溶液中能均匀分散而不聚沉。其主要决定于溶液的 pH（pH 为 1.5 时最佳）。

4. 微乳液法

微乳液是两种不互溶液体形成的热力学稳定的、各向同性的、外观透明或半透明的分散体系，微观上由表面活性剂界面膜所稳定的一种或两种液体的微滴所构成。

由于微乳液属热力学稳定体系，在一定条件下胶束具有保持稳定下尺寸的特性，即使破裂也能重新组合，这类似于生物细胞的一些功能如自组织性、自复制性，因此又将其称为智能微反应器。利用这种方法制备微粉的实际装置简单，操作容易，并且有可能人为控制微粒的粒度。例如采用此法制备 Y_2O_3-ZrO_2 粉体，可以消除某些湿化学法制粉中形成的硬团聚粉体现象。其工艺是将含有 3%（摩尔分数）Y_2O_3 的 ZrO(NO_3)$_2$ 溶液逐渐加入到含有 3%（体积分数）乳化剂的二甲苯溶剂中，不断搅拌并经超声处理形成乳液。在这种乳液中，盐溶液以尺寸为 10~30μm 的小液滴形态分散于有机溶剂中。往乳液中通入 NH_3，使分散的盐溶液小液滴凝胶化。然后将凝胶进行非均相的共沸蒸馏处理，过滤并加入乙醇清洗，目的是尽可能洗去剩余的二甲苯和乳化剂。滤干的凝胶经干燥、700℃煅烧 1h 即得 Y_2O_3-ZrO_2 粉体。其工艺流程如图 9-4 所示。

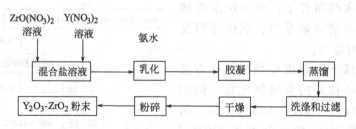

图 9-4　Y_2O_3-ZrO_2 微粉制备工艺流程

由上可得到平均晶粒尺寸为 13~14nm 的四方相 Y_2O_3-ZrO_2 粉体。此工艺的特点是生成的纳米级尺寸的晶粒可以团聚形成形状较为规则，甚至是球形的二次颗粒；采用非均相共蒸馏法排除了凝胶中的残留水分，避免了粉体中硬团聚体的形成，所制备的粉体中的团聚属于软团聚现象。

固相法制备微粉目前应用也较多，如自蔓延燃烧合成法、机械合金化技术等，均能得到特殊功能的粉体。但因篇幅所限，在此不再赘述。

第二节 单晶化

固态是多数无机化合物存在或被使用的形态。它有单晶态、多晶态和非晶态，以及由三者相互组合成的复合态。一般固体都是以多晶态形式存在的，如金属、陶瓷等，它是许多微小单晶的聚合体，即由许多取向不同的晶粒组成；以单晶态存在的物质为单晶体，其结构特点是整个固体中的原子规则有序排列，如单个晶粒；而非晶态物质是短程有序而宏观无序的周期性结构，如玻璃。晶体物质的热学、电学、光学、磁学以及力学等性质与晶体内部原子排列的特点是紧密相关的，所以若改变其原子排列形式，就可使原物质获得新的特性和功能。其中单晶化是将多晶体转变为单晶体的方法，目前应用的单晶化工艺主要有焰熔法、引上法、导膜法和梯度法。

一、焰熔法

焰熔法具有设备简单、晶体生长速度快等优点，是目前生长高熔点单晶常选用的工艺。焰熔法制备单晶体的大体过程是料斗中装有高纯无机化合物细粉，小锤周期性地敲打料斗，使粉料下落，进入氢气、氧气混合燃烧的温度在 2000℃ 以上的高温区，使粉料熔化成细小的液滴，掉落在支座上，支座缓慢向下移动，随着时间的推移，单晶体就逐渐生长起来。作为激光工作用的红宝石，就是用此法制备的。

红宝石是掺铬的氧化铝单晶体。原料是高纯氧化铝和铬的细粉，在形成单晶体时由于铬离子部分地取代了氧化铝晶格中的铝离子，从而使晶体带红色，且随着掺入的铬离子量的增加，红色则由浅变深。转变为单晶体的红宝石硬度和耐磨性能超群，除了用作装饰品外，还大量用来制造手表、仪表的微型轴承；红宝石在激光应用和研究中占有很重要的地位。作为激光中使用的红宝石，铬离子含量一般在 0.05%～0.1%（质量分数）之间，用它制成的激光器能发出波长为 694.3nm 的红色激光。

二、引上法

引上法制备单晶体的简单过程是在用钼片或铂（或其他材料）制成的坩埚中装入高纯原料，用电阻（或高频）加热方式使原料熔化，然后将籽晶浸入熔液中，再将籽晶微微旋转地缓慢向上提，从籽晶开始单晶体就会逐渐长大。要获得良好的单晶体，需始终保持稳定的合适的炉温场、合适的旋转提拉的速度等。

用引上法制备的掺钕的钇铝石榴石（分子式为 $NdY_3Al_5O_{12}$），被认为是较好的激光工作物质，它能发出几种波长的激光，最长的波长为 $1.06\mu m$ 的红外激光。用引上法以碳酸锂、氧化铷、磷酸氢铵等为原料，可制备出外观为浅紫色透明的磷酸铷锂（分子式为 $LiNdP_4O_{12}$）单晶体，可用作微型激光器的工作物质。应用此法也可生产单晶硅等。

三、导膜法

采用导膜法的生长技术，可以直接制得片状单晶体，这样可以避免单晶材料在切割、研磨等过程中的大量浪费。用导膜法制备片状单晶是将高纯原料放入钼（或其他材料制成的）坩埚内，在电炉中加热，使原料在高温下熔融（为了防止钼坩埚在高温下氧化，炉中通入如氩气等保护性气体），并在熔融液中插入一个中间开槽的导膜，通过它就可以拉出片状单晶体。若改变槽的尺寸，就可得到不同规格的片状单晶体。如采用圆筒状导膜，可得管状单晶体。

采用导膜法制备的蓝宝石（纯的氧化铝单晶体）单晶片具有绝缘性能好，介电损耗小，耐高温，耐酸、碱腐蚀，导热性好，机械强度高等优点，可用作集成电路衬底材料，制成半导体器件用于微型计算机中；用它制成的集成电路可用于电子手表、微波放大器、振荡器等；利用其介电损耗小的特性，可制成微波用微调电容器和微波波导；利用其良好的光学特性，可制成光学传导器及其他通信器件；利用其声学特性，可制成超高频滤波器、延迟线等声表面波器件；利用其既耐碱金属腐蚀又透明的特性，可制成钾、铷等特种光源的灯管；利用其强度高、不宜破碎，可作坦克车上的防弹窗口材料；用导膜法还可制备用于太阳能电池的单晶硅等。

四、梯度法

梯度法制备单晶体的过程是将装有原料的坩埚放在钨热交换器上，在交换器里通入氦气，坩埚底部正中央处放一块籽晶，且将坩埚和交换器都放在真空石墨加热炉中。当原料熔化后，通过缓慢降低炉温和控制氦气的流量，就能在籽晶上长成大块的单晶体。此法可制备尺寸大而且厚的单晶体。例如：利用梯度法可制备出质量很好的直径达 30cm、厚度为 12cm 的蓝宝石单晶体。

利用不同的单晶体制备方法，可以制备出满足不同需求的单晶体。例如可使用在高频、高速、发光、激光、微波、集成电路等器件上的砷化钾、磷化铟、磷化镓等单晶体化合物半导体，以及钽酸锂、碘酸锂、水晶单晶体等。

第三节 非 晶 化

非晶化的目的是将多晶态物质转变为非晶态物质。非晶态是相对晶态而言的，它是物质的另一种结构形态。晶态与非晶态相比区别在于：在晶态物质（晶体）中的原子排列规则、有序，共有 32 种基本排列方式，从一个原子位置出发，在各个方向每隔一定距离，一定能找到另一个相同的原子。而在非晶态物质（非晶体）中，原子的排列是混乱的，排列方式也不是 32 种，是千变万化无章可循。所以非晶态材料区别于晶态材料的基本特征是非晶态材料中原子排列不具有周期性和非晶态材料属于热力学的亚稳态。因此非晶态材料也称为无定形材料、无序材料或玻璃材料。

非晶态物质的特殊结构使其具有了特殊的性质，也就使非晶态材料有了特殊的用途。目前，非晶态材料包括非晶态金属及合金、非晶态半导体、非晶态超导体、非晶态电介质、非晶态离子导体、非晶态高聚合物以及传统的氧化物玻璃。

一、非晶态合金

非晶态合金是在研究晶态合金快速淬火处理的过程中意外发现的。由于这一发现从根本上解决了晶态与非晶态之间的转变问题，所以大大地促进了对非晶态金属及合金的研究和应用。非晶态合金有金属-半金属合金系、金属-金属合金系两大类，前者是由金、铁、镍、钴、钯或铂之类的金属元素与半金属元素（硼、碳、硅、磷、锗等）形成的合金；后者是元素周期表中ⅡA族金属、过渡金属、稀土金属及ⅣA族、ⅤA族金属等的组合形成的合金。非晶态合金及金属的特点是：强度较相应晶体材料高 10 倍，腐蚀性好，韧性大，电磁性能优良，电阻率高，耐磨性好，热膨胀系数小等。

制备非晶态合金的方法可归纳为三大类。

① 由气相直接凝聚成非晶态固体，如真空蒸发、溅射和化学气相淀积等（见本章第一节）。利用这种方法，非晶态合金的生长速率相当低，一般只用来制备薄膜状非晶态合金。

② 由液态快速淬火获得非晶态合金（液相急冷法），是目前应用最广泛的非晶态合金的制备方法。利用喷枪急冷法、活塞急冷法、抛射急冷法可得到数百毫克重的非晶态合金薄片；而利用离心急冷法、单辊急冷法、双辊急冷法可用来制作连续的薄带，适合于工厂生产。较常用的是单辊法，生产的薄带宽度可达 100mm 以上，长度达 100m 以上。

③ 由结晶材料通过辐射、离子注入和冲击波等方法制得非晶态材料；利用激光或电子束辐照金属表面，可使表面局部熔化，再以 $4\times10^4 \sim 5\times10^6$ K/s 的速度冷却，可在金属表面产生 $400\mu m$ 的非晶层。

非晶态合金的高强度，使高强度钢望尘莫及。但由于制备技术的局限，使其只能用于制作轮胎、传送带、水泥制品及高压管道的增强材料；以及制作各种切削刀具、刀片等。非晶态合金的显微组织均匀，没有位错、层错、晶界等缺陷，使腐蚀液"无隙可钻"；且非晶态合金活性很高，能够在表面迅速形成均匀的钝化膜，或一旦钝化膜局部破裂，也能立即自动修复。这使它的耐腐蚀性全面胜过不锈钢。因此，可以制造耐腐蚀的管道和设备、电池的电极，可用作海底电缆的屏蔽等。非晶态合金具有磁导率和磁感应强度高、矫顽力高以及损耗低的特性，如铁基-镍基软磁合金的饱和磁感应强度高，可代替配电变压器和电机中的硅钢片，使变压器本身的电耗降低一半；使电机的铁损耗降低 75%，可节省能量。钴基非晶态合金不仅初始导磁率高、电阻率高；而且磁致伸缩接近于零，是制作磁头的理想材料。而非晶态合金的高硬度、高耐磨性，使其使用寿命较长。非晶态合金可以用作不脆的超导材料，可制作精密零件等。

二、非晶态硅

非晶态硅是一种优良的半导体材料，可用于制作太阳能电池、电光摄影器件、光敏传感器、热电动势传感器及薄膜晶体管（TFT）等。非晶态硅在太阳能电池领域应用最广，是太阳能电池理想的材料，光电转换效率已达 13%，这种太阳能电池是无污染的特殊能源。与晶态硅太阳能电池相比，它具有制备工艺简单、原材料消耗少、价格比较便宜等优点。

非晶态硅可由真空蒸发、溅射、辉光放电、化学气相沉积等方法制备。目前主要的制备

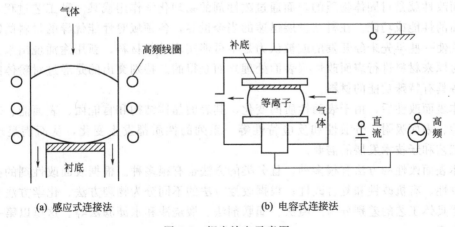

图 9-5 辉光放电示意图

方法是利用 SiH₄ 及 SiF₄ 气体辉光放电法。辉光放电有直流和交流辉光放电两种。直流辉光放电法沉积的硅膜质量较差，很少采用。交流射频功率向反应室的输入有不同的耦合方式，如图 9-5 所示。采用内电极的电容耦合式较好，反应沉积空间电场分布比较均匀，容易制备出均匀的大面积 α-Si：H（非晶态硅-氢合金）膜。辉光放电法是借助于等离子体辉光放电将通入反应室的硅烷分解，产生包含离子、中性粒子、活性基团和电子等组成的等离子体，它们在衬底表面发生化学反应，生成 α-Si：H。沉淀过程中有大量复杂的化学反应，并且随具体的沉淀条件而变化。总的反应式可简单表示为：

$$SiH_4 \longrightarrow \alpha\text{-}Si：H + H_2$$

用高频辉光放电等离子体化学气相沉积（PCVD）法制作非晶硅膜时，典型的 PCVD 装置和非晶硅太阳能电池结构如图 9-6 所示。SiH₄ 是主要原料气体，乙硼烷和磷化氢用作掺杂剂。SiH₄ + B₂H₆ 放电时沉积 p 型非晶硅半导体层；SiH₄ + PH₄ 放电时则沉积 n 型半导体层；SiH₄ 单独放电时得到的是 i 型半导体。

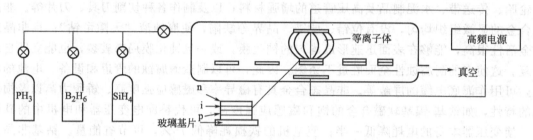

图 9-6　制备非晶硅太阳能电池的 PCVD 装置

衬底一般采用：①玻璃；②ITO（钢锡氧化物 SnO₂·In₂O₃）；③不锈钢；④Mo、Al、Ge、Si 诸类半导体材料。实验表明，在 450℃ 以下最好的衬底材料是不锈钢板、Nb、Ta、V、Ti、Cr、Mo 等材料。

一般的辉光放电条件是气体压力 1.333～133.3Pa，高频输出为 1 至数百瓦，生长速度为 1～60μm/h。

第四节　表面改性化

表面改性就是对固体物质的表面通过改性剂的物理化学作用或某一种工艺过程，改变其原来表面的性能或功能。在科技发展迅速的当今世界，各领域对性能优异的材料的需求日益增长。这使一些早先未经开发的或被认为是不可能实现的新材料、新用途涌现出来。其中有很多是对原来材料进行表面改性（表面处理）而获得的。特别突出的是通过对粉体的表面改性来制备具有特殊功能的材料。

粉体表面改性后，由于表面性质的变化，其表面晶体结构和官能团、表面能、表面润湿性、电性、表面吸附、分散性和反应特性等一系列的性质都发生变化，从而满足现代新材料、新工艺和新技术发展的需要。

粉体表面改性的方法有很多种，且分类的方法也有很多种。根据表面改性剂的类别可分为无机改性、有机改性和复合改性；根据改性方法的不同分为物理方法、化学方法和包覆方法；根据具体工艺的差别分为涂覆法、偶联剂法、煅烧法和水沥滤法等。这里以第一种分类方法来介绍。

一、无机改性

用于表面改性（表面处理）的无机改性剂有铝、钛、锆、硅、磷氟化物等的盐类或水溶液，利用其在粉体的表面形成一层氧化物包膜或复合氧化物包膜，从而提高无机粉体的热稳定性、耐候性、化学稳定性，以及在有机物中的分散性的适度改善。此法常用于颜料、填料、阻燃剂，也用于精细陶瓷原料粉体等的表面处理。

在制备无机颜料、涂料的工艺过程，表面改性已成为其重要的工艺步骤之一。钛白粉（TiO_2）是重要的白色颜料和瓷器釉药，应用广泛。未经处理的钛白粉加入到涂料中使用时，由于其表面的光化学活性作用，对形成漆膜的高分子化合物降解起催化作用，从而加速成膜物质的粉化。若在分散的钛白粉颗粒表面包覆一层或多层 Al_2O_3、Al_2O_3-SiO_2、Al_2O_3-SiO_2-TiO_2 等无机表面改性剂，其用量占钛白粉颜料总质量的 2%～5%，就可解决这一问题。

由于钛白粉有光致半导体活性，光照后易变色。包覆了 Al_2O_3 后降低了其光化学活性，提高了其抗粉化性能和耐候性，使其可用于高档涂料中。另外，由于钛白粉价格较高，近年已有一些代用品（如陶瓷钛）问世。这实际上是以某些黏土为核心，在其上包覆 TiO_2 制成的，从而大大降低了产品的成本。目前在国内外已引起极大关注的云母钛（也称云母钛珠光颜料），就是以云母为核心，在其上包覆 TiO_2。例如将原料云母湿法粉碎后加入到一定量的硫酸氧钛、硫酸铝和尿素混合水溶液中，加热至沸，按下列反应可得到第一层为 TiO_2、第二层为 Al_2O_3 的双层包覆颜料。调整 Al_2O_3 的比例可改变色调。整个包覆反应为：

$$(NH_2)_2CO + 3H_2O \longrightarrow 2NH_3 \cdot H_2O + CO_2 \uparrow$$
$$TiOSO_4 + 2NH_3 \cdot H_2O \longrightarrow TiO(OH)_2 + (NH_4)_2SO_4$$
$$Al_2(SO_4)_3 + 6NH_3 \cdot H_2O \longrightarrow 2Al(OH)_3 + 3(NH_4)_2SO_4$$

二、有机改性

在塑料、橡胶、胶黏剂等高分子材料工业及复合材料领域中，无机粉体填料占有很重要的地位，改变填料表面的物理化学性质，提高其在树脂和有机聚合物中的分散性，增强填料与树脂等基体的界面相容性，进而提高塑料、橡胶等复合材料的力学性能，是作为填料的无机粉体表面改性的最主要目的。此目的一般可通过使用有机改性剂对其表面进行处理而达到。常用的有机改性剂可分为表面活性剂和偶联剂两类。

1. 表面活性剂

较常用的表面活性剂有脂肪酸、树脂酸及其盐类、阴离子表面活性剂、木质酸等。使用量一般为粉体质量的 0.1%～10%，处理方法有如下几种。

（1）直接混合法　将表面活性剂粉碎或磨碎，加入到装有粉体的带加热夹套的高速捏合机中，进行简单的物理混合。出料后直接包装即可。此法简单方便，适用范围较广。

（2）包覆法　用一种合适的惰性溶剂（也可以是水），先对表面活性剂进行溶解或分散，再与粉体混合，充分混合后，送入蒸发器中将溶剂蒸发掉。这样处理后表面活性剂就会紧紧地包裹在粉体颗粒的表面上。用此法处理后，一般情况下效果较好。

（3）湿法表面处理　此法只适用于碳化法生产的碳酸钙颗粒的表面处理，又分为碳化前加入表面活性剂和碳化后加入表面活性剂两种操作。

碳化前加入表面活性剂，是在制备氢氧化钙悬浮液时将表面活性剂溶于其中，然后通入二氧化碳气体进行碳化反应，反应完全后，进行过滤、干燥、粉碎，则可得到已处理好的碳酸钙粉体。此操作的缺点是容易产生泡沫，发生冒塔。若在碳化时加入二硫代氨基羧酸及其盐类，即可避免冒塔现象。由此获得的活性碳酸钙与橡胶、塑料等有机高分子化合物之间的亲和力强，使用后的机械强度有明显提高；其表面活性基还具有硫化促进作用，加入橡胶中可以节省硫化促进剂的添加量。

碳化后加入表面活性剂，是在碳化后的碳酸钙料浆中加入一定量的表面活性剂，经充分搅拌，均匀地涂覆在颗粒表面后，再进行过滤、干燥、粉碎，来获得活性碳酸钙粉体。这种方法比较常用。

利用表面活性剂对无机粉体进行表面处理，由于其改性剂品种多、来源广，操作简单，价格便宜，且当改性剂选配恰当时则会有显著效果，所以是一种较常用的方法。此法适用于无机超细补强材料、无机阻燃剂粉体、无机颜料及填料等的表面处理。

2. 偶联剂

偶联剂表面改性剂目前主要有硅烷系、钛酸酯系、铝酸酯系、锆铝酸酯系等。典型的偶联剂均为硅或金属原子的有机化合物，金属原子有机化合物的分子结构是以金属原子为中心，一侧连接亲水基，一侧连接亲油基。

用偶联剂对无机粉体进行表面改性的方法是：先将偶联剂加入到惰性溶剂或水中，再加入低分子聚合物或脂肪酸及其盐类的分散剂，通过机械乳化转变为乳浊液，喷洒在粉体表面上，或按一定比例加入到粉体的料浆中，充分搅拌后再干燥即可。由于偶联剂的亲水基团与粉体颗粒表面发生键合反应或交联反应，从而引入亲油的有机基团。这些有机基团可以与有机聚合物发生缠绕或交联反应，增强了粉体颗粒与有机聚合物的界面黏合力。这不仅可以提高填充量，而且可以起到对聚合物材料的增强作用，使制品具有良好的弹性和抗冲击性能。

偶联剂的品种不同，使用的场合则不同。硅烷系偶联剂主要用于超细沉淀白炭黑颗粒表面处理，以适应合成橡胶补强的要求，以及用于硅灰石粉体、云母粉体、高岭土粉体等方面的表面改性处理。如德国迪高沙公司生产的 Si-69 偶联剂和我国生产的 KH-845-4 硅烷偶联剂，用于超细沉淀白炭黑表面处理，对丁苯合成橡胶的补强效果很好。钛酸酯系偶联剂和铝酸酯系偶联剂可应用于对碳酸钙粉体的表面处理，可增强其补强作用，提高复合体系的流动性，提高制品的抗冲击强度。其中铝酸酯系偶联剂又具有成本低、色浅、无毒、常温为固体、使用方便、热稳定性高等优点，使铝酸酯系偶联剂的优越性高于钛酸酯系偶联剂。

偶联剂的使用量一般为粉体材料用量的 0.5%～3%为宜。

三、复合改性

粉体表面改性要达到预期的效果，除需严格的工艺程序和科学配方外，表面改性剂的选择是改性能否成功的关键，即根据要求改善的性能和应用的具体环境来选择改性剂。当选择几种改性剂，复合使用，取长补短，则会获得更理想的效果。用于高聚物的各种填料、粉体助剂等，为了提高耐热性、耐候性和化学稳定性等，往往先用无机改性剂进行包覆，然后再用有机改性剂处理，增强无机粉体与聚合物的亲和力，从而取得更为理想综合效果。例如，钛白粉颗粒表面的复合改性。先在钛白料浆中加入铝盐或偏铝酸钠，再以碱（或酸）中和使析出的水合 Al_2O_3 覆盖在钛白颗粒上，使其带有正电荷，然后再令其吸附阴离子表面活性剂（十二烷基苯磺酸钠）而获得有机化改性。其改性过程如图 9-7 所示。

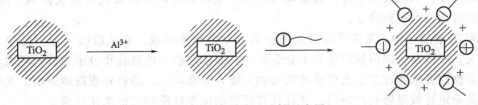

图 9-7 TiO$_2$ 的表面改性示意图

第五节 薄 膜 化

薄膜是目前新型材料应用的一种形式。膜材十分广泛，可以是单质、化合物或复合物，可以是无机物或有机物。薄膜的结构可为非晶态、多晶态或单晶态。

薄膜的性能是多种多样的，有磁学性能、催化性能、电性能、超导性能、光学性能、力学性能等。特有的性能使其具有广泛的用途，可应用于化工、电子、医药、冶金、食品、生物技术和环境治理等许多部门。薄膜制备方法有很多种，除前面提到的溅射法、气相沉积法和辉光放电法等以外，还有涂布法、溶胶-凝胶法、离子成膜法、化学堆积法、气相外延法等。

一、溶胶-凝胶法

溶胶-凝胶法是一种新兴的材料制备的湿化学方法。用此法从同一种原料出发，改变工艺过程可获得不同的产品，如纤维、粉料或薄膜等。无论原料是无机盐或金属醇盐，溶胶-凝胶法的主要反应步骤是：原料溶于溶剂（水或有机溶剂）中形成均匀的溶液，溶质与溶剂产生水解或醇解反应，反应生成物聚成 1nm 左右的粒子并组成溶胶，溶胶经蒸发干燥转变为凝胶。此法全过程如图 9-8 所示。

由图 9-8 可见，均匀的溶胶②经适当处理可得到粒度均匀的颗粒①，溶胶②向凝胶转变得到湿凝胶③，③经萃取法或蒸发除去溶剂，分别得到气凝胶④或干凝胶⑤，后者经烧结得

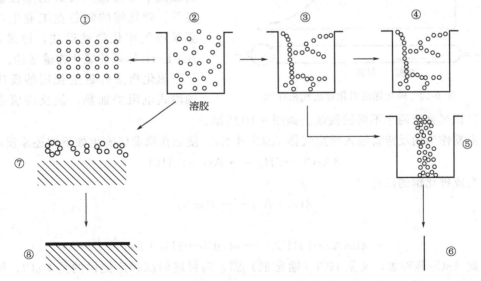

图 9-8 溶胶-凝胶(Sol-Gel) 法过程示意图

致密陶瓷体⑥。从溶胶②也可直接纺丝成纤维，或作涂层，若凝胶化和蒸发得到干凝胶⑦，加热后即得致密薄膜制品⑧。

在溶胶-凝胶法中，最终产品的结构在溶液中已初步形成，而且后续工艺与溶胶的性质直接相关，所以制备的溶胶质量是十分重要的，要求溶胶中的聚合物分子或胶体颗粒具有能满足产品性能要求和加工工艺要求的结构和尺度，分布均匀，溶胶外观澄清透明，无浑浊或沉淀，能稳定存放足够长的时间，并且具有适宜的流变性质和其他理化性质。

商品化的多孔膜，如 γ-Al_2O_3 膜、ZrO_2 膜，都是采用溶胶-凝胶法制备的。其特点是：制膜时不需要化学提取，也不需要粉粒间烧结。更重要的特点是由于溶胶粒子小（1～10nm）且均匀，制备的多孔陶瓷膜具有相当小的孔径及非常窄的孔径分布。其孔径范围1～100nm，使用于超滤及气体分离。用该法制备多孔陶瓷膜有两个途径，其制备流程如图 9-9 所示。

图 9-9 陶瓷膜的制备流程示意图

应用溶胶-凝胶法除了可以制备氧化物薄膜，如多孔氧化铝薄膜等，还可制备多组分玻璃，如 SiO_2-B_2O_3-Al_2O_3-Na_2O-K_2O 玻璃，以及陶瓷材料等。

二、其他方法

1. 化学气相外延法（亦称化学气相输运法）

目前电子领域所用的半导体材料，除了硅、锗以外，还有以砷化镓、磷化镓为代表的半导体材料。这类材料在结构特点和性能方面有一些与前者相似，但还具有前者不具备的许多有价值的优良性能。如比硅更宽的禁带宽度、较高的载流子迁移率、较短的载流子寿命以及较好的电性能稳定性等。砷化镓的制备在工业生产上主要采用气相化学输运法，即采用 Ga-$AsCl_3$-H_2 体系的氯化物输运法。

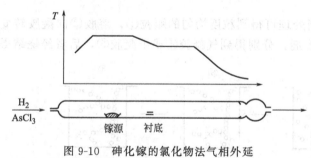

图 9-10 砷化镓的氯化物法气相外延

氯化物法外延生长用的反应管用两段式电阻炉加热，使反应管中的镓源区和沉积区处于两个不同的温区。如图 9-10 所示。

反应操作为向反应管输入反应气体 $AsCl_3$＋H_2，使之在镓源区发生如下的还原反应

$$4AsCl_3 + 6H_2 \longrightarrow As_4 + 12HCl$$

砷与镓生成砷化镓的反应

$$4Ga + As_4 \longrightarrow 4GaAs$$

以及

$$4GaAs + 16HCl \longrightarrow 4GaCl_4 + 8H_2 + As_4$$

在此 $AsCl_3$ 是砷源，又是 HCl（输运剂）源，向衬底的沉积区提供的是 GaCl，气相组分输运到温度较低的沉积区，扩散到衬底表面，然后发生第 3 个反应的逆反应：

$$4GaCl + 2H_2 + As_4 \longrightarrow 4GaAs + 4HCl$$

生成的 GaAs 沉积在衬底上并成为结晶。

反应管中也可不用 Ga 而用 GaAs 作镓源，可使源区气相组成更稳定并提高外延膜的电学性能。气相外延中典型源区温度为 800～900℃，沉积区衬底温度为 700～800℃。由于原材料 Ga、$AsCl_3$ 和 H_2 气体纯度很高，用氯化物法容易制得高纯的 GaAs 外延膜。此外，这一生产方法也较易控制。

2. 仿生合成法

所谓仿生合成法就是模仿生物矿化中无机物在有机物调制下形成过程的无机材料合成法，也称有机模板法或模板合成。仿生合成法引领纳米材料合成技术朝分子设计和化学"裁剪"的方向发展。

生物矿化是指在生物体内形成矿物质（生物矿物）的过程。生物矿化区别于一般矿化的显著特征是它通过有机大分子和无机物离子在界面处的相互作用，从分子水平控制无机矿物相的析出，从而使生物矿物具有特殊的多结构和组装方式。生物矿化中，由细胞分泌的自组装的有机物对无机物的形成起模板作用（结构导向作用），使无机物具有一定的形状、尺寸、取向和结构，利用这一原理来指导合成具有复杂形态的无机材料。

用仿生合成薄膜或涂层的一种典型方法是使基片表面带上功能性基团（表面功能），然后浸入过饱和溶液，无机物在功能化表面上发生异相成核生长，从而形成薄膜或涂层。表面功能化的基片即相当于生物矿化中预组织的有机大分子模板。如超薄多层 TiO_2/聚合物膜的制作，制作过程非常简单，聚阴离子溶液以聚苯乙烯磺酸钠（PSS）配制，用以形成自组装层；TiO_2 纳米粒子以 $TiCl_4$ 的 HCl 水溶液配制，并使其成为带正电荷粒子。其成膜过程如图 9-11 所示。

用此法制作的 TiO_2/聚合物多层膜具有厚度随层数均匀增加，结构完整的特点。这种膜对可见光透过性能良好，而且强烈地吸收紫外线。

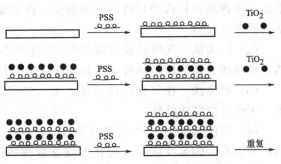

图 9-11 超薄多层 TiO_2/聚合物膜的制作过程

这种制膜技术的关键是制得带特定电荷的能长时间稳定的无机纳米粒子的胶体溶液。虽然这一制膜技术还处于实验室阶段，但它有可能是制作纳米超薄膜更为简捷的途径。自组装膜在光电子学和电子器件、非线性光学、磁性材料、分子器件、生物技术、生物医学、传感器技术及分离技术等领域都有着广阔的应用前景。

第六节 纤 维 化

纤维材料是材料学科的一个重要组成部分。光导纤维的问世使信息产业、医学器件等领域发生了"大革命"。随着科学技术的发展，将会涌现出各种各样的具有特殊功能的纤维材料。

纤维一般分为两类，即天然纤维和人工合成纤维，而每一类中又有无机纤维和有机纤维之分。人工合成无机物纤维是后起之秀，如光导纤维中的光纤芯为石英玻璃丝等，它们的特殊功能加速了其他领域的发展，同时也带动了无机材料纤维化的发展。

无机纤维若按晶相来分有单晶、多晶、非晶及多相四种。从形态上来分有单晶纤维、短纤维和连续纤维三类。其中单晶纤维又称晶须，由于它没有晶格缺陷，所以抗张强度很高，且性质不受温度变化的影响，是用作高强度复合材料、补强材料的理想材料；短纤维是品种和用量较多的一种，可用作隔热、隔声、过滤轻质材料等；连续纤维也称长纤维，可与玻璃、陶瓷或金属制成复合材料，用途甚广。

无机纤维的制备方法有很多种，在前面介绍到的制备超细粉体、薄膜、非晶态物质等方法多可用于制备无机纤维，下面针对具体的无机物纤维，介绍几种工业上制备无机物纤维的方法。

一、氧化锆纤维

氧化锆纤维属高熔点晶型无机氧化物纤维。相对密度5.6~6.9，熔点2593℃。化学稳定性及抗氧化性能好，热导率小，具有抗冲击性、可烧结性等。晶型有单斜、正方两种。

氧化锆纤维可用作塑料、橡胶、乳胶等的惰性填充剂、增强剂。适用于胶管、胶带、模压制品、挤出制品和鞋类等，也用作环氧胶黏剂及密封胶的填充剂，也是制造陶瓷、搪瓷和玻璃器皿的常用原料。

氧化锆纤维的制备方法有挤压法、浸渍法、胶体法、溶胶-凝胶法等。

(1) 挤压法　将氧化锆溶胶或氧化锆粒子和增稠剂制成坯，利用液压或利用螺旋绞刀的推进作用将坯料从机型口挤出并成细丝，再经烧结固化即成纤维。此法制得的纤维较粗，纤维的强度也较低。

(2) 浸渍法　先将黏胶丝或整个织物长时间浸泡在氢氧化锆溶液中，使黏胶纤维溶胀，然后经热解、煅烧即得具有一定拉伸强度的氧化锆纤维。

(3) 胶体法　在氧化锆溶液中，加入二氧化硅溶胶配成胶体溶液，经喷吹、拉丝法成型，干燥后烧结成纤维。

(4) 溶胶-凝胶法　在锆醇[$ZrO(C_3H_7)_4$]中加入醇和水，再加催化剂，经充分混合后，开始发生醇解反应，放置使其胶化成黏稠液体（溶胶转变为凝胶），选择适当的黏度，进行干燥再加热500~1000℃，高温度纤维化烧结即得产品。

二、碳化硅纤维

碳化硅纤维是一种非氧化物纤维，它比氧化物纤维轻、强度高、弹性高，具有优良的耐热及耐氧化性，可在1000℃的空气中长时间使用，但在1200℃仅能短时间使用。其热导率小，电阻率可控制在$(0.5~1) \times 10^7 \Omega \cdot cm$范围内，它还具有电波透过性能。碳化硅纤维容易加工成连续纤维和织物。

碳化硅纤维可用作树脂、金属、陶瓷等复合材料的补强纤维及电波吸收材料，也用作宇宙、航天能源方面的材料。

目前工业生产上采用活性炭纤维法来制备碳化硅纤维。制备过程是将活性炭纤维和二氧化硅在真空中于1300℃反应1~3h，则二氧化硅在活性炭纤维细孔内进行反应，生成碳化硅，再将此产物置于氮气中并于1600℃下进行加热处理，即可得到碳化硅纤维。

三、氧化铝纤维

氧化铝纤维的最高使用温度为1500~1700℃，具有耐高温、高热的特性。将其用于增强金属时，与金属的相容性好，且与金属完全不起化学作用，耐腐蚀性好。因此氧化铝纤维是金属的增强纤维。

氧化铝纤维用于制造加热炉、均热炉等工业用高温炉；用作密封材料、填充材料、FRM 用增强纤维、窑炉衬里及电子元件（IC 基板、铁氧体）、煅烧炉等。

工业上制备氧化铝的方法是使有机铝化合物聚合，生成黏稠的聚铝氧烷溶液，将其利用普通的干式纺丝法，制成有机铝化合物纤维，再经煅烧制得氧化铝纤维。

本章小结

1. 超细化：气相法（蒸发-凝结法、溅射法、化学气相淀积法）和液相法（沉淀法、水热法、胶体法、微乳液法）。
2. 单晶化：焰熔法、引上法、导膜法和梯度法。
3. 非晶化：非晶态合金的特性、用途、制备方法和非晶态硅的特性、用途、制备方法。
4. 表面改性化：无机改性、有机改性和复合改性的方法以及产品的特性。
5. 薄膜化：溶胶-凝胶法和其他方法（化学气相外延法、仿生合成法）。
6. 纤维化：氧化锆纤维、碳化硅纤维以及氧化铝纤维的特性、用途和制备方法。

复习思考题

9-1　超细化粉体与一般粉末相比较，有哪些典型特点？
9-2　超细粉体的制备技术有哪些？
9-3　目前用的单晶化工艺主要有哪些？
9-4　何为非晶化？常见的非晶态材料包括哪些？
9-5　粉体改性的一般方法有哪些？
9-6　简述薄膜制备方法。
9-7　氧化锆纤维的制备方法有哪些？
9-8　何为包裹沉淀法？
9-9　制备非晶态合金的方法有哪几类？
9-10　常见的表面改性剂有哪些？使用量一般占粉体质量分数是多少？
9-11　何为偶联剂？偶联剂对无机粉体进行表面改性的方法是什么？
9-12　何为化学气相外延法？举例说明其工艺过程。

阅读材料

一、生物医学领域的"纳米探测器"

"纳米探测器"学名为"单分散高磁响应性纳米磁性微球"。纳米磁性微球早已在医学领域得到了临床应用，多用于病毒检测。但因其含磁颗粒总量一直在 35% 以下，检测灵敏度难以提

205

高。"纳米探测器"的特别之处在于，每个微球中含磁颗粒总量超过70％，在磁场作用下，大量的纳米磁性微球可准确抓住被检测对象，将它们"集中运输"到指定地点，快速检测出来。

上海交通大学古宏晨教授、徐宏博士等研制成功的"纳米探测器"，实现了30年来含磁颗粒总量的突破性进展；该探测器的研制成功，是功能纳米材料可控制备技术的重大突破。这类微球表面还可根据应用需要，被包上一种特殊的壳，从而可以连接上特异性的生物分子，实现在临床诊断、靶向药物、细胞标记、核酸提取、蛋白分离与纯化等方面的应用。

纳米探测器有一双火眼金睛，可广泛应用在快速检测肝炎、艾滋病、心肌梗死等生物医学领域，整个检测时间缩短到仅需20min左右即可得到准确的定量结果；对一些重大传染性疾病的检测灵敏度提高了10～100倍；对处于潜伏期、用传统检测法会漏网的病毒，也能灵敏、及时地逮到；还可参与苏丹红、农药残留等食品安全的检测。另外，它可替代昂贵的进口试剂，大大降低患者的医疗成本。

二、宇航器的抗高温盔甲

宇航器是人类探测宇宙奥秘的重要工具。当宇航器完成任务返回地球进入大气层时，因其速度快，与空气剧烈摩擦发热导致极高的表面温度，极端情况下可使宇航器烧毁，那么实际是如何解决这个问题的？

陨石穿越太空到达地球的神奇经历给了科学家们以特殊的启迪。科学家通过对陨石成分与结构的长期分析与观察，发现到达地面的陨石因与大气层的摩擦发热表面虽已熔融，但内部的化学成分却没有发生变化。陨石在下落过程中，表面温度可达几千摄氏度高温，故而表面发生熔融，但由于穿过大气层的时间很短，热量尚来不及传到陨石内部。受此启迪，科学界给宇宙飞行器的头部戴一项用烧蚀材料制成的"盔甲"，将摩擦产生的热量及时消耗在烧蚀材料的熔融、气化等一系列物理和化学变化中，"丢卒保车"，就能达到保护宇宙飞行器的目的。可作烧蚀材料的物质，要求汽化热大、热容量大、绝热性好，向外界辐射热量的功能强。纤维补强陶瓷材料是可同时满足以上要求的最佳烧蚀材料。近年来，研制成功了许多具有高强度、高弹性模量的纤维，如碳纤维、硼纤维、碳化锆纤维和氧化铝纤维，用它们制成的碳化物、氧化物复合陶瓷是优异的烧蚀材料，成为航天飞行器的抗高温盔甲。

第十章　重要的精细无机化学品

学习目标

1. 了解重要的精细无机化学品的特性、用途以及生产所用的原料。
2. 掌握各种重要的精细无机化学品的生产方法及生产工艺。

第一节　硼的化合物

硼的化合物作为精细无机化学品具有广泛的应用。在日用化工、医药、轻纺、玻璃、陶瓷、搪瓷、冶金、机械、电子、建材、石油化工及军工、尖端技术等各学科领域中，都有相当大的用途，且随着科学技术和工业生产的迅速发展，消费量将不断增长。

高纯无定形硼可用作半导体材料硅的掺杂源、高温大功率半导体器件材料、红外器件材料；而硼纤维可用于与铝或钛复合制成高性能的复合材料，用作航天飞机、战斗机和导弹等的结构材料；改性偏硼酸钡是一种新型的防锈颜料，具有防霉、防粉化、耐热等优点；金属硼化物具有许多独特性能，如硼化钙、硼化锶和硼化钡都具有极好的耐热性、低密度及高强度等，广泛用于轻质耐热合金、热阴极及高温热电偶材料等。

一、硼酸与硼酸酐

1. 硼酸

硼酸（H_3BO_3）为白色粉末或三斜轴面的鳞片状带光泽结晶。手感滑腻，无臭味。相对密度 1.435（15℃）。熔点 185℃，并同时分解。溶于水、乙醇、甘油、醚类和香精油中。水溶液呈弱酸性。在水中的溶解度随温度的升高而增大，并能随水蒸气挥发。在水中的溶解度能随盐酸、柠檬酸及酒石酸的加入而增大。加热至 70～100℃ 时逐渐脱水成偏硼酸，150～160℃ 时成焦硼酸，300℃ 时成硼酸酐。

硼酸大量用于玻璃工业，改善玻璃制品的耐热、透明性能，提高机械强度，缩短熔解时间。在搪瓷、陶瓷工业中，用于增强产品的光泽和坚牢度，也是釉药和颜料的成分。冶金工业中用作添加剂、助熔剂，特别是硼钢具有高强度和良好的轧延性，可替代镍钢。硼酸具有防腐性，可用作防腐剂（如木材防腐剂）。在金属焊接、皮革、照相等行业以及染料、耐热防火织物、人造宝石、电容器、化妆品的制造方面都有使用。

硼酸的制法随原料的品种而异。天然硼砂、盐湖卤水及硼矿皆是制取硼酸的原料。硼酸除可用酸解（硫酸、盐酸、硝酸）方法加工矿石制得外，还可由硫酸硼砂法、碳铵法、蒸汽蒸馏法、离子交换法和浮选法等制得。目前工业生产主要采用硫酸硼砂法和碳铵法。

硫酸硼砂法制取硼酸的主要原料为硼砂（$Na_2B_4O_7 \cdot 10H_2O \geqslant 95.0\%$，$Na_2CO_3 \leqslant$

0.40%）和硫酸（H_2SO_4 98%），二者进行复分解反应即得硼酸。

$$Na_2B_4O_7 \cdot 10H_2O + H_2SO_4 \longrightarrow 4H_3BO_3 + Na_2SO_4 + 5H_2O$$

生产过程包括化料、硼砂酸解中和、硼酸结晶和分离、母液的浓缩和回收、硼酸干燥和包装五步。其生产工艺流程如图10-1所示。

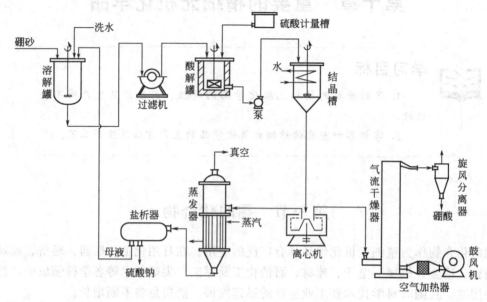

图 10-1　硫酸硼砂法制硼酸工艺流程

（1）化料　在溶解罐中，按液固比2∶1，先加入回收的二次母液和硼酸结晶分离段的洗水，再用蒸汽加热至50~60℃，开动搅拌，然后加入定量硼砂。继续升温至90℃，待硼砂全部溶解后，经过滤机滤去杂质，清液用泵打入酸解罐。为了加快溶解速率操作中采取：①粉碎硼砂，颗粒小，有利于溶解；②液固比2∶1，可使固体与溶剂充分接触；③加热，高温对溶解有利且由于硼砂溶于热水，故采用先加热后加入原料；④搅拌，可降低传质阻力。

（2）硼砂酸解中和　用蒸汽加热硼砂清液至75℃，在搅拌下缓慢加入等物质的量的硫酸。控制溶液pH2~3，继续升温至90℃，反应30min。然后用泵将反应液送入结晶器。此操作中加热和搅拌均有利于反应的进行；原料硼砂所含杂质很少，由反应方程可知所用硫酸与其之比为1∶1；调节pH2~3，以及加热温度不能太高可保证生成的硼酸不与硫酸钠反应。

（3）硼酸结晶和分离　在结晶器内，采用冷却结晶法，用冷水冷却至34~36℃，硼酸随即结晶析出。结晶硼酸经离心分离后脱去母液，再用热水洗涤至SO_4^{2-}符合要求后便送去干燥。洗水则用作化料。用其化料可将原料中的碳酸钠除去。

（4）母液的浓缩和回收　分离后的母液在真空蒸发器中蒸发浓缩后，送入盐析器盐析，得副产芒硝。经分离后所得二次母液作化料用。

（5）硼酸干燥和包装　结晶硼酸在气流干燥器中干燥，干燥温度不超过95℃。干燥温度过高会使硼酸脱水而生成偏硼酸等。干燥后的产品即可包装。

2. 硼酸酐

硼酸酐（B_2O_3）即氧化硼。无色玻璃状晶体或粉末，相对密度1.85，熔点约450℃，沸点大于1500℃。溶于酸和乙醇，微溶于冷水，溶于热水。吸湿性很强。

硼酸酐可作干燥剂；也可用于制硼、耐热玻璃器皿和涂料耐火添加剂。

制备硼酸酐的一般方法是加热硼酸使之脱水：
$$2H_3BO_3 \longrightarrow B_2O_3 + 3H_2O$$

在高温下脱水可得玻璃态的 B_2O_3，很难粉碎；在 200℃ 以下减压缓慢脱水，可得白色粉末状 B_2O_3。

二、硼酸锌

硼酸锌（$2ZnO·3B_2O_3·3.5H_2O$）为无规则（或菱形）白色或淡黄色粉末。相对密度 2.68，熔点 980℃。不溶于水、乙醇、正丁醇、苯、丙酮，易溶于盐酸、硫酸、二甲基亚砜。热稳定性好，易分解，无毒。

硼酸锌可用于各种工程塑料、橡胶制品、涂料及纺织物等阻燃剂，也可用于医药、防水织物、陶瓷釉药、涂料防霉剂、杀菌防霉剂、杀菌剂等。

硼酸锌的制备方法有氧化锌法、氢氧化锌法等。

(1) 氧化锌法　在已盛有一定浓度的硼酸介质溶液的结晶器中，投入一定配比的氧化锌和硼酸（生产 1t 硼酸锌需含量为 99.5% 氧化锌 0.4t、含量为 99% 硼酸 0.9t），在 80~100℃ 反应 5~7h，然后过滤洗涤，滤饼经干燥、粉碎后，制得硼酸锌成品。其反应式为：
$$2ZnO + 6H_3BO_3 \longrightarrow 2ZnO·3B_2O_3·3.5H_2O + 5.5H_2O$$

(2) 氢氧化锌法　在水和其他有机溶剂的存在下，将氢氧化锌和硼酸加入反应器中，在温度为 100℃ 下，保温 5~10h。料液经过滤，得到的固体物用热水洗涤，然后干燥，制得硼酸锌成品。其反应式为：
$$2Zn(OH)_2 + 6H_3BO_3 \longrightarrow 2ZnO·3B_2O_3·3.5H_2O + 7.5H_2O$$

三、过硼酸钠

过硼酸钠分子式为 $Na_2BO_2·H_2O_2·3H_2O$（$NaBO_3·4H_2O$），其为白色单斜晶系颗粒或粉末。熔点 63℃。可溶于酸、碱及甘油中，微溶于水，溶液呈碱性（pH10~11），水溶液不稳定，极易放出活性氧。在冷而干燥的空气中，纯度较高的过硼酸钠是较稳定的。于 40℃ 或潮湿的空气中分解并放出氧气。在 60℃ 溶于自身的结晶水而分解，并结成黏性固块。高于 70℃ 时失去 3 个结晶水而形成一水物。在温度较高、有游离碱存在的情况下，容易分解。与稀酸作用，产生过氧化氢。以浓硫酸处理时，则放出氧及臭氧。也易被其他物质如氧化铅、二氧化锰、高锰酸钾、硝酸银、氧化铜、氧化钴及铂黑等催化分解。

常用作阴丹士林染料显色的氧化剂；原布的漂白、脱脂；医药中用作消毒剂和杀菌剂；也可用作媒染剂、洗涤剂助剂、脱臭剂，电镀液的添加剂、分析试剂、有机合成聚合剂，以及制造牙膏、化妆品等。

过硼酸钠常以硼砂和氢氧化钠、双氧水为原料来生产，其反应式为：
$$Na_2B_4O_7·10H_2O + 2NaOH + 4H_2O_2 + H_2O \longrightarrow 4(NaBO_3·4H_2O)$$

将固体氢氧化钠溶解为 30% 的溶液后，与硼砂（比化学理论量过量 20%）溶液混合，并用浓缩过的母液调节其浓度，充分搅拌后经过滤除去不溶物，得偏硼酸钠溶液。将其送入反应器，加母液调节为适宜浓度后加入硅酸镁稳定剂，然后加入双氧水（比化学理论量过量 10%~15%），控制双氧水的流量，在温度不超过 35℃ 条件下进行反应。待反应完全后，冷却结晶、离心分离、干燥。制得过硼酸钠成品。

此生产过程中的氢氧化钠若用纯碱代替，可降低成本。其反应式为：

$$Na_2B_4O_7 \cdot 10H_2O + 2Na_2CO_3 + 4H_2O_2 + 3H_2O \longrightarrow 4(NaBO_3 \cdot 4H_2O) + 2NaHCO_3$$

此反应需在硫酸锌存在下进行,反应温度控制在10℃,反应时间为20~25min。反应完全后经冷却结晶、离心分离、干燥可得产品。

四、硼砂

硼砂学名四硼酸钠,分子式为 $Na_2B_4O_7 \cdot 10H_2O$。其为无色半透明晶体或白色结晶粉末。无臭,味咸。相对密度1.73(15℃)。加热至60℃失去8个结晶水,加热至300℃失去全部结晶水而膨胀成白色多孔疏松状。易溶于热水和甘油,微溶于乙醇,水溶液呈弱碱性,能与酸反应生成硼酸及相应的化合物,与钙、镁和铅盐类的浓溶液作用生成偏硼酸盐沉淀。

硼砂在医药中用作消毒剂,日用化学工业作硼砂皂。农业中用作硼肥,造纸工业作纸张的干燥剂。主要应用于玻璃和陶瓷工业。

工业上采用加压碱解法或用碳碱法加工硼镁矿制硼砂。加压碱解法加工硼镁矿制硼砂是利用液体烧碱与硼矿粉加压分解从而制得硼砂,其反应为

$$2MgO \cdot B_2O_3 + 2NaOH + H_2O \longrightarrow 2NaBO_2 + 2Mg(OH)_2 \downarrow$$
$$4NaBO_2 + CO_2 \longrightarrow Na_2B_4O_7 + Na_2CO_3$$

生产过程包括碱解、过滤、碳化、结晶与脱水。其工艺流程如图10-2所示。

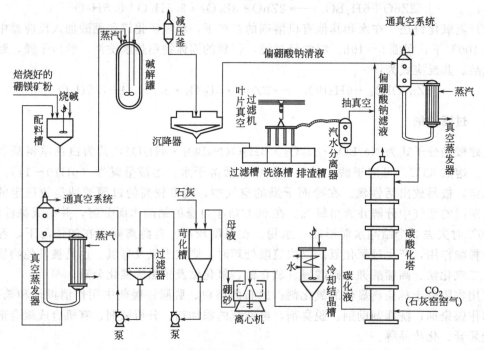

图10-2 加压碱解法加工硼镁矿制硼砂工艺流程

(1)碱解(配料) 先配制浓度为6.25mol/L(250g/L)的碱液,再将碱液加入配料槽,所加碱液量为矿粉品位所需理论量(由化学方程衡算所得)的160%~200%。开搅拌机徐徐投入经过焙烧好的矿粉,经搅拌均匀后,用泵送入碱解罐中。碱液投入过量的目的是加快反应速率的同时使反应完全。(碱解)料液进入碱解罐后,先开间接蒸汽加热料液至70~80℃;再开直接蒸汽升压,当罐内压力达到354.55~506.5kPa时,开始计算碱解时间。在150~170℃温度下反应6~8h即可出料。

(2)过滤 碱解后的料浆先经沉降器沉清,分出一部分清液,沉降后的泥浆用叶片真空

过滤机进行过滤。然后洗涤，洗后的废渣排弃。清液、滤液、洗涤液合并，送至蒸发器。

(3) 碳化　偏硼酸钠溶液经过真空蒸发器浓缩后，送入碳化塔。同时将石灰窑的浓度为26%～30%的二氧化碳气压入塔内，在压力保持202.6kPa，温度60～70℃的条件下使偏硼酸钠碳酸化生成硼砂。碳酸化的终点由pH来控制，一般为9.4～9.5即可出料。

(4) 结晶与脱水　碳酸化后的料液送入冷却结晶器中，用水冷却至32℃时析出结晶，经离心脱水，即得硼砂。

母液用石灰苛化，以沉淀镁离子等杂质，并过滤分离，滤液中含硼，经真空蒸发器蒸发浓缩后送入配料槽，循环使用。

第二节　氮、磷化合物

一、氮的化合物

氮（N_2）在工业上主要用来合成氨（NH_3），由此制造化肥、硝酸和炸药等，氨还是合成纤维（锦纶、腈纶）、合成树脂、合成橡胶等的重要原料。目前一些氮的化合物如氮化钽、氮化钒、氮化锆、氮化硅等用于制造精细陶瓷，氮化硼等用于生产功能材料等。

1. 氮化硅

氮化硅（Si_3N_4）有α、β两种晶型，$β-Si_3N_4$为针状结晶体，$α-Si_3N_4$为颗粒状结晶。两者均属于六方晶系，都是由SiN_4四面体共用顶角构成的三维空间网络。相对密度3.18，莫式硬度9，热膨胀系数小、化学稳定性好，并具有优良的抗氧化性。在1900℃分解为氮和硅。主要用作精细陶瓷烧结原料、耐腐蚀、耐磨、研磨原材料。

氮化硅可由硅直接氮化法、二氧化硅还原法、气相合成法等方法制备。

(1) 硅直接氮化法　将硅粉放在氮气、氨气或氢-氮混合气中，加热至1200～1450℃直接氮化制得。在1200～1300℃反应可得α相含量高的Si_3N_4原始粉末，烧结成陶瓷时强度高。

(2) 二氧化硅还原法　以二氧化硅、氮气和炭为原料制备氮化硅，反应为：

$$3SiO_2 + 6C + 2N_2 \longrightarrow Si_3N_4 + 6CO$$

将硅石（或正硅酸乙酯水解制得的二氧化硅）与炭按一定比例充分混合，通入氮气加热至1400℃氮化24h。反应温度超过1550℃会生成SiC，因此需加入少量的Fe_2O_3来抑制SiC的生成，反应后用盐酸除去含铁的化合物，该方法制得的原粉中α相含量高，但粉末中常有少量的有害SiO_2杂质。

2. 氮化铝

氮化铝（AlN）属六方晶系。纯品为蓝白色，通常为灰色或灰白色。相对密度3.26，莫氏硬度9，热导率30.1W/(m·K)（200℃），电阻率$2×10^{11}μΩ·cm$（25℃），介电常数8.15，分解温度2516℃，高温下慢慢分解。和湿空气、水或含水液体接触产生热和氮，与高pH水溶液接触产生热和氮并迅速分解。

可用作高导热陶瓷生产原料、AlN陶瓷基片原料、树脂填料等；氮化铝的抗熔融金属侵蚀能力强，是熔铸纯铁、铝或铝合金理想的坩埚材料。

氮化铝常用的制备方法有两种，直接氮化法和氧化铝还原法。

(1) 直接氮化法　将氮和铝直接进行氮化反应，经粉碎、分级制得。氮化铝产品质量受反应温度、原料的预混合以及循环氮化铝粉末所占的混合比例、氮化铝比表面积等条件的影响。因此需严格控制工艺过程,得到稳定特性的氮化铝粉末(如比表面积、一次粒径、松密度和表面特性等)。

(2) 氧化铝还原法 以氧化铝、炭、氮气为原料生成氮化铝,反应式如下。

$$Al_2O_3 + 3C + N_2 \longrightarrow 2AlN + 3CO$$

将氧化铝与炭充分混合,在电炉中于1700℃与氮气还原制得氮化铝。

3. 氮化硼

氮化硼分子式为BN,其有两种结构形式,六方晶型类似于石墨;立方晶型类似于金刚石。六方氮化硼白色鳞片状,最高可稳定到3000℃。润滑性能和介电性能好。用作介电材料的优点是热导率高、热膨胀系数小、可承受温度的急剧变化,且硬度低,易加工。对微波辐射具有穿透能力,可作雷达窗口和微波输送窗等。可由 BCl_3-NH_3-H_2 或 B_2H_6-NH_3 等体系的气相反应制得。六方氮化硼在高温、高压及催化剂存在下可转变为立方氮化硼。立方氮化硼可稳定在2000℃,硬度接近金刚石,为超硬材料,制成的刀具用于淬火钢、耐磨合金钢及各种铸铁的精密加工和高速切削等方面已取得良好的效果;还可用作砂轮磨料等。

目前,作为功能材料的氮化硼别名为白色石墨,分子式为$(BN)_n$,为白色松散粉末,是具有六角形结构的氮化硼高分子化合物。相对密度为2.25,微溶于水,与水煮沸时缓慢水解生成硼酸和氮。能耐热至2000℃。化学性质稳定,几乎对所有熔融金属均呈惰性。抗氧化能力极强,有良好的导电性、导热性、耐化学腐蚀性、介电性能和润滑性。此材料用于制造耐火材料、炉绝缘材料、高压电及离子弧的绝缘体、高温润滑剂、脱模剂、超硬材料等。亦用作半导体硅掺杂源,也用于机械、航空等工业。

氮化硼制成纤维即氮化硼纤维可用作温度传感器套,制造高温物件,如火箭、燃烧室内衬和等离子体喷射炉材料。可作高温润滑剂、脱模剂、高频绝缘材料和半导体固相掺杂材料等。纤维状立方体氮化硼可用作超硬材料,用于电绝缘器、天线窗、防护服、重返大气层的降落伞以及火箭喷管鼻锥等。

氮化硼$(BN)_n$由硼酸和磷酸三钙等在氨气中加热而得。或将硼酰亚胺热裂解而得。

二、磷的化合物

磷及磷的化合物(如三氯化磷、五氧化二磷等)除可作为基本化工原料外,其高纯物还是电子材料的原料,可用于制备化合物半导体及半导体材料掺杂剂。磷酸盐是无机盐工业中的重要产品系列,其化合物品种达120种以上。目前正由肥料转向功能材料。发展较快的有特种磷酸盐、高纯磷酸盐和功能磷酸盐等。如磷酸盐系涂料有用于保护高压静电除尘器阳极板等设备的涂料、防腐蚀涂料、耐高温涂料以及耐摩擦的润滑涂料等;而磷酸盐系颜料为低公害的防锈颜料,常用的有磷酸系防锈颜料,磷化物系防锈颜料,亚磷酸、次磷酸系防锈颜料以及其他的磷酸盐颜料;磷酸盐还可用来制备有机反应如异构化、水合、烷基化、脱氢、聚合反应等的催化剂;磷酸盐离子交换剂与有机离子交换剂相比具有耐高温、耐强酸、耐辐射等优点;磷酸盐在食品工业中用作品质改良剂、营养强化剂等;以磷酸盐为基质制得的复合磷酸盐可作荧光材料、发光材料等。

1. 高纯磷

高纯磷(P_4)相对分子质量为123.89,纯度为99.999%。可用于制备化合物半导体及半导体材料掺杂剂。

高纯磷可采用直接蒸馏法制得。以99.9%的工业黄磷为原料。经两次蒸馏,即可制得纯度为 99.999% 的高纯磷成品。

2. 磷酸

磷酸（H_3PO_4）相对分子质量 97.99。纯品为无色透明斜方晶系晶体或黏稠状液体。相对密度为 1.843（18℃），熔点 42.35℃。无臭，味很酸。一般商品是含有 83%～98% H_3PO_4 的无色透明或略带浅色、稠状液体。溶于水和乙醇；加热到 213℃时，失去一部分水而转变为焦磷酸，进一步转变为偏磷酸；对皮肤有些腐蚀性；能吸收空气中的水分；酸性介于强酸与弱酸之间；无氧化能力；在瓷器中加热时会有侵蚀作用。

磷酸用途很广，按磷酸制造方法的不同，所得磷酸的用途不同。湿法磷酸主要用于制造各种磷酸盐，如磷酸铵、磷酸二氢钾、磷酸氢二钠、磷酸三钠等和缩合磷酸盐类。精制磷酸用于制饲料用磷酸氢钙。用于金属表面磷化处理，配制电解抛光液和化学抛光液。医药工业用于制造甘油磷酸钠、磷酸铁等，也用于制造磷酸锌作为牙科补牙用胶黏剂。用作酚醛树脂缩合的催化剂，染料及中间体生产用的干燥剂等。

磷酸的制备方法有两种，即湿法和热法。

采用湿法制备磷酸的原料是磷矿粉和硫酸，其化学反应式为：

$$Ca_5F(PO_4)_3 + 5H_2SO_4 + nH_2O \longrightarrow 3H_3PO_4 + 5CaSO_4 \cdot nH_2O + HF \uparrow$$

实际上反应分两步进行：一是磷酸与循环料浆（或返回系统的磷酸）进行预分解反应，生成磷酸一钙。目的是防止磷矿和硫酸直接反应，使磷矿粒子表面生成难溶性硫酸钙阻碍磷矿进一步分解。

$$Ca_5F(PO_4)_3 + 7H_3PO_4 \longrightarrow 5Ca(H_2PO_4)_2 + HF \uparrow$$

二是磷酸一钙与稍过量的硫酸反应而使磷酸一钙全部转化为磷酸和硫酸钙：

$$5Ca(H_2PO_4)_2 + 5H_2SO_4 + nH_2O \longrightarrow 5CaSO_4 \cdot nH_2O + 10H_3PO_4$$

生成的硫酸钙根据磷酸溶液中酸的浓度和温度的不同，可以有二水硫酸钙（$CaSO_4 \cdot 2H_2O$）、半水硫酸钙（$CaSO_4 \cdot \frac{1}{2}H_2O$）和无水硫酸钙（$CaSO_4$）。

一般根据生成的硫酸钙水合情况的不同通常可分成二水物流程、半水物流程和无水物流程。目前采用较多的流程是二水物流程，除此之外，还有再结晶法，即半水-二水物流程和二水-半水物流程。半水-二水物流程如图 10-3 所示。

经过计量的磷矿粉首先在预混槽与反应槽出来的料浆、过滤机出来的滤液预混合。然后进入反应槽与来自硫酸储槽的硫酸在 95～100℃下混合。排出的废气经回收处理后放空。料浆用泵送入半水物过滤器，真空抽滤得到部分滤液（即磷酸）返回预混槽与磷矿粉预混，部分滤液（含 P_2O_5 > 40%）作为磷酸产品。过滤器上所得到的固体——半水物硫酸钙，进入水合槽，与硫酸和水合槽出来的部分料浆混合，控制温度为 60℃，混合物用泵送到二水物过滤器，滤液可作为半水物过滤器的洗涤水和水合槽的再浆水，二水物过滤器上得到的固体——二水物硫酸钙即为纯度较高的磷石膏（磷石膏可用作制水泥、硫酸等的原料，也可以制成各种美观大方的建筑材料——石膏板）。

食用磷酸是将工业磷酸（80%～85%）用蒸馏水溶解后，提纯溶液，除去砷和重金属等杂质，过滤，使滤液符合食品级要求时，浓缩后所得。其可用作调味剂、罐头、清凉饮料的酸味剂，用作酿酒时的酵母营养源，防止杂菌繁殖。

电子级磷酸是将工业级三氯氧磷经精馏提纯后生成磷酸，再以冷冻结晶法提纯，并用微孔滤膜除去尘埃颗粒，制得无色透明的 BV-1 级磷酸。在硅平面管和集成电路生产中，普遍以铝膜作电极引线，需要对铝膜进行光刻，用磷酸作酸性腐蚀剂。也可与乙酸配合使用。

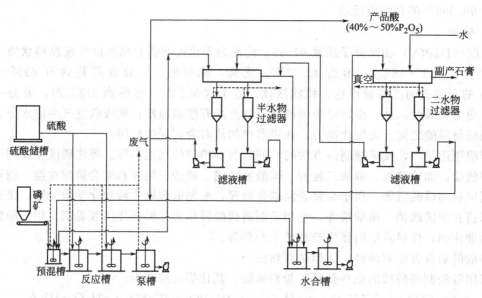

图10-3 磷酸半水-二水物工艺流程

3. 磷酸铝晶须

磷酸铝晶须（$AlPO_4$）为针状单结晶。具有优良的耐热性、高强度和高耐磨耗性。纤维长 $100\sim500\mu m$，纤维直径 $10\sim20\mu m$。长径比5以上。

磷酸铝晶须可用作绝缘材料，也可作为石棉的代用品，摩擦材料和隔膜材料。亦可作催化剂载体、补强材料以及压电材料。

可采用水热合成法来制备。将原料氧化铝（或氧化铝水合物）、氧化钠或氢氧化钠，与五氧化二磷在水存在下，在加热器中物料填充率为 $20\%\sim70\%$，温度为 $200\sim500℃$ 下，进行压热处理，得到磷酸铝晶须。

4. 三聚磷酸钠

三聚磷酸钠（$Na_5P_3O_{10}$），别名磷酸五钠、三磷酸五钠、焦偏磷酸钠。为白色晶体或结晶粉末。表观密度 $350\sim900kg/m^3$，熔点 $622℃$。易溶于水，其水溶液呈碱性，1%水溶液的pH为9.7。

三聚磷酸钠有两种结晶形态，即 $Na_5P_3O_{10}$-Ⅰ型（α型，高温型）和 $Na_5P_3O_{10}$-Ⅱ型（β型，低温型）。两种构型的化学性质相同，均可得水溶液及结晶水合物。其区别在于热稳定性不同、溶解度不同以及溶解时水合热量不同，吸湿性不同。Ⅰ型较Ⅱ型稳定，吸湿性要大些。在水中逐渐水解生成正磷酸盐。具有良好的络合金属离子能力，它能与钙、镁、铁等金属离子络合，生成可溶性络合物，能软化硬水。三聚磷酸钠是一种无机表面活性剂，具有有机物表面活性剂的性质。

在环境方面，三聚磷酸钠主要用作软水剂，在软水处理中起屏蔽钙、镁硬盐的作用，使之不发生沉淀，从而防止钙、镁沉垢的生成。另外，由于聚磷酸盐能与钙、镁、铁等形成络合物，沉积于阴极表面，构成一层致密的膜而阻挡溶解氧扩散到阴极，抑制了腐蚀电极的阴极反应，因而抑制了金属的腐蚀，故常作循环冷却水的缓蚀剂。

在其他领域，三聚磷酸钠主要用作合成洗涤剂的添加剂、肥皂增效剂和防止条皂油脂析出、起霜。对润滑油和脂肪有强烈的乳化作用，可用于调节缓冲皂液的pH。还可用作制革预鞣剂，染色助剂，涂料、高岭土、氧化镁及碳酸钙等工业中配制悬浮液时作分散剂，钻井泥浆分散剂，造纸工业用作防油污剂。

三聚磷酸钠的制备方法有热法磷酸二步法、湿法磷酸一步法等。

(1) 热法磷酸二步法　将磷酸（55%～60%）溶液计量后放入不锈钢的中和槽中，升温并开动搅拌机在搅拌下加入纯碱进行中和反应，中和槽中维持2分子磷酸氢二钠对1分子磷酸二氢钠的比例。中和后的混合液经高位槽进入喷雾干燥塔进行干燥，经干燥后的磷酸盐干料由塔底排出送入回转聚合炉，被炉气带走的少部分干料由旋风除尘器加以回收。磷酸盐干料在聚合炉中于350～450℃下进行聚合反应，生成三聚磷酸钠成品。反应方程式为：

$$6H_3PO_4 + 5Na_2CO_3 \longrightarrow 4Na_2HPO_4 + 2NaH_2PO_4 + 5H_2O + 5CO_2 \uparrow$$
$$2Na_2HPO_4 + NaH_2PO_4 \longrightarrow Na_5P_3O_{10} + 2H_2O$$

(2) 湿法磷酸一步法　将磷矿粉与硫酸反应制得萃取磷酸，用纯碱先在脱氟罐中除去其中的氟硅酸，再在脱硫罐中用碳酸钡除去硫酸根，以降低磷酸中硫酸钠的含量，然后利用纯碱进行中和。经过滤除去大量的铁、铝等杂质。再经精调、过滤，将所得的含有一定比例的磷酸氢二钠和磷酸二氢钠溶液在蒸发器中浓缩到符合喷料聚合的要求。将料喷入回转聚合炉中，经热风喷粉干燥和聚合。再经冷却、粉碎、过筛，制得三聚磷酸钠成品。其反应方程式为：

$$Ca_5F(PO_4)_3 + 5H_2SO_4 + 2H_2O \longrightarrow 3H_3PO_4 + 5CaSO_4 \cdot 2H_2O + HF \uparrow$$
$$6H_3PO_4 + 5Na_2CO_3 \longrightarrow 4Na_2HPO_4 + 2NaH_2PO_4 + 5H_2O + 5CO_2 \uparrow$$
$$2Na_2HPO_4 + NaH_2PO_4 \longrightarrow Na_5P_3O_{10} + 2H_2O$$

第三节　溴、碘化合物

一、溴的化合物

自然界中没有单质溴，只有溴的化合物。海水、矿泉水及盐湖的卤水中都有溴化物。溴及溴的化合物广泛应用于医药、染料、合成纤维、冶金、食品、水的净化等行业。随着科技的发展，溴及溴的化合物将有更广泛的应用。

1. 溴

溴（Br_2）为红棕色发烟液体（是唯一在常温下单质处于液态的非金属元素）。相对密度3.19（20℃），熔点-7.2℃，沸点58.78℃。低温（-20℃）时为带金属光泽的暗红色针状结晶。室温下蒸发很快，其蒸气有窒息性刺激味，呈红棕色。微溶于水，易溶于乙醇、乙醚、氯仿、苯和二硫化碳等非极性溶剂中，也溶于盐酸、氢溴酸和溴化钾溶液中。

其化学性质与氯相似但稍弱，能与除贵金属外的所有金属化合，生成溴化物；溴是强氧化剂，在有水存在时，可将二氧化硫氧化成硫酸并生成溴化氢；在碱性介质中氨和尿素等氮化物被溴氧化而产生氮气；在气相中溴将氨氧化成游离氮并生成溴化铵白色烟雾，生产上常以此检验设备及管道是否漏溴；溴在有次溴酸存在的情况下比氯稳定。溴有毒！有腐蚀性。对皮肤有烧灼作用，即使很低浓度的溴蒸气也可灼伤黏膜，导致咳嗽、黏膜分泌物增多、鼻出血、头晕等症状。

溴是制造无机和有机溴化物的原料。也是生产阻燃剂、汽油和航空燃料的抗震剂。医药中用以生产溴化钠、溴化钾、氯霉素、金霉素等抗生素和溴化樟脑镇静剂。农业中用以生产杀虫剂、熏蒸剂及植物生长激素等农药。染料工业用于生产溴靛蓝等含溴染料。感光工业用于制造溴化银，是制造照片、电影胶片等的主要原料。石油工业用于制造二溴乙烷、2-溴丙烷等。此外，还用于选矿、冶金、食品、鞣革、化学试剂及水处理等方面。

溴的制备方法有空气吹出法、蒸汽蒸馏法、二氧化硫法等。

(1) 空气吹出法　是从海水中提取溴的方法。其工艺流程如图10-4所示。

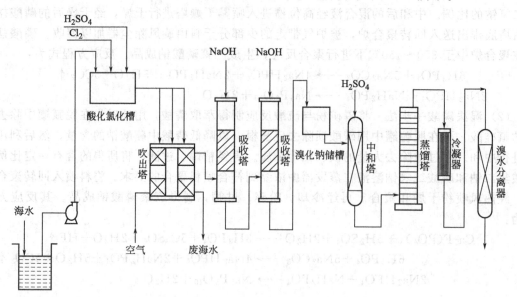

图10-4　空气吹出法生产溴工艺流程

① 酸化、氯化。将海水用泵送至酸化氯化槽，加入30%左右的硫酸，使海水酸化至pH为3.5~4.0。配氯量按160%通入海水中。其反应式为：

$$MgBr_2 + Cl_2 \longrightarrow MgCl_2 + Br_2$$

② 吹出。氯化后的海水由吹出塔顶部喷入，空气由下部鼓入则溴随之排出。

③ 吸收。将含溴空气送入两个串联吸收塔，用烧碱（或纯碱）吸收，使溴分离。发生的反应为：

$$3Br_2 + 6NaOH \longrightarrow 5NaBr + NaBrO_3 + 3H_2O$$

④ 蒸馏。将吸收溴的溶液，在中和塔内用硫酸中和后，送入蒸馏塔蒸馏得溴蒸气，经冷却、分离可得溴成品。中和反应式为：

$$5NaBr + NaBrO_3 + 3H_2SO_4 \longrightarrow 3Br_2 + 3Na_2SO_4 + 3H_2O$$

(2) 蒸汽蒸馏法　将提取氯化钾后的原卤液预热到65~75℃而生成浓原卤料加入溴反应塔，与通入的氯气和蒸汽进行逆流置换反应，氧化置换出的溴溶解于浓原卤液中。用蒸汽加热使溴汽化，并随水蒸气一同从塔上部出溴口排出，温度控制在80~90℃，排出的溴经冷凝器冷却至20~30℃，再经分离、精馏、冷凝，制得溴产品。其反应式为：

$$MgBr_2 + Cl_2 \longrightarrow MgCl_2 + Br_2$$

2. 溴化钠

溴化钠（NaBr）别名钠溴，为无色立方晶体或白色颗粒状粉末，属等轴晶系。无臭，味咸、味苦。相对密度3.203（25℃），熔点755℃，沸点1390℃。在空气中易吸收水分潮解或结块。温度高于30℃时，溶液中析出的溴化钠结晶为无水物，15~20℃析出的为二水物（NaBr·2H₂O）。二水物为无色单斜晶，相对密度2.176，熔点51℃（失水）。易溶于水，水溶液呈中性。微溶于醇。

溴化钠可用于配制感光胶片用感光液。医药工业用作利尿剂和镇静剂。亦可用于合成香料、染料工业；用于配制自动洗碟机用洗涤剂。

溴化钠可以用溴、碳酸钠和尿素为原料来制备。将碳酸钠、尿素用热水溶解，通入溴，还原生成溴化钠，然后加入活性炭脱色、过滤、蒸发、结晶即得。

3. 溴酸钾

溴酸钾（$KBrO_3$）为白色菱形结晶或结晶粉末，无臭。相对密度3.26，熔点350℃。加热到370℃时分解成溴化钾和氧气。在常温下稳定，易溶于水，微溶于乙醇，不溶于丙酮。强氧化剂，能抑制蛋白质分解酶的作用，有助于提高小麦粉中面筋的质量。

溴酸钾可用作水质软化剂、酵母食料；用作氧化剂和分析试剂等。

溴酸钾可由溴酸镁与氯化钾复分解而得，即

$$Mg(BrO_3)_2 + 2KCl \longrightarrow 2KBrO_3 + MgCl_2$$

将溴蒸气通入氢氧化钾溶液中，可同时生产溴化钾和溴酸钾，再用结晶法分离（沸水中重结晶），可得到目的产物溴酸钾。

二、碘的化合物

碘与人类的健康息息相关，它是维持人体甲状腺正常功能所必需的元素；碘的放射性同位素 ^{131}I 可用于甲状腺肿瘤的早期诊断和治疗，也可作示踪剂，进行系统的检测（如地热系统检测）；碘的化合物在医药、染料、化学试剂等方面有着广泛的应用。

1. 碘

碘（I_2）为带金属光泽的紫黑色鳞晶或片晶。碘具有腐蚀性。有毒！性脆，易升华，蒸气呈紫色。相对密度4.93，熔点113.5℃，沸点184.35℃。微溶于水，但不形成水合物，溶解度随温度的升高而增加；难溶于硫酸，易溶于有机溶剂；且易溶于碘化物而形成多碘化物；在氯化物、溴化物和其他盐类溶液中的溶解度比在纯水中的大，但不及在碘化物中的大；碘能与硫、硒和惰性气体以外的所有其他元素形成二元化合物，但不能直接与碳、氮或氧起反应；在高温下可与铂起反应，铝、锆、钛等金属可与碘，尤其是粉末状碘迅速起反应，形成碘化物；铜和银很容易与碘起反应，形成挥发性碘化物。

碘是制造无机碘化物和有机碘化物的基本原料，主要用于医药卫生方面，用以制造各种碘制剂、杀菌剂、消毒剂、脱臭剂、镇痛剂和放射性物质的解毒剂；碘是制农药的原料，亦是家畜饲料添加剂；工业上用于合成染料、烟雾灭火剂、照相感光乳剂和切削油乳剂的抑制剂；用于制造电子仪器的单晶棱镜、光学仪器的偏光镜、能透过红外线的玻璃；用于皮革和特种肥皂。在有机合成反应的甲基化、异构化和脱氢反应中，碘是良好的催化剂；还用作烷烃和烯烃的分离剂；用作松香及其他木材制品的稳定剂；也用作高纯锆、钛、硅和锗的提炼剂。

碘在自然界是以化合物的形式存在，地壳中碘的含量为 3×10^{-7}，主要以碘酸钠（$NaIO_3$）的形式存在于南美洲的智利硝石矿中；在海水中碘的含量很少，但海洋中的某些生物（海带、海藻等）具有选择性地吸收和富集碘的能力，是碘的重要来源。碘是用以上物质为原料来制备的，主要方法有以下两种。

（1）离子交换法 将海带用13～15倍量的水浸泡两遍，浸泡液含碘量达0.5～0.55 g/L。因浸泡液中含有大量褐藻糖胶和其他杂质，故需加碱除去，加入36%～40%的碱液，经充分搅拌，使其pH为12，澄清8h以上。上部清液送至酸化槽，并加入盐酸调节其pH为1.5～2。然后送入氧化罐，通入氯气进行氧化使碘游离，通过717#离子交换树脂吸附，再加入亚硫酸钠解吸。在得到的含碘解吸液中加入氯酸钾、硫酸，使碘析出。将获得的碘加热至150℃以上，加入浓硫酸进行熔融精制，经冷却结晶、粉碎，制得碘成品。反应方程式为：

$$2I^- + Cl_2 \longrightarrow I_2 + 2Cl^-$$

$$SO_3^{2-} + I_2 + H_2O \longrightarrow SO_4^{2-} + 2H^+ + 2I^-$$

$$ClO_3^- + 6I^- + 6H^+ \longrightarrow 3I_2 + 3H_2O + Cl^-$$

(2) 空气吹出法　将含碘制盐母液加入盐酸进行酸化，控制pH为1～2，将其预热至40℃左右，送入氧化器，同时通入适量氯气，使料液中的碘离子氧化为碘分子。将此氧化液送至吹出塔，从上部均匀淋下，由吹出塔下部通入预热至40℃的空气，将碘吹出。含碘空气进入吸收塔，用塔上部喷淋下的二氧化硫水溶液吸收，并被还原生成氢碘酸。当吸收液浓度达到含碘约150g/L时，即送入碘析器，在不断搅拌下，缓慢通入氯气，使碘游离沉淀，经过滤，加入浓硫酸熔融精制，冷却结晶、粉碎，制得碘成品。其反应如下：

$$2I^- + Cl_2 \longrightarrow I_2 + 2Cl^-$$

$$I_2 + SO_2 + 2H_2O \longrightarrow 2HI + H_2SO_4$$

$$2HI + Cl_2 \longrightarrow I_2 + 2HCl$$

2. 碘化钾

碘化钾（KI）为白色立方晶体。无臭，有浓苦咸味。相对密度3.13，熔点681℃，沸点1330℃。易溶于水，溶于乙醇、甲醇、甘油和液氨，微溶于乙醚。其水溶液呈中性或碱性。在湿空气中易潮解。遇光和空气能析出游离碘而呈黄色，在酸性溶液中更易变黄。碘化钾是碘的助溶剂，在溶解时，与碘生成三碘化钾，并且三者处于平衡状态。

碘化钾在食品工业可用作营养增补剂（碘质强化剂），也可用作饲料添加剂；在医药中用作祛痰剂、利尿剂、甲状腺防治剂和甲状腺机能亢进手术前用药；亦可用于照相感光乳化剂、照相制版等；还用作分析试剂及果蔬膜灭菌剂。

碘化钾可用铁屑还原法、甲酸还原法、中和法、硫化物法和综合利用法制备。

(1) 铁屑还原法　将理论量100%～103%的氢氧化钾加入盛有蒸馏水的反应器中，在搅拌下分次加入定量碘，于80～90℃保温搅拌反应约1h，反应液为棕色，当pH为6～7时，出现碘酸钾结晶。将反应液温度降至30℃以下，加入铁屑使碘酸钾还原为碘化钾。开始反应剧烈，待反应液缓和后，加热煮沸，继续搅拌反应1～2h，然后用10%的氢氧化钾溶液调节pH为8，加入除砷剂和除重金属剂进行溶液净化，静置。过滤，除去砷和重金属等杂质，将滤液放入蒸发浓缩析出结晶，再冷却结晶、离心分离、干燥，制得食用碘化钾成品，其反应如下。

$$3I_2 + 6KOH \longrightarrow 5KI + KIO_3 + 3H_2O$$

$$KIO_3 + 3Fe + 3H_2O \longrightarrow KI + 3Fe(OH)_2$$

(2) 甲酸还原法　此法生产工艺流程如图10-5所示。

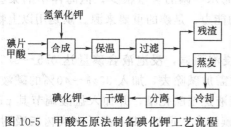

图10-5　甲酸还原法制备碘化钾工艺流程

将工业级碘片加入带搅拌的反应器中，加入水，在搅拌下缓慢加入相对密度为1.3左右的氢氧化钾溶液使其反应完全。当反应溶液呈紫褐色，pH为5～6时，容器中出现部分碘酸钾结晶。然后在溶液中缓慢加入甲酸，还原碘酸钾。经甲酸还原后的溶液再加入氢氧化钾，调节pH为9～10。将此溶液送入保温器中，通入蒸汽，保温1～2h。加入除砷剂、除重金属剂，静置 6h。过滤除去不溶物。得到的清亮滤液送入蒸发器，蒸发浓缩至大部分结晶析出。移入不锈钢桶内冷却。结晶在离心机内甩干，母液用泵打回反应器内，反复使用。将晶体在 110℃下干燥，即得碘化钾成品。发生的反应如下：

$$6KOH + 3I_2 \longrightarrow 5KI + KIO_3 + 3H_2O$$
$$KIO_3 + 3HCOOH \longrightarrow KI + 3H_2O + 3CO_2 \uparrow$$

3. 碘酸钾

碘酸钾（KIO_3）为白色晶体或结晶粉末。相对密度 3.93（32℃），熔点 560℃（部分分解）。无臭，味微涩。溶于水，不溶于乙醇。

碘酸钾为补碘药，可用作防止地方甲状腺病的加碘食盐或药剂。近年来以碘酸钾作为抗肿瘤药物，发现在某种情况下具有抑制肿瘤生长的作用。动物饲料中作为调节缺碘的添加剂。在化学分析中可作分析试剂和基准试剂，也用于色谱分析。

碘酸钾制备方法有氯酸钾氧化法、焙烧氧化法、热分解法、副产法等。

(1) 副产法　在用碘与氢氧化钾反应生产碘化钾的过程中，可副产碘酸钾。

(2) 氯酸钾氧化法　在稀硝酸介质中，氯酸钾直接氧化碘而得。此法是目前工业上常用的方法。具体步骤如下。

在反应器中按配比 $I_2 : KClO_3 = 21 : 20$，加入碘和氯酸钾。加水并用硝酸调节溶液 pH 为 1~2，温度控制在 80~90℃。搅拌的同时加热溶液使其沸腾，反应 1h 使反应完全，同时将氯气回收。其反应式如下：

$$6I_2 + 11KClO_3 + 3H_2O \longrightarrow 6KH(IO_3)_2 + 5KCl + 3Cl_2 \uparrow$$

将溶液冷却至室温，碘酸氢钾结晶析出。过滤，以水加热溶解结晶，并以氢氧化钾中和至 pH10，其反应式如下：

$$KH(IO_3)_2 + KOH \longrightarrow 2KIO_3 + H_2O$$

冷却、结晶、过滤，于 118℃干燥 3h，即得成品碘酸钾。母液用作下次配料，循环使用。

第四节　钡的化合物

一、硫酸钡

硫酸钡（$BaSO_4$）为白色斜方晶或疏松细粉，相对密度 4.499（15℃），熔点 1580℃。无臭，无味。不溶于水、乙醇，也不溶于酸和碱溶液。与炭共热还原为硫化钡，与硫化氢气体不发生颜色变化。

硫酸钡可作印染的媒染剂，织物的上浆剂、加重剂，造纸的填充剂，防火织物及制革的填充剂，医药工业的泻剂和生产胃药三硅酸镁的原料，食道、胃肠道 X 射线造影诊断用药。轻工业用于生产鲜酵母、味精和牙膏用磷酸钙的稳定剂，亦用于配制植物冬眠延长剂。在金属电镀中用于无裂纹镀液的配制，在镀镍液中作导盐，还能使镀层白面柔软。将硫酸钡超细化（经二次表面处理可制得）后，可用于汽车基体涂料、印刷、磁性材料等。

硫酸钡制备方法有复分解法、重晶石精制法、芒硝-硫酸钡复分解法等。

(1) 重晶石精制法　高品位的重晶石矿粉溶于熔盐（$CaCl_2 \cdot NaOH$）中，再用水处理可制得纯净的硫酸钡。也可将重晶石粉溶解于发烟硫酸中，然后以水稀释沉淀出硫酸钡。

(2) 芒硝-硫酸钡复分解法 是目前工业生产常用方法，可同时制得硫化碱。

用热水将芒硝溶解后，用直接蒸汽加热升温至 60℃，加入石灰、纯碱以除去镁、钙离子至 0.02g/L 以下。正常生产时，可用低浓度硫化碱溶解芒硝，由于硫化碱可将镁除去，此时只要用纯碱将其除去即可。

$$Mg^{2+} + Ca(OH)_2 \longrightarrow Mg(OH)_2 + Ca^{2+}$$
$$Ca^{2+} + CO_3^{2-} \longrightarrow CaCO_3$$
$$Na_2S + H_2O \longrightarrow NaHS + NaOH$$
$$Mg^{2+} + 2OH^- \longrightarrow Mg(OH)_2$$

除去钙、镁离子后的芒硝溶液经静置澄清，上层清液经过滤送入计量槽。底泥经水洗涤可以回收芒硝。再将热的硫化钡溶液（60～70℃）与计量槽中的芒硝溶液在合成桶中混合，发生下列复分解反应。

$$BaS + Na_2SO_4 \longrightarrow BaSO_4 + Na_2S$$

合成过程中，还有硫氢化钡及氢氧化钡生成。

$$2BaS + 2H_2O \longrightarrow Ba(HS)_2 + Ba(OH)_2$$
$$Ba(HS)_2 + Na_2SO_4 \longrightarrow BaSO_4 + 2NaHS$$
$$Ba(OH)_2 + Na_2SO_4 \longrightarrow BaSO_4 + 2NaOH$$

反应达到终点后（芒硝为过量），将合成浆送往澄清塔澄清，上清液送碱系统以回收硫化碱。硫酸钡经抽滤（或压滤）、热水洗涤（至洗涤液含 $Na_2S<0.05\%$ 后排入废水处理装置），稀硫酸洗涤至 pH 为 6 左右，再经压滤、干燥、粉碎包装即可获得成品。

二、氯化钡

氯化钡（$BaCl_2 \cdot 2H_2O$）为无色有光泽的单斜晶体，相对密度为 3.097（24℃）。在 113℃ 时失去结晶水成为白色粉末。露置空气中能吸收水分，溶于水，几乎不溶于盐酸，不溶于乙醇。其水溶液有苦味，且有毒！

$BaCl_2 \cdot 2H_2O$ 是最重要的可溶性钡盐，从它出发可制备各种钡的化合物。它可用作杀虫剂；还可用于制备颜料，防止陶瓷褪色；用于纺织工业，作为毛织和皮革印染的媒染剂；用于人造丝消光；用于清除锅炉用水及盐水中的 SO_4^{2-}；用于制药、制照相药品、印刷油墨、蓄电池、造纸业；可作填充剂、金属热处理剂；在制备某些稀有金属时可作共沉淀剂，使这些金属的盐类由其溶液中析出。

工业上生产氯化钡主要有两种方法，即盐酸法和氯化钙法。

(1) 盐酸法 是将硫化钡与盐酸反应生成氯化钡（一般为 $BaCl_2 \cdot 2H_2O$），在高温下脱水便得无水氯化钡。反应式为：

$$BaS + 2HCl + 2H_2O \longrightarrow BaCl_2 \cdot 2H_2O + H_2S \uparrow$$
$$BaCl_2 \cdot 2H_2O \longrightarrow BaCl_2 + 2H_2O$$

此法主要有焙烧、浸取、加酸、碳化等工序，其工艺流程如图 10-6 所示。

将重晶石和煤粉加入转炉内于 950～1000℃ 温度下，焙烧 1h 左右得到硫化钡熔体（焙烧）。熔体用热水于卧式螺旋搅拌浸取器中连续浸取，得到一定浓度的硫化钡溶液（浸取）。将硫化钡溶液与盐酸于反应器中反应，抽真空排除生成的硫化氢（经回收装置回收），并在碳化塔中通入二氧化碳，除去微量的硫化钡。得到 $BaCl_2$ 溶液澄清后，在中和槽中加入氢氧化钙，中和至微碱性，然后经蒸发、浓缩、结晶、分离、干燥得氯化钡（加酸、碳化）。

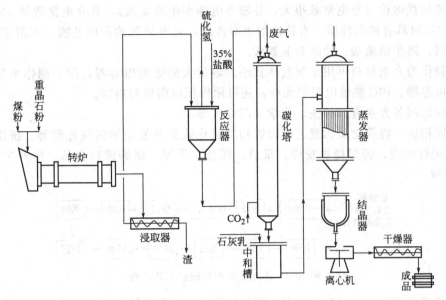

图 10-6 盐酸法生产氯化钡工艺流程

(2) 氯化钙法 硫化钡与氯化钙高温焙烧反应，生成氯化钡。反应式为：
$$BaS + CaCl_2 \longrightarrow BaCl_2 + CaS$$

三、碳酸钡

碳酸钡分子式为 $BaCO_3$，高纯碳酸钡有斜方、六角、立方三种结晶形态。外观为重质白色粉末，形状近似球形。有毒！相对密度 4.2865，在 1300℃分解成氧化钡和二氧化碳。不溶于水、醇，溶于酸和氯化铵。

高纯碳酸钡可用作电子工业的原料，用于制备电容器、PTC 电子元件、正温度系数热敏电阻等。

高纯碳酸钡制备方法有氢氧化钡碳酸化法、碳酸钡碳酸化法、硝酸钡碳酸化法和氯化钡碳酸铵（或碳酸氢铵）复分解法等。

(1) 氢氧化钡碳酸化法 以工业氢氧化钡为原料制高纯碳酸钡，反应式为：
$$Ba(OH)_2 + CO_2 \longrightarrow BaCO_3 + H_2O$$

将工业八水氢氧化钡加水加热溶解得氢氧化钡溶液，精密过滤除去杂质后的滤液送入碳化塔，然后通入二氧化碳，在一定温度下进行分级碳酸化，控制碳酸化 pH 终点为 6~7。将碳酸钡浆放入热解罐加热至沸腾，陈化数分钟，过滤、离心分离，用高纯水洗涤，滤饼在 100~110℃干燥制得产品。

(2) 氯化钡碳酸铵（或碳酸氢铵）复分解法 将精制氯化钡溶于去离子水，制成 25%的氯化钡溶液，流过硝酸转型的阴离子交换树脂，流出液为精制硝酸钡溶液，将精制碳酸铵流过铵型阳离子交换树脂，流出液为高纯碳酸铵溶液，然后将阴阳离子交换树脂流出液按比例混合，反应制得碳酸钡膏状物，经过滤、洗涤、干燥，制得高纯碳酸钡产品。

四、钛酸钡

钛酸钡（$BaTiO_3$）为白色或浅灰色粉末，有五种晶型（四方晶体、立方晶体、斜方晶体、三方晶体和六方晶体），最常见的为四方体。相对密度 6.017（六方体 5.806），有毒！

是一种重要的铁电体（介电常数很大，并随外电场变化的物质），其介电常数约4000。在温度低于120℃时具有铁电性质。有稳定的电滞性质，且有显著的压电性能。不溶于水、热的稀硝酸与碱；溶于浓硫酸、盐酸和氢氟酸。

钛酸钡作为介电材料可用于制造体积小、容量大的微型电容器，用于制作半导体陶瓷，如晶界层电容器、PIC热敏电阻等元件；还可用作压电陶瓷材料等。

钛酸钡的制备方法有固相法、化学共沉淀法等。

(1) 固相法　将等物质的量的碳酸钡和二氧化钛及其他添加剂混合研磨、挤压成型后，于1200℃进行煅烧，将煅烧物粉碎、湿磨、压滤、干燥、研磨即得成品。生产工艺流程如图10-7所示。

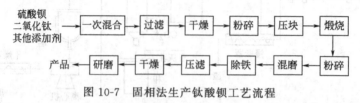

图10-7　固相法生产钛酸钡工艺流程

(2) 草酸沉淀法　分别配制一定浓度的氯化钡、四氯化钛和草酸溶液，经提纯后，按等物质的量的比将氯化钡和四氯化钛溶液混合，加热至70℃，搅拌下与相同温度过量的草酸溶液反应，得到草酸钛钡水合物沉淀。再经过滤、洗涤、干燥，焙烧2h，即得粉状钛酸钡成品。主要化学反应如下：

$$TiCl_4 + 2H_2C_2O_4 \cdot 3H_2O + BaCl_2 \cdot 2H_2O \longrightarrow BaTiO(C_2O_4)_2 \cdot 4H_2O \longrightarrow BaTiO(C_2O_4)_2 + 4H_2O \longrightarrow BaTi(C_2O_4)_2 + 2CO_2 \uparrow \longrightarrow BaTiO_2(CO) + CO \uparrow \longrightarrow BaTiO_3 + CO \uparrow$$

钛酸钡晶须为白色针状结晶。具有强介电性、超导性等功能特性。用作塑料、陶瓷和金属等的强化材料；在电子设备中可作为介电体、压电体和热电体等。

第五节　硅的化合物

一、硅与硅胶

1. 硅

(1) 硅 (Si)　有无定形和晶体两种。无定形（非晶态）硅无毒、无味。具有硬度高、不吸水、耐热、耐酸、耐磨和耐老化等特点。

主要用于半导体、合金、有机硅高分子材料。用硅与金属混合烧结，可制成金属-陶瓷复合材料，此材料耐高温、富韧性、可以切割，可作宇宙航行的材料。

无定形硅可用SiO_2含量大约95%的硅石和灰分少的焦炭混合，用1000～3000kVA开式电弧炉，加热到1900℃左右进行还原而制得。

(2) 高纯多晶硅　呈灰色金属光泽，性质较脆，切割时容易碎裂，相对密度较小，硬度较大。硅在高温熔融状态下，具有较高的化学活性。

高纯多晶硅可作电力整流器和可控硅整流器，这是大容量的硅整流器，具有效率高、工作温度高、反向电压高等优点。可用于制作硅二极管及集成电路，以单晶硅片制作太阳能电池及红外光滤过器或自动导向装置的红外探测器等。

生产多晶硅的方法很多，较常用的有三氯氢硅氢还原法和四氯化硅氢还原法。三氯氢硅氢还原法是以工业硅与干燥的氯化氢反应生成三氯氢硅，经精馏提纯后，用氢气还原在载体上沉积出多晶硅。其反应式为：

$$Si + 3HCl \xrightarrow{230\sim300℃} SiHCl_3 + H_2$$

$$SiHCl_3 + H_2 \longrightarrow Si + 3HCl$$

其生产工艺流程如图10-8所示。

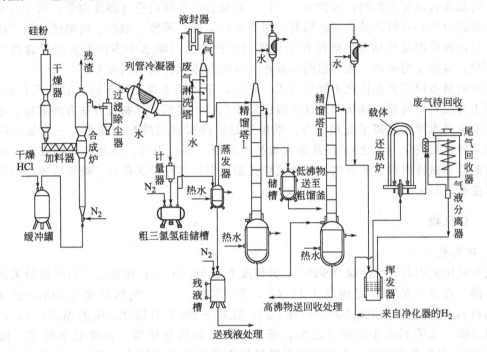

图10-8 多晶硅生产工艺流程

① 三氯氢硅合成。干燥后的氯化氢气体，先经缓冲罐，再经转子流量计以适当流量进入合成炉中，与经干燥的硅粉，在230~300℃的温度范围内发生反应。反应生成的三氯氢硅气体由合成炉上部排出，再经旋风过滤除尘器，除去夹带的粉尘。经除尘后的气体，进入列管冷凝器，温度在-40℃时液化，冷凝液经计量器放入储槽。未冷凝的气体经液封器送至废气淋洗塔，处理后排入大气。

② 粗三氯氢硅的精馏提纯。将三氯氢硅由储槽送至蒸发器加热，所得蒸汽经除雾器由精馏塔Ⅰ的塔顶进入塔内。塔顶馏出液为低沸物（送回收处理），塔底则可得中间产品，借助于位差，中间产品流入精馏塔Ⅱ内。塔顶馏出液为纯三氯氢硅，而塔底残液为高沸物，送去回收处理。

③ 三氯氢硅的氢还原。经精馏提纯后的三氯氢硅送入挥发器至确定的液面高度。纯氢气经流量计计量后分成两路，一路通入挥发器使三氯氢硅鼓泡挥发，另一路与直接进入还原炉的氢气汇合经喷头进入还原炉，连续地进行还原反应，并在载体上沉积出多晶硅。尾气从还原炉底部排出，经换热器预冷，然后进入尾气回收器回收再用。

2. 硅胶

硅胶（$mSiO_2 \cdot nH_2O$）是一种坚硬无定形的链状和网状结构的硅酸聚合物颗粒，呈透明或乳白色。具有化学惰性、比表面积大、内部孔隙率和吸附能力强等特点。易吸附极性物质，难吸附非极性有机物质。其吸附气体中水分可达自身质量的50%，而在相对湿度为60%的空气流中，微孔硅胶吸附水分的量也可达硅胶质量的24%，所以，常用于高湿气体的干燥。蓝色指示型硅胶能随使用环境相对湿度变化而显示出不同的颜色，如蓝胶指示剂（变色硅胶），在相对湿度20%、40%及60%时分别显浅蓝色、紫色及红色。硅胶无毒、无臭，耐酸、耐碱、耐溶剂，热稳定性好。

主要用于各种工业气体（如 H_2、O_2、Cl_2、SO_2、CO_2 等）的干燥；设备、仪器、家用电器、药品和食品等的防潮；实验室、工厂车间及公共场所的空气湿度调节。用于石油化工产品的精制分离和有机产品的脱水精制；用作生产苯酐、苯胺、顺酐、丙烯腈和顺丁橡胶等化工产品的催化剂及载体等；还用作锅炉停用保护剂、脱除水中多价有害元素的离子交换剂、环境相对湿度指示剂、大气监测中有毒气体的载体及色谱用载体等。

硅胶的制备因工艺条件之不同可形成一系列的不同比表面积、不同孔容和孔径的制品。在外形上有胶粉、块胶、球状和微球硅胶以及变色胶等区别。其制备方法有酸解法、电渗析法、硅胶酯类水解法、离子交换法等。酸解法是由硅酸钠与酸反应而得，一般是先形成溶胶，然后经过凝胶化（老化），洗涤除去盐类不纯物，再经干燥、活化等即得成品。该产品通常有酸性和碱性两种成胶方法。酸性成胶孔细，需经氨浸扩大孔径。碱性成胶所得为粗孔胶，强度低，易碎。

二、硅化物

1. 硅化氢

高纯硅化氢别名高纯硅烷（SiH_4），其纯度大于99.999%，在常温下为恶臭的无色、易燃、易爆、有毒气体，相对密度1.11（21.1℃，空气=1）。气体密度1.44kg/m³（0℃，101.3kPa），液体密度680kg/m³（-185℃），在约-200℃时固化。临界温度-4℃。在水中缓慢分解，几乎不溶于乙醚、乙醇、苯、氯仿及四氯化碳等。在常温下稳定，加热至400℃时完全分解为硅和氢。在空气或卤素气体中发生爆炸性燃烧，最大允许浓度为 0.5×10^{-6}，吸入后会引起头痛、恶心，刺激呼吸道。与金属卤化物激烈反应，也与 CCl_4 反应，故对硅烷不能使用氟里昂灭火剂。

高纯硅化氢可用作半导体生产中的生长高纯单晶硅、多晶硅外延片以及二氧化硅、氧化硅、磷硅玻璃、非晶硅等化学气相沉积工艺的硅源，并广泛用于太阳能电池、硅复印机鼓、光电传感器、光导纤维及特种玻璃等的生产研制。

高纯硅化氢一般采用硅镁合金在液氨中与溴化铵反应得硅烷，再经低温吸附、连续液化、精馏提纯后制得。

2. 硅化铬

硅化铬（$CrSi_2$）相对分子质量108.167，为灰色四方棱柱状结晶，相对密度5.5，不溶于水，溶于盐酸、氢氟酸，熔点1475℃。硅化铬薄膜电阻率高，电阻温度系数小。

硅化铬（以及硅化锆、硅化铌、硅化钽等硅化物）的粉体是精细陶瓷的原料。用作陶瓷材料、高电阻薄膜材料。

硅化铬粉体可用下列方法制备。

① 硅粉与铬粉混匀后，于900~1100℃的氢气中焙烧，冷却后粉碎。

② 48.1份粒度为100μm铬粉与51.9份粒度为50μm的硅粉混合，另外将3份粒度为10μm的 SiO_2 粉、1.5份硅粉混合。两种混合物再混匀。1100℃氢气流中焙烧1h，再在1430℃煅烧10min，SiO_2 及 Si 粉形成的挥发性 SiO 同原料中的 Na、K 一起逸出，得到

CrSi$_2$ 烧结体，粉碎，可得成品。

三、硅酸盐

1. 硅酸钠

硅酸钠（Na$_2$O·nSiO$_2$·xH$_2$O）别名水玻璃、泡花碱。有液体、固体和粉状等多种产品。常见的是无色、淡黄色或青灰色透明的黏稠液体。溶于水呈碱性。遇酸分解（空气中的二氧化碳也能引起分解）而析出硅酸的胶质沉淀。其相对密度随模数（n 为 SiO$_2$ 与 Na$_2$O 的摩尔比）的降低而增大。无固定熔点。模数大于 3 的是"中性"水玻璃，小于 3 的是"碱性"水玻璃。其物理性质随模数不同而异。无水物为无定形，天蓝色或黄绿色，为玻璃状。

硅酸钠主要用作版纸、木材、焊条、铸造、耐火材料等方面的胶黏剂，制皂业的填充料，以及土壤稳定剂、橡胶防水剂；用作石油催化裂化的硅铝催化剂、金属防腐剂、水处理中的缓蚀剂和处理剂、洗涤剂助剂、耐火材料和陶瓷的原料、纺织品的漂染料和浆料；也用于纸张漂白、矿物浮选、木材防火；是无机涂料的组分，也是硅胶、分子筛、沉淀法白炭黑等系列产品的原料。

硅酸钠制备方法有干法（包括纯碱法、芒硝法和天然碱法）和湿法。

(1) 湿法　是将硅石在高温烧碱中溶解而得，其反应式为：

$$n\mathrm{SiO_2} + 2\mathrm{NaOH} \longrightarrow \mathrm{Na_2O} \cdot n\mathrm{SiO_2} + \mathrm{H_2O}$$

将 30% 的碱液和水放入配料槽，稀释至 18%~20%，并在搅拌下加入过量 30% 的硅石。将配好的料浆置于反应釜中，在压力为 0.6~0.7MPa、温度为 160℃ 左右，搅拌反应 7h。将所得料液真空过滤、浓缩，制得水玻璃。

(2) 干法　纯碱法（碳酸钠法）制水玻璃是用硅砂与纯碱熔融而得。其反应式为：

$$\mathrm{Na_2CO_3} + n\mathrm{SiO_2} \longrightarrow \mathrm{Na_2O} \cdot n\mathrm{SiO_2} + \mathrm{CO_2} \uparrow$$

2. 硅藻土

硅藻土（SiO$_2$·nH$_2$O）是一种生物成因的硅质沉积岩。主要由古代硅藻及其他微小生物如放射虫、海绵骨针等遗体的硅质部分组成，硅藻含量可达 70%~90%。主要矿物成分是蛋白石，其次是水云母、高岭土等黏土矿物和石英长石、有机质等；颜色呈白色、灰色、黄色、绿色或黑色。纯净、质轻、粒细、多孔的硅藻土硬度 1~1.5，相对密度一般为 1.9~2.35，干燥后为 0.4~0.7。孔隙率达 90% 左右，易研成粉末。硅藻土具有很强的吸附能力，有良好的过滤性、漂白性、化学稳定性和隔离隔热性。易溶于碱，不溶于除氢氟酸以外的任何酸。熔点 1400~1650℃。其含有游离的二氧化硅能与游离的氧化钙结合形成钙质硅酸盐。其矿床分为陆相湖泊矿床和海相沉积矿床两种类型，我国绝大多数硅藻土矿属于前者。

硅藻土用作合成树脂、化学纤维、染料、溶剂、酸类、电解液及甘油等的过滤剂；化肥和农药的载体；塑料、橡胶、杀虫剂的理想填料；回收硫氰酸钠的助滤剂；去除尼龙溶液中脱色用的活性炭，硝酸铵球粒的防结块剂等。还广泛用于轻工、食品、医药、建材、石油及造纸环保等部门。硅藻土有广阔的开发前景。

硅藻土是通过露天开采（多数矿山采用土法开采，少数矿山达到半机械化程度）、选矿（多采用重力选矿）等工序获得。重力选矿工艺流程如图 10-9 所示。

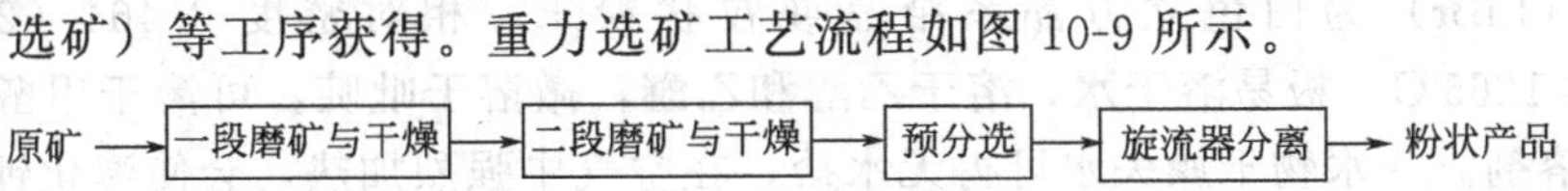

原矿 → 一段磨矿与干燥 → 二段磨矿与干燥 → 预分选 → 旋流器分离 → 粉状产品

图 10-9　重力选矿工艺流程

第六节 锂的化合物

一、碳酸锂

碳酸锂（Li_2CO_3）为无色单斜晶体或白色粉末，无臭、无味。相对密度 2.11，熔点 618℃。微溶于水，在冷水中的溶解度较热水为大，其水溶液呈碱性。溶于酸，不溶于乙醇和丙酮。

碳酸锂用作抗躁狂药。用作搪瓷玻璃的添加剂，可增强搪瓷的光滑度，降低熔化点，并增强瓷器的耐酸、耐冷激和热激性能。在显像管制造中，它可提高显像管的稳定性并增加强度、清晰度，且降低表面粗糙度。还用于制造其他锂化合物、荧光粉及电解铝工业等。

碳酸锂制备方法有硫酸法、石灰法、副产法等。

(1) 硫酸法　先将 α-锂辉石于 1100℃ 焙烧制得 β-锂辉石，经粉碎研磨后，加入过量 35%～40% 的浓硫酸，进行硫酸化烧结。用水浸取烧结块可得硫酸锂溶液，将浸取液中过量硫酸用碳酸钙中和至 pH 为 6.0～6.5，过滤，然后用石灰乳、碳酸钠净化，除去 Mg^{2+}、Ca^{2+} 等杂质。再经过滤后，滤液中加入少量硫酸及过氧化氢，中和至铁、铝生成氢氧化物沉淀，同时加炭黑脱色，过滤分离、浓缩制成饱和硫酸锂溶液后，加入饱和的纯碱溶液进行复分解反应即得碳酸锂。此反应若在 90℃ 下进行，则碳酸锂沉淀得最完全。过滤分离可得纯度为 80% 的碳酸锂。重复热水洗涤以后，可得含量为 96%～97% 的碳酸锂，最后干燥可得产品。反应式如下：

$$Li_2O \cdot Al_2O_3 \cdot 4SiO_2 + H_2SO_4 \longrightarrow Li_2SO_4 + Al_2O_3 \cdot 4SiO_2 \cdot H_2O$$

$$Li_2SO_4 + Na_2CO_3 \longrightarrow Li_2CO_3 \downarrow + Na_2SO_4$$

(2) 副产法　将井盐卤制氯化钡后的含锂料液加入烧碱，除去钙、镁等杂质，然后与盐酸反应，经蒸发后再和纯碱进行复分解反应，过滤、干燥可得产品。

二、氟化锂

氟化锂（LiF）为白色立方晶粉，相对密度 2.64，熔点 845℃，沸点 1676℃，于 1100～1200℃ 挥发。微溶于水，不溶于乙醇和其他有机溶剂，可溶于氢氟酸而生成氟化氢锂（$LiHF_2$）。高温时氟化锂水解产生氟化氢。

氟化锂主要在电解生产中作电解质组分，可提高电导率和电流效率，从而提高金属生产能力并降低成本，还可改善碳阳极的润湿性。在陶瓷工业中具有降低燃烧温度和改善抗骤冷和骤热性能，用作铝和铝合金焊接的助熔剂组分。高纯氟化锂用于制氟化锂玻璃，也用于制作分光计和 X 射线单色仪的棱镜。

氟化锂可采用中和法来制备。由碳酸锂或氢氧化锂与氢氟酸反应制得氟化锂，经过滤、干燥制得产品。

三、溴化锂

溴化锂（LiBr）为白色立方晶系结晶或粒状粉末。相对密度 3.464（25℃），熔点 550℃，沸点 1265℃。极易溶于水，溶于乙醇和乙醚，微溶于吡啶，可溶于甲醇、丙酮、乙二醇等有机溶剂。一水物干燥失水可得无水盐，在空气中强烈加热，会使溴化锂分解而析出溴。大剂量服用溴化锂可引起中枢神经系统的抑制，长期吸入可导致皮肤斑疹及中枢神经系统的紊乱。

溴化锂是一种高效的水蒸气吸收剂和空气湿度调节剂。可用作吸收式制冷剂，空调采用浓度为54%~55%溴化锂做冷冻机的吸收剂，由于其蒸气压力非常低，所以吸收效率高，此种空调设备的机械结构简单，运转费用低、没有震动噪声。还可用作有机化学中氯化氢脱除剂、纤维膨松剂。在医药方面用作催眠剂和镇静剂。另外，还用于感光工业、分析化学试剂以及某些高能电池中的电解质。

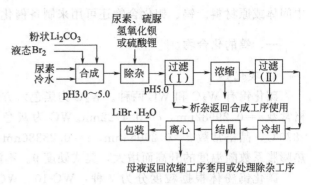

图10-10 尿素还原法制备溴化锂工艺流程

溴化锂的生产方法有中和法、溴化铁法、尿素还原法等，以下介绍尿素还原法。

在还原剂尿素的作用下溴与碳酸锂反应制得溴化锂。其生产工艺流程如图10-10所示。

生产中原料质量比为溴：尿素：碳酸锂：水＝1：0.13：0.46：6.5。合成反应后产物中过量的溴用尿素处理；所含溴酸盐则用硫脲处理；硫酸根超标则用氢氧化钡处理；若硫酸根消失而钡盐出现则加入硫酸锂处理。活性炭用于脱色。

四、硅酸锂

硅酸锂（$Li_2O \cdot nSiO_2$）是金属锂与硅酸反应生成的化合物。反应条件不同可获得不同n值的硅酸锂，如一硅酸锂（$Li_2O \cdot SiO_2$）、二硅酸锂（$Li_2O \cdot 2SiO_2$）、五硅酸锂（$Li_2O \cdot 5SiO_2$）和多硅酸锂，通常所指的硅酸锂为多硅酸锂。

硅酸锂溶于水，其水溶液呈碱性（pH11~12），为无色透明或呈微乳白色的液体，无臭、无毒、不燃。在硅酸锂水溶液中加入酸性物质后容易脱凝。硅酸锂水溶液具有自干性，且能生成不溶于水的干膜，耐干湿交替性好。

硅酸锂水溶液可用作涂料的基料，广泛用于海上工程、石油管道、船舶、桥梁、民用建筑等；由硅酸锂制成的涂料涂膜，不仅具有无机涂料所具有的耐热、耐辐射、不燃和无毒等特性，而且具有自干、耐热（可达1000℃）、耐磨、耐水、耐干湿交替性等优点，使其可作为胶黏剂的表面处理剂等。

用石英砂与锂的氧化物（或氢氧化物）熔融制成的硅酸锂在水中不溶解。故一般采用活性硅酸-氢氧化锂法来制备硅酸锂。此法是用一定浓度的活性硅酸与氢氧化锂粉末或水溶液反应，可制得透明、长期储存稳定以及黏结力优良的硅酸锂水溶液。

活性硅酸是将硅酸钠或硅酸钾水溶液通过阳离子交换树脂床层而生成，要求其中二氧化硅的粒径在5nm以下且二氧化硅的质量分数为1%~7%，SiO_2/M_2O（M表示K或Na）摩尔比为300~2000。将获得的上述溶液与氢氧化锂粉末（或溶液）按SiO_2/Li_2O摩尔比为2.5~10之间的配比，在温度为0~80℃（接近常温即可）并有搅拌的情况下混合反应10min~2h，即可得到透明而稳定的硅酸锂水溶液。再将其浓缩（常压、25~90℃下蒸发），可获得SiO_2质量分数为35%以下（通常为10%~25%）的具有实用浓度的硅酸锂水溶液。

第七节 钨、钼化合物

钨、钼的化工产品是冶金工业、电器和电子工业、化学工业以及玻璃、陶瓷工业重要的中间体或原材料。钨、钼化合物还可用来制备催化剂等。

一、钨的化合物

1. 碳化钨

碳化钨有 W_2C 和 WC 两种。W_2C 为黑色六方结晶,相对密度 17.15,熔点 2800℃,晶格常数 $a=0.29982nm$,$c=0.4722nm$。WC 为灰色六方结晶粉末,相对密度 15.63,熔点 2870℃,晶格常数 $a=0.29063nm$,$c=0.28386nm$。沸点 6000℃。热导率 121W/(m·K)。热膨胀系数随温度的升高而增大,莫式硬度 9。不溶于水,溶于硝酸和氢氟酸混酸。

碳化钨粉体根据粒度分为 7 种:WC-10、WC-15、WC-25、WC-35、WC-50、WC-60、WC-90(随标号增大,粒径增大)。根据碳含量又分为 14 种。

碳化钨粉体主要用于制造切削工具、耐磨部件,铜、钴、铋等金属的熔炼坩埚,耐磨半导体薄膜。

碳化钨的制备方法有直接法、六羰基钨分解法等。

(1) 直接法 以金属钨和炭为原料来制备碳化钨,其反应式为:

$$2W+C \longrightarrow W_2C$$
$$W+C \longrightarrow WC$$

将平均粒径为 3~5μm 的钨粉与等物质的量的炭黑用球磨机干混 10h,充分混合后,加压成型后放入石墨盘,再在石墨电阻炉或感应电炉中加热至 1400~1700℃,最好控制在 1550~1650℃。在氢气流中,最初生成 W_2C,继续在高温下反应生成 WC。温度的确定取决于最终产品平均粒径。工艺过程中通过控制钨粉粒度、含氧量、碳素的游离碳含量以及碳化条件等,可制得各种粒度的碳化钨。

(2) 六羰基钨分解法 首先将六羰基钨 [$W(CO)_6$] 在 650~1000℃、CO 气流中热分解制得钨粉,然后与一氧化碳于 1150℃反应 1h,温度高于此温度可生成 W_2C,因此需严格控制温度。

2. 硼化钨

硼化钨有 WB 和 W_2B 两种。WB 为黑色或灰色六方结晶粉末,相对密度为 15.2,晶格常数 $a=3.115nm$,$c=1.693nm$,熔点 2660℃,显微硬度。W_2B 的相对密度为 16.0,熔点 2670℃。

硼化钨粉体主要用于耐磨件的喷涂,制半导体薄膜。

硼化钨可采用固相法来制备。操作过程是将化学计量的金属钨粉和元素硼充分混合、研磨、成型,在 1400℃以上加热反应得 WB。继续反应生成 W_2B,经冷却、粉碎得产品。所发生的化学反应为:

$$B+W \longrightarrow WB$$
$$B+2W \longrightarrow W_2B$$

3. 钨酸钠

钨酸钠($Na_2WO_4 \cdot 2H_2O$)为无色结晶或白色斜方晶系结晶。有毒!相对密度为 3.25,熔点 698℃。溶于水,呈碱性。不溶于乙醇,微溶于氨。在干燥空气中风化。加热到 100℃失去结晶水成无水物。遇强酸分解成不溶于水的钨酸。

钨酸钠主要用于制造金属钨、钨酸及钨酸盐类。用作媒染剂、颜料和催化剂。还可作织物防火剂以及分析化学试剂。

钨酸钠可采用钨矿碱解法制备。将黑钨矿粉碎至 320 目,与 30% 的烧碱加入反应器中进行碱解,碱解后与氯化钙作用合成钨酸钙,钨酸钙与盐酸反应生成钨酸,再与烧碱反应生成钨酸钠，经蒸发结晶、离心脱水、干燥，即得钨酸钠成品。其化学反应式为：

$$MnWO_4 \cdot FeWO_4 + 4NaOH \longrightarrow 2Na_2WO_4 + Fe(OH)_2 \cdot Mn(OH)_2$$

$$Na_2WO_4 + CaCl_2 \longrightarrow CaWO_4 + 2NaCl$$

$$CaWO_4 + 2HCl \longrightarrow CaCl_2 + H_2WO_4$$

$$H_2WO_4 + 2NaOH \longrightarrow Na_2WO_4 \cdot 2H_2O$$

二、钼的化合物

1. β-碳化钼

β-碳化钼分子式为 Mo_2C，其为灰色菱形结晶粉末。晶格常数 $a=0.4733nm$，$b=0.60344nm$，$c=0.52056nm$，熔点 2687℃，相对密度 9.18。显微硬度。

β-碳化钼主要用于生产耐磨薄膜及半导体薄膜，也可作生产碳化钼的原料、制造无铬的特殊合金及工程陶瓷等。

β-碳化钼一般采用合成法制备。首先将钼粉按 Mo93.4%（质量分数）与含 C6.6%（质量分数）的炭黑充分混合后，经球磨机研磨 1h，加压成型，放入感应炉内，在氢气流中，于 1350~1500℃下煅烧 1h，再将煅烧物冷却、粉碎、研磨即得产品。也可用三氧化钼或二氧化钼代替钼粉进行还原，制得碳化钼。

2. 硼化钼

硼化钼（Mo_2B）为黄灰色四方结晶，晶格常数 $a=3.150nm$，$c=16.97nm$，熔点 2280℃，相对密度 9.26。显微硬度，硼化钼形式有 MoB、MoB_2、Mo_2B_2、Mo_2B_5。

硼化钼用作电子用钨、钼、钽合金的添加剂，也可用于制造耐磨薄膜和半导体薄膜喷涂材料。

硼化钼可采用还原法制备。用氧化硼和氧化钼在炭存在时，于高温下还原来制得，也可用元素硼和钼直接加热制得。

3. 钼酸钠

钼酸钠（$Na_2MoO_4 \cdot 2H_2O$）别名正钼酸钠，为白色结晶。相对密度 3.28，熔点 687℃。溶于水，不溶于丙酮。加热到 110℃失去结晶水变成无水物。

钼酸盐属阳极氧化膜缓蚀剂，在阳极铁上形成亚铁-高铁-钼氧化物钝化膜而起缓蚀作用，是无公害型冷却水系统的金属腐蚀抑制剂。而钼酸钠在有氧和无氧环境下均为良好的缓蚀剂。用作分析试剂，也用于染料、钼红染料、催化剂、钼盐和耐晒色沉淀剂，是制造阻燃剂的原料以及作为动植物必需的微量成分。

钼酸钠可采用液碱萃取法制备。钼精矿经氧化焙烧生成三氧化钼，再用液碱浸取，得到钼酸钠溶液，浸出液经抽滤、蒸发浓缩，浓缩液经冷却结晶、离心分离，在 70~80℃温度下干燥，即得成品。其反应式为：

$$2MoS_2 + 7O_2 \longrightarrow 2MoO_3 + 4SO_2$$

$$MoO_3 + 2NaOH + H_2O \longrightarrow Na_2MoO_4 \cdot 2H_2O$$

本章小结

本章介绍了以下重要的精细无机化学品的性质、用途及制备方法和工艺等。

1. 硼的化合物：硼酸与硼酸酐、硼酸锌、过硼酸钠、硼砂。
2. 氮的化合物：氮化硅、氮化铝、氮化硼。
3. 磷的化合物：高纯磷、磷酸、磷酸铝须晶、三聚磷酸钠。
4. 溴的化合物：溴、溴化钠、溴酸钾。
5. 碘的化合物：碘、碘化钾、碘酸钾。
6. 钡的化合物：硫酸钡、氯化钡、碳酸钡、钛酸钡。
7. 硅的化合物：硅与硅胶、硅化物（硅化氢、硅化铬）、硅酸盐（硅酸钠、硅藻土）。
8. 锂的化合物：碳酸锂、氟化锂、溴化锂、硅酸锂。
9. 钨的化合物：碳化钨、硼化钨、钨酸钠。
10. 钼的化合物：β-碳化钼、硼化钼、钼酸钠。

复习思考题

10-1 简述硼酸的制备方法。
10-2 常见的氮的化合物有哪些？简述其用途。
10-3 简述碘化钾的用途及制备方法。
10-4 简述硫酸钡的用途及制备方法。
10-5 常见硅的化合物有哪些？它们是如何制备的？
10-6 简述溴化钾的性质、用途及制备方法。
10-7 碳化钨是如何制备的。
10-8 简述硼酸锌的制备方法。
10-9 磷酸的主要用途有哪些？它是如何生产的？
10-10 三聚磷酸钠的制备方法有哪些？
10-11 简述铁屑还原法制备碘化钾的工艺原理。

阅读材料

锂的高能用途

氢弹是重要的核武器之一。氢弹里装的并非普通的氢，而是比普通氢几乎要重一倍的重氢或重二倍的超重氢。用锂能够生产出超重氢——氚，还能制造氢化锂、氘化锂、氚化锂。早期的氢弹都用氘和氚的混合物作"炸药"，当今的氢弹里的"爆炸物"多数是锂和氘的化合物——氘化锂。

我国1967年6月17日成功爆炸的第一颗氢弹，其中的"炸药"就是氢化锂和氘化锂。1kg氘化锂的爆炸力相当于5万吨烈性梯恩梯炸药。据估计，1kg铀的能量若都释放出来可以使一列火车运行4万公里；1kg氘和氚的混合物却可以使一列火车从地球开到月球；而1kg锂通过热核反应放出的能量，相当于燃烧20000多吨优质煤，比1kg铀通过裂变产生的原子能高10倍。

第十一章 其他精细化工产品

学习目标
1. 掌握功能高分子材料、染料、水处理剂、催化剂的定义。
2. 理解典型功能高分子材料、染料、水处理剂、催化剂的生产原理及工艺流程。
3. 了解功能高分子材料、染料、水处理剂、催化剂的组成和分类,及其在实际中的应用。

第一节 功能高分子材料

一、概述

功能高分子材料从组成和结构上可分为结构型功能高分子材料和复合型功能高分子材料。所谓结构型功能高分子材料,是指在分子链上带有可起特定作用的功能基团的高分子材料,这种材料所表现的特定功能是高分子结构因素所决定的。所谓复合型功能高分子材料,是指以普通高分子材料为基体或载体,与具有特定功能的结构型功能高分子材料进行复合而得的复合功能材料,以上两种材料称为功能高分子材料。

功能高分子材料发展方向如下。

(1) 功能化 新材料发展需要,要求高分子材料向高性能化、高功能化和多功能化方向发展。

(2) 复合化 对新材料特定性能要求,把两种或多种材料组合起来,发挥各个组分单独使用时所达不到的性能和功能。

(3) 精细化 新材料向精细化方向发展,随着集成电路要求越来越高,先后开发了紫外光、远紫外、电子束、X射线、聚焦离子束、同步加速器辐射为光源的光致抗蚀剂。

(4) 综合化 除了对新材料性能和功能的要求越来越精细化、多样化、极限化之外,材料开发本身还需要对材料的加工、分析测试、性能和功能的评定、应用技术和设备等有关问题一起加以综合考虑。

(5) 知识技术密集化 材料科学是一门新兴的综合性学科,它需要很多基础学科作依据,随着今后对材料的结构和性能关系进一步了解,可通过计算机进行"分子设计"和"材料选择",以更好地选择和创制具有各种指定性能和功能的新材料。

功能高分子材料习惯上分为电磁功能高分子材料、光功能高分子材料、分离材料和化学功能高分子、生物医学高分子材料。

二、功能树脂

1. 功能树脂的定义及分类

功能树脂是指具有功能机制的高分子材料。功能树脂就其应用范围可分为以下几类。

① 化学功能树脂,包括离子交换与吸附树脂、离子交换膜(当然膜的种类很多,还有渗透膜、反渗透膜、气体分离膜、酶反应膜、光合成膜等)、药物树脂(微胶囊)、活体用功能树脂(人造器官)、生物高分子(人造酶、核糖核酸、蛋白质、纤维素)、固定酶载体树脂、仿生传感器等。

② 机械功能树脂,包括耐磨损材料、自润滑材料、高强度复合材料、超高强度纤维和工程塑料等。

③ 光学功能树脂,包括感光性树脂、太阳能电池、光导纤维和棱镜材料等。

④ 电磁功能树脂,包括有机半导体、电绝缘材料、超导电材料、介电性树脂、磁性流体和压电材料等。

⑤ 热功能树脂,包括耐高温材料、耐低温材料、绝热材料和发热材料等。

现就其中部分功能树脂进行介绍。

2. 离子交换树脂

(1) 离子交换树脂的定义与分类 离子交换树脂是具有离子交换、吸附能力的合成的一类树脂。其结构由聚合物骨架、功能基团和可交换离子三部分组成。根据树脂所带的可交换的离子性质,离子交换树脂可大体分为阳离子交换树脂、阴离子交换树脂和特种交换树脂。离子交换树脂的种类见表 11-1 所示。

表 11-1 离子交换树脂的种类

分 类	名 称	功 能 基
阳离子交换树脂	强酸树脂	磺酸基($-SO_3H$)
	弱酸树脂	羧酸基($-COOH$),磷酸基($-PO_3H_2$)
阴离子交换树脂	强碱树脂	季铵基等$[-N^+(CH_3)_3, -N^+(CH_3)_2CH_2CH_2OH$ 等$]$
	弱碱树脂	伯、仲、叔氨基等($-NH_2, -NHR, -NR_2$ 等)
特种交换树脂	螯合树脂	胺羧基$[-CH_2-N(CH_2COOH)_2$ 等$]$
	两性树脂	强碱-弱酸$[-N^+(CH_3)_3COOH]$,弱碱-弱酸($-NH_2-COOH$)
	氧化还原树脂	硫醇基($-CH_2SH$),对苯二酚等

(2) 离子交换树脂的应用 ①水处理,如强酸性苯乙烯系阳离子交换树脂(Ⅰ)用于高流速水处理方面;②湿法冶金和无机化工中铀和贵金属及稀土元素的提取,如大孔强酸性苯乙烯系阳离子交换树脂(Ⅱ)用于湿法分离、提纯稀有元素;③医药、食品等中的有机化合物分离与提纯,如弱酸性丙烯酸系阳离子交换树脂用于链霉素提取;④在化学工业中离子交换树脂除用于水处理外,还可作为催化剂用于烯烃的水合反应制备醇、低分子醇与烯烃的醚化及醚的裂解反应,酯的水解、醇醛缩合、蔗糖转化等反应的催化剂和气体吸附剂。

3. 吸附树脂

(1) 吸附树脂的分类 吸附树脂的吸附特性主要取决于吸附材料表面的化学性质、比表面积和孔径。按照吸附树脂的表面性质,吸附树脂一般分为非极性、中等极性和极性三类。

非极性吸附树脂是由偶极矩很小的单体聚合制得的不带任何功能基的吸附树脂。典型例子是苯乙烯-二乙烯苯体系的吸附树脂。这类吸附树脂孔表面的疏水性较强,可通过与小分子的疏水作用吸附极性溶剂(如水)中的有机物。

中等极性吸附树脂系含有酯基的吸附树脂。例如丙烯酸甲酯或甲基丙烯酸甲酯与双甲基丙烯酸乙二醇酯或三甲基丙烯酸甘油酯等交联的一类树脂,其表面疏水性和亲水性部分共存。因此,既可用于由极性溶剂中吸附非极性物质,又可用于非极性溶剂中吸附极性物质。

极性吸附树脂是指含有酰氨基、氰基、酚羟基等含硫、氧、氮极性功能基的吸附树脂。它们通过静电相互作用和氢键等进行吸附,用于非极性溶液中吸附极性物质。

(2) 吸附树脂的应用　吸附树脂主要的应用如下：①生化产品的分离与精制；②食品工业吸附树脂可以用于食品生产中精制、脱色和提纯；③环保中的应用,吸附树脂用于有机工业废水处理,如苯酚甲醛系吸附树脂可用于污水处理、糖类脱色等；④色谱应用,吸附树脂可作为固定相来分离、富集、测定水中有机物,如大孔吸附剂广泛用于三废治理、药物提纯、气相色谱等。

4. 高吸水性树脂

高吸水性树脂又称为超强吸水剂,它是一种带有许多亲水基团的、交联密度很低的、不溶于水的、高水膨胀性的高分子化合物,它的吸水量可达自身的几十甚至几千倍,且保水能力非常高,吸水后,无论加多大的压力也不脱水。其独特的吸水性能和保水能力,良好的加工和使用性能,使它在农、林、园艺、石油化学工业、日用品化学工业等领域,特别是在农业和医疗卫生方面发挥着重要的作用。

(1) 高吸水性树脂的分类　高吸水性树脂的分类方法有很多,但通常按原料来源可将高吸水性树脂分成三大系列：①淀粉系；②纤维素系；③合成树脂系。主要品种如表11-2所示。

表 11-2　高吸水性树脂的分类及主要品种

类　别	主　要　品　种
淀粉系	淀粉接枝丙烯,淀粉接枝丙烯酸盐,淀粉接枝丙烯酰胺,淀粉羧甲基化反应,淀粉黄原酸盐接枝丙烯酸盐,淀粉、丙烯酸、丙烯酰胺、顺丁烯二酸酐接枝共聚
纤维素系	羧甲基纤维素,纤维素(或CMC)接枝丙烯,纤维素(或CMC)接枝丙烯酸盐,纤维素(或CMC)接枝丙烯酰胺,纤维素黄原酸盐接枝丙烯酸盐,纤维素羧甲基化后环氧氯丙烷交叉交联
合成树脂系	丙烯酸系：聚丙烯酸盐,聚丙烯酰胺,丙烯酸酯和乙酸乙烯酯共聚,丙烯酸和丙烯酰胺共聚
	聚乙烯醇系：聚乙烯醇-酸酐交联共聚,聚乙烯醇-丙烯酸接枝共聚,乙酸乙烯-丙烯酸酯共聚水解,乙酸乙烯-顺丁烯二酸酐共聚
	聚醚系

(2) 高吸水性树脂的应用　高吸水性树脂主要应用于以下方面：①农林、园艺中的应用,如聚甲基丙烯酸吸水性聚合物用于土壤保水、苗木培育、育种等；②医疗、卫生中的应用,如聚丙烯酸类高吸水性树脂可作医疗卫生材料、包装及密封材料,反相悬浮聚合制备的聚丙烯酸钠高吸水性树脂可制造卫生巾、纸尿布等；③建材方面的应用,如辐射法制造的超级复合吸水材料用于止水材料、填缝、堵水、防漏等；④工业用脱水材料,如制成脱水材料,可用于芳香烃、汽油、煤油的油水分离；⑤其他高吸水性树脂还可制成易剥离的临时保护性涂料,用于金属、汽车等的临时性保护,也可用于食品工业作为吸水剂。

三、医用高分子

医用高分子材料是指符合医用要求,并在医用领域应用的高分子材料及制品的统称。按其使用的范围,可分为体内用和体外用材料。如人工脏器、人工血管、人工关节等都是在人体内使用的材料；富氧口罩、一些医疗用材料都属于体外用的材料。

1. 高分子材料的要求

高分子材料用于人体内部的一般要求：①化学性能稳定，不活泼，不会因与血液、体液、体内组织接触而影响材料而发生变化；②组织相容性好，材料对周围组织不会引起炎症和异物反应等；③无致癌性，不发生变态反应；④耐生物老化性，长期放置在机体内的材料不会丧失抗拉强度和弹性，其物理机械性能不发生明显变化；⑤不因高压煮沸、干燥灭菌、药液和环氧乙烷等气体的消毒而发生变质；⑥材料来源丰富，易于成型加工。

除了以上一般要求外，根据用途的不同和植入人体的部位不同，还有特殊的要求。如若与血液接触要求不产生凝胶，用于眼科要求对角膜无刺激；用作人工心脏和指关节，要求能耐数亿次的曲折；作为体外使用的材料，要求对皮肤无毒，不使皮肤过敏，能耐唾液及汗水的侵蚀等。

2. 常用的医用高分子材料和用途

常用的医用材料有很多，大致可分为聚丙烯酸羟乙酯等的聚丙烯酯系列、有机硅聚合物、聚乙烯、聚四氟乙烯、聚丙烯腈、尼龙、聚酯、聚砜、纤维衍生物等。表11-3中所列出的是用于人工脏器的各种高分子材料。因部位不同，所选用的材料不一样。

表11-3 用于人工脏器的高分子材料

人工脏器	高分子材料
心脏	聚氨酯橡胶、聚四氟乙烯、硅橡胶、尼龙等
肾	赛璐珞粉、聚丙烯、硅橡胶、乙酸纤维素、聚碳酸酯、尼龙6
肺	硅橡胶、聚硅氧烷/聚碳酸酯共聚物、聚烷基砜
肝脏	赛璐珞粉膜、聚苯乙烯型离子交换树脂
气管	聚乙烯、聚乙烯醇、聚四氟乙烯、硅橡胶、聚氯乙烯
输尿管和尿道	硅橡胶、聚四氟乙烯、聚乙烯、聚氯乙烯
眼球和角膜	硅橡胶、聚甲基丙烯酸甲酯
耳	硅橡胶、聚乙烯
乳房	聚乙烯醇缩甲醛海绵、硅橡胶海绵、涤纶
喉	涤纶、聚四氟乙烯、硅橡胶、聚氨酯、聚乙烯、尼龙
血管	聚酯纤维、聚四氟乙烯
关节、骨	尼龙、硅橡胶、聚甲基丙烯酸甲酯
皮肤	火棉胶、聚酯、涂有聚硅氧烷的尼龙织物
人工红细胞	全氟烃
人工血浆	羟乙基淀粉、聚乙烯吡咯烷酮
玻璃体	硅油

3. 体外使用的医用高分子材料

体外使用的医用高分子材料已大量用于临床检查、诊断和治疗医疗器具。如塑料输血袋、高分子缝合线、一次性塑料注射器、医用胶黏剂、高分子夹板和绷托等。

高分子夹板和绷托可采用乙酸纤维素及聚氯乙烯作材料，在加热下可按需求定型，冷却后变硬起固定作用。反式聚异戊二烯也是一种合适的固定材料。聚氨酯硬泡沫是一种较新颖的夹板材料，将试液涂布在患部，5~10min 即会发泡固化，其质量仅为石膏的17%。这种高分子材料正替代笨重、闷气、易脆断和怕水的石膏绷带，为骨折病人带来福音。

高分子医用胶黏剂主要采用氰基丙烯酸酯、血纤维蛋白、聚氨酯。如氰基丙烯酸酯，在临床运用中，可作为肝、肾、肺部、食道、肠管等脏器手术中胶黏剂和止血剂。

4. 药用高分子

药用高分子包括药物的载体、带有高分子链的药物、具有药效的高分子、药品包装材料等。天然高分子作为药物，如乳糖和葡萄糖的应用已有较长历史。合成高分子用于药物是从20世纪50年代初发展起来的。高分子药物具有长效、能降低毒副作用、增加药效、缓释和控释药性等特点。

一般的低分子药物在血液中停留时间短，很快排泄到体外，药效持续的时间不长。而高分子不易被分解，提高了药物的长效性，如将聚乙烯醇-乙烯胺的共聚物与青霉素相连接，其药理活性比低分子青霉素大 30~40 倍，同时提高了抗青霉素水解酶的能力，提高了稳定性。

高分子载体药物如微胶囊包裹的药物，具有缓释作用，可减少用药次数和延长药效。合成高分子如聚葡萄糖酸、聚乳酸、乳酸与氨基酸的共聚物、聚羟基乙酸、聚己内酯等，可作为药物的微胶囊材料。

四、其他高分子材料

除上面所列举的高分子材料外，还有导电高分子、液晶高分子、感光高分子等。

1. 导电高分子

导电高分子是指其电阻率在 $10\Omega \cdot cm$ 以下的高分子材料。有复合型导电高分子和结构型导电高分子之分，前者是通过一般高分子与各种导电填料复合，使其表面形成导电膜；后者是靠填充在其中的导电粒子或纤维的相互紧密接触形成导电通路。如热聚酰亚胺产物用于导电材料，聚乙炔用于电池和电子设备，有聚乙炔电池、二次光电池等。

2. 液晶高分子

液晶高分子是某些高分子在熔融状态或在溶液状态下所形成的有序流体，在物理性质上呈现各向异性，形成具有晶体和液体的部分性质的过渡状态，这种中间态称为液晶态，处在这种状态下的高分子化合物称为液晶高分子。如侧链液晶聚合物用作信息材料、光学记录材料和储存材料；带聚磷腈侧链的液晶用于液晶显示、数码显示、复杂的图像显示等。

3. 感光高分子

感光性功能高分子材料是指能够对光进行传输、吸收、储存、转换的一类高分子材料。主要包括有光加工用材料、光记录材料、导电材料、光学用材塑料（如塑料透镜，接触眼镜等）、光转换系统材料、光显示材料、光导电材料、光合作用系统材料等许多类别。如重铬酸钾-聚乙酰亚胺系感光高分子可用于显像管的涂层；丙烯酸酯感光聚合物可制造印刷版、光固化材料、胶黏剂、油墨等。

第二节 染 料

一、概述

1. 染料与颜料

染料是指能在水溶液或其他介质中使物质获得鲜明而坚牢色泽的有机化合物。染料必须对被染色物质具有一定的亲和力和染色牢度。染色牢度是表示被染色物在其后加工处理或使用过程中，染料能经受外界各种因素作用而保持其原来色泽的能力。染色牢度是染色质量的一个重要指标。染料同时还要满足应用方面提出的要求：颜色鲜艳，使用方便，成本低廉，无毒等。与此不同，颜料是不溶性有色物质的小颗粒，颜料不像染料那样被基质所吸附，它常常是分散悬浮于具有黏合能力的分子材料中，依靠胶黏剂的作用，机械地附着在物体上而着色的。有些物质由于使用方法不同，有时在一个场合下可作染料，但在另一个场合下却可作颜料。

2. 染料的作用

染料主要用于各种纤维的染色，同时在塑料、橡胶、油墨、皮革、食品、纺织、合成洗涤剂、造纸、感光材料、激光技术、液晶显示等领域都有广泛应用。

染料的作用有三个方面：①染色染料由外部进入到被染物的内部，从而使被染物获得颜色，如各种纤维、皮革、织物等的染色；②着色，在物体最后形成固体形态之前，将染料分散在组成物之中，成型后便得到有颜色的物体，如塑料、橡胶及合成纤维的原浆着色；③涂色，借助于涂料的作用，使染料附着于物体的表面，从而使物体表面着色，如涂料、印花油漆等。

3. 染料的分类

根据染料的应用分类，通常可分为酸性染料、酸性媒介染料及酸性络合染料、中性染料、活性染料（反应性染料）、分散染料、阳离子染料、直接染料、冰染染料、还原染料、硫化染料。

按化学结构分类，一般可分为硝基及亚硝基染料、偶氮染料、不溶性偶氮染料、蒽醌染料、靛族染料、硫化染料、芳甲烷染料、菁类染料、酞菁染料和杂环类染料。

4. 染料的命名

染料是分子结构比较复杂的有机化合物，若按有机化合物系统命名法来命名较为繁复，还不能反映出染料的颜色和应用性能，因而采用专用的染料命名法，我国染料名称由三部分组成。

（1）冠称 冠称表示染料的应用类别，又称属名，将冠称分为31类。即酸性、弱酸性、酸性络合、酸性媒介、中性、直接、直接耐晒、直接铜盐、直接重氮、阳离子、还原、可溶性还原、硫化、可溶性硫化、氧化、毛皮、油溶、醇溶、食用、分散、活性、混纺、酞菁素、色酚、色基、色盐、快色素、色淀、耐晒色淀、颜料和涂料色浆。

（2）色称 表示染料在纤维上染色后所呈现的色泽。我国染料商品采用了30个色称，而色泽的形容词采用"嫩"、"艳"、"深"三字。如嫩黄、黄、深黄、橙、大红、桃红、品红、紫红、湖蓝、艳蓝、深蓝、蓝、艳绿、深绿、棕、红棕、橄榄、灰、黑等。

（3）字尾 以拉丁字母或符号表示染料的色光、形态及特殊性能和用途。例如，B代表蓝光；C代表耐氯、棉用；D代表稍暗、印花用；E代表匀染性好；F代表亮、坚牢度高；G代表黄光或绿光；J代表荧光；L代表耐光牢度较好；P代表适用印花；S代表升华牢度好；R代表红光等，有时还用字母代表染色的类型，它置于字尾的前部，与其他字母间加半字线。如活性艳蓝KN-R，其中KN代表活性染料类别，R代表染料色光。

二、酸性染料

酸性染料是一类用于羊毛、蚕丝、聚酰胺纤维的染色和印花的染料，也可用于皮革、纸张、墨水、化妆品等的着色，色谱齐全，色泽鲜艳，其染色过程均在酸性染浴中进行而得名。按染浴酸性强弱又分为强酸性染料、弱酸性染料和中性染料。强酸性染料分子结构较简单，含多个磺酸基团，水溶性好，匀染性好，日晒牢度好，但湿处理牢度差，在强酸性（pH=2.5~4）染浴中染色，对纤维损伤大，染后织物手感差。弱酸性染料多为在强酸性染料分子中引进相对分子质量较大的基团（如 $p\text{-}CH_3C_6H_4SO_2-$，$-CF_3$，$-C_{12}H_{25}$ 等）而成，在弱酸性染浴（pH=4~5）中染色，对纤维亲和力高，湿处理牢度好，但匀染性较差。中性染料分子中多含弱亲水性基团（如 $-SO_2NH_2$，$-OH$，$-NH_2$ 等），可在中性染浴中（pH=6~7）染色，湿处理牢度好，但匀染性较差，色泽不够鲜艳。

酸性染料按化学结构又可分为偶氮类、蒽醌类、三芳基甲烷类、氧蒽类等。为了提高酸性染料与纤维间亲和力，提高湿处理牢度，又可将其制成金属络合型。如在强酸性染料染色后，再加进金属络合剂（如 $K_2Cr_2O_7$），于纤维上生成金属络合型染料。此类染料被称为酸性媒介染料（在《染料索引》中被单独列为一类）。若在强酸性染料合成后，即加入金属络合剂（如甲酸铬）生成金属络合型染料，则常被称为酸性络合染料。以上两类金属络合染料分子中通常为一个金属离子与一个染料分子相络合，又称为 1:1 型金属络合染料。若一个金属离子与两个染料分子相络合，制得 1:2 型金属络合染料，称为中性染料。

因 1:1 型金属络合染料重金属离子带来的污染问题受到重视，所以 1:1 型金属络合染料品种和产量已逐渐减少，部分品种已被禁止使用。1:2 型金属络合染料，由于其金属离子相对含量较低，目前还不断有新品种面世，如带有磺酸基的 1:2 型金属络合染料，以及 1:2 型金属络合染料与活性染料混合型品种等。

羊毛、蚕丝等天然纤维纺织品深受人们喜爱，因此酸性染料的研究开发工作也极为活跃，新产品主要在提高染色坚牢度、减少纤维损伤、减少环境污染等方面做出努力。如引进杂环基团，如噻唑、异噻唑、噻吩、苯并噻吩等，既可作为重氮组分，也可作为偶合组分；开发聚酰胺纤维专用染料，改进配套助剂性能等，均有显著进展。

例如酸性嫩黄 G，分子式 $C_{16}H_{13}N_4O_4SNa$，相对分子质量 380.40，结构式如下：

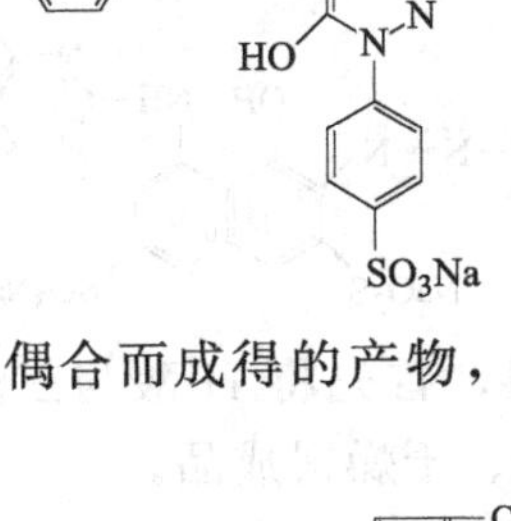

它是由苯胺重氮化后与吡啉酮偶合而成得的产物，经盐析、过滤、干燥、粉碎得成品。其合成过程：

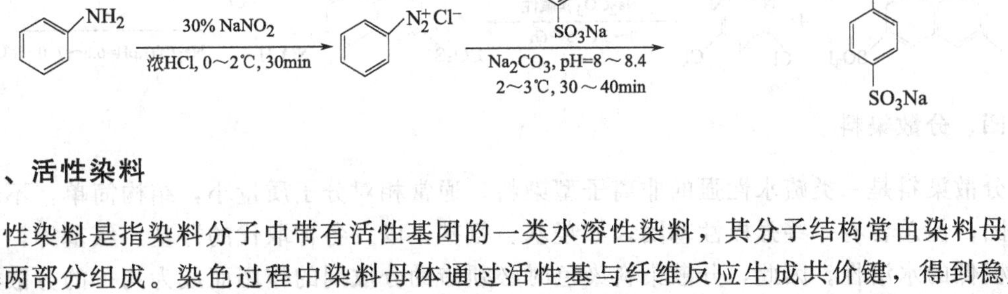

三、活性染料

活性染料是指染料分子中带有活性基团的一类水溶性染料，其分子结构常由染料母体与活性基两部分组成。染色过程中染料母体通过活性基与纤维反应生成共价键，得到稳定的"染料-纤维"有色化合物的整体，使染色成品有很好的耐洗牢度和耐摩擦牢度。活性染料具有色泽鲜艳、色谱齐全、价格较低、染色工艺简便、匀染性良好等优点，主要用于棉纤维及其纺织品的染色、印花，也可用于麻、羊毛、蚕丝和一部分合成纤维的染色，是目前染料工业中一类重要的染料。

活性染料若按染料母体的结构分类，有偶氮型、蒽醌型、酞菁型等。但通常活性染料按其活性基的结构分类，如带有三聚氯氰基的常称为均三氮苯型（或均三嗪型）活性染料；带有乙烯砜基（—$SO_2CH=CH_2$）的称为乙烯砜型活性染料等。随着生产技术的发展，活性基团的类型在不断增多，活性染料的品种也日益繁多。

活性染料的染色机理包括两个过程：吸色和固色。吸色即是染料与水分子同时进入纤维内部而被纤维吸着，因此活性染料分子中均含有亲水性基团，具有较好的水溶性；固色即是染料分子中的活性基团与纤维分子中的基团（如—OH，—NH_2）发生反应，生成新的共价键而被染色。凡带有卤素（如—Cl，—F等）的活性基团，均发生亲核取代反应，如：

$$染料—X+HO—纤维素 \longrightarrow 染料—O—纤维素$$

$$染料—X+H_2N—羊毛 \longrightarrow 染料—NH—羊毛$$

这类反应是不可逆反应。

带有活泼双键或活泼环构化合物的活性基团，均发生亲核加成反应，如：

$$染料—SO_2CH=CH_2+HO—纤维素 \longrightarrow 染料—SO_2CH_2CH_2—O—纤维素$$

这类反应通常为可逆反应。

由于活性染料性能优良，应用范围不断扩展，新产品也不断涌现。在当今发展趋势中，集中表现为：开发高固色率，高着色坚牢度，适合低盐、低水、低能耗染色要求的染料新品种，以符合环境保护的要求。新品种的开发在染料母体方面是发展高直接性的活性染料发色体，主要是双偶氮类型发色体。新品种的开发更多的是新活性基的开发与完善，已经投入生产的新活性基有一氟均三嗪、烟酸均三嗪、三氯嘧啶、二氟一氯嘧啶、二氯喹噁啉、α-溴代丙烯。

例如活性艳红 X-3B，分子式 $C_{19}H_{10}Cl_2N_6O_7S_2$，相对分子质量 549，结构式如下：

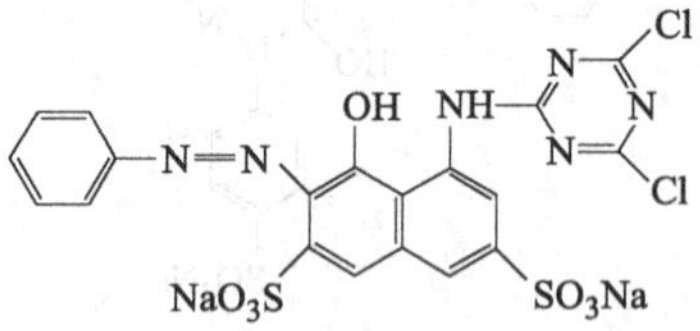

由苯胺、H 酸、三聚氯氰为原料，首先将 H 酸与三聚氯氰缩合，然后将苯胺重氮化，与前述缩合产物偶合，经盐析、过滤、干燥得成品。

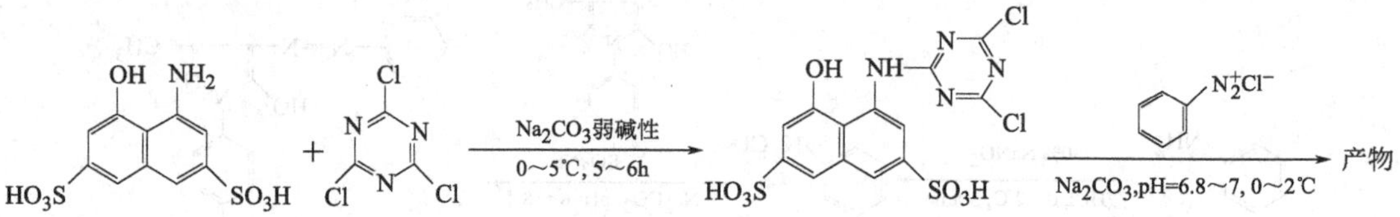

四、分散染料

分散染料是一类疏水性强的非离子型染料。通常相对分子质量小，结构简单，不含水溶性基团，但总含有一些强极性基团，如羟基、氨基，以及各种取代的羟基、氨基等，因而仅具有极低的水溶性。因此，分散染料染色时必须借助分散剂的作用而成为均一的分散液，方能对纤维染色。它也因此而得名。

分散染料按其应用特性可分为高温型（S型）、低温型（E型）和介于两者之间的中温型（SE型）。S型染料分子较大，耐升华牢度高，但扩散进入纤维速度慢，移染性差，适宜于热熔法染色，多属深色品种；E型染料分子小，耐升华牢度较低，但扩散进入纤维速度快，移染性好，适宜于竭染法染色，以浅至中色品种居多；SE型染料各种性能均介于两者之间，可于较低的热熔温度下染色，多为中至深色品种。分散染料按化学结构分，主要为偶氮类和蒽醌类。其他还有苯乙烯类、硝基二苯胺类、喹酞酮类以及非偶氮杂环类。蒽醌类由于合成工艺复杂、"三废"量大而产量在逐渐下降，因而开发其代用品的研究相当活跃。另外适应新的染色技术，如高温快速染色、涤棉混纺一浴一步法染色、超细涤纶纤维染色等专用染料的研究也受到重视。

例如分散黄5G，分子式$C_{16}H_{12}N_4O_4$，相对分子质量324.32，结构式如下：

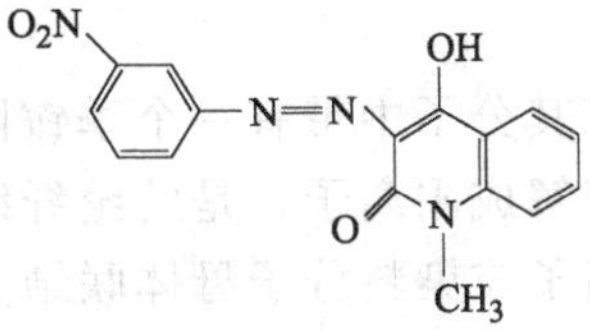

以间硝基苯胺、邻氨基苯甲酸和苯酐为原料，首先将邻氨基苯甲酸用硫酸二甲酯甲基化，然后与苯酐进行闭环得1-甲基-4-羟基-2-喹诺酮（Ⅰ）。再将间硝基苯胺重氮化与（Ⅰ）偶合得产物。经过滤、干燥得成品。

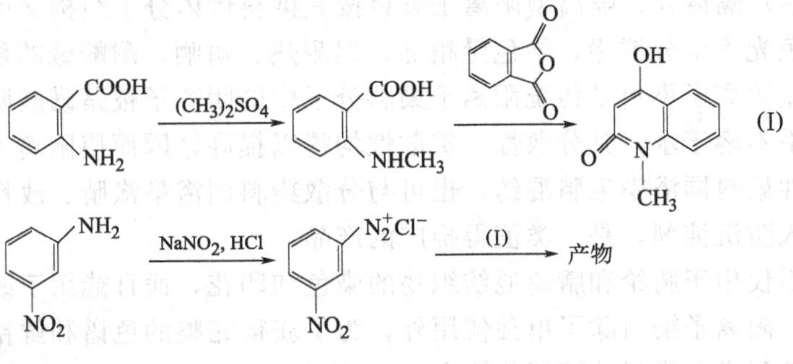

五、其他染料

除上述介绍的几种染料外，工业上应用的染料有直接染料、冰染染料、还原染料、阳离子染料、硫化染料及溶剂染料等，它们在纺织印染等方面发挥着各自的作用。

1. 直接染料

直接染料是能在中性或弱碱性介质中直接对纤维素纤维染色的一类染料，通常不需借助媒染剂，染浴中只需加入食盐或元明粉煮沸即可染色。它通常凭借纤维素与染料之间的氢键和范德华力结合而成，因而耐洗、耐晒牢度较差。耐晒牢度在5级以上即称为直接耐晒染料。直接染料具有从黄到黑很齐全的色谱，生产工艺简单，价格低廉，使用方便，因而广泛地应用于针织、丝绸、棉纺、线带、皮革、毛麻、造纸等行业，也用于黏胶纤维的染色。

直接染料分子通常较其他各类染料分子大，以各种二胺类化合物衍生的双偶氮和多偶氮结构为主。由于联苯二胺类化合物的致癌作用，目前已被世界各国禁止使用。一些新型结构的染料被开发应用，如尿素型、苯甲酰苯胺型、三聚氰酰胺型、苯并咪唑型、多偶氮类等。

2. 冰染染料

冰染染料通常由色基、色酚两种成分构成。染色时，先用色酚打底，即色酚吸附于被染纤维上，然后加入色基的重氮液进行显色，即在纤维上与色酚发生偶合反应，生成偶氮染料而显色。因而色基被称为重氮组分，色酚称为偶合组分。显色过程需在低温下（常需加冰）完成，故称为冰染染料。由于染料分子中不含水溶性基团（如磺酸基、羧基等），因而也称为不溶性偶氮染料。

色基为各种取代的不含水溶性基团的芳香族伯胺，其重氮盐均能与色酚偶合获得鲜艳而坚牢的颜色，其名称也根据颜色而定。如黄色基 GC，它与色酚 AS-G 偶合得到坚牢而鲜艳的黄色，当与其他的色酚偶合时，得到的颜色会有变化。

色酚即为能与色基的重氮盐偶合，生成不溶性偶氮染料的酚类化合物的统称。品种最多的是 2-羟基-3-萘甲酰芳胺类，其他还有乙酸乙酰芳胺、蒽及咔唑的羟基酰胺类等。色酚通常不溶于水，必须制成钠盐水溶液，对纤维打底，才能进行印染。色酚钠盐对光敏感，应避免光线直射。

3. 阳离子染料

阳离子染料（碱性染料）由于其分子中带有一个季铵阳离子而得名。阳离子染料通常色泽鲜艳，水溶性好，在水溶液中离解成阳离子，是腈纶纤维的专用染料。

阳离子染料根据其分子中阳离子与染料分子母体联结方式的不同，可分为共轭型和隔离型。共轭型阳离子染料，季铵离子包含在染料分子共轭链中，通常也称为菁型。若分子中仅一端为含氮杂环，另一端为苯环则称为半菁。共轭型染料色泽鲜艳，上染率高，是阳离子染料中的主要品种。隔离型阳离子染料，季铵离子不与染料分子共轭系统贯通，通常被 2～3 个亚甲基（—CH_2）隔离开。隔离型阳离子染料按其染料母体分子结构又可分为偶氮类和蒽醌类。这类染料色光不十分鲜艳，给色量稍低，但耐热、耐晒、耐酸碱的稳定性好，其品种相对较少。分散型阳离子染料是传统阳离子染料分子中的阴离子被萘磺酸阴离子取代后的产物。这类产物几乎不溶于水，其分散性、扩散性均得以提高，因而使阳离子染料的匀染性得到改善，可与酸性染料同浴染毛腈混纺，也可与分散染料同浴染涤腈、改性涤纶、涤纶混纺织物，而不需加入防沉淀剂，是一类值得推广的产品。

阳离子染料不仅用于腈纶和腈纶混纺织物的染色和印花，而且能用于改性涤纶、改性锦纶和丝绸的染色。阳离子染料除了单独使用外，为了获得完整的色谱和鲜艳的色光，还使用几种染料拼混，各阳离子染料的配伍值均在 1～5 之间。

第三节　水　处　理　剂

一、概述

水处理化学品又称水处理剂，包括冷却水、锅炉水和油田用水等工业水处理用的阻垢剂、缓蚀剂、分散剂、杀菌灭藻剂、消泡剂、絮凝剂、除氧剂、污泥调节剂和螯合剂。此外活性炭和离子交换树脂也是重要的水处理化学品。

水处理化学品对于提高水质，防止结垢、腐蚀、菌藻滋生和环境污染，保证工业生产的高效安全和长期运行，对节水、节能、节材等方面显示了重大作用。水处理产品包括三大类。

① 通用化学品指用于水处理的无机化工产品。

② 专用化学品包括活性炭、离子交换树脂、有机聚合物絮凝剂（如聚丙烯酰胺、聚季铵盐）。

③ 配方化学品包括缓蚀剂、阻垢剂、杀菌剂等。

我国自行研制的一些絮凝剂、缓蚀剂、阻垢剂、杀菌剂及配套的预膜剂、清洗剂、消泡剂已达到世界先进水平，并为我国水资源的有效利用做出了卓著贡献。1995年全国工业废水排放量为280～300亿吨，处理率70%。到2010年排放量将达到763亿吨，处理率达到84%。据此推测，2010年我国需要水处理剂367.8万吨。其中絮凝剂10万吨，凝聚剂335万吨，阻垢剂10万吨，杀菌剂5万吨。水处理剂的研究开发大有可为。目前和发达国家的差距是：①产量少；②品种不全，系列化不够；③质量尚待提高。

今后我国水处理剂的发展应以开发创新为主，重点开发高效价廉、特色性好、专用性强的水处理剂。例如含磺酸基和羟基的水溶性共聚阻垢分散剂，尤其是三元共聚物及天然高分子聚合物。在缓蚀剂方面应注意非磷有机缓蚀剂，尤其是对于无毒无公害的钼系药剂应抓紧研究开发。絮凝剂应重视天然高分子絮凝剂的化学改性。杀菌剂要扩大品种，除季铵盐外，国外已广泛应用醛类、有机硫化合物、异噻唑啉酮，并取得较理想的效果。

二、絮凝剂

1. 概述

絮凝剂是指使水中浊物形成大颗粒凝聚体的药剂。絮凝技术在原水处理中可以除浊、脱色、除臭及除去其他杂质，在废水处理中用以脱除油类、毒物、重金属盐等。

絮凝剂分为无机物和有机物两类。其絮凝机理是复杂的。其基本原理是增加水中悬浮离子的直径，加快其沉降速度。具体絮凝作用是通过物理作用和化学作用两种因素实现的。化学因素是使粒子的电荷中和，降低其电位，使之成为不稳定的粒子，然后聚集沉降。这类絮凝剂多为低分子无机盐。而物理因素则是絮凝剂通过架桥、吸附，使小粒子聚集体变为絮团。这类絮凝剂多为高分子物质。我国无机高分子絮凝剂发展较快，同时复合型的开发速度也在加快，除国内应用外，已有部分出口。

2. 生产举例——聚合硫酸铝的生产

(1) 产品性质　聚合硫酸铝，又称碱式硫酸铝，其化学简称PAS，结构式 $[Al_2(OH)_n(SO_4)_{3-n/2}]_m$，产品有固体和液体两种。固体产品为白色粉末。液体产品为无色或淡黄色透明液体。pH 3.5～5。相对密度大于1.20。

产品主要对水中细微悬浮物及胶体粒子具有较强的絮凝性。聚沉速度快，用量少，无毒。

(2) 制法　工艺流程包括粉碎、成盐、沉降、聚合、熟化、干燥。

以铝土矿（Al_2O_3含量50%）为原料，将其粉碎成60目。在0.88MPa下，145～158℃下与硫酸反应6h。反应后加入助沉剂使渣沉淀，分出清液，调节OH^-/Al的摩尔比，控制pH在3.5～5。聚合反应完成后，熟化，得聚硫酸铝液体产品。将其喷雾干燥得固体产品。反应式：

$$Al_2O_3 + 3H_2SO_4 \longrightarrow Al_2(SO_4)_3 + 3H_2O$$

$$mAl_2(SO_4)_3 + mnOH^- \longrightarrow [Al_2(OH)_n(SO_4)_{3-n/2}]_m$$

(3) 产品规格

指标名称	固体	液体
外观	白色粉末体	无色或淡黄色液
Al_2O_3含量/%	25～35	8～12
碱度/%	46～65	45～65
pH		3.5～5

三、阻垢分散剂

1. 概述

阻垢分散剂指能抑制或分散水垢和泥垢的一类化学品。早期采用的阻垢剂多为改性天然化合物如碳化木质素、单宁等。近年来主要是无机聚合物、合成有机聚合物等。其阻垢分散机理表现为螯合作用、吸附作用和分散作用。例如有机多元膦酸和有机磷酸通过螯合作用与水中的 Ca^{2+}、Mg^{2+}、Zn^{2+} 等离子形成水溶性的络合物阻止污垢形成。磷酸钠、聚丙烯酸钠及水溶性共聚物，经过它们的吸附，离解的羧基和羟基提高了结垢物质微粒表面的电荷密度。使这些物质微粒的排斥力增大，降低了微粒的结晶速度，使晶体结构畸变而失去形成垢键的作用，使结垢物质保持分散状态，阻止了水垢和污垢的形成。

阻垢剂的选择原则有：①阻垢消垢效果好，在硬水中仍有较好的阻垢分散效果；②化学性质稳定，在高浓度倍数和高温条件下以及其他水处理剂并用时，阻垢分散效果不降低；③与缓蚀剂、杀菌剂并用时，不影响缓蚀效果和杀菌灭藻效果；④无毒或低毒，制备简单，投加方便。

2. 生产举例——聚丙烯酸钠的生产

（1）产品性质　聚丙烯酸钠，简称 PAANA。分子式 $(C_3H_3NaO_2)_n$ 结构式 $\overset{}{\underset{\text{COONa}}{+CH_2-CH+_n}}$ 相对分子质量范围 2000～5000。产品有固体和液体两种。固体为白色粉末，吸湿性强。液体为无色透明的树脂状物，相对密度（20℃）1.15～1.18。易溶于氢氧化钠水溶液和 pH 为 2 的酸中。在氢氧化钙、氢氧化镁中沉淀。

聚丙烯酸钠是良好的阻垢剂和分散剂。能与其他水处理剂复配使用，用于油田注水、冷却用水、锅炉水的处理，在高 pH 下和高浓缩倍数下进行而不结垢。

（2）制法　将去离子水和 34kg 链转移剂异丙醇依次加入反应釜中，加热至 80～82℃。滴加 14kg 过硫酸铵和 170kg 单体丙烯酸的水溶液（去离子水）。滴毕后反应 3h。冷至 40℃，加入 30% 的 NaOH 水溶液，中和至 pH 为 8.0～9.0，蒸出异丙醇和水得液体产品。喷雾干燥得固体产品。反应式如下：

$$nCH_2=CHCOOH \xrightarrow{\text{引发剂}} +CH_2-CH+_n \xrightarrow{NaOH} +CH_2-CH+_n$$
$$\phantom{nCH_2=CHCOOH \xrightarrow{\text{引发剂}}} \ \ \ COOH \phantom{\xrightarrow{NaOH}} \ \ COONa$$

（3）产品规格

指标名称	指标	指标名称	指标
外观	白色粉末	聚合物含量/%	≥30
单体含量/%	≤0.5	pH	8.0～9.0

四、缓蚀剂

1. 概述

缓蚀剂是添加到腐蚀介质中能抑制或降低金属腐蚀过程的一类化学物质。缓蚀剂通常用于冷却水处理，化学研磨、电解、电镀、酸洗等行业。缓蚀剂的种类很多，按成膜机理可分为钝化型、沉淀型、吸附型。钝化型缓蚀剂包括铬盐（因有毒已被禁用或限制使用）、钼酸盐、钨酸盐。沉淀型缓蚀剂包括磷酸盐、锌盐、苯并噻唑、三氮唑等。吸附型缓蚀剂包括有机胺、硫醇类、木质素类葡萄糖酸盐等。在世界水处理技术中缓蚀剂品种发展很快。主要产品有马来酸和膦羧酸型及羟膦乙酸缓蚀剂。

国内常用的缓蚀剂有铬盐、锌盐、磷酸盐，随着环保要求的提高，现在大量使用有机磷酸盐、有机磷酸酯等。钼酸盐、钨酸盐也开始使用。

2. 生产举例——六偏磷酸钠的生产

(1) 产品性质　六偏磷酸钠，也称多磷酸钠，简称 SHMP。分子式 $Na_6O_{18}P_6$，相对分子质量 611.77，结构式 $(NaPO_3)_6$。本品为透明玻璃片粉末或白色粒状晶体。熔点 640℃，相对密度 (20℃) 2.484。在空气中易潮解，易溶于水。

主要用作发电站、机车车辆、锅炉及化肥厂冷却水处理的高效软水剂。对 Ca^{2+} 络合能力强，每 100g 能络合 19.5g 钙，而且由于 SHMP 的螯合作用和吸附分散作用破坏了磷酸钙等晶体的正常生长过程，阻止磷酸钙垢的形成。用量 0.5mg/L，防止结垢率达 95%~100%。

(2) 制法　主要有磷酸二氢钠法和磷酸酐法。

① 磷酸二氢钠法。将磷酸二氢钠加入聚合釜中，加热到 700℃，脱水 1~30min。然后用冷水骤冷，加工成型即得。反应式如下：

$$NaH_2PO_4 \xrightarrow{\triangle} NaPO_3 + H_2O$$
$$6NaPO_3 \xrightarrow{聚合} (NaPO_3)_6$$

② 磷酸酐法。黄磷经熔融槽加热熔化后，流入燃烧炉，磷氧化后经沉淀、冷却，取出磷酐 (P_2O_5)。将磷酐与纯碱按 1:0.8 (摩尔比) 配比在搅拌器中混合后进入石墨坩埚。于 750~800℃ 下间接加热，脱水聚合后，得六偏磷酸钠的熔融体。将其放入冷却盘中骤冷，即得透明玻璃状六偏磷酸钠。反应式如下：

$$P_2 \xrightarrow{O_2} P_2O_5 \xrightarrow{Na_2CO_3} NaPO_3 + CO_2\uparrow$$
$$6NaPO_3 \xrightarrow{聚合} (NaPO_3)_6$$

(3) 产品规格

指标名称	优级品	一级品	合格品
总磷酸盐 (以 P_2O_5 计)/% ≥	68.0	66.0	65.0
非活性磷酸盐 (P_2O_5)/% ≤	7.5	8.0	10.0
铁 (Fe)/% ≤	0.05	0.10	0.20
水不溶物/% <	0.06	0.10	0.15
pH (1%水溶液)	5.8~7.3	5.8~7.3	5.8~7.3
溶解性	合格	合格	合格

五、杀菌剂

1. 概述

杀菌剂是指能杀灭和抑制微生物的生长和繁殖的药剂，也称为杀菌除藻剂。当冷却水中含有大量微生物时，会因微生物的繁殖而堵塞管道，严重降低热交换器的热效率。甚至造成孔蚀，使管道穿孔。为了避免这种危害，必须投加杀菌灭藻剂。目前使用的杀菌灭藻剂有氧化型和非氧化型两种。氧化型杀菌剂包括氯气、次卤酸钠、卤化海因二氧化氯、过氧化氢、高铁酸钾，使微生物体内一些与代谢有密切关系的酶发生氧化反应而使微生物死亡。非氧化型杀菌灭藻剂包括醛类、咪唑啉、季铵盐等。其杀菌机理是通过微生物蛋白中毒而使微生物死亡。

目前国内使用较普遍的是氯气、季铵盐。这是因为它们杀菌率高，价廉，便于操作。但在碱性条件下氯气会残留在水中，造成二次污染。目前大有用二氧化氯替代之势。美国有400多家水厂应用二氧化氯，欧洲有数千家水厂应用。同时臭氧的开发利用也颇受重视。臭氧在水中溶解度大，半衰期短，不存在有害残留物。西欧用臭氧处理水的装置已有千余套。总之今后杀菌剂的发展方向是杀菌灭藻效率高，使用范围广，毒性低，易于降解，适用的pH宽，对光、热、酸碱性物质有良好的稳定性，与其他水处理剂有较好的相容性。

2. 生产举例

（1）高铁酸钾的生产

① 产品性质。高铁酸钾的分子式 K_2FeO_4，相对分子质量178.0，产品为暗紫色粉末结晶。分解温度>80℃。易溶于水，形成深紫色溶液。不溶于乙醚、醇和氯仿等有机溶剂。其氧化性比 $KMnO_4$ 强。无毒，无刺激。

高铁酸盐是一种新型杀菌灭藻剂，具有优良的氧化杀菌消毒性能，生成的 $Fe(OH)_3$ 对各种阴阳离子有吸附作用，无毒，无污染。适用于饮水消毒，循环冷却水系统的杀菌灭毒。而且还适用于含 CN^- 废水的治理。

② 制法。高铁酸盐制法主要有次氯酸盐氧化法和高温过氧化钠法。

高温过氧化钠法是将过氧化钠和硫酸亚铁依次投入反应釜中，其投料比为3∶1（摩尔比）。密闭反应器，在氮气流中，加热反应，在700℃下反应1h。得到 Na_2FeO_4 粉末，将其溶于 NaOH 溶液，快速过滤。滤液转移至转化釜中，加入 KOH 固体，析出 K_2FeO_4 结晶。过滤，用95%乙醇洗涤，真空干燥得成品。反应式如下：

$$FeSO_4 + 2Na_2O_2 \longrightarrow Na_2FeO_4 + Na_2SO_4$$

$$Na_2FeO_4 + 2KOH \longrightarrow K_2FeO_4 + 2NaOH$$

③ 产品规格

指标名称	指标	指标名称	指标
有效物/%	≥98	Fe^{3+}/(mg/mL)	≤0.5

（2）非氧化性杀菌灭藻剂的生产

① 性质。非氧化性杀菌灭藻剂的主要成分是季铵盐、亚甲基二硫氰酸酯。产品为橙黄色液体。相对密度（20℃）0.9~1.0。具有高效、广谱，水溶性好，使用方便，安全可靠的特点。

产品主要用于化工、化肥、化纤、炼油、冶金、电厂等系统的冷却水灭菌灭藻。对金属设备有缓蚀效果。一般用量 $20~50g/m^3$，可与氯气交替使用，以降低成本。

② 制法。将季铵盐投入混配釜中，加水溶解后加入配比量的亚甲基二硫氰酸酯和助溶剂，搅匀即可。

③ 产品规格。

指标名称	指标
有效物/%	≥20

第四节 催 化 剂

一、概述

催化剂是一种化学物质，它能影响热力学上可能的反应过程，具有加速作用和定向作用,而反应之后,本身没有变化,不改变热力学平衡。

催化剂是具有特殊性能的物质,它的发展促进了工业技术的进步,如:20世纪初合成氨系列催化剂的开发和生产推动了化肥工业的发展,使农业上了新台阶;20世纪中期由于新型催化裂化分子筛催化剂的开发和生产,使炼油工业迅速发展成为当今巨大产业;烯烃聚合催化过程的开发和新型催化剂的研制成功和生产,使高分子材料成为一个新兴的产业。目前在工业化国家,催化剂技术支持的产值已经占国民经济生产总值20%以上。

二、催化剂性能

1. 活性

催化剂的活性是判断催化效能高低的标准。工业催化剂的活性用转化率和选择性表示。

工业生产中常以给定条件下,单位时间内所生成的生成物(目的产物)质量,即所谓空时收率来表示活性,其单位可用 $kg/(L \cdot h)$ 或 $t/(m^3 \cdot d)$,如合成氨催化剂的空时收率约为 $15t/(m^3 \cdot d)$,即在每立方米催化剂上每天可以生成氨15t。

2. 耐热和抗毒稳定性

(1) 耐热性　催化剂要具有抗温度波动的性能,因催化剂在较高温度下活性组分会烧结失活,在温度剧烈波动时,催化剂结构会破坏而不能使用,因此工业催化剂需要有较宽温度范围的耐热性。

(2) 抗毒性　工业催化剂所处理的原料往往含有较多杂质,这些杂质有的会使催化剂中毒失活,因此工业催化剂应具有较高抗毒性。

3. 机械强度

工业固体催化剂应有足够的强度来承受不同的应力作用,而不致破碎。首先要能经得住在搬运、安装、装填时引起的不可避免的撞击、碰撞、摩擦的作用;其次能经受使用时因反应介质作用所发生的化学变化、硫化床等反应器中颗粒的摩擦和撞击等作用;另外必须能承受催化剂的自身重量以及气流冲击等作用。对不同的工业催化剂均有使用强度指标要求。

4. 寿命

工业催化剂在保持良好活性的前提下,其使用时间的长短是催化剂寿命。工业催化剂的活性变化可分为三个阶段。

(1) 诱导期(或称成熟期)　这段时间内活性逐渐增加而达到极大值。

(2) 稳定期　催化剂活性达到最大值后会略有变动而后趋于稳定,可以在相当长的时间内(几周,几月乃至几年)保持不变。这个稳定期长短一般就代表催化剂寿命。

(3) 衰老期　随着使用时间的增长,催化剂的活性迅速下降,有时因偶然的外部原因如操作失误等使催化剂的结构发生变化,以致活性完全消失,不能再继续使用。因此寿命既决定于催化剂本身的特性,也决定于使用者的操作水平。

5. 催化剂颗粒大小、分布、形状和重度

因催化反应器结构和使用条件的不同,对催化剂外形和重度亦有不同要求。所以,合理地选择催化剂外形和物理性质,有利于流体的传质和传热过程,可减少生产过程中的能耗和催化剂的损耗。

三、催化剂的制备方法

催化剂制备应保证所得催化剂具有预定(或设计)的化学结构、物理结构和物性,从而

保证其活性和稳定性。现常用的催化剂制备方法有沉淀法、浸渍法、机械混合法、热分解法以及由此派生出来的沉淀-沉积法、溶胶-凝胶法和在某步采用新技术而创造出的新方法，如超声波法和超临界法等。

1. 沉淀法

沉淀法是最常用的催化剂制备方法，广泛用于多组分催化剂的制备。该法通常是将金属盐水溶液和沉淀剂分别加入不断搅拌的沉淀槽中，生成固体沉淀。生成的沉淀经洗涤，除去有害杂质，再经干燥、煅烧、活化等步骤而制得成品。金属盐溶液按催化剂所要求的化学组成来配制。常用的沉淀剂有：碱类，如氨水、NaOH、KOH 等；碳酸盐，如 $(NH_4)_2CO_3$、Na_2CO_3 等；有机酸，如乙酸（CH_3COOH）、草酸（$H_2C_2O_4$）等。

2. 特殊沉淀法——溶胶-凝胶法（Sol-Gel methods）

胶体化学中，被分散的胶体粒子称为分散相，粒子所在的介质称为分散介质（溶剂）。当分散相颗粒大小具有或小于可见光波长的数量级（1~100nm）时，普通显微镜看不见溶液中的颗粒，这种溶液称为胶体溶液，简称溶胶。溶胶中胶体粒子彼此合并，互相凝结而生成凝胶沉淀。它是一种体积庞大、疏松、含水很多的非晶体沉淀，经脱除溶剂后，可得到立体网状织构的多孔大表面固体，很适合于用来制备大比表面催化剂、载体和涂膜。溶胶-凝胶法分为两个过程来进行，即分子或离子凝聚生成溶胶，溶胶中的胶体粒子凝结成凝胶。

3. 浸渍法

浸渍法是将一种或多种活性组分（包括助催化剂）以盐溶液浸渍到多孔载体上，使金属盐溶液吸附或储存在载体毛细管中，除去过剩的溶液，经干燥、煅烧和活化而制成催化剂。这类催化剂常称为负（附）载型催化剂。

① 载体浸渍一般在干载体上进行，也可以在不干的沉淀或凝胶上进行。

根据催化剂使用条件的不同，制成合适外形。载体大致可分为人工合成和天然矿物加工两类。

② 常用浸渍方法。过量金属盐水溶液的浸渍法、等体积浸渍方法和蒸气浸渍法。

（a）过量金属盐水溶液的浸渍法。将载体浸泡在超过载体最大吸附量的金属盐溶液里，经过一定时间后，过滤取出浸泡过的载体，经干燥和煅烧，获得所需催化剂。如生产上常用的浸没法。

（b）等体积浸渍法。测定载体的最大吸附量后，用吸附量同容积的水溶解所需要的金属盐，将溶液全部吸附在载体上，无残余溶液。

（c）蒸气浸渍法。把活性物质在蒸气中沉淀到载体上。适用于这一方法的是活性组分为金属盐类或氧化物，它们的沸点都比较低，在低温下会升华。如 B_2O_3、MoO_3 等。工业上正丁烷异构化过程中所用催化剂就是用该法制成的。

4. 沉淀与浸渍相结合的方法——沉积-沉淀法

沉积-沉淀法涉及浸渍和沉淀两个过程，因此将沉淀剂加入到有悬浮载体的活性前身物溶液时，并不能使溶液均匀地增加以实现沉积-沉淀过程。因溶液向载体微孔内渗透需一定的时间，即有一定的浸渍速度，造成载体孔内外有浓度差。这种局部浓度可以超过整体相化合物（指非表面化合物）的过饱和度，其结果是溶液在这一局部地区形成晶核，并可长大成很稳定的大晶粒，以致在悬浮液搅拌均匀以后也不能再溶解。为了降低载体悬浮液中的局部浓度差，采用两种方法。一是把沉淀剂的加入和反应分开，如通过尿素水解提高 OH^- 浓度。因为在高于 60℃时水解速度比较明显，所以溶液可以先在低温混合均匀，然后再提高温度使反应快速进行。二是将沉淀剂溶液注射到载体悬浮液中。为了使气-液界面不形成足够大的剪切应力,注射口必须低于液面。沉淀剂保证不间断地稳态流动,并使悬浮液激烈搅动来减少局部浓度差。

5. 混合法和熔融法

(1) 混合法 两种或两种以上的固体组分经湿法或干法在球磨机或碾子上混合后,再进行压缩或挤条成型。如由沉淀法制得的 Fe_2O_3 和铬酐（CrO_3）及其他一些助剂在碾子上混合后,经挤条或压片制成一氧化碳中温变换催化剂。

(2) 熔融法 将催化剂组分、金属或金属氧化物,在加热熔融状态下互相混合,形成合金和固溶体。它实际上是在高温下进行催化剂组分混合,有利于催化剂混合均匀,熔融温度是该法关键性控制条件。

用于氨合成的铁系催化剂就是将精选后的磁铁矿与助催化剂在感应电炉中于1500～1600℃的高温下熔融,冷却、粉碎而制得。

四、主要催化剂

1. 活性氧化铝制备（沉淀法）

氧化铝含有多种变体,目前已知的有6种,即 α-Al_2O_3、κ-Al_2O_3、δ-Al_2O_3、γ-Al_2O_3、η-Al_2O_3、ρ-Al_2O_3。其中 γ-Al_2O_3 和 η-Al_2O_3 具有较高的化学活性（酸性）,称为活性氧化铝,是一种良好的催化剂及其载体；α-Al_2O_3（刚玉）因其晶体结构最稳定（其他变体加热到1200℃以上都会转变为此变体）,是一种高温低表面高强度的载体。

为了适应催化剂或载体的特殊要求,各类氧化铝变体通常由相应的水合氧化铝加热失水而制备。水合氧化铝变体也很多,常见的有 α-三水铝石（α-$Al_2O_3 \cdot 3H_2O$）、β-三水铝石（β-$Al_2O_3 \cdot 3H_2O$）、β-2-三水铝石（新 β-$Al_2O_3 \cdot 3H_2O$）、一水软铝石（α-$Al_2O_3 \cdot H_2O$）、一水硬铝石（β-$Al_2O_3 \cdot H_2O$）、假一水软铝石（ρ-$Al_2O_3 \cdot nH_2O$,H_2O : Al_2O_3 = 1.5～2.0）及无定形氢氧化铝凝胶（ρ-Al_2O_3）。

在热转变过程中,不仅起始水合物的形态（如晶型、晶粒度）,而且加热的快慢、存在的气氛及杂质等对产物氧化铝的形态均有很大的影响。

制取水合氧化铝的实例甚多,以沉淀法居多。沉淀法又可以分为酸法和碱法两大类,我国多数采用碱法生产活性氧化铝,最近也有酸法工艺的报道,下面选择一例（酸法）介绍。

酸法沉淀制备工艺流程如图11-1。将工业硫酸铝粉碎,于60～70℃温水中溶解（温度不可过高,防止铝盐水解变成胶体溶液）,制成相对密度1.21～1.23的 $Al_2(SO_4)_3$ 溶液（60g Al_2O_3/L）,同时配制20%（质量）Na_2CO_3 溶液。将此两溶液

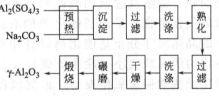

图11-1 活性氧化铝酸法生产流程

分别加入各自的高位槽,然后经过热交换器（50～60℃）预热,通过活塞开关并流混合,pH 控制在5～6。沉淀槽要不断搅拌,以使充分混合,形成无定形氢氧化铝（或碱式硫酸铝）沉淀。沉淀浆液送入过滤器抽滤分离,沉淀移入洗涤槽打浆洗涤,洗液为50～60℃的蒸馏水,洗涤至不显 SO_4^{2-} 反应为止。洗净的沉淀转入氨水溶液静置熟化4h,熟化溶液 pH 在9.5～10.5之间,温度为60℃左右。熟化后沉淀物又重复过滤、洗涤至滤液的比电阻超过200Ω/cm。将沉淀移至磁盘,于100～110℃温度干燥,制得半结晶状的假-水软铝石（ρ-$Al_2O_3 \cdot nH_2O$）。研细（200目网）后在500℃电炉中活化6h,制得 γ-Al_2O_3。

2. 低压合成甲醇催化剂

甲醇是一个重要的化工原料，近 20 年来，由于需求量猛增，大大促进了甲醇工业的发展。甲醇合成均在 30～35MPa 的高压下操作（温度 350℃ 左右）。使用的是 $ZnO\text{-}Cr_2O_3$ 系催化剂。1966 年英国帝国化学工业公司（ICI）和德国鲁奇（Lurgi）公司提出了 5MPa 的低压流程及其铜系催化剂。此类低压合成甲醇工艺（2～10MPa，250℃ 左右）在工业上已应用十多年，具有技术上和经济上的许多优点：①由高压转向低压，可减少压缩能量消耗，这对小于 100t/d 的中小型工厂十分合适；②反应温度较低，副产物少，甲醇纯度高；③设备费用少，成本低。工业上所用的低压合成甲醇催化剂有 $CuO\text{-}ZnO\text{-}Al_2O_3$ 和 $CuO\text{-}ZnO\text{-}Cr_2O_3$ 两类，它们耐热性差，不允许在 300℃ 以上操作，对硫、氯毒物极为敏感，对合成气净化要求较高。

低压合成甲醇 $CuO\text{-}ZnO\text{-}Al_2O_3$ 或 $CuO\text{-}ZnO\text{-}Cr_2O_3$ 催化剂可用湿式混合法或共沉淀法制备。相比之下，共沉淀法能够制取性能最好的催化剂。通过比较，$CuO\text{-}ZnO\text{-}Al_2O_3$ 系催化剂显得更可取。

例如 $CuO\text{-}ZnO\text{-}Al_2O_3$ 催化剂的制备方法，如图 11-2 所示为 $CuO\text{-}ZnO\text{-}Al_2O_3$ 催化剂生产流程。将给定浓度和比例的 $Cu(NO_3)_2$、$Zn(NO_3)_2$、

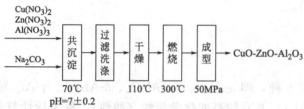

图 11-2 $CuO\text{-}ZnO\text{-}Al_2O_3$ 催化剂生产流程示意图

$Al(NO_3)_3$ 混合溶液与 Na_2CO_3 沉淀剂并流加入沉淀槽，在强烈搅拌的同时，注意调节加料流速，以控制沉淀介质的 pH 稳定在 7±0.2 之间，沉淀温度 70℃。洗除 Na^+ 之后，于 110℃ 温度将沉淀烘干，并在空气中于 300℃ 煅烧。然后将煅烧过的粉末以 50MPa 的压力压缩成为圆柱体（$\phi15mm\times80mm$），破碎，筛分，选取 1～2mm 的颗粒作为试验产品。Al_2O_3 组分也可以在铜、锌两组分共沉淀之后加入。

3. 负载型镍催化剂的制备

加氢催化剂中比较典型的是镍催化剂，主要制成骨架型镍催化剂和负载型镍催化剂，其目的在于展开镍的表面积。负载型催化剂的镍表面积随负载量增大而出现一个极大值，通常处在 30%～50%（质量分数）。过高的镍含量因烧结作用反而降低镍的比表面积；镍浓度过低固然晶粒细小，但也不能提供大的表面积。所以，分散度与负载量的最佳组合才是调制催化剂的有效措施。高负载量下制得颗粒细小的金属晶体和狭窄的晶体尺寸分布是催化剂设计中的一个重要目标。传统的浸渍法和沉淀法将会产生不均匀的晶粒大小（除非负载量<50%），实现这个目标只能是浸渍沉淀法。据报道，采用此法能使氢氧化镍均匀地沉积在水悬浮液中的 SiO_2 载体表面上，进而与 SiO_2 结合生成氢氧化硅酸镍 $[Ni_3(OH)_4Si_2O_5]$，后者足以阻止表面凝结，从而制得均匀分散的非常细小的镍晶体（半径 1～2nm）。此工艺对于晶体大小分布的控制是一个有效的方法，有扩大应用到工业生产过程的可能性。

如图 11-3 所示，$Ni\text{-}SiO_2$ 催化剂浸渍沉淀法制备过程。反应器是 2L 的三口烧瓶，配有搅拌棒和温度计。在反应器中配制 $Ni(NO_3)_2$ 水溶液混合固体 SiO_2 的悬浮液，加热升温至 90℃（开始沉淀温度），加入尿素开始反应，产生绿色沉淀物。起始 pH 通常为 4.0；为了研究酸度这一影响因素，有时特意加入适量硝酸，调节起始 pH 降至 2.5。到达给定时间后冷却降温，停止反应。沉淀物过滤后以热水洗涤之。滤饼移入烘箱，于 120℃ 温度下干燥。然后破碎成型为 0.25mm 的小颗粒。取出部分样品以不同的温度和时间进行焙烧，最后

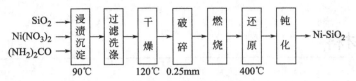

图 11-3 Ni-SiO₂ 催化剂制造过程

通入氢气还原,并以混合气(空气-氨气)钝化之。

本章小结

  1. 功能高分子材料是结构型功能高分子材料和复合型功能高分子材料的统称。主要有功能树脂、医用高分子。功能树脂中主要有离子交换树脂、吸附树脂、高吸水性树脂;医用高分子分为常用医用高分子材料、体外使用的医用高分子材料、药用高分子等。

  2. 染料是指能在水溶液或其他介质中使物质获得鲜明而坚牢色泽的有机化合物。染料主要用于各种纤维的染色,同时也广泛应用在塑料、橡胶等领域。染料可根据应用分类或化学结构分类。染料的命名由冠称、色称、字尾三部分组成。主要有酸性染料、活性染料、分散染料等。

  3. 水处理化学品又称水处理剂,包括冷却水、锅炉水和油田用水等工业水处理用的阻垢剂、缓蚀剂、分散剂、杀菌灭藻剂、消泡剂、絮凝剂、除氧剂、污泥调节剂和螯合剂。此外活性炭和离子交换树脂也是重要的水处理化学品。絮凝剂是指使水中浊物形成大颗粒凝聚体的药剂,如聚合硫酸铝。阻垢分散剂指能抑制或分散水垢和泥垢的一类化学品,如聚丙烯酸钠。缓蚀剂是添加到腐蚀介质中能抑制或降低金属腐蚀过程的一类化学物质,如六偏磷酸钠。杀菌剂是指能杀灭和抑制微生物的生长和繁殖的药剂,也称为杀菌除藻剂,如高铁酸钾、非氧化性杀菌灭藻剂等。

  4. 催化剂是一种化学物质,它能影响热力学上可能的反应过程,具有加速作用和定向作用,而反应之后,本身没有变化,不改变热力学平衡。催化剂性能主要由催化剂活性,耐热和抗毒稳定性,机械强度,寿命,催化剂颗粒大小、分布、形状和重度来决定。催化剂的活性是判断催化效能高低的标准。催化剂制备方法主要有沉淀法、浸渍法、机械混合法、热分解法等。主要催化剂如:活性氧化铝(沉淀法)、低压合成甲醇催化剂、负载型镍催化剂。

复习思考题

11-1 什么叫功能高分子?
11-2 医用高分子的特点有哪些?
11-3 什么叫染料?其是怎样进行分类的?
11-4 染料命名是由哪几部分组成?
11-5 水处理剂有哪几类?
11-6 什么叫催化剂?
11-7 催化剂的主要性能有哪些?
11-8 催化剂生产的主要方法有哪些?试列举一例。

阅读材料

新一代杀菌剂——strobilurin 类杀菌剂

甲氧基丙烯酸酯（strobilurin）类杀菌剂来源于具有杀菌活性的天然抗生素 strobilurin A，自 1969 年发现其杀菌活性，历经 20 多年的结构优化，终使此类杀菌剂开发成功，在杀菌剂开发史上树立了继三唑类杀菌剂之后又一个新的里程碑。以这类杀菌剂为基础的产品有：先正达公司的安灭达（azoxystrobin）、巴斯夫公司的 Kresoxim-methyl 以及最近拜耳公司获得的 trifloxystrobin，它们在欧洲主要谷物生产国，如法国、德国、英国和意大利影响最大，以这类杀菌剂为活性成分的产品已经在世界上所有重要杀菌剂市场上取得登记，其中包括日本和美国。

Strobilurin 类杀菌剂首例上市时间为 1996 年，到目前为止，已有 8 个品种商品化。烯肟菌酯是国内开发的第 1 个甲氧基丙烯酸酯类杀菌剂，由沈阳化工研究院 1997 年开发，已申请了中国、美国、日本及欧洲专利，2002 年完成农药临时登记。该品种具有杀菌谱广、活性高、毒性低、与环境相容性好等特点。对由鞭毛菌、结合菌、子囊菌、担子菌及半知菌引起的病害均有很好的防治作用。能有效地控制黄瓜霜霉病、葡萄霜霉病、番茄晚疫病、小麦白粉病、马铃薯晚疫病及苹果树斑点落叶病的发生与危害，与苯基酰胺杀菌剂无交互抗性。田间使用剂量 100～200g/hm^2，是具有广阔应用前景的杀菌剂新品种。此外，还有烯肟菌胺、二甲苯氧菌胺、肟醚菌胺等品种正在开发之中。

参考文献

[1] 唐培堃，冯亚青. 精细有机合成化学与工艺学. 北京：化学工业出版社，2006.
[2] 宋启煌. 精细化工工艺学. 北京：化学工业出版社，2003.
[3] 宋小平，韩长日. 精细化工实用生产技术手册：表面活性剂处理及润滑剂制造技术. 北京：科学技术文献出版社，2006.
[4] 冷士良. 精细化工实验技术. 北京：化学工业出版社，2005.
[5] 刘德峥，田铁牛. 精细化工生产技术. 北京：化学工业出版社，2004.
[6] 仓理. 精细化工工艺学. 北京：化学工业出版社，1998.
[7] 张铸勇. 精细有机合成单元反应. 上海：华东理工大学出版社，2003.
[8] 李汉堂. 橡胶助剂生产现状及发展趋势. 精细与专用化学品，2006，14（8）：6-12.
[9] 周学良. 精细化工手册：精细化工助剂. 北京：化学工业出版社，2002.
[10] 冯亚青，王利军，陈立功，刘东志. 助剂化学及工艺学. 北京：化学工业出版社，1997.
[11] 吕咏梅. 我国塑料助剂工业现状与发展趋势. 石油化工技术经济，2007，23（2）：59-62.
[12] 许春华. 中国橡胶工业展望——实施"十一五"科学发展规划促进橡胶工业做大做强. 炭黑工业，2007，2：1-7.
[13] 闫晓红. 我国热稳定剂的现状及发展趋势. 聚合物与助剂，2005，217（1）：17-21.
[14] 梁诚. 塑料助剂生产现状与发展趋势. 聚合物与助剂，2006，228（6）：9-14.
[15] 刘志皋，高彦祥. 食品添加剂基础. 北京：中国轻工业出版社，2006.
[16] 李和平，葛虹. 精细化工工艺学. 北京：科学出版社，1997.
[17] 沈一丁. 精细化工导论. 北京：中国轻工业出版社，1998.
[18] 张亮生. 精细化工实验. 哈尔滨：哈尔滨工业大学出版社，1997.
[19] 王箴. 化工辞典. 北京：化学工业出版社，2000.
[20] 程时远，陈正国. 胶黏剂生产与应用技术. 北京：化学工业出版社，2003.
[21] 童张法，刘自力. 实用胶黏剂生产配方与使用技术. 南昌：江西科学技术出版社，2002.
[22] 邓舜杨. 新型化工配方和工艺精选. 南京：江苏科学技术出版社，2003.
[23] 闫鹏飞，郝文辉，高婷. 精细化学品化学. 北京：化学工业出版社，2004.
[24] 张友兰. 有机精细化学品合成及应用实验. 北京：化学工业出版社，2005.
[25] 刘安华. 涂料技术导论. 北京：化学工业出版社，2005.
[26] 宋启煌. 精细化工绿色生产工艺. 北京：化学工业出版社，2005.
[27] 夏赤丹，周福香，肖莹. 水性涂料工业的进展. 湖北化工，2003，4：6-7.
[28] 张心亚，黄洪，蓝仁华，陈焕钦. 建筑涂料的技术现状及发展趋势. 材料开发与应用，2004，19（4）：32-39.
[29] 李东光，翟怀凤. 精细化学品配方（一）. 南京：江苏科学技术出版社，2004.
[30] 颜红侠，张秋禹. 日用化学品制造原理与技术. 北京：化学工业出版社，2004.
[31] 王慎敏. 洗涤剂配方设计、制备工艺与配方实例. 北京：化学工业出版社，2004.
[32] 廖文胜. 液体洗涤剂——新原料·新配方. 北京：化学工业出版社，2006.

[33] 张嫦,周小菊. 精细化工工艺原理与技术. 成都:四川科学技术出版社,2005.
[34] 胡小玲,管萍. 化学分离原理与技术. 北京:化学工业出版社,2006.
[35] 丁志平. 精细化工概论. 北京:化学工业出版社,2005.
[36] 丁志平. 精细化工工艺:无机篇. 北京:化学工业出版社,1998.
[37] 张昭,彭少方,刘栋昌. 无机精细化工工艺学. 北京:化学工业出版社,2005.
[38] 李仲谨等. 无机精细化学品. 北京:化学工业出版社,2004.
[39] 周学良. 精细化工产品手册:功能高分子材料. 北京:化学工业出版社,2002.
[40] 何兰海. 精细化工产品手册:染料. 北京:化学工业出版社,2004.
[41] 周学良. 精细化工产品手册:催化剂. 北京:化学工业出版社,2002.